中国石化标准化工作手册

付　伟　主编

中国石化出版社

内 容 提 要

中国石化标准化工作手册针对中国石化各类企业标准的管理人员，制修订人员和基层标准实施监督人员，详细介绍标准化的重要性和作用、标准化发展历史及现状、标准化的一般概念、国际标准化、企业标准的研究与制定、标准化相关资料的查询等，供中国石化标准化从业人员和技术人员参考与阅读。

图书在版编目（CIP）数据

中国石化标准化工作手册 / 付伟主编．—北京：中国石化出版社，2014.5（2018.7 重印）
ISBN 978-7-5114-2702-1

Ⅰ．①中… Ⅱ．①付… Ⅲ．①石油化学工业-标准化-工作-中国-手册 Ⅳ．①TE65-65

中国版本图书馆 CIP 数据核字（2014）第 058854 号

责任编辑：李跃进
责任校对：李　伟

中国石化出版社出版发行
地址：北京市朝阳区吉市口路 9 号
邮编：100020　电话：(010)59964500
发行部电话：(010)59964526
http://www.sinopec-press.com
E-mail:press@sinopec.com
北京科信印刷有限公司印刷
全国各地新华书店经销
*
880×1230 毫米 16 开本 20.25 印张 598 千字
2014 年 5 月第 1 版　2018 年 7 月第 2 次印刷
定价：85.00 元

前　言

标准化是一门古老而又新兴的学科，在人类文明的建立、发展和繁荣的过程中起到了至关重要的作用。人类社会各种规则中，普世道德规范和各国法律一般只规范了人类行为的价值取向和伤害判据，而标准则规范了人类生产和生活的技术准则，在世界各国都是作为法律体系中的技术法规存在，是人类社会活动规则体系中的基石。标准化的产生和发展，有着其内在的原因和动力。标准化在人类生产和生活中建立起正常而有效的秩序和共同遵循的准则，使人类智慧的成功经验得到广泛认同，使科技成果得到迅速推广，使复杂的管理工作系统化、规范化，提高了人类生产和生活的效率。我国改革开放以来社会发展进步的实践证明，标准化是促进经济发展和社会进步的重要基础，是提高国家竞争力的技术支撑。标准化对提高产品质量、优化经济效益、规范市场秩序、合理利用资源和保护环境，推进以人为本的经济和社会全面、可持续发展发挥了重大作用。

19世纪90年代至20世纪初期，产生了国家范围乃至全世界范围的标准化机构，开始有组织有计划地开展标准化工作，标准化的理念和方法开始在全世界传播。在20世纪40年代，标准化在第二次世界大战期间得到了飞跃式的发展，对武器和其他作战物资的高效生产和物资的大范围快速输送起到了倍增器的作用，从而在战后美苏两大集团冷战过程中得到了极大程度的重视和研究。在我国，国家范围的标准化工作可以追溯到建国初期，但是将标准化作为一门学科来研究，在我国还刚刚起步，一直徘徊在前苏联计划标准化和西方市场标准化之间。标准化是一门年轻又很着巨大发展潜力的学科。

作为中国现代大工业基础产业的石化工业中的领头羊，中国石化从成立伊始就重视标准化工作，代管着石油化工国家标准和行业标准。在本世纪初中国石化股份制改革和上市后，在企业为主体制定标准方面获得长足的发展。近年来，集团公司自上而下对于标准化工作更加重视，加强了对于标准化的基础知识和市场竞争条件下的标准化理念的学习和培训。中国石化标准化工作手册重点针对中国石化各类企业标准的管理人员，制、修订人员和基层标准实施监督人员，从标准化的重要性和作用、标准化发展历史及现状、标准化的一般概念、国际标准化、企业标准的研究与制定、标准化相关资料的查询等方面进行讲解，是中国石化标准化从业人员和技术骨干不可或缺的工具书。

本书由付伟主编，参加本书编写工作的人员有：梁红，李维然，许淑艳，唐跃兵，王川，于风清，杨春梅，刘慧敏，张玉荣，陈宏愿，王婷。

目　　录

第一篇　基　础　篇

第二篇 实 践 篇

第一篇
基　础　篇

1　标准化发展概况

1.1　标准化的历史

标准化的历史源远流长，几乎伴随着人类文明的诞生和发展，无论是有意识、无意识，标准化随之萌发、逐步发展并发挥着越来越重要的作用。无论是古埃及的金字塔、古巴比伦的空中花园、古罗马的大斗兽场，还是中国的万里长城，都在厚重的历史积淀中渗透着标准化的熠熠光辉。很难想像没有标准化的流程，古代人类如何建立起如此辉煌雄伟的历史古迹。随着人类进入工业文明，标准化已经成为人类社会活动中不可或缺的基本元素，渗透在经济社会活动的各个方面。按照历史发展顺序，标准化可人为划分成古代标准化(1860 年以前)、近代标准化(1860 年~1960 年)和现代标准化(1960 年以后)三个阶段。

古代标准化的核心特征是无组织无意识的标准化，不能将标准作为一个独立的规则承载体明确表述出来。有文字记载的第一个较为成型的标准来自公元前 1760 年左右古巴比伦的汉谟拉比法典，其中提出了城市建筑方面的标准。而大规模的国家级标准化活动则首推公元前 221 年建立的秦朝，“度同衡，车同轨，书同文，行同伦”(《礼记・中庸》)，字里行间体现着中国古人对标准化活动朴素的认知，也对古代中国辉煌璀璨的农耕文明领先于世界有着难以描述的巨大作用。宋代毕升创造的活字印刷术，则将古代标准化推到了巅峰，成功地用标准件、互换性、分解组合、重复利用等一系列标准化原则大幅提高了文字印刷的效率。但是汉代以来“罢黜百家，独尊儒术”以及随之产生的“尊圣贤”、“轻工商”，阉割了中华民族的创造性，阻碍了古代中国对标准化理解的深入，对于“度、车、书、行”等社会发展的基础元素没有进一步的阐述和明确定义，这也是唐宋以来中华民族屡受外族入侵、近代中国逐渐落后世界的一个重要原因。

近代西方工业文明的兴起，得益于标准化良多。人类文明向前发展，人类经济活动必须从简单再生产转变为扩大再生产的模式，积累社会财富，以便有更多的人力物力从事非生产性的创造活动。这其中一个最关键的因素就是劳动生产率的提高，而标准化则是提高劳动生产率、获得最佳秩序的一个重要杠杆和主要手段。近代标准化的核心标志是有意识的标准化活动和标准学会的诞生。1834 年英国人惠特沃斯提出了第一个螺纹牙型标准，是世界上第一个现代意义的标准。1898 年美国材料与试验协会成立，开始材料和燃料的标准化活动。1901 年英国标准学会诞生，是第一个正式的国家标准化组织。1906 年成立的国际电工委员会(IEC)则成为第一个国际标准化机构。1914 年美国福特汽车公司“T”型车的生产组织则是近代标准化最重要的标志。

20 世纪 60 年代后，以计算机为代表的新技术爆发式发展，大型商业飞机极大地缩短了人类出行时间，互联网普及到全球的各个角落，标准化进入到现代标准化阶段。现代标准化的标志是产品及其零部件系统标准化、标准全球化及标准技术壁垒作用。进入后工业化阶段后，标准的话语权则是标志国家和经济实体在全球经济中地位、保障其经济运行盈利能力、阻止竞争对手超越的有力手段，“一流的企业做标准，二流的企业做品牌，三流的企业做产品”成为世界范围共同的认知。可以说，标准化的水平标志着国家和地区、公司和企业的综合水平，是软实力的重要指标和集中体现。

1.2　中国标准化发展概况

新中国的标准化几乎与共和国同时起步，但其过程则较为曲折。1949 年 10 月，由副总理陈云主持的政务院经济委员会成立了中央技术管理局，下设标准规格处，这是我国第一次设立标准化归口管理单位。1957年初，成立了国家技术委员会标准局，提出将标准分为国家标准、部标准、地方标准和工厂标准四类，这构成了中国标准规范体系的雏形。1961年4月22日国务院第110次全体会议通过了《工农业产品和工程建设技术标准暂行管理办法》，这是中国第一部最高行政级别的标准管理制度。但在文革时期，我国标准化的管理工作实际陷入停滞状态。

我国标准化的快速发展主要在改革开放以后。1978年中共中央发出的《关于加快工业发展若干问题的决定(草案)》(简称《工业三十条》)，其中着重强调了标准化的意义和推动标准化的手段，同年5月成立了国家标准总局，这是标准化管理部门达到的最高行政级别，随之在1979年3月31日国务院颁布《中华人民共和国标准化管理条例》。1988年12月29日第七届全国人民代表大会第五次会议通过了《中华人民共和国标准化法》(以下简称《标准化法》)，将标准化工作提升到法律层面。同年成立国家技术监督局，负责全国标准化、计量、质量工作并进行执法监督工作，1990年国务院颁布了《中华人民共和国标准化法实施条例》，以进一步推动标准化工作。

作为我国标准化领域的唯一一部法律，《标准化法》20多年来一直发挥着重要的作用。但是，随着改革的深化，我国已经由社会主义计划经济向社会主义市场经济转变，而现行的标准化法明显保留着计划经济的痕迹，已经不能适应市场经济和我国介入WTO后经济全球化的发展需要。近年来，国家标准化研究院组织进行了标准化法的修订，征求意见稿已数次修改，现尚未发布实施。作为标准化领域的根本大法，其修订涉及众多理论和实践的问题，尤其是强制性标准的法律地位问题。

根据《标准化法》，标准分为国家标准、行业标准、地方标准和企业标准四级，规定了标准化技术委员会的组建和作用，标准的起草、审批和发布以及监督和认证等内容。《标准化法》还将国家标准、行业标准分为强制性标准和推荐性标准两类(见2.2.4)。

为了加强企业标准化工作，1990年，国家质检局根据《中华人民共和国标准化法》和《中华人民共和国标准化法实施条例》及有关规定，制定了《企业标准化管理办法》。该办法对企业标准化管理的全过程提出要求。如制定企业标准的原则和程序、企业标准的备案要求、企业所执行标准的实施以及企业标准化管理工作的十二项任务等。虽然自1990年以来未经修订，但是该办法仍是目前企业标准化工作的主要依据。

2001年中国加入WTO，随同签署了由15个条文和3个附件组成的《技术贸易壁垒协定》(简称TBT协定)以及TBT协定附件3《良好标准行为规范》，对技术法规、标准和合格评定程序作了全面系统的规定。而TBT协定以及附件所确立的有限干预原则、非歧视原则、透明度原则、采用国际标准和国际准则原则、争端磋商机制原则、整齐划一原则等基本原则，这些原则与中国的标准体系构成、标准制定程序以及相关司法审查等有相当大的差别和冲突。面对加入WTO后新的国际形势，2001年4月，中共中央、国务院决定组建国家质量监督检验检疫总局，并同时决定成立国家标准化管理委员会，作为国家质量监督检验检疫总局管理的事业单位，由国务院授权履行标准行政管理职能、统一管理全国标准化工作。国家标准化管理委员会下设专业标准化技术委员会，截至2011年5月，共批复成立专业标准化技术委员会(TC)、分技术委员会(SC)和工作组(WG)1323个，其中535个TC，777个SC，11个WG，管理着23843项国家标准(其中强制性国家标准3132项，推荐性国家标准20559项，技术文件152项)的制修订工作。

从我国标准化主管部门及管理法规的变迁可以清晰地看到，新中国的标准化是在基本没有标准、没有标准化工作队伍、也没有标准市场的情况下从零开始、自上而下直接以行政命令的方式空降而来。这种模式在建国初期是适应我国一穷二白的工业基础和标准化实际国情的，对当时的标准化发展起到了巨大的推进作用，加快了我国国民经济的发展。但随着标准化的逐步深入，问题逐步暴露出来。一是标准的需求不是来自企业和社会群体自愿发展的诉求，而是来自行政主管部门的计划需求和行政部门管理人员相对片面的对国民经济发展的愿景；二是没有标准市场，标准的定价仅是标准文本的印刷费用，标准的核心价值被抹杀，不能形成市场回报标准制定主体的良性发展机制；三是没有其他同类标准，不能形成优胜劣汰的竞争机制，标准没有向前发展的动力；四是只注重制定强制性标准，对其他大量的适宜制定标准但不适合强制的社会活动不能有效引导，限制了标准化发挥更大作用。

总体上，我国的标准化工作至今总体延续了前苏联计划标准化管理思路，与世界主流标准化运行模式有较大不同。《标准化法》颁布之前，中国所有的技术标准都是各行各业行政机关主导强制实施的，没有推荐性标准，社会各阶层也很少有机会参与标准的制定。在1988年《标准化法》的制定过程中，才首次针对实际需求和国际上流行标准运行模式，将国家标准、行业标准分为强制性标准和推荐性标准两类。随着社会结构的分化与重组、政府管理体制的转型、社会主义市场经济的发展以及加入世贸组织经济全球化的要求，改革中国技术标准体系，引入行业协会标准的呼声逐渐增强，中国标准化体系正从一元化的强制性标准体系，逐渐走向强制性标准和推荐性标准二元体系，并探索逐渐增大市场在标准体系形成中的作用，形成多元标准体系。但由于我国现代标准化基础薄弱，标准市场化程度低，对标准投入回报的良性机制没有形成，甚至还没有意识到需要形成这个良性循环，加上部门利益驱动和管理粗放，中国的标准化道路上政府干预这只“明显的手”一直代替市场经济这只“隐形的手”，发挥控制作用，管理思路一直摇摆在“政府组织、强制实施”的计划经济模式和学习探索国外通行的“协会制定，市场竞争优选，法律条文采纳实施”市场模式之间。由于忽视标准化的内在规律和科学方法，造成了近些年标准管理思路混乱，忽而清理整顿，裹足不前，忽而大干快上，全面开花，忽而推崇前苏联的综合标准化，这也是标准化法修订十几年迟迟未能发布的重要原因。

国家标准之外，我国还有近60种行业标准(见2.2.4表1)，分别由不同的国家部委管理。截至2011年5月，共有37343项行业标准，其中与石油石化关系较大的是能源局管理的石油工业行业标准(SY)和炼油行业石化标准(NB/SH)、工信部管理的石油化工行业标准(SH)以及住建部管理的石油石化工程建设行业标准。我国的行业标准地位除了不能违反国家标准的约束外，基本与国家标准相当，但在国际上地位较为尴尬，难以得到国外认可。另外，截至2011年5月，我国还有13446项地方标准，以及133万多项企业标准。

改革开放以来我国标准化发展较快，并在2009年中国成为国际标准化组织(ISO)七个常任理事国之一，成为中国现代标准化发展的里程碑。但是，中国在国际标准化中的地位依然较低，在全球约1.6万项国际标准中，由中国参与起草的国际标准不足300项，负责制定的国际标准更少，关键性国际标准屈指可数。在国际标准化组织的约900个TC和SC中，中国负责的不足30个。总之，中国标准化还处于改革发展的初级阶段，达到与我国在国际上的地位和经济发展相匹配的要求还有很长的路要走。

近年来，我国标准化机构发展较快，以下对秘书处挂靠在中国石化的和业务相关的19个标委会做简单介绍。

(1) 全国石油和润滑剂标准化技术委员会

编号：SAC/TC280

2005年3月成立，由国家标准化管理委员会直接管理。主要负责石油产品和润滑剂(包括：汽油、航煤、柴油等石油燃料、润滑剂、石油蜡类、石油沥青、合成油脂)及石油产品静态计量和轻烃计量、润滑油换油指标等领域的国家标准和行业标准的制修订工作，对口国际标准化组织石油产品和润滑剂技术委员会(ISO/TC28)。

委员会由国内炼油企业、环保、汽车以及相关科研机构、大学的专家组成，秘书处挂靠单位为中国石化石油化工科学研究院。

目前石油产品和润滑剂领域的国家标准和行业标准有900多项。

(2) 全国塑料标准化技术委员会

编号：SAC/TC15

成立于1982年9月，委员会由国内塑料领域科研单位、有关院校、质量监督检验部门、生产企业、用户单位及相关标委会的技术专家组成。

业务范围：主要负责塑料领域的国家标准和行业标准的制修订工作。对口国际标准化组织塑料技术委员会(ISO/TC61)，并承担ISO/TC61秘书处的工作。

全国塑料标准化技术委员会下设8个分技术委员会，分别为石化塑料树脂产品(SC1)、通用方法和产品(SC4)、老化方法(SC5)、聚氯乙烯树脂产品(SC7)、聚酰胺塑料(SC8)、工程塑料(SC9)、改性塑料(SC10)、热固性塑料(SC11)共8个分技术委员会。

秘书处挂靠单位为中蓝晨光化工研究设计院有限公司，主管部门为中国石油和化学工业联合会。目前已制定国行标380项左右。

(3) 全国塑料标准化技术委员会石化塑料树脂产品分技术委员会

编号：SAC/TC15/SC1

成立于1983年11月，委员会由国内石化树脂生产企业、科研单位及有关院校、质量监督检验部门、用户单位以及相关标委会的技术主管领导、标准化管理人员、技术专家组成。

业务范围：主要负责全国石油化工下游产品中塑料、树脂产品及其专用试验方法的国家标准和行业标准的制修订工作，以及标准化技术归口工作。对口国际标准化组织塑料技术委员会热塑性塑料分技术委员(ISO/TC61/SC9)中聚烯烃类(WG6)、苯乙烯聚合物类(WG7)、热塑性聚酯(WG17)、试样制备(WG18)工作组的工作。

秘书处挂靠单位为中国石油化工股份有限公司北京燕山分公司树脂应用研究所，主管部门是中国石油化工集团公司科技部。已经制定国行标50余项。

(4) 全国化学标准化技术委员会

编号：SAC/TC63

成立于1986年12月，负责全国化学工业基础、方法和产品等系列标准的总体规划、设计、研究；组织有关标准的制修订、审查、宣贯、复审；为制定相关标准从事化工标准化科研项目和基础标准前期研究工作等。SAC/TC63秘书处挂靠在中国石油和化学工业联合会，除TC63/SC4归口管理的行标为石化行业标准(代号SH)外，化标委及其他9个分会归口管理的行标为化工行业标准(代号HG)。全国化标委还承担与ISO/TC47对口的标准化工作。

秘书处挂靠单位为中国石油和化学工业联合会。已经制定国行标1300余项。

下设无机化工(SC1)、有机化工(SC2)、化学试剂(SC3)、石油化学(SC4)、水处理剂(SC5)、氯碱(SC6)、硫和硫酸(SC7)、(特种)界面活性剂(SC8)、制冷剂(SC9)、化工催化剂(SC10)十个分技术委员会。

(5) 全国化学标准化技术委员会有机化工分技术委员会

编号：SAC/TC63/SC2

成立于1986年，负责全国有机化工产品等专业领域的标准化技术归口工作，承担ISO/TC47中相关专业领域的国内技术归口工作，秘书处挂靠在中国石化北京化工研究院，委员来自相关管理部门、科研机构、质检机构、大专院校、化工企业和石化企业。有机分会具体承担有机化工产品(基本有机原料)的国家标准、行业标准、指导性技术文件、包括产品质量标准、通用和专用试验方法标准的制定、修订、复审、宣贯、解释、资料编辑及咨询服务和对国际标准文件投票表态等工作。

所归口的有机产品包括电石、溶解乙炔、环氧乙烷、环氧丙烷、环氧氯丙烷、氯代烷烃、甲醇、正丁醇、异丁醇、2-乙基己醇(辛醇)、甲醛、丙酮、苯酚、冰乙酸、乙酸酐、顺酐、乙酸酯类、丙烯酸及其酯类、己内酰胺以及其他作为一般合成原料的醇、醇醚及其酯、醛、酮、酸、酯、酚、低碳脂肪胺、吡啶系列等，还有一些有机精细化学品和新材料相关产品。有机分会还承担有机食品添加剂和饲料级有机化工产品标准的起草工作。

目前有机分会归口制定(已发布)的国标数量102项，行标数量89项。国行标的在研项目有30项。

(6) 全国化学标准化技术委员会石油化学分技术委员会

编号：SAC/TC63/SC4

成立于1986年5月，接受全国石油产品和润滑剂标准化技术委员会和全国化学标准化技术委员会领导，秘书处挂靠单位为中国石油化工股份有限公司上海石油化工研究院。目前为第六届委员会，共有委员31人。

标委会的主要任务是负责石油化工行业基本有机原料产品和化纤中间体的标准化技术归口工作。具体承担石油化工基本有机原料的国家标准、行业标准、指导性技术文件，包括产品质量标准、通用和专用试验方法标准的制定、修订、复审、宣贯、解释、资料编辑和咨询服务等工作。另外还承担ISO/TC47中相关专业领域的国内技术归口工作。

已经制定国行标135项，主要涉及轻质烯烃、芳烃和化纤中间体等门类的近30项重要石化基本有机原料。

(7) 全国化学标准化技术委员会制冷剂分技术委员会

编号：SAC/TC63/SC9

成立于2010年，负责全国制冷剂专业领域的标准化技术归口工作，承担ISO/TC86/SC8(制冷和空气调节技术委员会制冷剂和制冷润滑剂分会)中相关专业领域的国内技术归口工作，秘书处挂靠在中国石化北京化工研究院，委员来自于相关管理部门、科研机构、质检机构、大专院校、化工企业。国家标准由国标委主管，行业标准由工信部主管，委托主管部门是中国石油和化学工业联合会。制冷剂分会具体承担制冷剂的国家标准、行业标准、指导性技术文件，包括产品质量标准、通用和专用试验方法标准的制定、修订、复审、宣贯、解释、资料编辑及咨询服务和对国际标准文件投票表态等工作。

所归口的制冷剂产品包括HCFC-22、HFC-134a、HCFC-141b、HFC-152a、HC-600a、环戊烷等。目前制冷剂分会归口制定(已发布)的国标数量10项。国行标已报批和在研项目10项。

(8) 全国化学标准化技术委员化工催化剂分技术委员会

编号：SAC/TC63/SC10

全国化学标准化技术委员会化工催化剂分技术委员会的前身为全国肥料和土壤调理剂标准化技术委员会化肥催化剂分技术委员会(SAC/TC105/SC1)，于1999年11月25日成立。秘书处挂靠单位为南化集团研究院。

2010年分委会调整分委会的归属及更名，2011年5月，经国标委批准，将全国肥料和土壤调理剂标准化技术委员会化肥催化剂分技术委员会的名称调整为化工催化剂分技术委员会，归口调整到全国化学标准化技术委员会。第一届全国化学标准化技术委员会化工催化剂分技术委员会由53名委员组成，秘书处承担单位仍为南化集团研究院。主要负责石油炼制催化剂、无机化工催化剂、有机化工催化剂和环境保护催化剂等化工催化剂领域的国家标准、行业标准制修订工作。

分委会已制定国行标45项，待批标准17项，正在制修订的标准有25项。

(9) 全国橡胶和橡胶制品标准化技术委员会

编号：SAC/TC35

成立于1984年，秘书处设在沈阳橡胶研究设计院。

主要从事橡胶与橡胶制品专业领域内的标准化工作，下设软管(SC1)通用试验方法(SC2)、密封制品(SC3)、乳胶制品(SC4)、炭黑(SC5)、合成橡胶(SC6)、橡胶杂品(SC7)、天然橡胶(SC8)、胶鞋(SC9)、涂覆制品(SC10)、化学助剂(SC12)共12个分技术委员会。在国际上，与国际标准化组织橡胶与橡胶制品技术委员会(ISO/TC45)对口。

(10) 全国橡胶和橡胶制品标准化技术委员会合成橡胶分技术委员会

编号：SAC/TC35/SC6

成立于1984年，秘书处设在中国石油兰州石化分公司。

工作范围为合成橡胶、合成胶乳及其改性材料和专用试验方法，与ISO/TC45/SC3/WG5的业务相对应。

(11) 全国石油天然气标准化技术委员会

编号：SAC/TC355

2008年4月成立，秘书处挂靠在中国石油天然气股份公司石油勘探开发研究院。负责石油地质、石油物探、石油钻井、测井、油气田开发、采油采气、油气储运、油气计量及分析方法、石油管材、海洋石油工程、安全生产、环境保护等专业国家标准的制修订等标准化工作。

委员由中国石油天然气集团公司、中国石油化工集团公司、中国海洋石油总公司、中国石油天然气股份有限公司、中国中化集团公司等石油企事业单位推荐的61名委员组成，

目前，经国家标准化管理委员会批准全国油气标委已组建了液化天然气分技术委员会。其他全国油气标委分标委会的组建工作待国家标准委批复之后进行。油标委下设石油地质、石油物探、石油测井、石油钻井、油气田开发、采油采气、油气储运、石油计量、石油节能、石油安全、石油管材、石油仪器仪表、石油信息、工程建设、劳动定员定额和海洋石油工程等16个行业性专业标准化技术委员会，以及环境保护工作组。

（12）全国石油钻采设备和工具标准化技术委员会

编号：SAC/TC96

全国石油钻采设备和工具标准化技术委员会成立于1987年10月，经过整顿审核，国家标准化管理委员会于2002年11月28日确认。2009年6月进行了委员调整，现有委员69人。

标委会主要从事石油天然气工业钻井与作业、采油领域的设备和工具标准化工作的技术组织，负责石油天然气工业钻采设备和工具专业的国家标准和行业标准的技术归口工作，并承担国际标准化组织ISO/TC67委员会和美国石油学会(API)国内归口的标准化业务工作。

（13）全国天然气标准化技术委员会

编号：SAC/TC244

全国天然气标准化技术委员会于1999年9月6日成立。2008年，全国天然气标准化技术委员会进行了换届工作，第三届委员会由2名顾问和71名委员组成。

标委会主要从事天然气(包括井口天然气、管输天然气、车用压缩天然气、煤层气)及天然气代用品从生产(井口)到用户全过程的术语、质量、测量方法、取样、试验和分析方法的标准化工作。负责天然气专业领域内标准化技术归口工作和承担国际标准化组织天然气技术委员会(ISO/TC193)对口的标准化技术工作。

（14）全国煤化工标准化技术委员会

编号：SAC/TC469

全国煤化工标准化技术委员会主要负责煤化工转化技术用原料及工艺、煤炭为原料的化学品、炼焦及煤焦化学品、煤化工产品检测方法等领域(不含醇醚燃料领域)的国家标准制修订工作。

全国煤化工标准化技术委员会由国家标准化管理委员会直接领导，由山西省质量技术监督局会同中国煤炭工业协会和中国石油和化学工业联合会负责日常管理。

（15）全国安全生产标准化技术委员会

编号：SAC/TC288

成立于2006年7月，秘书处挂靠在中国安全生产科学研究院。主管部门是国家安监总局，下设煤矿、非煤矿山、化学品安全、烟花爆竹、粉尘防爆、防尘防毒、涂装作业7个分技术委员会。

业务范围：矿山安全、粉尘防爆、涂装作业安全、化学品安全、烟花爆竹安全、工矿商贸安全(不包括已有安全生产主管部门的行业)以及有关综合性的安全生产等领域国家标准制修订工作，不包括相关领域产品的国家标准制修订工作。已制定国行标410余项。

（16）能源行业煤层气标准化技术委员会

编号：NEA/TC13

2011年2月24日由国家能源局批准成立。第一届委员会由中联煤层气国家工程研究中心有限责任公司、中国石油天然气集团公司、中国石油化工集团公司、中联煤层气有限公司、山西晋城无烟煤矿业集团有限责任公司、中国石油大学(北京)等多家企事业单位和高等院校的62名委员组成。标委会秘书处由中联煤层气国家工程研究中心有限责任公司承担。

主要负责煤层气地面勘探、开发和综合利用相关标准化技术工作，承担国际标准化组织煤层气技

术委员会(ISO/TC263)对口的标准化技术工作。

(17) 能源行业煤制燃料标准化技术委员会

编号：NEA/TC19

2012 年 1 月由国家能源局批准成立，标委会由煤制燃料行业生产企业、设备制造企业、工程设计单位、行业协会等单位组成，委员由在职技术和管理专家组成。秘书处挂靠在中国神华煤制油化工有限公司。

业务范围：负责以煤为原料生产各类油品、天然气、甲醇/二甲醚等燃料产品的标准化工作。

(18) 能源行业生物液体燃料加工转化标准化技术委员会

编号：NEA/TC22

2012 年 1 月由国家能源局批准成立，标委会秘书处由中粮集团有限公司(国家能源生物液体燃料研发(实验)中心)承担。第一届能源行业生物液体燃料加工转化标准化技术委员会由 27 名委员组成。

负责能源行业生物液体燃料加工转化标准化技术委员会主要负责生物液体燃料(包含基础、原料集运、加工转化、清洁生产、耗能等)相关标准化工作。

(19) 能源行业页岩气标准化技术委员会

编号：NEA/TC26

2013 年 8 月由国家能源局批准成立。委员会由中石油、中石化、中海油等国内石油勘探开发企业和相关研究单位和大学的有关专家组成。标委会秘书处挂靠在中国石油西南油气田分公司。

主要从事页岩气标准化工作的技术组织，其主要职责是负责能源行业页岩气标准的归口管理，研究建立页岩气全产业链标准体系，开展页岩气通用及基础标准研制等相关标准化工作。

1.3 中国石化标准化概况

石油石化是技术密集型、资金密集型行业，对标准化的要求和标准化的水平都比较高。世界上第一家石油公司是由洛克菲勒于 1863 成立，巧合的是公司名称就叫“标准”石油公司。中国石化自诞生之日国家就赋予了石油化工行业主管的任务，虽几经变迁，中国石化依然在石油化工行业具有领先优势，在中国的石油工业处于一流水平，标准化一直受到集团公司的重视，标准化一直在国内处于领先水平。

1.3.1 历史、现状和形势

中国石化总公司自 1983 年成立以来，作为行业归口管理部门，一直执行国家标准化法律法规和方针政策，同时代为管理石油化工国家和行业标准。中国石化总部在原科技发展部成立标准处，负责管理石油化工国家和行业标准制修订工作，同时对中国石化总公司所属各企业的二级企标根据标准化法规定“双备案”制度进行监督管理，2000 年之前，很少制定中国石化一级企业标准。为适应加入 WTO 后国家质量、标准化和计量由国家质量监督检验检疫总局统一管理的新形势，2001 年中国石化在原科技开发部下设技术监督处，归口管理中国石化的质量、标准化和计量工作。在标准方面，由技术监督处对外代表集团公司参与涉及中国石化生产过程的国际、国家和行业标准制修订工作，对内建立健全中国石化标准体系，对各分子公司二级企业产品标准备案工作，满足公司业务发展需求。

石油化工行业标准一直由中国石化代管，没有成立石化行业标委会。对于石油化工国家标准，2005 年 3 月 29 日，以中国石化等三大石油公司为主成立全国石油产品和润滑剂标准化技术委员会(TC 280)，秘书处设在石油化工科学研究院，负责炼油产品和润滑剂国家标准的制修订工作，并协调合成树脂、合成橡胶和合成纤维国家标准的制修订工作。对于石油工业行业标准，从 1963 年第一个石油部颁标准开始，一直由石油工业部管理。1984 年 11 月 4 日，成立了石油工业标准化技术委员会，管理石油工业行业标准的制修订工作。1998 年～2000 年一度将职能移交给国家经贸委石化局，2001 年 9 月 8 日以三大石油公司为基础重新成立石油工业标准化技术委员会。2008 年 5 月 9 日，以中国石油等三大石油公司成立全国石油天然气标准化技术委员会(TC 355)，秘书处设在中石油标准化研究所，负责石油天然气勘探、开发、储运等专业国家标准制修订工作。这两个委员会是中国石化参加的最重要的国家专业标准化技术委员会。除此之外，中国石化还参加了全国天然气标准化技术委员会(TC 244，2009 年 10 月成立)、全国石油钻采设备和工具标准化技术委员会(TC 96，1987 年 10 月成立)和全国塑料制品标准化技术委员会(TC 48)等专业标准化技术委员会，以及生物液体燃料加工转化标准化技术委员会(2012 年 10 月 24 日成立，秘书处设立在中粮)、煤制燃料标准化技术委员会(2011 年 6 月 24 日，秘书处设立在神华)、页岩气标准化技术委员会(2013 年 8 月 21 日成立，秘书处设在中国石油西南油气田分公司)等行业标准化技术委员会。

目前归口管理 800 多项国家、行业标准、国军标和实物标准。

以中国石化为主制定了 2 项国际标准，2 项国外先进标准(ASTM)。

中国石化企业标准制定了一级企业标准 800 余项(其中 211 项工程建设标准打包成一项一级企标)，二级企业标准 2000 多项。

中国石化目前承担的国外标准化组织仅有 ASTM D16.02“芳烃及相关化学品技术委员会”及其秘书处工作。

中国石化标准化的工作在国内同行业处于领先水平，无论是影响力，标准总数，还是标准制修订的质量水平均得到业界公认。但与国际大石油公司相比，中国石化对主营业务相关的国际标准影响力、制定的国际标准总数和总体标准质量水平等环节均处于明显劣势，与中国石化在国际上的地位很不相称。

目前中国石化标准化面临的挑战主要来自两个方面，一方面是全民标准化意识的提高和国内标准市场化改革的深化，社会对中国石化传统领域负责的国家和行业标准不断提出更高要求，如车用汽柴油标准。一些地方和企业抢先提出或制定涉及中国石化核心优势业务领域的各级标准，使中国石化标准化传统优势领域受到挑战。如京 V、沪 V、粤 V 车用汽柴油地方标准和生物航煤国家标准。同时国家行业标准化主管部门对新兴交叉学科成立国家或行业标准化技术委员会，争夺标准主导权的现象越来越普遍。

另一方面是集团公司内部对标准化的要求提高。随着中国石化进军海外步伐，应对 REACH 法案等国际化业务和国际化纠纷的增多，中国石化标准化与国际标准接轨的要求越来越高。中国石化国内新业务领域的重点工程，如川东北高酸性气田、非常规油气勘探开发、长距离送气管道、煤化工业务拓展等，对标准化的常规发展模式提出新的挑战。同时集团公司对全业务领域管理水平的要求不断提升，提出一系列技术与管理相结合的标准制修订任务，如 HSE 标准、境外安保标准、水务标准、加油站形象标准、自产原油标准等等。

ISO 在 20 世纪 90 年代曾经把企业标准化划分为四个阶段：

(1) 运用标准阶段(过去)：企业内部标准广泛应用，极少或没有参与外部标准制定，被动地使用外部可用或成熟的标准；

(2) 标准化(普通)：开始减少使用内部标准，尽量采用外部标准，在企业内部协调主要标准的发展，但在参加外部标准制修订时，没有专注参加与企业战略紧密相关的技术标准委员会；

(3) 标准化(先进)：个别情况下使用内部标准，主动参与国内外标准组织的技术委员会，主动参加国内外标准组织的管理和政策委员会；

(4) 标准战略管理(未来)：专注参加与其全局发展紧密相关的战略性标准工作，参与外部标准工作为业务职能部门战略规划的重要组成部分，管理层对标准战略管理的全球影响性达成共识。

结合中国石化标准化工作的实际，目前，中国石化明显处于 ISO 划分的第一阶段，大量企业标准层出不强，被动使用现有成熟外部标准，对中国石化现有继承的在国内主营业务产品国家和行业标准影响力不够，对国际标准影响力基本空白。

面对严峻复杂多样的标准化形势和任务，以及薄弱的标准化基础和意识，中国石化标准化常规的制修订和宣贯工作需要转变思维和模式，变被动为主动，建立一整套以提高中国石化核心竞争力和长期经济效益为核心的工作方针、发展战略和工作方法。中国石化的标准化道路依然任重道远。

1.3.2 中国石化标准化工作方针

2011年2月23日，发布了《中国石化标准化管理办法》(中国石化科〔2011〕141号)。这是中国石化标准化管理的根本性文件，规定了中国石化标准化的方针、任务、体制、组织机构和职责、工作程序和监督等方面的内容。

中国石化标准化实行“统一规划、完善体系、整合提高、国际接轨、创新发展”的工作方针。

在国际上，要逐步提高国际标准化的参与力度，积极参与相关国际标准化机构的活动，尝试接手国际标准化组织的TC和SC工作，提倡采用国际标准和国外先进标准，加大与国际大石油公司标准化的交流，参加并影响对中国石化有长远利益的国际标准制修订工作。在国内标准化组织方兴未艾的形势下，稳固中国石化在国内标准化的优势领域，扩张新兴业务领域标准化的主导权，主导成立与中国石化主营业务相关的国家和行业标准化技术委员会，积极“跑马圈地”，占领发展先机，对于非中国石化主导的标委会要主动承担有中国石化技术优势和特色的标准制修订任务。对中国石化集团公司内部，以服务生产、积极采用科技创新成果、提高生产经营管理水平为宗旨，严把标准立项和制修订质量，加大标准整合力度，创新标准管理模式，提倡形式多样的标准宣贯形式，提高二级产品企标的备案工作质量，采用信息化手段一体化管理中国石化标准化工作，加强业务板块沟通合作，积极应对中国石化外部和内部质量事故和纠纷中的标准问题。

1.3.3 中国石化标准化组织机构和任务

中国石化企业标准化管理委员会是中国石化标准化管理的最高决策机构。科技部是中国石化标准化工作的归口管理部门。受科技部委托，石油勘探开发研究院、石油工程技术研究院、石油化工科学研究院、北京化工研究院、燕山分公司树脂所、青岛安全工程研究院等作为标准化技术归口单位开展中国石化标准化的相关工作。

中国石化标准化工作实行统一领导、分级管理、分工负责的管理体制。由集团公司科技部统一归口管理，各管理部门和事业部分工协作，各分子公司标准化主管部门分工负责。但与国内其他石油公司不同，中国石化没有按专业建立覆盖全流程的专业标准化技术委员会，而是按照主营业务和关键控制环节设立了勘探、石油工程、炼油、基本有机化工、合成树脂、安全环保等6个标准化技术归口单位，辅助科技部管理标准化的立项、制修订、宣贯和二级产品企标备案工作。

对于国内石油石化行业，标准化发展成熟度较高，已有的石油行业和石化行业国行标已经达到3000多项，相关国际标准和国行标已经较为全面覆盖了产业流程，标准化过程中的主要矛盾已经从主营业务标准的制修订工作转变成为现行各级标准的整合提高、新业务标准体系的建立、各行业标委会相关标准之间的矛盾，再按照国家和行业标准体系构架建立门类齐全的专业标委会只会适得其反，降低标准化的效率。同时按照ISO的企业标准化阶段划分，中国石化标准化下一个发展阶段是减少内部标准的使用，注重协调内部主要标准的发展。

中国石化标准化的任务是贯彻执行国家有关标准化的法律法规和方针政策，根据中国石化生产经营需要，统一规划，以各种形式组织开展中国石化各级标准的制修订和宣贯实施；建立健全中国石化标准体系，提倡采用国际标准、国外先进标准、国家和行业标准；整合中国石化各级企业标准，逐步减少企业内部标准，提高标准质量；积极参与国际标准化活动，关注并参与石油石化关键性标准；推进技术创新成果标准化，加速知识资产有形化，提升中国石化国际竞争力。

同时中国石化受国家和行业标准化主管部门委托，完成石油和石油化工专业领域内的国家标准和行业标准的归口管理工作。拓展石油石化和新兴业务领域标准化工作。

1.4 企业标准化工作相关问题的思考

标准从立项、制修订、宣贯到复审全过程是一个严谨的规则形成和循环提高过程，其中涉及管理和技术方面许多深层次的思维和考量。中国石化的标准化还处于发展的初级阶段，对标准的目的、适用性、成本、知识管理、可执行性、标准体系整体性和标准宣贯等认识较为肤浅，容易出现标准制修订和执行中的各种问题。

1.4.1 标准的目的和适用性

标准的定义中明确指出标准的目的是建立“最佳秩序”，是指在正常环境下，由符合道德准则和技能要求的自然人，按照共同的程序进行活动所能达到的最优目标。对于企业来讲，这个“最佳秩序”就是生产效率、成本等生产要素和安全、环保、质量、法律等风险要素的一个中长期最佳平衡点。目前，从中央到地方、从集团公司总部到各分子公司的各级管理人员普遍认识到在西方发达国家标准化起到了巨大的作用，也发现在具体执行过程中标准相比规章制度具有更好的可执行性和中长期约束力，所以面对难点和混乱问题，往往胡子眉毛一把抓，急匆匆要求制定能解决这些问题的标准或添加能约束混乱现象的具体指标。对于国家标准，最明显的例子是：在牛奶国家标准中加入了三聚氰胺的限值和分析方法；在车用汽油国家标准中，有关部委要求加入氯、硅、苯胺等限值和分析指标，在制定原油国家标准中三大公司要求加入氯含量限值。这些都是要求标准解决非法活动和道德缺失的问题，填补法律法规、规章制度的空白。这样既造成了标准目的混乱，标准执行力下降，又造成了标准执行成本上升。所以标准立项过程中首先应当把握标准目的的唯一性，不是为了防范非法和违规行为，而是为了达到正常情况下的“最佳秩序”。

标准目的的唯一性还体现在标准制定的动机。一些标准项目提出的动机不纯，往往是希望推销标准制修订企业的技术和产品，借助标准管理部门的权力和标准的影响力，缩短技术和产品的推广过程，甚至达到远超市场正常竞争所应达到的程度和范围。例如近几年人大提案中都会提出修订车用汽油国家标准，在汽油中强制加入某公司已有知识产权的新型清净节能添加剂。中国石化集团公司标准立项中则多次出现制定某种新型下井工具标准，或是一种新节能计算软件标准等等。这些标准的立项动机中掺杂了非市场竞争的因素，一旦制定发布其结果也往往是造成了市场的不正当竞争。早期中国石化一级企标中曾制定过一些新产品标准，如耐油沥青、彩铺胶结料等，希望打开市场，结果是这些制定的标准数年来无人问津，产品也从未在市场上得到应用，占用了中国石化标准化的资源。

还有一类标准是我国市场经济体制不完善和中国石化快速发展过程中出现的临时应对标准，也可以说是“怪胎”。这类标准出台的目的就是为了避税，或者是为了炼化企业解决非主流产品的出路。对于这类标准要认识到虽然标准是临时的，但具体技术指标不能低于国家行业相关标准，在标准的范围描述中不能弄虚作假，要合理利用国家和地方的法律法规。当升级到国家或行业标准时，应当从全局出发。

1.4.2 标准化的成本

标准的结果是“最佳秩序”，是标准化的回报。但这种回报需要先期和后期的投入，也就是标准的成本。标准成本主要由制修订标准成本和标准执行成本两部分构成。标准制修订成本是由高素质的标准制修订人员在调研、撰写、审查和维护过程中产生，是显性成本。所以国际大公司自己制定的标准很少，都是积极采用外部专业标准化机构制定、全社会共同负担成本的国际标准和国外先进标准，追求标准成本最低原则。同时对于一些绝大多数技术指标与参考标准相同，只是适用于某些特殊地域、特殊工况等特定条件下的标准，国际大公司普遍采用标准补丁模块的方式降低标准制修订成本，这种先进的经验也应当得到中国石化的推广和应用。

标准执行成本则是由执行标准所需的仪器设备购置、产品质量控制等显性成本和标准执行人学习、培养等隐性成本构成，是每一个执行该标准的企业必须负担的成本。其中隐性成本往往是最容易被忽略的，是我国标准化工作的一个误区。人的记忆力是非常有限的，一般来说普通人有效记忆的规则不超过 10 条，而标准则需要占据这些有效记忆规则，这就产生了管理学的机会成本问题。所以标准不是越多越好，过多的标准只会令操作人员无所适从。

标准一定有使用标准的主体，使用标准主体如果过少，则标准化的回报就非常少，标准的投资回报率就低。对于中国石化一级企业产品标准，一般遵守的原则是执行该产品标准的分子公司不低于 3 家，低于 3 家则应当制定二级企业产品标准。对于方法标准则看是否有利与提升中国石化的整体技术水平和竞争力，如果只是个别企业使用，技术仅适用于特性情况，技术水平一般，也应当制定本企业的二级标准。

1.4.3 标准的知识管理

企业标准是企业拥有的自主知识产权，是企业在生产经营活动中管理和技术的积累和升华，应在使用过程中注意保密。在现阶段国家整体的计划经济标准模式下，从国家到地方标准的保密性和资产属性都得不到重视，甚至故意侵犯。在一些国家标准主管部门的会议上，经常提出修订标准指标来源于中国石化的某项标准或内控指标，在一些国家和行业标准审查会上，中国石化以外的起草单位也明确写明中国石化的企业标准是如何设置指标和项目的。在制定中国石化企业标准过程中，一些标准在编制说明中明确写明参照国内某大公司企业标准制定，或参照国外某公司的某项标准制定。这种认为标准就应该全社会共同拥有、无须保密的意识与国际上标准属于知识产权的认知明显相悖，是对标准起草人和标准所属单位无形资产的刻意侵犯，也不利于标准市场的形成，应当坚决予以制止。由于标准化法的要求，中国石化的产品标准也必须到当地技术监督部门备案，造成企业产品标准中的技术关键易于流失，对企业标准的保密构成了挑战。面对这种企业标准无形资产易于流失的现状，中国石化的标准化制度也应探讨应对的策略，如标准分保密级别，需要保密的标准制定两种版本，只拿出公开版本用于政府的产品标准备案，将同版本双备案制度变为不同版本分别备案。

标准一旦制定，就会在中长期的时间范围内长期存在，甚至经过几代人长期反复修订，所以标准制修订的编制说明需要就标准项目的设置、技术指标的确定、关键技术环节优缺点的综合考虑、当时市场情况等详细论述，明确记录在案，以便后人在修订过程中通盘考虑。国家和行业标准以及中国石化的一些企业标准的编制说明，往往只是交代标准任务来源，注明没有国内外同类标准，再记录开过几次会议的流水账，对后人没有任何参考作用。如国军标枪炮润滑脂，在 1967 年首次制定，编制说明没有论述有关技术指标，在 2004 年修订过程中就遇到问题，无法用先进简单的现有方法替代原有落后繁琐的手工方法。后来无意中发现是一位已经退休的老同志大学毕业到厂实习期间草草制定的标准。所以对于编制说明，所有起草人员都应重视，这是标准知识管理的一个重要环节，是一个大公司走向成熟的重要标志。如果要明确编制说明的篇幅，建议制定标准不低于 10000 字，修订标准不低于 5000 字为宜。

1.4.4 标准的可执行性

所有标准都应当是可执行的。但受标准起草人知识水平的限制、法律法规的矛盾和部门利益的驱动等内在和外在因素的影响，标准的可执行性不断受到挑战。如商品丙丁烷混合物国家标准，按照国家产品质量法的规定，必须留样 3 个月，标准也对留样做了规定。但实际执行过程中液化气留样小钢瓶密封问题难以解决，留样也没有代表性。同时液化气又属于易燃易爆产品，大量的留样小钢瓶堆积在一起人为增加了安全风险。有些标准，起草专家只是站在自己的专业领域来看问题，制定的标准非常片面，给企业带来不必要的成本增加，甚至完全不可行。如 GB 6950《轻质油品安全静止电导率》要求所有轻质油品必须添加抗静电剂，使电导率达到 50pS/m，而国际上除了航空煤油，没有任何一个国家强制要求汽柴油电导率。仅这一项技术指标，就使我国炼油工业每年增加成本 1 亿元以上。更有甚者，2009 年发布的 GB 13348《液体石油产品静电安全规程》强制要求液体石油产品的电导率限值从 50pS/m 提高到 250pS/m。我国质量法要求出厂产品应在 3 个月内必须还能符合标准，而对于柴油等油品添加大量抗静电剂后虽然能短时达到电导率指标要求，但衰减非常快，企业无法按照标准组织生产，而且抗静电剂对于内燃机具是一种污染物，添加较多会妨碍运输机具的运行。所以制定标准是一门系统工程，必须综合考虑，不能只站在自己专业片面强调某项技术指标，削弱了标准的执行力。

1.4.5 标准体系的整体性

标准从不同方面规范了生产经营活动，而社会面对同一个标准化对象往往推出不同的标准，所以一个企业必须明确针对一个标准化对象采用某个特定的标准，这些特定的标准组合在一起就构成了标准体系。国家有国家的标准体系，在其下面各个专业有专业标准化体系，企业的标准体系是在研究国家行业和地方的标准之后，结合本企业制定的标准提出的，其构成最复杂，但执行性最强。

对于列入企业标准体系的标准，无论是推荐性标准或是强制性标准，只要没有特别说明，各分子公司都必须强制执行。对于中国石化，标准名称中含有推荐性做法、试行等词语时，该标准才是非强制执行的标准。

任何标准体系，体系内标准的技术要求都应当是不矛盾的，所以在标准的制修订过程中，必须对国际国内、国家行业地方、集团公司等各级标准进行充分的调研，不能出现对同一标准化对象要求不一致、甚至相互矛盾的地方。随着国内标准越来越多，这种不一致的现象频繁发生，有些是疏忽造成的，然而有些则是有意的。如车用汽油的国家标准 GB 17930，环保部又发布了一个车用汽油有害物质限值的国家标准，代表环保部门对汽油的意见。

1.4.6 产品研发与标准化的关系

标准化的重要作用之一就是将科研成果转化为标准。但是，标准化与新产品开发的密切程度是我们一直思考的问题。也就是在新产品开发过程中，标准化工作何时介入最为有利？介入的时机如何把握？这对产品标准的质量和新产品研发的水平都有着较大的影响。

中国石化有着将科研开发与标准化紧密结合的成功经验。以润滑油研究开发为例，在 1980 到 1990 年代，先后组织了多次润滑油技术攻关。润滑油攻关组包括润滑油基础油、内燃机油、齿轮油、液压油、汽轮机油、压缩机油、电气绝缘油、金属加工液等分组，攻关组由总部管理部门、石科院和各炼厂的研究所及用户单位的相关研究人员参加，值得一提的是每一个油品攻关组中，除了研发技术人员外都有标准化归口人员参加，他们分别负责各类润滑油的国家标准的制定。因此在润滑油产品研发的各个阶段都有标准化人员参与。尤其是在产品研发之初，由标准化人员提出某类产品国内外标准情况的调研报告，并在此基础上结合市场需求和润滑油升级换代的要求，提出产品试制规格，这对于确定产品的研发方向和替代产品质量水平，保证后期产品标准的先进性和可执行性，发挥了重要的作用。另一方面，通过全程参与润滑油攻关组的工作，锻炼和培养了标准化人员，使他们有机会结合实际了解产品研发过程和油品应用知识，将各项产品指标与设备使用实际直接关联，使得标准指标的确定有根基，不浮漂。采用标准化全程参与产品研发的工作模式，改变了一般情况下产品研发鉴定后再开始标准化工作的两段式工作模式，避免了标准制定脱离实际，一味抄袭国外指标。20 世纪 80~90 年代润滑油攻关的经验证明，“从标准化开始到标准化结束”是产品研发与标准化紧密结合、互相促进的成功工作模式，希望这种方式和理念在中国石化的企业产品标准化工作能够发扬光大。

1.4.7 自主制定高质量的企业产品标准

中国自 20 世纪 80 年代开始，标准化工作逐步走上正轨。但是，走过 30 年后，有一些问题值得反思。我们的标准多为抄来的而不是自主制定。如果将 20 世纪 80~90 年代，归纳为产品标准从无到有的第一阶段，可以在尚未搞清国际或国外先进标准的思路和缘由的情况下，先进行采标工作。但是，20 年过去了，到 21 世纪，我们的标准化工作应当在总结过去的经验和教训的基础上，有自己的创新内容，应当在标准的维护过程中，通过复审和修订纠正前期标准的不足或错误，融入自主研发的成果，制定真正具有中国特色的支持民族工业发展的高质量的产品标准，使得标准化真正步入螺旋式上升的发展路径。在这个问题上，企业标准可以有所突破。企业标准的实施范围相对国家或行业标准来说比较窄，因此真正的利益相关方就是生产方和使用方。在我们学习标准的工作方式方法和程序的同时，更需要掌握作为一个标准化人员的专业素质，即标准化意识，标准化的理念、标准化的敏感度和对标准的内涵的理解。

制定一个高质量的企业产品标准，是相当具有挑战性的任务。标准做到什么程度似乎都能够通过审查，但标准的质量体现在实施阶段，高质量的标准可以给企业带来巨大的经济效益和社会效益，但是标准中的一些问题一旦在制定阶段被忽视，发布实施后可能造成巨大的损失和不可挽回的影响，对于一个企业甚至是致命的。

一个高质量的企业标准应当具备以下要素：

——标准文本和格式规范，文字简练、流畅，无生涩难懂、需要左右推敲的语言；

——技术内容完整、使用范围贴切、技术指标合理，产品性能由适当的检测方法表征，供需双方利益均衡。

——在标准制定过程中，能有效识别和控制来做各方面的风险，安全问题相关章节编写完整，引用基础标准准确；

——标准编制说明编写规范、详实记录了标准制定过程中的重要问题，有较好的可追溯性，数据充分且对各项指标的确定构成支撑。

1.4.8 标准的宣贯

标准只有经过宣贯实施才能转化为生产力。我国标准化工作一贯重视制修订，轻视宣贯工作，只有不到十分之一的标准进行了宣贯。而且标准的宣贯模式千篇一律，都是集中会议宣贯，由标准主要起草人讲课的模式，这在以前媒体只有报纸电视、交通不便的时代也许是合理的。这种宣贯的效果和企业执行的情况只能等待标准逐渐扩散到所有基层的操作人员，有些标准甚至几年后具体操作人员还不知道有新的标准出现。而面对信息爆炸的21世纪，网络覆盖到了社会的每一个角落，应当探索更加快捷，更加有效的标准宣贯模式，如网络课堂、Flash动漫等，使标准的作用得到更快更好的发挥。

总之，标准化在中国、在中国石化还是处在不断成长的过程中。据有关资料显示，中国的劳动生产率大约是美国的15%，目前以大约每年6.4%的速度增长。如果美国原地踏步，以目前我国劳动生产率提高的速度，31年后劳动生产率可以追上美国，对于石油石化行业情况也大体类似。标准作为劳动生产率的倍增器，必然受到越来越广泛的重视。国资委2011年发布了《中央企业科技创新管理办法》，其中对大型国有企业负责人的考核中明确规定获得国家发明一等奖单位负责人总分奖励0.6分，作为国际标准第 起草人单位负责人奖励0.5分，获得国家科技进步 等奖单位负责人奖励0.4分，作为国际标准第二起草人单位负责人奖励0.25分。标准化的成果不仅是中国石化经济效益的助推器，也是国家对中国石化主要负责人考核的加分项目，相信中国石化的标准化会得到更大的发展。

2 标准化基础知识

2.1 标准化的重要性和作用

随着社会进步和经济发展，标准化发挥着越来越重要的作用。在计划经济时代，标准的主要作用是为产品的生产服务。而在当今社会主义市场经济的发展进程中，在经济全球化的时代背景下，标准在全球贸易中的地位得到更大提升。对于一个国际化的大企业来说，标准已经成为赢得市场竞争的有力武器。掌握了标准的制定权，就掌握了市场的主动权，一般来说，标准化的主要作用表现在以下几个方面：

1）标准化为科学管理和现代化大生产奠定了基础。随着科学技术的发展，生产的社会化程度越来越高，分工越来越细，生产协作越来越广泛，这就必须通过标准化，来保证各生产环节的活动，在技术上保持高度的统一和协调，合理发展产品和服务品种，以更好地满足社会需求。标准化在保证生产的同时也为科学管理提供了依据。所谓科学管理，就是依据客观经济规律对企业进行管理，而各种科学管理制度的形成，都是以标准化为基础的。

2）标准化是促进技术进步和科技创新的重要手段。技术进步和科技创新是经济和社会发展的根本动力，实践证明，充分发挥标准的技术扩散作用和桥梁作用，可以实现科技成果向生产力的快速转化，使科技优势转化为竞争优势进而转化为经济优势。标准化是推出新产品、形成新产业、促进产业结构优化升级的重要手段和措施。

3）标准化在保障人身健康、安全生产，促进自然资源的合理利用，保持生态平衡和可持续发展方面的作用更加突出。近年来，大批与环保、卫生、安全相关标准制定并发布实施，对维护人类社会当前和长远的共同利益有着至关重要的作用。这些标准已经越来越多地被相关的法规所引用，使标准的实施得到有力的保障。

4）标准化在各社会组成部分之间发挥协调作用，确立共同遵循的准则，建立稳定的秩序。标准化应用于科学研究，可以避免在研究上的重复劳动；应用于产品设计，可以缩短设计周期；应用于生产，可使生产在科学有序的基础上进行；应用于管理，可促进统一、协调，提高效率。按照规范的程序制定的标准，在保证产品质量，维护消费者利益、消除贸易障碍，促进国际技术交流和贸易发展、提高企业的应变能力和产品在国际、国内市场上的竞争能力方面具有重要作用。

2.2 标准化的基本概念

本节对“标准”和“标准化”等基本概念以及标准化活动的主要内容、标准的种类等问题进行讲述。

2.2.1 “标准”的定义

“为了在一定范围内获得最佳秩序，经协商一致制定并由公认机构批准，共同使用和重复使用的一种规范性文件。”这就是 GB/T 2000.1—2002《标准化工作指南　第 1 部分：标准化和相关活动的通用词汇》对“标准”的定义。

上述定义所表述的“标准”的含义主要有以下几方面：

1）制定标准的目的是“获得最佳秩序”。所谓“最佳秩序”，是指通过制定和实施标准，使标准化对象的有序化程度达到最佳状态，使相关方的利益均衡，而不是仅仅追求某一方的利益，即追求总体利益最大化，这也是国际标准或国家标准所追求的目标。

2）标准不应是局部的片面的经验，也不能仅仅反映局部的利益。这就需要有关方面（如生产、使用、政府及其他利益相关方）充分协商一致，最后要从共同利益，即最佳经济效益或社会效益出发做出规定。这样制定的标准才能既体现出科学性，又体现出民主性和公正性。

3）在生产和生活中经常会遇到同一类技术活动在不同地点、不同对象上同时或相继发生；或某一种概念、方法、符号被许多人反复应用。对重复事物制定标准的目的是总结以往的经验，选择最佳方案，作为今后实践的目标和依据。标准化的技术经济效果有相当一部分就是从这种重复活动中得到的。

4）国际标准、区域性标准以及各国的国家标准是一种公共资源，是社会生活和经济技术活动的重要依据，是各相关方利益的体现，必须由能代表各方面利益，并为社会所公认的权威机构批准，方能为各方所接受。

2.2.2 “标准化”的定义

“为在一定范围内获得最佳秩序，对现实问题或潜在问题制定共同使用和重复使用的条款的活动。”标准化的定义同样来自于GB/T 2000.1—2002《标准化工作指南　第1部分：标准化和相关活动的通用词汇》。

标准化活动包括标准的制定、标准的实施、标准的复审进而修订的过程。这个过程是一个不断循环、螺旋式上升的过程。每完成一个循环，标准的水平就提高一步。标准是标准化活动的产物，标准化的效果通过标准的实施得以体现。因此，标准化的“全部活动”中，实施标准是个不容忽视的环节。标准化活动所建立的规范具有共同使用和重复使用的特征。标准条款或规范不仅针对当前存在的问题，而且针对潜在的问题，这是现代标准化的一个显著特点。

2.2.3 标准化活动

标准化活动的基本功能就是总结实践经验并将其规范化和普及化。今天，标准化活动几乎遍及社会生产和生活的各个角落。

2.2.3.1 标准的制、修订过程

下面主要叙述国家和行业标准制修订过程。

1）标准的立项阶段：根据国家和行业标准化管理规定，标准的立项申报原则上可以是企、事业单位或任何自然人。国家标准或行业标准的立项需通过该领域的标准化委员会或技术归口单位进行申报。标准化委员会或技术归口单位则对申报项目的必要性、紧迫性和可行性进行分析，必要时对一些重要标准的申报情况进行协调。

2）标准的起草阶段：标准草案在起草阶段分为标准征求意见稿和送审稿。标准征求意见稿发往相应的标准化分技术委员会委员以及有相关业务的企业或事业单位征求意见；标准送审稿则是根据反馈意见对征求意见稿进行修改后提出的，是送交审查会进行技术审查的稿件。

3）标准的报批阶段：标准送审稿提交标准审查会进行审查，根据审查结果进行修改后，提交标准报批稿，标准报批稿经该领域标准化技术委员会或标准化技术归口单位复核后上报标准化主管部门批准并发布实施。国家标准报国家标准化管理委员会，行业标准报归口管理的行业部委，如石油和石油化工行业标准报国家能源局或工业和信息化部。

4）标准的发布实施和有效期：国家标准和行业标准分别以“中华人民共和国国家标准批准发布公告”和“行业部委公告”的形式批准发布。一般发布和实施日期之间，有半年左右的间隔，以使相关单位作好标准实施的各项准备。有特殊情况时，经企业申诉，可以根据情况适当延迟标准的执行日期，如延迟原标准所属产品的生产或流通的最后期限。原则是尽量减少企业在新老标准交替过程中承担的损失。

自标准实施之日起，至标准复审重新确认、修订或废止的时间，称为标准的有效期，又称标龄。由于各国情况不同，标准有效期也不同。以ISO为例，ISO标准每5年复审一次，平均标龄为4.92

年。我国在《中华人民共和国标准化法实施条例》中规定国家标准实施 5 年内要进行复审，即国家标准有效期一般为 5 年。根据《企业标准化管理办法》的规定，企业标准的有效期为 3 年。

2.2.3.2 标准的维护过程

已经发布实施的现行标准，经过实施一定时期后，对其内容进行技术性审核，以确保其有效性、先进性和适用性的过程称为标准的复审。复审是标准维护和更新的重要手段。国家和行业标准实施后的复审周期一般不超过 5 年，企业标准实施后复审周期一般不超过 3 年。

国家或行业标准的复审由该领域的标准化技术委员会或技术归口单位组织进行，企业标准的复审由企业组织进行。标准复审主要技术工作包括，对采用的国际标准或国外先进标准以及相关的国家标准、行业标准、地方标准和企业标准等进行查新，收集标准实施中的产品实测数据，分析出现的相关问题，如产品质量水平，生产、使用状况和市场反馈信息等。可发函至相关单位征询对标准的意见和建议。经复审的标准要用书面形式作出复审结论，如反馈的主要意见和处理情况、复审结论和依据等。复审结论有确认有效、修订或者废止三种。复审报告可采用会议审查或函审的形式进行审查。

1）确认有效

经复审后的标准，若其技术内容不需要修改，或仅需作编辑性修改、仍符合当前科学技术水平并满足市场需求的，可继续有效，则给予确认。经确认的标准，在发布时，不改变标准的顺序号和年号，只是当标准再版时，标准代号的年代号后以括号的形式标明确认的年代号。

经过复审后的标准，对标准技术内容仅需少量修改补充，仍可继续使用的，对需要修改补充的内容予以完善后，采用标谁修改单的形式，按照标准的制定程序，经标准化主管单位批准发布。

2）修订

经复审后的标准，若标准主要技术内容需要做较大修改才能满足当前生产、使用和市场要求的，则应作为修订项目。标准修订的程序按标准制定的程序进行。修订后的标准顺序号不变，年代号需改为修订后发布时的年代号。

3）废止

经复审认为，标准技术内容已不适应当前生产、使用和市场的需要、或已被其他标准代替，无存在必要的，则应予以废止。标准的废止需报标准化主管部门批准案。国家标准的废止信息通过国家标准公告发布，行业标准废止信息由行业部委发文通知。企业标准则以公司文件形式通告。

2.2.3.3 标准的实施过程

标准的实施是标准化活动中非常重要的环节。标准的实施主体是企业。目前我国标准的实施监督是通过两条渠道进行，除特殊行业外，生产环节由国家技术监督检验部门负责，流通领域由国家工商局负责，标准实施的监督方式均以产品抽查的形式进行。国家质量技术监督部门已在各省、市逐步建立了检验实验室，国家工商局则将抽查的样品委托技术监督部门或有资质的行业内实验室或企业实验室进行检验。对不合格的产品和生产企业进行处罚并在媒体曝光。中国石化产品标准的实施监督由中国石化下属 14 个质检中心负责抽检监督，其他标准的实施由各分子公司技术监督部门进行监督，总部相关业务部门负责指导。

2.2.4 标准的分类及标准体系

标准化工作是一项复杂的系统工程，为适应社会和经济发展的要求，逐步形成了数以百万计的各种各样的标准，这些标准构成一个庞大而复杂的系统。对这些标准以一种单一的分类方式很难满足各种不同的需求。为便于研究和应用，人们从不同的角度和属性对标准进行分类，这里我们介绍常用的分类方法。

2.2.4.1 根据标准制定的主体分类

1）国家标准

国家标准是指由国家标准机构通过并公开发布的标准。世界上主要国家都有自己的国家标准化机构。我国的国家标准的制定对象是需要在全国范围内统一的技术要求和规范。国家标准由国务院标准化行政主管部门（国家标准化管理委员会）和特殊行业主管部门制定并在全国范围内实施。我国国家标准代号由国家标准的汉语拼音代号（GB）、顺序号和年代号构成。

2）行业标准

行业标准是指由行业组织或协会通过并公开发布的标准。工业发达国家的行业协会属于民间组织，其制定的标准种类繁多、数量庞大，通常称为行业协会标准。

我国的行业标准是指由国家有关行业行政主管部门公开发布的标准。根据我国现行标准化法的规定，对没有国家标准而又需要在全国某个行业范围内统一的技术要求，可以制定行业标准；行业标准由国务院有关行政主管部门制定。石油化工行业标准由工业和信息化部以及国家能源局制定。我国的行业标准类别见表 2-1。我国行业标准代号由表 2-1 所示的行业标准类别的汉语拼音代号、顺序号和年号构成。

表 2-1　中华人民共和国行业标准代号

序号	行业标准代号	行业标准名称
1	NY	农业
2	SC	水产
3	SL	水利
4	LY	林业
5	QB	轻工
6	FZ	纺织
7	YY	医药
8	MZ	民政
9	JY	教育
10	YC	烟草
11	YB	黑色冶金
12	YS	有色冶金
13	SY	石油天然气
14	HG	化工
15	SH	石油化工
16	JC	建材
17	DZ	地质矿产
18	TD	土地管理
19	CH	测绘
20	JB	机械
21	QC	汽车
22	MH	民用航空
23	WJ	兵工民品
24	CB	船舶
25	HB	航空
26	QJ	航天
27	EJ	核工业
28	TD	铁路运输
29	JT	交通
30	LD	劳动和劳动安全
31	SJ	电子

续表

序号	行业标准代号	行业标准名称
32	YD	通信
33	GY	广播电影电视
34	DL	电力
35	JR	金融
36	HY	海洋
37	DA	档案
38	SN	商检
39	WH	文化
40	TY	体育
41	SB	商业
42	WB	物资管理
43	HJ	环境保护
44	XB	稀土
45	CJ	城镇建设
46	JG	建筑工业
47	CY	新闻出版
48	MT	煤炭
49	WS	卫生
50	GA	公共安全
51	BB	包装
52	DB	地震
53	LB	旅游
54	QX	气象
55	WM	外经贸
56	HS	海关
57	YZ	邮政

注：行业标准分为强制性和推荐性标准。表中给出的是强制性行业标准代号，推荐性行业标准的代号是在强制性行业标准代号后面加“/T”，例如石化行业的推荐性行业标准代号是“SH/T”。

3）地方标准

地方标准是在国家的某个地区通过并公开发布的标准。我国的地方标准是指由省、自治区、直辖市标准化行政主管部门公开发布的标准。根据我国现行标准化法的规定，对没有国家标准和行业标准而又需要在省、自治区、直辖市范围内统一的技术要求，可以制定地方标准。

我国的地方标准代号由 DB+省级行政区划代码前两位、顺序号和年号构成。

4）企业标准

企业标准是由企业制定并由企业法人代表或其授权人批准、发布的标准。

企业标准与国家标准和行业标准有着本质的区别，企业标准是企业的无形资产，企业如何制定企业标准，在遵守法律的前提下，完全由企业依据自身的需要和市场及客户的要求决定。企业标准的代号为 Q/+表 2-1 中所属行业代号。如中国石化企业标准代号为：Q/SH。

2.2.4.2 按标准实施的约束力分类

1）强制性标准

强制标准范围主要是保障人体健康，人身、财产安全的标准和法律、行政法规规定强制执行的标准。对违反强制性标准而造成不良后果以至重大事故者由法律、行政法规规定的行政主管部门依法根据情节轻重给予行政处罚，直至由司法机关追究刑事责任。我国强制性国家标准的代号为GB。

为使我国强制性标准与WTO/TBT规定衔接，其范围要严格限制在国家安全、防止欺诈行为、保护人身健康与安全、保护动物植物的生命和健康以及保护环境等五个方面。国家层面的强制性标准需要在发布实施前向WTO通报并在WTO公示三个月，无重大分歧或协商解决分歧后方可发布。

2）推荐性标准

推荐性标准是指导性标准，基本上与WTO/TBT对标准的定义接轨，即“由公认机构批准的，非强制性的，为了通用或反复使用的目的，为产品或相关生产方法提供规则、指南或特性的文件”。推荐性标准是自愿性文件。

推荐性标准由于是协调一致文件，不受政府和社会团体的利益干预，能更科学地规定特性或指导生产，《标准化法》鼓励企业积极采用推荐性标准。推荐性标准的代号是在标准字母代号后面加“/T”，如推荐性国家标准代号为“GB/T”，推荐性石油化工行业标准代号为“SH/T”。

3）标准化指导性技术文件

标准化指导性技术文件是为仍处于技术发展过程中的标准化工作提供指南或信息，供科研、设计、生产、使用和管理等有关人员参考使用而制定的标准文件。

符合下列情况可制定指导性技术文件：

a. 技术尚在发展中，需要有相应的标准文件引导其发展或具有标准化前景，尚不能制定为标准的；

b. 采用国际标准化组织、国际电工委员会及其他国际组织的技术报告。

国务院标准化行政主管部门统一负责指导性技术文件的管理工作，并负责编制计划、组织草拟、统一审批、编号、发布。国家标准指导性技术文件代号由“GB/Z”、顺序号和年号构成。

2.2.4.3 根据标准化对象的作用分类

1）基础标准

在一定范围内作为其他标准的基础并普遍通用，具有广泛指导意义的标准。如：名词、术语、品种、代号、标志等标准；计量单位制、公差与配合等标准；图形符号和工程制图；生产环境条件及可靠性要求等。

2）产品标准

为保证产品的适用性，对产品必须达到的某些或全部特性要求所制定的标准，包括：范围、品种划分、技术要求、试验方法、检验规则、包装、标志、运输和贮存等要求。

3）试验方法标准

以试验、检查、分析、抽样、统计、计算、测定、作业等各种方法为对象而制定的标准。

4）安全标准

以保护人身和财产安全为目的而制定的标准。

5）卫生标准

为保护人的健康，对食品、医药及其他方面的卫生要求而制定的标准。

6）环境保护标准

为保护环境和有利于生态平衡，对大气、水体、土壤、噪声、振动、电磁波等环境质量、污染管理、监测方法及其他事项而制定的标准。

2.2.4.4 根据标准化对象的基本属性分类

按标准化对象的基本属性，标准可分为技术标准、管理标准和工作标准。

1）技术标准

对标准化领域中需要协调统一的技术事项而制定的标准。主要是事物的技术性内容。技术标准的形式可以是标准、技术规范、规程等文件，以及标准样品实物。

技术标准是标准体系的主体，包括基础标准、产品标准、设计标准、工艺标准、检验和试验标准、标识、包装、搬运、储存、安装、交付、维修、服务标准、设备和工艺装备标准、基础设施和能源标准、医药卫生和职业健康标准、安全标准、环境标准等。

2）管理标准

对标准化领域中需要协调统一的管理事项所制定的标准。管理标准与技术标准的区别只是相对的，一方面管理标准也会涉及技术事项，另一方面技术标准也是用于管理。管理标准总的可分为：管理基础标准、技术管理标准、经济管理标准、行政管理标准等。主要是规定人们在生产活动和社会生活中的组织结构、职责权限、过程方法、程序文件以及资源分配等事宜，它是合理组织国民经济，正确处理各种生产关系，正确实现合理分配，提高生产效率和效益的依据。

3）工作标准

工作标准是为实现整个工作过程的协调，提高工作质量和工作效率，对工作岗位或工作程序所制定的标准。工作标准是针对具体岗位和工序而规定人员和组织在生产经营管理活动中的职责、权限，对各种过程的定定性要求以及活动程序和考核评价要求。

通常，企业中的工作岗位大体上可以分为生产岗位（操作岗位）和管理岗位两大类。工作标准也可分为管理工作标准和作业标准。

2.2.4.5　标准体系

标准体系是指一定范围内的标准按其内在联系形成的科学的有机整体。其中，“一定范围”可以指国际、区域、国家、行业、地区、企业范围，也可以指产品、项目、技术、事务范围；“有机整体”是指标准体系是一个整体，标准体系内各项标准之间具有内在的有机联系。标准体系有如下特征：

1）结构性特征　标准体系内的标准按其内在联系分类排列，形成了标准体系的结构形式。

2）协调性特征　标准对象的内在联系决定了标准体系内各项标准的相关性。制定或修改其中任何一个标准，都必须考虑到对其他各相关标准的影响，避免相互矛盾。

3）整体性特征　按标准对象的内在联系形成的标准整体并非是个体标准的简单相加。

2.2.5　标准制修订相关基础标准介绍

标准化工作中涉及的重要基础标准和法律法规为标准化活动提供指导和依据。

近年来，我国关于标准制、修订规则的相关标准体系日趋完善，并基本与国际标准接轨。我国的GB/T 1、GB/T 20000、GB/T 20001 和 GB/T 20002 四个系列标准可以说是制定标准的标准，他们共同构成了标准制修订工作的系列基础标准（见表 2-2）。

表 2-2　1 号、20000 号、20001 号和 20002 号标准信息

分　类	所含标准
GB/T 1 标准化工作导则	GB/T 1.1—2009 标准化工作导则　第 1 部分：标准的结构和编写
	GB/T 1.2—XXXX 标准化工作导则　第 2 部分：标准制定的程序
GB/T 20000 标准化工作指南	GB/T 20000.1—2002 标准化工作指南　第 1 部分：标准化和相关活动的通用词汇
	GB/T 20000.2—2009 标准化工作指南　第 2 部分：采用国际标准的规则
	GB/T 20000.3—2003 标准化工作指南　第 3 部分：引用文件
	GB/T 20000.4—2003 标准化工作指南　第 4 部分：标准中涉及安全的内容
	GB/T 20000.5—2004 标准化工作指南　第 5 部分：产品标准中涉及环境的内容
	GB/T 20000.6—2006 标准化工作指南　第 6 部分：标准化联合行为规范
	GB/T 20000.7—2006 标准化工作指南　第 7 部分：管理体系标准的论证和制定
	GB/T 20000 标准化工作指南　第 8 部分：协调程序代码的建立和应用
	GB/T 20000 标准化工作指南　第 9 部分：采用其他国际标准化文件

续表

分　类	所含标准
GB/T 20001 标准编写规则	GB/T 20001.1—2001 标准编写规则　第1部分：术语
	GB/T 20001.2—2001 标准编写规则　第2部分：符号
	GB/T 20001.3—2001 标准编写规则　第3部分：信息分类编码
	GB/T 20001.4—2001 标准编写规则　第4部分：化学分析方法
	GB/T 20001 标准编写规则　第10部分：产品标准
GB/T 20002 标准中特殊内容的起草	GB/T 20002.1—2008 标准中特点内容的起草　第1部分：儿童安全
	GB/T 20002.2—2008 标准中特点内容的起草　第2部分：老年人和残疾人需求

以上4个系列标准相辅相成，共同构成了标准制修订工作的系列基础标准，为我国各类标准的制修订工作提供依据。

在本教材的后续章节中将会引用表2-2中的部分标准。其中引用频率较高的是GB/T 1.1、GB/T 20000.2、GB/T 20000.4和GB/T 20001.4。

2.2.6　企业标准化

2.2.6.1　企业标准化的基本概念

从标准化定义可以导出企业标准化定义，即"为在企业生产、经营、管理范围内获得最佳秩序，对实际的或潜在的问题制定共同的和重复使用的规则的活动"。企业标准化活动包括建立和实施企业标准体系，制、修订和复审企业标准、发布企业标准和贯彻实施各级标准的过程。

企业标准化是以企业获得最佳秩序和效益为目的，以企业生产、经营、管理等大量出现的重复性事物和概念为对象，以先进的科学、技术和生产实践经验的综合成果为基础，以制定和组织实施标准体系及相关标准为主要内容的有组织的系统活动。

企业标准化应是在企业法定代表人或其授权的管理者领导和组织下，明确各部门各单位的标准化职责和权限，为全体员工积极参与创造条件和环境，提供必要的资源和培训，规定标准化活动过程和程序的系统活动。《企业标准化管理办法》是企业标准化工作的指导性文件。其中，组织制修订企业标准是企业标准化工作的重要任务之一。

2.2.6.2　企业标准体系

企业标准体系是由相互关联、相互依赖和相互作用的若干组系列标准组成的具有特定功能的有机整体，他从属于企业整个生产、经营、管理系统。企业标准体系以技术标准体系为主，也包括管理标准体系和工作标准体系。

企业标准体系内的标准按一定形式排列起来的图表称为企业标准体系表。经过对企业范围内的所有标准的功能进行系统的分析和研究和科学合理的策划，以一目了然的图表形式明确表示所有标准之间的相互关系，对企业标准化的发展规划有着重要的指导作用。

企业标准体系的建立和企业标准体系表的编制参见GB/T 13016—2009《标准体系表编制原则和要求》和GB/T 13017—2008《企业标准体系表编制指南》。

1）企业技术标准和技术标准体系

对企业标准化领域内的需要协调统一的技术事项所制定的标准为企业技术标准。企业技术标准体系的构成，包括其采用的相关国家标准、行业标准、地方标准中的技术标准和企业依法自行制定的企业技术标准。企业技术标准应满足国家标准化法律法规，强制性国家标准、行业标准以及企业总的方针、目标的要求。

2）企业管理标准和管理标准体系

针对企业标准化领域中需要协调统一的管理事项所制定的标准为管理标准。企业管理标准体系的构成包括企业的生产、经营的管理活动所涉及的采购、营销、生产、质量、设备与基础设施、包装搬运储存、测量检验、能源、资源、安全、职业健康、环境、信息等为技术标准的实现提供支持的管理事项。

3）企业工作标准和工作标准体系

针对企业标准化领域中需要协调统一的工作事项所制定的标准为工作标准。工作标准体系的构成包括企业人员的岗位职责、基本技能、工作内容、工作要求、检查、监督与考核，以及相关记录等工作事项。制定工作标准的目的是为了保证技术标准和管理标准的有效实施。

对于列入企业标准体系的标准，除了企业发布的、标准名称中明确标注推荐字样的标准，以及限定范围以外的补充标准，其他强制和推荐性标准都需按照强制性标准执行。

2.2.6.3 企业标准化的地位和作用

企业标准化在企业的生产、经营、管理等活动中具有十分重要的作用，是企业管理现代化的重要组成部分和技术基础。

1）企业标准化是企业生产、经营、管理的重要组成部分

企业的根本任务是以有限的资源投人，生产或提供符合市场需求的产品或服务，并获得最大化的经济效益。标准化把企业生产全过程的各个要素和环节组织起来，按系统工程的原理，使输入转变为输出并产生增值的过程。各项活动达到规范化、科学化、程序化，从而建立起生产、经营的最佳秩序。管理标准和工作标准在企业中具有较强的约束力，是全体员工必须遵守的准则，可保证企业活动"有章可循、有标准可依"，使人们自觉约束行为。

2006年，中国石化制定的"三基管理标准"就是从企业生产和经营的重要环节入手，将管理标准和工作标准相结合，根据油田、炼油、化工、销售等各板块的管理要求制定的。"三基"是基层建设、基础工作和基本功训练的简称。三基管理标准的制定和发布实施，使中国石化的企业标准化工作向前迈进了一大步，对提升中国石化的整体实力有着重要的促进作用。

因此，标准化不仅在企业组织生产和经营管理中起着重要的协调、纽带和桥梁作用，还是实现强化公司治理，实现科学管理的重要基础。

2）企业标准化是加快新产品的研究开发和工业化进程，实现专业化生产的重要途径

在顾客需求多样化和经济全球化的态势下，企业必须充分利用标准化的基本原理，根据市场及顾客的需求和期望，及时调整产品的结构和性能，加大创新力度，缩短科研开发周期，发展适应市场需求且具有差异化特性的新品种和新服务，在企业标准的基础上，实现个性化和小批量的生产要求。企业标准化可以成为新产品研制、开发和工业化过程的纽带和桥梁。中国石化在产品开发中将标准化贯穿始终，企业在新产品研究开发之初，就以国外先进标准或用户要求为依据制定试制规格，并在研究开发及试生产的过程中不断对试制规格进行修改，在产品推向市场前，企业标准已经制定，形成了标准先行的产品研发和工业化路径。中国石化在润滑油脂等新产品研发和市场开发方面，进行了以企业标准引领市场，不断推出个性化产品的成功尝试，大大提高了新产品的市场竞争力，获得了良好的经济效益和社会效益。

3）标准化可以使企业节约资源投入

通过制定和实施企业的原材料和能源标准，简化原材料和能源品种规格，在保证产品质量的前提下，最大限度地合理利用资源，确定原材料和能源消耗定额，减少浪费，节约资源，同时也有利于保护环境。中国石化近来正在制定炼油企业节水减排指标等一系列资源和能源利用管理标准。这正是以标准化来实现资源及能源节约的有益尝试。在这方面有着相当大的潜力。

4）企业标准化是保障生产安全、维护职业健康和强化环境管理的重要措施

生产安全和职业健康与企业的生产、经营、管理过程直接相关，并直接影响企业的生存和发展。目前，生产安全和职业健康标准化已受到广泛关注，其发展趋势是在世界范围内推荐采用统一的安全卫生标准。

中国石化已经在所属企业建立符合国际标准的职业健康、安全、环保等管理体系，大大提升了企业的整体素质和保障能力。2008年建立了安全环保专业企业标准归口单位。迄今为止已制定HSE领

域中国石化企业标准60余项。

5）企业标准化有利于企业建立和完善网络和信息系统，推动企业实现技术进步和高效管理

现代信息技术与标准化相结合形成的信息技术标准化，对21世纪的生产技术革命起着重要的促进作用。企业建立和完善信息技术手段，不仅能对常规的标准化信息，包括标准文件、文献、图书资料以及标准化情报进行有效管理和控制，更重要的是应用计算机、数据库、网络和远程通讯技术在标准化信息检索、计算机辅助设计、计算机辅助生产、计算机辅助管理和远程控制等方面推动企业的技术进步。还可尝试利用网络视频开展标准宣贯。

在网络和计算机辅助管理方面，中国石化已建立了覆盖全公司的“企业资源计划（ERP）”系统，对于公司的生产、销售、采购等各项业务进行网上的信息化管理。另外还在各企业建立了实验室信息管理系统（LIMS），对实验室数据、仪器设备、标准物质等进行动态管理，最大限度减少人为管理的疏漏和错误。上述信息化管理技术的采用，改变了过去的管理习惯，建立了全新的和高效的管理模式。

近年来，中国石化在信息化管理方面取得长足的进步，2010年，成功建立了“中国石化标准化信息系统”，该系统具有强大的功能，实现了一级企业标准制修订和二级企业产品标准备案管理、标准化信息和数据查询、标准化组织机构和人员管理等方面的网络化管理，大大提升了中国石化标准化管理水平和效率。

3 国际标准化

3.1 国际标准与国外先进标准

2001 年 12 月 4 日国家质量技术监督局第 10 号令《采用国际标准管理办法》中规定，国际标准是指国际标准化组织(ISO)、国际电工委员会(IEC)和国际电信联盟(ITU)制定的标准，以及国际标准化组织确认并公布的其他国际组织制定的标准，该办法中同时列出了 ISO、IEC 和 ITU 除外的其他 40 个国际组织的名称。1993 年国家技监局第 35 号令《采用国际标准和国外先进标准管理办法》还对国外先进标准做出了明确规定，是指未经 ISO 确认并公布的其他国际组织的标准、发达国家的国家标准、区域性组织的标准、国际上有权威的团体标准和企业(公司)标准中的先进标准。

目前和石油及石油化工领域密切相关的国际标准主要是 ISO 标准，同时德国国家标准(DIN)、英国国家标准(BS)、日本工业标准(JIS)、法国国家标准(NF)、俄罗斯国家标准(ГОСТ)等发达国家标准，和美国试验与材料协会标准(ASTM)、美国石油学会标准(API)、美国机械工程师协会标准(ASME)国际化学纤维标准(BISFA)等具有权威性的团体标准也是石油及石油化工领域密切关注的对象。目前中国石化已在 ISO 和 ASTM 标准化的相关领域取得了良好的工作进展，本文将给予重点介绍。

3.1.1 ISO 国际标准

3.1.1.1 ISO 国际标准化组织简介

国际标准化组织(ISO)是世界最大的、非政府性国际标准化组织。它成立于 1947 年 2 月 23 日，其前身为国家标准化协会国际联合会(ISA)和联合国标准协调委员会(UNSCC)。ISO 是非政府性国际组织，不属于联合国，但是联合国的甲级咨询机构，与许多联合国组织和其他专业机构保持密切联系，如粮食及农业组织、国际劳工组织、教科文组织、欧洲经济委员会、国际民航组织等。

中国是 ISO 创始成员国之一，也是最初的 5 个连任理事国之一。由于未按章交纳会费，1950 年被停止会籍。1978 年 9 月中国恢复 ISO 成员身份，2008 年成为国际标准化组织(ISO)常任理事国。

ISO 任务包括制定、发布和推广国际标准；协调世界范围的标准化工作；组织各成员国和技术委员会进行信息交流；与其他国际组织进行合作，共同研究有关标准化问题。

ISO 成员：ISO 是一个由各国标准化机构组成的世界范围的联合会、根据该组织章程，每个国家只能有 1 个最具代表性的标准化团体作为其成员。

ISO 成员分成 3 类：成员团体(正式成员)、通信成员和注册成员；

成员团体——在各国具有最广泛的代表性并按照议事规则被接纳为本组织成员的国家标准化团体，可以参加 ISO 的各项活动，有投票权。

通信成员或注册成员——对标准化感兴趣而本国又没有成员团体的国家团体，可以按照理事会规定的程序，登记为无投票权的通信成员或注册成员。

截至 2012 年年底，现有成员 164 个，其中成员团体 111 个，通信成员 49 个，注册成员 4 个。

组织机构：ISO 的主要机构有全体大会、理事会、技术管理局、技术委员会和中央秘书处，ISO 的官员主要包括主席、主管政策、技术和财政的副主席、司库和秘书长。

理事会：是 ISO 的常务领导机构，由正、副主席、司库、秘书长、根据议事规程指定的 6 个成员团体(对 ISO 组织贡献最大的被自动指定为理事会的常任成员)和全体大会选出的 14 个成员团体组成。

技术管理局(TMB)：是负责ISO技术管理和协调的最高管理机构。技术管理局(TMB)的成员由1名主席和理事会任命或选举的12个成员团体组成。TMB的主要任务：就ISO技术工作计划、协调、运作和管理问题向理事会报告，并提供咨询；对TC/SC结构进行全面管理；审查ISO新工作领域的建议，批准成立或解散技术委员会(TC)；修改技术委员会工作的导则；代表ISO复审ISO/IEC技术工作导则，检查和协调所有的修改意见并批准有关的修订文本。TMB的日常工作由ISO中央秘书处承担。

技术委员会(TC)：为开展具体标准的制修订研究工作的技术机构，ISO所有技术委员会都由技术管理局管理。ISO规定，当有关方提出一项标准制定工作要求时，若成员团体多数不反对成立1个专门技术委员会(TC)进行研究，且TMB确信这项工作具有国际重要性，即可授权建立1个TC，并由TMB指定1个成员团体担任该TC秘书处的工作。技术委员会任命1名常务主席，任期6年。对已获准成立TC的课题感兴趣的每个成员团体都有权参加该TC。TC下可设分技术委员会(SC)和工作组。每个TC或SC均有ISO成员团体承担秘书处工作，工作组不设秘书处，但由其技术委员会指定召集人。截至2012年年底，ISO开展工作的有224个技术委员会、513个分技术委员会和2544个工作组。共发布19573项标准和标准类文件。

中央秘书处(ISO/CS)：由秘书长和所需成员组成。秘书长的财务和雇佣条件由ISO主席确定。ISO/CS承担着全体大会、理事会、3个政策制定委员会、技术管理局、标准样品委员会的秘书处的工作。

3.1.1.2 相关ISO技术委员会

(1) ISO/TC28 石油产品与润滑剂技术委员会

ISO/TC28成立于1947年，主要负责石油、石油产品、石油基润滑剂和液压油、非石油基润滑剂和液压油、非石油基液体燃料的术语、命名、取样、技术规格、计量、分析检验方法等方面的标准化工作。该委员会目前主席空缺，秘书处由荷兰和巴西联合承担。

目前，ISO/TC28共有参加成员29个，观察成员57个。下属7个工作组和5个分技术委员会，共归口246项ISO标准，其中127项由TC28直接负责。

(2) ISO/TC45 橡胶和橡胶制品技术委员会

ISO/TC45成立于1947年，主要负责橡胶、橡胶制品和橡胶配合剂的术语、命名、试验方法和技术规格等方面的标准化工作。秘书处设在马来西亚，目前共有参加成员29个，观察成员24个。TC45下属四个分技术委员会和2个工作组。到2012年为止，TC45已发布的国际标准项目总数433项，其中由TC45直接负责的标准为7项，由各分会负责的标准为426项。

(3) ISO/TC47 化学技术委员会

ISO/TC47成立于1947年，主要负责化学化工类产品的标准化工作。该委员会目前主席和秘书处均由日本工业协会承担。ISO/TC28共有参加成员18个，观察成员46个。目前1个分会SC1"通用方法"和1个工作组"化学产品安全数据单"，共归口118项ISO标准，其中102项由TC47直接负责。

1990年以前，ISO/TC47设有12个分技术委员会，各分技术委员会分别负责组织制定各专业范围标准若干项。自1990年以后，ISO/TC47基本上停止了相关的标准化活动。2002年TC47日本秘书处发布公告废除300余项ISO标准，确认继续有效标准为118项，其中大多数标准标龄已超过20年，部分标准技术落后，随后TC47也未开展相应标准的制修订工作和相关的国际标准化活动。

(4) ISO /TC61 塑料技术委员会

ISO/TC61秘书处设在中国，目前共有参加成员32个，观察成员39个，下属十个分技术委员会(SC)。到2012年为止，TC61已发布的国际标准项目总数629个，其中由TC61直接负责的标准为2项，其余均由各分会负责归口。

由于国际贸易和跨国集团公司的发展，当今世界正迅速由区域性市场向全球统一市场转化，因此需要塑料测试使用统一的标准。目前大部分发达国家直接将ISO试验方法标准作为本国标准。亚洲和非洲也有许多国家开始采用ISO方法。美国政府也通过承担TC、SC秘书处和参与标准制修订来积极参与 ISO 的工作。

（5）ISO /TC67 石油石化和天然气设备、材料与海上结构标准化技术委员会

ISO/TC67 成立于 1947 年，主要负责石油和天然气设备、材料与海上结构的标准化工作，秘书处设在荷兰，目前共有参加成员 34 个，观察成员 28 个，下属七个分技术委员会(SC)和 8 个工作组。到 2012 年为止，TC67 已发布的国际标准项目总数 182 项，其中由 TC61 直接负责的标准为 18 项，其余均由各分会负责归口。

（6）ISO /TC193 天然气标准化技术委员会

ISO/TC193 成立于 1988 年，主要负责天然气和气体替代物(气体燃料)的术语、技术规格、计量、取样、分析检验方法等方面的标准化工作。秘书处设在荷兰，目前共有参加成员 27 个，观察成员 29 个，下属十个分技术委员会(SC)。到 2012 年为止，TC193 已发布的国际标准项目总数 53 项，其中由 TC193 直接负责的标准为 13 项，由各分会负责归口的标准为 40 项。

3.1.2 ASTM 美国试验与材料协会标准

3.1.2.1 ASTM 简介

ASTM 是美国试验与材料协会(American Society for Testing Materials)的简称，该组织成立于 1898 年，是美国历史最悠久、规模最大的非盈利性的标准学术团体之一。2001 年，为进一步加快 ASTM 标准的国际化步伐，ASTM 正式更名为 ASTM International。经过一个多世纪的发展，ASTM 现拥有来自 150 个国家、超过 30000 个技术专家和团体参与 ASTM 标准化工作，主要任务是制定材料、产品、系统、和服务等领域的性能标准、试验方法和程序标准，促进有关知识的发展和推广。

ASTM 标准的制定遵循自愿和协商一致的原则。当相关利益方提出标准起草建议，可在分技术委员会内设立工作组或设立新的分技术委员会，分技术委员会会员自愿起草标准，按照 ASTM 流程经过分技术委员会和技术委员会投票表决，对反对票提出的问题采取针对性的措施，经由分技术委员会和技术委员会投票通过，标准才能获得批准，作为正式标准出版。因此，在一项标准编制过程中，对该标准感兴趣的每个会员和任何热心的团体都有权充分发表意见，对每项提出的意见，委员会都会给予研究和处理，从而把各方面的正确意见和建议吸收到标准中加以体现，整个标准体系制定活动频繁，并且卓有成效。

与 ISO 相比，ASTM 会员为个人或组织会员，ISO 为国家会员；ASTM 秘书处相互独立，统一由 ASTM 管理，而 ISO 秘书处分散在各个国家；ASTM 全球任何人可以提出标准项目建议，各委员会有权决定标准项目，ISO 则至少获得五个成员国同意才可立项标准；ASTM 为每个个人或组织会员均有投票权，ISO 则为一个成员国只拥有一个投票权；在委员会费用方面，ASTM 在全球范围内均由美国独自承担，ISO 则由成员国独自承担。

和 ISO 一样，ASTM 的技术组织也是在不同领域建立专业标准化技术委员会。在 ASTM 标准起草过程主要涉及 4 层技术结构，即：技术委员会(main committee)、分技术委员会(subcommittee)、工作组(work group or task group)和工作项目(work items)。

（1）技术委员会：ASTM 的标准制修订工作是由技术委员会承担，而技术委员会由会员组成，所以标准的制修订工作实质上全部由其会员承担。技术委员会是 ASTM 标准制修订工作的关键机构，每个技术委员会都有各自的专业领域，但在标准制修订过程中，也可能出现相关领域技术委员会协同工作的情况。ASTM 现有 144 个技术委员会。

（2）分技术委员会：技术委员会内部通常还会根据领域内的专业方向设立分技术委员会，对应更为明确和具体的专业范围。ASTM 目前有 2200~2500 个分技术委员会。分技术委员会相对稳定，并可根据社会需求的变化由技术委员会确定是否需要组建或撤销。

（3）工作组：是 ASTM 技术委员会中最基本的工作单元，负责某些更具体的工作领域，并直接负责标准的起草工作。其存在形式灵活，通常随着制定标准的工作内容而随时变化。

（4）工作项目：任何会员可以通过 ASTM 的网站申请注册一个新的工作项目开展标准的起草或修

订工作，通常应获得 TC 或 SC 的主席授权，以确保标准的制定工作能够在正常的程序和需要的范围内开展。ASTM 对申请注册的工作项目审核每月进行一次，目前有超过 11000 个工作项目。

3.1.2.2 相关 ASTM 技术委员会

（1）D01　油漆和相关涂料、材料及应用技术委员会

该委员会成立于 1935 年，主要负责油漆和相关涂料、材料产品的分类、采样、样品制备、配方、应用、分析、质量保证等方面的标准化工作。每年一月和六月定期举行为期四天的委员会会议。现有委员 610 名，管辖的标准数量 675 项。下属 30 个分技术委员会，其中术语、易燃品及其安全、干燥油品、聚合物和树脂溶剂、增塑剂和化学中间体、烷烃树脂等分会的工作和石化领域关联性较强。

（2）D02　石油产品及润滑剂委员会

该委员会成立于 1904 年。每年六月及十二月定期举行为期五天的委员会会议。委员会现有约 900 名专家，管辖标准 580 余项，主要涉及石油产品及润滑剂技术领域的术语、分类、分级、试验方法、操作规程等。委员会下属 20 多个分技术委员会，分别负责燃烧特性，密闭传输，元素分析，燃料（含生物燃料）、石油焦及碳材料特性，润滑剂分析，流体特性，挥发性，润滑剂氧化性能，石油蜡及可替代型蜡材料，润滑剂环境标准，液体燃料的稳定性和洁净性，在用润滑剂黏度测试，汽油及含氧化合物燃料，车用润滑剂，涡轮机油，化学及特殊用途碳氢化合物，燃烧炉用柴油、非航空汽轮机及船用燃料，润滑脂，液化石油气，船用燃料，工业用润滑剂及高效液体固体工程，液压油及再生产品等类别的标准化工作。

（3）D03　气体燃料委员会

该委员会成立于 1935 年，每年一月和六月定期举行为期两天的委员会议。现委员会约有委员 120 名，管辖标准 33 项，由气体样品的采集与计量、气体燃料热值和相对密度的测定、气体燃料特殊成分的测定、气体燃料中化学组分的分析、热力学性能、气体燃料的在线分析、氢气和燃料电池等 7 个技术委员会管辖以上标准。

（4）D11　橡胶委员会

该委员会成立于 1912 年，委员会现有约 315 名会员，管理 215 个橡胶专业的标准，共有 17 个分技术委员会负责组织制修订这些标准。分技术委员会主要围绕 3 个领域：检测与分析、原材料和橡胶产品。检测与分析方面的标准包括材料评价的、物理分析、化学分析和降解；原材料方面专注于天然橡胶、合成橡胶及相关合成材料；产品方面则包括：软管、皮带、密封、橡胶线和橡胶消费品（如手套和避孕套）。D11 下属的分技术委员会主要有术语，物理测试，化学测试，加工测试，与时间、温度有关的物理性质，降解试验，统计方法的应用，复合材料与步骤，天然橡胶，合成橡胶，橡胶黏合剂体系，橡胶分类，胶带与胶管，密封，橡胶涂覆织物和橡胶线，橡胶消费品等。

（5）D16　芳烃和相关化学品委员会

该委员会成立于 1944 年，委员会现有约 110 名会员，管理 80 多项芳烃标准，由苯、甲苯、二甲苯、环己烷及其衍生物，含氧芳烃，仪器分析，编辑和术语、苯乙烯、乙苯、C9、C10 芳烃化合物，芳烃和环烷烃采样，在线分析等 7 个分技术委员会负责组织制修订这些标准。

（6）D20　塑料委员会

D20 塑料标准化技术委员会立于 1937 年，约有 700 多位专家成员，分别代表树脂生产企业、用户和有关的团体组织。ASTM 发布的合成树脂及塑料专业的标准共有 475 项。D20 下设分技术委员会 23 个，主要包括试样制备、力学性能、统计方法、热塑性材料、热固性材料、增强热固性材料、薄膜和薄片、塑料制品、泡沫塑料-塑料和弹性体、增强塑料管系统和化学设备、塑料建筑制品、热性能、光学性能、塑料耐磨性、分析方法、术语、回收塑料、生物降解塑料和基于生物的产品等。

（7）D32　催化剂委员会

该委员会成立于 1975 年，每年四月及十月定期举行为期两天的技术会议。现有委员约 41 名，管辖标准 40 项，由物理化学特性、物理机械特性、化学组成、催化特性、分子筛、命名和定义、数理统计和数据处理等 7 个分技术委员会管辖以上标准。D32 主要关注包括催化原材料及成形催化体系中

非均相催化领域，近年来，委员会将关注面拓展到了如机动车及固定污染源的排放控制催化剂、均相催化剂及酶催化剂等领域。现今，委员会致力于发展催化剂、分子筛及与其生产相关的材料，并激励相关研究。

（8）E15　工业及特殊化学品委员会

该委员会成立于1959年，每年三月组织一次委员会会议，约有委员50多名，管辖标准60项，由通用标准和产品标准2个技术委员会管辖以上标准。乙二醇和丙烯腈两项主要石油化工产品归属该委员会。

3.1.3　ASME 美国机械工程师协会标准

ASME 是 American Society of Mechanical Engineers（美国机械工程师协会）的英文缩写。美国机械工程师协会成立于1880年，在世界各地建有分部，是一个有很大权威和影响的国际性学术组织。ASME 主要从事发展机械工程及其有关领域的科学技术，鼓励基础研究，促进学术交流，发展与其他工程学、协会的合作，开展标准化活动，制定机械规范和标准。它拥有125000个成员，管理着全世界最大的技术出版署，主持每年300个技术会议，200个专业发展课程，并制订了许多工业和制造标准。

自成立以来，ASME 领导了机械标准的发展，从最初的螺纹标准开始到现在已发展了超过600多个标准。1911年成立了锅炉机械指令委员会，1914年出版了动力锅炉规范、1925年增加了压力容器规范、1965年又增加核动力装置规范，同时，每年都有修改和增补，并纳入第二年的新版。ASME 已成为主要在技术、教育及调查领域内世界性的工程学机构。此外，ASME 还是 ANSI 五个发起单位之一。ANSI 的机械类标准，主要由它协助提出，并代表美国家标准委员会技术顾问小组，参加 ISO 的活动。

ASME 标准主要规定了建造锅炉、压力容器和核动力设备所应遵守的规程，包括对材料、设计、制造、检查、检验和打钢印的要求。标准共分十一卷，按照每年增补、三年换版的原则实施动态管理。

3.1.4　API 美国石油学会标准

API 是美国石油学会（American Petroleum Institute）的英文缩写。API 负责石油和天然气工业用设备的标准化工作，以确保该行业所用设备的安全、可靠和互换性。API 现在已发布了约500个标准。API 是美国 ANSI 认可的标准制定机构，它还与 ASTM 联合制定和出版标准。此外，API 积极参加 ISO 标准的制定工作，是 ISO/TC 671SC9 井口设备和管线阀门的秘书处。

API 标准应用广泛，不仅在美国国内被企业采用和被美国联邦和州法律法规以及运输部、国防部、职业安全与健康管理局、美国海关、环境保护署、美国地质勘查局等政府机构引用，而且也在世界范围内被 ISO、国际法制计量组织和100多个国家标准所引用。

按照 API 的标准化政策，API 标准规范可供愿意执行规范的所有人使用。协会已做出不懈的努力，以保证其规范数据的准确性和可靠性。但是，协会对出版任何一个 API 规范都不表态担保和保证，并声明：凡因使用 API 标准而造成的损失或损坏所引起的责任和义务，API 均不予以承担。

API 标准每5年至少进行一次复审、修订、重新确认或撤消。有时复审周期可延长一次，但延长不超过2年。所以，除非已授权再版延期，API 标准自出版之日起，5年后不再有效。

API 标准共分三大类：

1）石油设备设计及制造规范；

2）石油设备使用及维护推荐做法；

3）钻井及采油作业推荐做法。

3.1.5　美国军用标准

美国军用标准文件（简称美军标，英文简称 MIL）由美国国防部组织制定，总计4万多份。美军标文件(现称国防部标准化文件)分为以下四大类：

(1) 条约组织标准化协议(美国国防部称为国际标准化协议)

条约组织标准化协议是美国参与的军事条约组织为促进装备的互操作性和装备在各盟国之间共用而制定的标准化协议。凡美国承认的条约组织标准化协议，在国防部采办中都必须优先贯彻实施。

(2) 军用规范

军用规范(现称国防部规范，MIL-SPEC)指由国防部统一编号，列入DODISS(《美国国防部规范与标准目录》)的规范，它对国防部所要购买的军事专用物资规定技术要求和判定这些要求是否得到满足的准则。军用规范在美军标中约占90%以上。

从1995年开始，军用规范分为性能规范和详细规范，性能规范(代号：MIL-PRF-)是只规定所要求的结果及其符合性验证准则而不规定实现该结果方法的一种规范。详细规范(代号：MIL-DTL-)是规定设计要求(如规定需要使用的材料)，规定如何达到要求或如何制造或建造的文件。既规定性能要求、又规定详细要求的规范仍视为详细规范。美国国防部提倡使用性能规范，限制使用详细规范，使用详细规范须经事前申请并得到批准。

(3) 军用标准

军用标准(现称国防部规范，MIL-STD)是对过程、程序、惯例和方法规定统一的工程要求和技术要求的文件。军用标准要通过规范或工作说明纳入招标书(或征求意见书)或合同。

(4) 军用手册

军用手册(现称国防部规范，MIL-HDBK)一种指导性文件。含有涉及装备、过程、惯例和方法等方面的标准程序信息、技术信息、工程或设计信息等，用于总结以往的研究成果，为设计、使用、管理等提供一些行之有效的解决方案，提供有关指导信息。但不能用于提要求。

在美军标中，有一定比例的标准是由联邦政府、专业协会(如ASTM)和地区性组织制定的。由于早先的许多军用规范和标准只适用于定点供应，结果无助于广开货源和改进产品质量，后勤保障能力受到限制。因此，1990年代以来，美国国防部对美军标进行了重大改革，主要是由过去的军标独立封闭的局面向军民标准一体化转变，尽量采用民用规范和民用标准，充分利用民用技术和已扩大了的工业基础，在这方面，美国汽车工程师协会标准(SAE)和ASTM标准被大量采用。

美军标每年都有制定和修订，而且修订数量不少，一些标准修订的周期还比较短(甚至一年内修订两次以上)。同时每年也有一些老标准被废止。

3.1.6 BISFA国际化纤标准

国际上颁布权威的合成纤维类基础和方法标准的组织是国际化学纤维标准局(The International Bureau for the Standardization of Man-made Fibers，简称BISFA)，BISFA的主要任务是制订各种化学纤维交易时的技术规则。合成纤维的主要产品腈纶和涤纶目前均没有国际性的产品标准，但有BISFA颁布的国际性通用试验方法标准。

BISFA的总部设在比利时的布鲁塞尔，该组织的投票成员对所有合成纤维制造商开放。

BISFA的主要工作内容：

(1) 受该组织的成员委托，建立主要合成纤维品种可交货条件的技术规则；

(2) 与CEN和ISO等国际组织进行交流合作，使其接受按BISFA规则发布的合成纤维标准；

(3) 对于不同类型的合成纤维，根据不同的性质和特性建立相关的技术规则，并形成系列技术标准；

(4) 对纤维的命名、分类和标准化方法进行研究。

需要说明一点，ISO/TC38为“纺织品技术委员会”，但TC38组织制定的国际标准直接涉及合成纤维(ICS 59.060.20)的只有ISO 2076：2010《纺织品 化学纤维 属名》。

3.1.7 EN欧盟标准

欧洲标准化委员会(CEN)1961年成立，宗旨在于促进成员国之间的标准化协作，制定本地区需要的欧洲标准(EN，除电工行业以外)和协调文件(HD)。CEN 成员国有：奥地利、比利时、丹麦、芬兰、法国、德国、希腊、冰岛、卢森堡、意大利、荷兰、挪威、波兰、西班牙、瑞典、瑞士和英国。

认证活动：CEN 从 1970 年开始实行符合 EN 标准的合格认证制度。认证工作由欧洲认证委员会 CBNCER 负责。认证合格的产品发给 CEN 认证标志。

3.1.8 JIS 日本工业标准

日本工业标准(Japanese Industrial Standards，简称 JIS)是日本的国家级标准中最重要、最权威的标准。JIS 由官方机构日本工业标准委员会 JISC(英文全称 Japanese Industrial Standards Committee)制定，该组织的办事机构是日本通产省工业技术院，成员包括各方面专家、学者、政府部门及消费者代表。

JIS 标准的制定对象是矿业品及工业制品，目前共有土木建筑、汽车、钢铁、化学、有色金属等 18 个专业大类，各用英文字母表示(标于标准号中的"JIS"和"××××(标准号)"之间)。"化学"以 K 表示。但在工业制品中具有特殊标准体系的药品、农药、化肥以及农业物资不作为 JIS 的制定对象。按 JIS 标准内容的性质分为：①产品标准；②试验方法标准；③基础标准。现行 JIS 标准有八千多个，其中产品标准占一半，方法标准约占 20%。

3.1.9 DIN 德国国家标准

德国标准化学会是德国最大的具有广泛代表性的公益性标准化主管机构，负责组织制定和发布德国国家标准(DIN)。德国标准化学会大约有六千个工业公司和组织为其会员。目前设有 123 个标准委员会。

德国是欧洲标准化委员会 CEN 的 18 个成员国之一，由于德国工业的发达，DIN 在 CEN 中起着重要的作用，CEN 中有三分之一的技术委员会秘书国由德国担任。DIN 在制、修订标准时经常考虑国际上和欧洲的标准化工作动向，所以其经营的标准化项目数量也是逐年变化。近年来，越来越多的 EN 标准已被德国采用作为新的 DIN EN 标准，从而取代了原来的 DIN 标准。同时，DIN 标准在一些专业领域的发展也有采用 ISO 标准的趋势。

3.1.10 BS 英国国家标准

英国标准学会(British Standards Institution，简称 BSI)是世界上最早的全国性标准化机构。BSI 组织机构的执行委员会是发布英国标准(BS)的最高权力机构，负责制定 BSI 的政策。BSI 拥有 24500 多项标准，与制造业、服务业、商业、政府、学术机构和消费者一起制定用以支持英国大中小企业所需的内部标准和正式标准，并制定欧洲标准和国际标准。

近 20 年以来，BS 中的化工类标准数量增长不多，原有的化工标准不少是采用国际标准，多数一直有效，少数标准在 20 世纪 90 年代修订，总体看 BS 化工类标准更新速度不快，这也和 EN 标准在欧盟国家的实施有一定关系。

3.1.11 NF 法国国家标准

NF 标准由法国行业标准化局或法国标准协会(Association Françoise de Normalization，简称 AFNOR)设立的技术委员会制定。各行业的标准化局是由标准化专员在征求各方面意见后，经政府有关部门批准而设立的。标准化局一般均设在本行业联合会的试验中心，为试验中心的一部分。标准化局是独立的专业性标准化机构，但与 AFNOR 关系密切，它一般都不制定自己的专业标准，而是为 AFNOR 起草 NF 标准草案，然后交由 AFNOR 按照规定程序批准后，作为法国标准发布实施。目前，法国共有 30 多个标准化局，承担了 AFNOR50%的标准制修订工作。其余 50%则由 AFNOR 直接管理的技术委员会来完成。AFNOR 现有 1300 多个技术委员会。像 BS 标准一样，NF 有很多是采用 ISO 或 EN 标准。

3.1.12 Гост(GOST)俄罗斯国家标准

俄罗斯国家标准简称гост(即前苏联гост，英文表示为GOST)，由俄罗斯联邦技术调节与计量局组织制定。俄国家标准近年也积极采标，像BS、DIN、NF标准一样，俄国家标准如采用了国际标准或欧洲标准，在其标准号的GOST后标出ISO或EN。俄罗斯标准采用国际/欧洲标准的采标率平均约为40%。

近些年，由于国内石化、化工企业引进的技术大多为欧美日公司的技术，企业对гост标准的关注度已不及过去计划经济时代，但国内权威的标准情报机构仍然把跟踪和搜集гост标准信息的工作作为国外标准信息搜集的重点之一，一是因为гост标准近年也有不少改进，二是国内企业和俄罗斯以及独联体国家的企业之间贸易的需要，特别是国内产品出口到俄罗斯，企业更需要了解GOST有关标准和符合GOST标准的产品认证制度。

3.2 国际标准制定程序

3.2.1 ISO标准制定程序

ISO技术活动的核心内容是制定国际标准，在制定国际标准时，ISO遵循严格的工作程序，制定技术工作导则，确保生产方、使用方、消费者、政府部门和科技界的利益都能在标准中得到反映。

ISO/IEC导则分两部分出版，第1部分——技术工作程序，第2部分——国际标准结构和编写规则。第1部分阐述了国际标准化组织(ISO)和国际电工技术委员会(IEC)在开展技术工作中所应遵循的程序。目前现行有效的版本为ISO/IEC导则 第1部分：技术工作程序(第九版)。

3.2.1.1 项目方法

基于过程管理的项目管理方法是ISO标准制修订工作的基本要求，主要包括：战略计划、项目阶段、项目描述和接受、工作计划、目标日期、项目负责人和进度控制。

(1) 战略计划

每个技术委员会都必须为其专业领域活动制定战略计划(ISO称其为业务计划BUSINESS PLAN，简称BP)，战略计划应由技术委员会正式商定，并纳入技术委员会报告中，以供技术管理局定期复审和批准。

战略计划的内容包括：阐述工作计划制定时的商业环境，明确工作计划中正在拓宽的领域、已经完成的领域、接近完成的领域或稳步发展的领域、没有进展应该撤销的领域；对所需的修订工作进行评价以及对新需求进行展望。

战略计划是公开资料，可以在各技术委员会网页直接获取。

(2) 项目阶段

每个标准制定项目的工作过程分为7个阶段。表3-1列出了各项目阶段的顺序和有关的文件名称。

表3-1 项目阶段及相关文件

项目阶段	处理的相关文件	
	名称	缩写
预备阶段	预备工作项目	PWI
提案阶段	新工作项目提案	NP
准备阶段	工作草案	WD
委员会阶段	委员会草案	CD
询问阶段	询问草案	DIS
批准阶段	最终国际标准草案	FDIS
出版阶段	国际标准	ISO或ISO/IEC

（3）项目描述和接受

项目的目标是出版新的或经过修订的国际标准。在 ISO /IEC 导则第 1 部分对“项目”做了如下描述：“一个项目是预期导致一个新的、修改或修订的国际标准出版的任何工作。一个项目可再细分成若干子项目”，并且还规定只有按照规定程序审核并被接受的提案，才可按照项目开展后续工作。

（4）工作计划

技术委员会或分委员会的工作计划中应包括所有分派给该技术委员会和分委员会的项目，其中包括对出版的标准的维护。对工作计划中的每个项目都应给一个编号，并应将这个编号保留在工作计划中直至该项目完成，或直至同意撤销为止。

（5）目标日期

针对工作计划中的每个项目，技术委员会或分技术委员会须确定完成每个阶段的目标日期。

在确定目标日期时(批准工作项目后)，下列时限可作为指南。

——提供工作草案(如果没有提供提案)：6 个月；

——提供委员会草案：12 个月；

——提供询问草案：24 个月；

——提供批准草案：33 个月；

——提供出版的标准：36 个月。

（6）项目管理

技术委员会或分技术委员会秘书处负责管理该技术委员会或分技术委员会工作计划中的所有项目，包括对达成—致的目标日期的进展情况进行监督。如果没有在目标日期内完成工作，并对此项工作没有给予充分的支持，负责委员会应取消这个工作项目。

（7）项目负责人

项目负责人是由新工作项目提案起草人提名，由技术委员会或分技术委员会指定。项目负责人应获得开展制定工作的适宜资源，项目负责人应从纯粹的国际立场出发，放弃其国家的观点，当对提案阶段到出版阶段产生的技术问题提出要求时，项目负责人应做好充当顾问角色的准备。项目负专人应向相关委员合作汇报。

（8）进度控制

分委员会和工作组或项目组应定期向技术委员会报告项目的进展情况，秘书处的工作会议有助于控制项目进度。CEO 办公室负责监督所有工作的进度，并定期向技术管理局汇报有关情况。

3.2.1.2 正常项目的工作程序

ISO 对每个标准制定项目的阶段提出了明确的要求，具体内容可参考 ISO/IEC 导则 第 1 部分：技术工作程序。

3.2.1.3 快速程序

为了提高 ISO 标准的全球适用性、满足市场的需求，ISO 在不断地探讨加速国际标准化进程的标准制定模式。

根据特定情况可以省略某些阶段。例如，若有合适的草案作为委员会草案进行分发，可以省略准备阶段；当从其他来源得到的现行标准直接提交作为国际标准进行表决的情况下，准备阶段和委员会阶段都可省略，这种做法被称作“快速程序”。若被处理的文件未被批准为国际标准，委员会决定作为临时使用文件(例如，技术规范和技术报告)，则可省略批准阶段。

ISO/IEC 导则 第 1 部分：技术工作程序的附录 F 给出了可简化的项目流程图和快速程序的相关规定。

3.2.2 ASTM 标准制定程序

3.2.2.1 ASTM 标准制修订规则

经过多年发展、完善，ASTM 逐渐形成了自己独特的、赖以生存的规则和程序。这些基准可以确保会员之间利益的平衡，确保按规则开展的投票程序，确保对建议和活动给予恰当的关注，确保在参与讨论和决策的过程中对所有可能产生影响的利益或观点给予充分的表达机会，确保维持并适时发布各种记录和备忘录以及多层次的申诉程序。这些表现民主的细节让ASTM取得了巨大的成功并作为其所有标准化活动的最高规则(lofty principles)。

3.2.2.2 ASTM标准制定的一般程序

ASTM拥有严格的标准制定程序，以保证标准制定过程的公开、透明和协商一致，从而获得高质量的ASTM标准。

(1) 注册工作项 (register a work item)

标准制定工作始于工作组。工作组通过ASTM网站注册工作项(work item)，得到登记号(registration number，如WK××××)，从而正式启动标准起草工作。注册时应明确工作组所在TC(技术委员会)和分技术委员会(SC)，项目负责人(technical contact)，标准类型(方法标准/产品标准)，标准预期投票和完成日期，标准的名称、范围和关键词，标准制定的原因等信息。工作项注册成功后，将被公布在ASTM网站上，便于公众跟踪标准制修订工作动态，随时对标准的制修订工作进行评论和监督。

(2) 起草标准 (write a draft standard)；ASTM标准草案使用WORD格式。从ASTM网站可以免费下载不同类型的标准草案模版。此外，ASTM网站还免费提供有关ASTM标准草案编制的指导性文件-ASTM form and style manual(蓝皮书)，其中form部分规定了标准中应该包括的条款和内容等；Style部分则规定了ASTM标准中一些格式的模板，比如图表，百分比，比率，计数，符号，数学计算公式等。标准起草工作结束后可将所草案在线提交至投票程序。

(3) 标准草案投票程序 (ballot a standard)：ASTM标准草案的投票审核程序包括分技术委员会(subcommittee)，技术委员会(main committee)和社会审核(social review)三个阶段，均通过网上电子投票系统完成，每个阶段的投票过程需至少在线开放30天。

(4) 审核标准 (review a standard)；

在标准进行社会审核阶段，不仅需要提交标准草案文本，同时还需提交所有投票过程的报告，包括反对票的汇总和处理情况，以及标准制定过程中的所有变动等。在这个阶段，ASTM发行服务部门的编辑人员开始介入，对标准中一些编辑问题进行修改，但所有的编辑修改不得改变已确定的技术内容，因此编辑人员在修改过程中会需与项目负责人保持联系，以确保技术内容的稳定性。

(5) 出版发布标准 (publish a standard)

从标准编辑完毕到发布在线标准只需大约2周时间，但是纸版的标准文本则需要稍长时间，大约是4~6周左右。

(6) ASTM标准生命周期

ASTM的标准修订期限是5年，通常在第4年开始审核(review)，在第5年开始投票决定标准是否需要修订(revision)、撤销(withdraw)或重新确认 (re-approval)。

当一个新标准取代了旧标准以后，在旧标准作废的3年时间内，都可以在新标准的前言部分看到新标准取代旧标准的说明信息，但是3年之后，此信息就将被撤销不再出现在新的现行标准中。不过用户还是可以通过ASTM的历史标准系统了解相关内容。

3.3 采用国际标准和国外先进标准

3.3.1 加强采标工作的重要意义

2008年5月7日，国家标准化管理委员会发布了《关于进一步加强采用国际标准工作的意见》，文件指出：采标是我国一项重大的技术经济政策，是促进技术进步、提高产品质量、扩大对外开放、提升国际竞争力、促进贸易健康发展的重要措施。新时期，进一步加强采标工作对落实科学发展观，促进国民经济又好又快发展，实现全面建设小康社会宏伟目标具有重要意义。一是有利于遵守国际贸易规则，履行入世承诺，为我国改革开放和经济发展构建良好的国际政治经济环境。二是有利于打破国外技术壁垒，促进贸易健康发展。三是有利于实施技术标准战略，提升我国标准总体水平，提高产品质量，增强国际竞争力。四是有利于保障人民健康安全，构建和谐社会。

3.3.2 “采标”概念

《采用国际标准管理办法》第二条规定：采用国际标准是指将国际标准的内容，经过分析研究和试验验证，等同或修改转化为我国标准(包括国家标准、行业标准、地方标准和企业标准。下同)，并按我国标准审批发布程序审批发布。

《采用国际标准管理办法》第三条规定：国际标准是由国际标准化组织(ISO)、国际电工委会(IEC)和国际电信联盟(ITU)所制定的标准，以及经国际标准化组织确认的其他国际标准组织制定的标准。经国际标准化组织确认并公布的其他国际组织见表。

国外先进标准是指国际上有权威的国际性组织、区域性组织、经济技术发达国家、通行的团体以及国际知名企业所制定的标准。具体包括：

——国际上有权威的国际组织制定的标准，包括前文提及的经国际标准化组织确认并公布的其他国际组织所制定的具有国际权威和世界先进水平的标准。

——国际上有权威的区域性组织制定的标准，如欧洲标准化委员会(CEN)等组织制定的标准。

——世界主要经济技术发达国家的国家标准，如美国国家标准(ANSI)、德国国家标准(DIN)、英国国家标准(BS)、日本国工业标准(JIS)、法国国家标准(NF)、瑞典国家标准(SIS)、意大利国家标准(UNI)、瑞士国家标准(SNV)、俄罗斯国家标准(GOST)。

——国际上公认的行业性团体标准，如美国材料与试验协会标准(ASTM)、美国石油学会标准(API)标准等。

——国际上公认的先进企业标准。

3.3.3 采用国际标准程度和编写方法

《采用国际标准管理办法》规定：我国标准采用国际标准的程度，分为等同采用和修改采用。

等同采用，指与国际标准在技术内容和文本结构上相同，或者与国际标准在技术内容上相同，只存在少量编辑性修改。

修改采用，指与国际标准之间存在技术性差异，并清楚地标明这些差异以及解释其产生的原因，允许包含编辑性修改。修改采用不包括只保留国际标准中少量或者不重要的条款的情况。修改采用时，我国标准与国际标准在文本结构上应当对应，只有在不影响与国际标准的内容和文本结构进行比较的情况下才允许改变文本结构。

现行有效的国家标准 GB/T 20000.2—2009《标准化工作指南 第2部分：采用国际标准》对采用国际标准的国家标准的编写进行了严格的规定，成为规范采标标准的行动指南，并在范围中明确“也可供其他标准采用国际标准时参考”。

GB/T 20000.2—2009 将国家标准与相应的国际标准的一致性程度分为：等同、修改和非等效，非等效不属于采用国际标准，只表明我国标准与相应国际标准有对应关系。

采用国际标准的国家标准的编写存在以下两种方法：

——翻译法：指依据相应国际标准翻译成为国家标准，可做最小限度的编辑性修改。

——重新起草法：指在相应国际标准的基础上重新编写国家标准。

等同采用国际标准时，应使用翻译法。修改采用国际标准时，应使用重新起草法。

3.4 积极参与国际标准化

3.4.1 基本形势

随着经济贸易快速发展，产业技术水平和自主创新能力日益提升，中国的标准化事业取得了长足发展，在国际标准化工作方面，中国积极参与国际标准化活动的能力和水平明显提高，为推进国际标准化事业做出了应有的贡献。

继2008年中国成为国际标准化组织(ISO)常任理事国之后，2011年中国又成为国际电工委员会(IEC)常任理事国。中国国家标准化管理委员会国际合作部领导在接受记者采访时表示，近年来，中国积极参与国际标准化活动，自加入国际标准化组织(ISO)和国际电工委员会(IEC)以来，充分发挥常任理事国作用，为国际标准化组织的可持续发展，为推进国际标准化事业的发展做出了应有的贡献。

据悉，截至2011年底，中国共承担国际标准化组织(ISO)和国际电工委员会(IEC)技术机构秘书处57个，主席、副主席33个。中国参与了636个国际标准化组织ISO技术委员会的技术活动。中国提出并立项的国际标准提案237项，其中已经正式发布为国际标准的为109项。

同时，中国专家也在国际标准制修订工作中做出了突出贡献，目前，中国在国际标准化组织(ISO)和国际电工委员会(IEC)直接参与国际标准起草工作的国际注册专家人数已达到1300余人。

3.4.2 主要任务

早在1992年，国家技术监督局就曾发布《参加国际标准化组织(ISO)和国际电工委员会(IEC)技术活动的管理办法》。近年来，针对上述形势，国标委正在抓紧修订《参加国际标准化活动管理规定》，鼓励国内企业走出国门，积极参与国际标准化活动。

参加国际标准化活动的主要任务包括：

(1) 担任ISO和IEC中央管理机构的官员或委员。

(2) 担任ISO和IEC技术机构(指技术委员会：TC、项目委员会：PC、分委员会：SC、联合技术委员会：JTC、联合项目委员会JPC等，以下统称“技术机构”)负责人(指主席、副主席、秘书、联合秘书等，以下统称“负责人”)。

(3) 承担ISO和IEC技术机构秘书处工作。

(4) 以积极成员(P成员)或观察成员(O成员)的身份参加TC或SC的活动。

(5) 主持或参加国际标准制修订工作，担任工作组(包括项目组：PT和维护组：MT等，以下统称“工作组”)的召集人或注册专家。

(6) 提出国际标准新工作项目和国际标准新工作领域提案。

(7) 跟踪研究ISO和IEC的工作文件，提出投票或评议意见。

(8) 参加或承办ISO和IEC国际会议。

(9) 国际标准化合作与交流。

(10) 其他国际标准化活动。

3.5 中国石化国际标准化工作情况

根据我国石化行业的发展状况，结合当前国际标准化工作的具体形势，我们选择国际标准化组织(ISO)和美国材料与试验协会(ASTM)作为我们参与国际标准化活动的平台。在上级主管部门的大力支持下，陆续参加了一系列国际标准化活动，并取得突破性进展。

3.5.1 ISO 1628-3标准的修订

ISO 1628-3：2010 (Plastics—Determination of the viscosity of polymers in dilute solution using capillary viscometers—Part 3：Polyethylenes and polypropylenes)是由中国石化北京化工研究院提出，是石化行业内第一个被批准通过的国际标准项目，对国内塑料行业积极参加国际标准化组织活动起到了很好的示范作用。本标准在技术内容上对毛细管黏度计的规格型号、稀溶液制备等关键技术要求和操作步骤等进行了改进和完善，从经典测试方法的测试规范性出发，在修订国家标准的同时开展了国际标准的制定，实现了参与国际标准化活动的思路、修订程序和工作方向的创新。

中国石化北京化工研究院2004年立项修订国际标准ISO 1628-3:2001，其原因是标准起草单位在2002年承担了GB/T 1632.3《塑料 使用毛细管黏度计测定聚合物稀溶液黏度 第3部分：聚乙烯和聚丙烯》标准的起草工作，原计划等同采用ISO 1628-3:2001。在进行验证试验时，发现ISO标准中的试验方法存在不可执行的问题，如原标准没有明确毛细管黏度计的型号，这样会造成不同黏度计的溶剂和溶液的流经时间存在差别，造成测量结果不一致；原标准推荐的黏度计在设计上存在技术缺陷等问题，如将过滤芯片装在毛细管底部，溶液不能顺利通过滤片，这样溶液会在毛细管下堆积造成无法正常测试，方法存在科学性不足的问题。在这种情况下，直接等同采用国际标准修订国家标准是不适宜的，该ISO标准需要修订。

在有分析地采标和主动地提案精神指导下，起草单位准备了标准修订的建议和提案，在与国内标准化技术归口SAC/TC15和SAC/TC15/SC1秘书处协调，并报请中国石化科技部标准化主管部门同意后，项目负责人在2004年的ISO/TC61年会上向TC61/SC9/WG6工作组提交了修订议案。与会专家对提出的提案、提供的标准和事实证据的进行了评议，最后达成一致的修订意向，由中国代表王超先作为该项目的项目负责人开展修订工作。

项目组成立后，在SAC/TC15/SC1秘书处组织下，2005年在北京召开了由国内超高分子量聚乙烯(PE-UHMW)生产企业和科研单位参加的工作会，会上确定了标准的技术关键，即毛细管黏度计规格和设计、聚烯烃溶液的溶液配置和转移、溶液过滤等。新的标准设计使用了新的黏度计，解决了原标准推荐的带过滤功能的黏度计无法实现连续测试的问题，同时避免了该黏度计会出现的在浴液中漏液的现象。该设计可以实现毛细管黏度计的自动清洗操作，与自动测量装置配套可实现测试和清洗过程的全自动操作，特别是在高温(135℃)下该功能的实现是有重要意义的，而原标准是要将黏度计从恒温浴槽内取出后进行清洗。根据结晶聚合物溶解的物理特点，首次在标准中明确聚烯烃材料的溶解要经过的两个过程，即结晶聚合物的熔融和熔融聚合物的溶解，通过确定静置时间规范了熔融阶段的操作，经实践证明符合PE-UHMW的溶解现象，在规范溶液配置的操作步骤中起到了重要的作用。

在2005年的ISO/TC61年会上正式提出了修订提案和标准文本(WD稿)提请审议，经会议投票该提案被通过，项目编号为ISO/TC 61/SC 9 N 1228。

2005年至2006年，项目组在北京玉泉石英玻璃仪器厂、上海申力玻璃仪器销售有限公司、扬州蒋王镇玻璃仪器厂和沈阳玻璃仪器厂分别加工了符合原标准的黏度计、符合ASTM标准的黏度计和改进型黏度计，并对不同黏度计进行了试验和评价，同时针对不同分子量和用途的聚乙烯、聚丙烯样品开展了验证试验。在2006年的ISO/TC61年会上，项目负责人王超先在SC9/WG6的工作组会上对改进的黏度计进行了讲解，并对标准文本CD稿的修改内容进行了说明。

2007年项目组结合国家标准GB/T 1632.3的修订意见对ISO标准进行了修改，并将内容编写入DIS稿。2009年对DIS稿进行了投票，2010年发布FDIS稿，随后标准正式文本发布。

3.5.2 起草ASTM D7753-12标准

ASTM D7753-12(ASTM Standard of Hydrocarbon Types and Benzene in Light Petroleum Distillates by GAS Chromatography)是由中国石化石油化工科学研究院提出，我国在石油及石油产品方法测试领域的第一个国际化标准，标志着中国石化在先进试验方法国际标准化方面取得实质性突破。该标准的完成，使我们基本了解了国际标准的制定规则，为我们今后更多国际化标准的制定积累了经验。该标准的发布，国内相关媒体也给予了关注，国资委网站、国家标委会网站、中国石化手机报、中国石化报头版、中国石油网站都予以了报道，提高了中国石化在该领域的影响力。

一个国际化标准的提出，方法的先进性、可靠性、实用性和适用性是其基本的特征。这次颁布的ASTM标准是在石油化工科学研究院起草的石油化工行业标准“汽油中烃组成的测定 多维气相色谱法”(SH/T 0741)的基础上有提出的，在测量轻质石油馏分和石油产品烃族组成和苯含量时，该方法表现出测量结果准确性好、精密度高、操作便利、环境友好、分析速度快等突出的特点。而测量石油馏分烃族组成的标准方法 ASTM D1319 在方法精密度、适用范围和操作便利性和分析周期上都存在一些问题。这就为该方法的提出奠定了技术基础。

为顺利完成立项工作，2009 年 4 月石科院邀请 ASTM 驻中国代表就 ASTM 标准制定的相关程序情况进行了介绍，随后完成了标准的初稿和方法说明发送到 ASTM D02 技术委员会（ASTM D02 是负责制定石油产品及润滑油标准的专业化技术委员会，也是目前 ASTM 组织最大的技术委员会）秘书处并与其沟通，将标准制定的提案列入 2009 年 ASTM D02 夏季年会。

在 2009 年夏季 ASTM 年会上，中国石化专家介绍了该标准方法的内容、适用范围和技术特点，对技术委员会专业组专家提出的问题进行答疑，会上通过了专家的评议、表决，确定成为 ASTM D02 技术委员会的工作组项目，项目编号 WK25046。

由于该标准方法的提出是在国内已实行的石油化工行业标准的基础上开展的，而 ASTM 标准中精密度的计算方法和行标的计算方法并不一致，在标准制定过程中就标准的适应范围和精密度计算与 ASTM D02 委员会的专家进行了交流和沟通，分技术委员会也安排专门的专家协助进行精密度的计算和标准的完稿工作。形成标准草案后分别于 2010 年 4 月份和 2011 年 4 月份安排了两次投票，分别有两位专家投过反对票，尽管不涉及标准的核心问题，但基于 ASTM 标准的制定规则，有一位正式委员反对标准均不能通过，为此我们分别于 2010 年 7 月和 2011 年 7 月两次对提出的反对意见进行解释、沟通，最终于 2012 年 1 月 ASTM 冬季会议上获得技术委员会的通过，并于 2012 年 8 月正式在 ASTM 网站上颁布。

3.5.3 起草 ASTM D7504 系列标准

2005 年 5 月，在总部领导的支持下，上海石油化工研究院根据石化有机原料的发展状况，选择 ASTM 作为参与国际标准化活动的平台，向 ASTM 提出会员单位申请，并委派专家加入 ASTM 的D02-石油产品和润滑剂、D16-芳烃及其相关化学品、E15-特殊化学品三个技术委员会并成为其委员。

在 ASTM D16 长期发展规划中，为了进一步保护环境和操作者身体健康，尽可能降低人力、物力、时间成本，ASTM D16 技术委员会提出了在气相色谱法中采用操作简便、快捷的外标定量方法代替相对繁琐的内标法的发展思路，并陆续推出甲苯、对二甲苯、混合二甲苯等芳烃的外标法气相色谱标准。经过对比研究和实践应用，上海院专家发现在气相色谱仪线性良好的条件下，直接采用校正面积归一化法定量，可避免外标法定量对进样控制的苛刻要求，操作更为简便，方法准确度和重复性较外标法更加优良。为此在 2007 年 6 月 D16 委员会会议上，上海院专家提出在芳烃纯度和杂质分析中用校正面积归一化法代替外标法的建议，同时建议直接推荐基于有效碳数原理的理论校正因子进行结果计算，这一建议得到了与会代表的高度认可，会议当即决定，由 D16.06 分技术委员会的主席 Stuart Smith 先生和上海院代表组成“单环芳烃杂质的测定-气相色谱有效碳数法”工作组，开展相关试验研究和标准起草工作。

会后上海院迅速组成标准起草小组，针对甲苯、对二甲苯和混合二甲苯三类产品开展了技术调研、试验验证、精密度试验，并起草了英文版的标准草案和研究报告。2008 年 5 月经过分技术委员会投票、6 月会议评定和 10 月 D16 标委会和 D16.01 同时投票，于 2009 年 1 月 15 日以 D7504-2009 顺利发布。

在 2009 年 6 月的 D16 委员会会议上，与会代表对 D7504 给予了高度评价，D16 委员会立即作出修订 D5136“对二甲苯标准技术规格”等五项产品标准、投票废止 D3798-03“气相色谱法测定石油对二甲苯纯度及烃类杂质的标准方法”等一系列决议，要求直接引用 D7504，同时决定由中国石化负责，立即启动 D7504 标准的修订程序，将其应用范围拓展至苯、邻二甲苯、乙苯等三项芳烃产品。会后上海院再次组成标准起草小组开展了苯、邻二甲苯、乙苯等产品开展试验研究和标准起草工作，并于 2010 年 4 月进行了 D16 委员会和 D16.01 分技术委员会的同时投票，在 2010 年 6 月 D16 委员会会议上获得一致通过，于2010年7月15日以D7504-2010再次发布。

在2010年6月的D16委员会会议上，D16.07分会主席再次提出修订D7504的动议，将苯乙烯产品纳入到D7504的测定范围，委员会当即决定由中国石化牵头启动D7504的第二轮修订，标准起草小组针对苯乙烯开展了系统的试验研究，完成了标准起草工作，经2010年12月和2011年4月D16委员会两轮次投票，获得顺利通过，于2011年6月1日以D7504-2011第三次发布。

在3年时间里，ASTM D7504标准先后三次发布，成为苯、甲苯、对二甲苯、邻二甲苯、混合二甲苯、乙苯和苯乙烯等芳烃产品纯度和杂质分析的通用方法，标准起草速度之快、效率之高、覆盖面之广，在D16委员会中屈指可数，得到了D16委员会专家的高度评价。鉴于D7504标准所发挥的重要作用和上海石化院技术专家在标准起草过程中的良好表现，D16委员会主席为上海院专家颁发了“标准起草杰出服务奖”。截止2013年，ASTM D7504已被ASTM D2827-13苯乙烯单体标准规格等11项产品标准引用，在ASTM D16委员会的网页上，D7504被列为委员会的核心标准。

3.5.4 起草精对苯二甲酸(PTA) ASTM标准

精对苯二甲酸(Pure Terephthalic Acid，简称PTA)是芳烃产品链的重要产品，主要用于生产聚对苯二甲酸乙二醇酯(简称聚酯，PET)，还可以与1，4-丁二醇或1，4-环己烷二甲酸反应生成相应的酯。据统计，2002年全球PTA生产能力为2612.7万吨/年，消费量为2511.2万吨。2007年全球PTA生产能力增长至4283.3万吨/年，消费量约3700万吨。预计2007~2012年全球PTA产能增速将达到年均6.8%，新建装置主要集中在发展中国家与地区。2012~2017年产能增速减缓，约为年均2.2%。2012和2017年全球产能可达5900万吨/年和6600万吨/年。

在2001年中国加入WTO，2005年纺织品出口配额取消，“化纤原料”PTA需求量随之激增，国内各地纷纷投资新的PTA生产线。自2005年底，中国的PTA产能增至589.5万吨，一举超越韩国、台湾地区以及日本，成为世界第一PTA生产国和消费国。到2011年底，中国拥有1985万吨PTA产能。随着厦门翔鹭、恒力集团等新建、扩建装置陆续投产，2012年PTA产能超过3000万吨。

作为生产聚酯及下游产品重要原料，精对苯二甲酸(PTA)全球产量和贸易量巨大，但迄今为止还没有关于PTA的国际标准颁布，给PTA产品生产和贸易带来了极大不便。我国作为聚酯大国，主导制定PTA国际标准无疑对支撑我国相关产业发展起到非常重要的作用。2007年6月，上海石油化工研究院首次提出了建议起草“工业精对苯二甲酸(PTA)ASTM系列标准”动议，并通过两年来的技术准备，形成了标准起草的思路和方案。在2009年6月D16会议上，上海院代表正式提出“起草ASTM精对苯二甲酸(PTA)标准的建议”。经D16委员会讨论决定成立PTA工作组，由中国石化负责率先开展“工业用精对苯二甲酸中对羧基苯甲醛和对甲基苯甲酸含量的测定 高效液相色谱法”和“工业用精对苯二甲酸中对羧基苯甲醛和对甲基苯甲酸含量的测定 高效毛细管电泳法”两项ASTM标准的起草工作，并以我国现行有效的PTA行业标准为技术基础，将其转化为ASTM相关标准。全套PTA标准完成后将包括近10项产品及方法标准，将成为D16委员会中重要的系列标准之一。

会后ASTM组织根据其标准起草工作程序，发出了标准起草确认表，提出在起草PTA的ASTM标准前，中国石化必须签署该协议以放弃PTA标准版权，并承诺在未获得ASTM主席批准的前提下，不得在ASTM以外的活动中复制、传递和引用相关资料，或将相关文件提供给任何其他标准化组织(无论是国家还是国际组织)。

该协议是ASTM的标准化文件之一，不签署协议，标准项目则无法启动。为了能保护中国石化的相关权益，科技部及上海石化院就PTA版权问题进行了广泛调研，与国标委、全国石油产品和润滑剂标委会、上海市标准化研究院等进行了探讨沟通，调研了ASTM知识产权和标准版权转让方面的有关政策，研究PTA版权的应对之策，并研究决定，中国石化应坚持自由处置和保留标准国内版权的权力，必要时可通过起草PTA国家标准，提升国内PTA产业技术水平。之后科技部及上海石化院与ASTM进行反复协商，并通过参加ASTM会议、走访ASTM北京代表处、信函交流等方式和ASTM进行了多轮次沟通，对版权协议草案内容反复修改，并坚持“中国石化永久保留对该中国石化标准的版权，有权在中国境内以中国石化标准为基础制定其衍生标准-包括由中国国家标准管理委员会(SAC)管理的以GB名义出现的中国国家标准”的基本立场，明确了保留PTA标准国内版权的重要目标。2011年9月科技部主任和ASTM出版物市场部副总监正式签署PTA标准许可协议。

签署版权协议后，上海石化院启动了HPLC法和HPCE方法测定4-CBA和p-TOL的试验研究。对原标准分析方法进行了优化，提高了方法的稳定性和检测灵敏度；开发了反相HPLC分析方法、HPCE反向电压和正向电压分析方法，通过对流动相组成、流速、检测波长、样品量等试验条件的优化，使PTA中4-CBA和p-TOL两种杂质得到有效分离和灵敏检测。完成PTA两个方法标准的试验报告、编制说明和ASTM标准草案的编写。2012年3月下旬召开的PTA工作会议上，顺利通过国内技术专家审查。2012年6月份成功组织和开展了PTA的HPLC和HPCE方法集中试验，以获取方法的精密度数据。2012年6月顺利通过ASTM D16.02分技术委员会投票(无否定票)，并在D16委员会夏季会议上通过技术审查。

2013年1月，在ASTM D16工作会议上，鉴于两项标准涉及技术内容较为复杂，与会专家采纳BP公司专家意见，要求将“工业用精对苯二甲酸中对羧基苯甲醛和对甲基苯甲酸含量的测定 高效液相色谱法”和“工业用精对苯二甲酸中对羧基苯甲醛和对甲基苯甲酸含量的测定 高效毛细管电泳法”拆分为四个标准。随后标准工作组完成标准项目登记、标准草案编写，并分别与2013年5月和6月通过ASTM D16.02和D16的两轮投票，完成了投票意见汇总和异常意见处置。此四项ASTM标准将于2014年顺利颁布。

3.5.5 当选D16.02分技术委员会主席

D16.02主要归口芳烃氧化物类产品标准，在2009年6月D16会议上，D16委员会主席Ms. Curtice女士提出由中国石化上海院技术专家张育红接任D16.02分委会主席职位，经委员会讨论，一致通过。这是ASTM分技术委员会主席首次由中国石化技术专家担任。作为D16.02分会主席，成功主持了2010年后多次分会会议，并为推进精对苯二甲酸的ASTM标准奠定了良好的工作基础。

通过参加国际标准化活动，使我们有机会深入了解所关心的各标准化组织的工作动态，掌握制修订中的试验方法标准和产品标准的最新情况。同时通过参加相关的培训和标准制修订，可以使我们更好地了解和掌握国际标准的制修订程序，这对于完善我国石油和石油化工标准的制修订工作具有积极的借鉴作用。

鉴于目前中国石化标准化工作的现状，应该长期积极参与国际标准化活动，培养一批外语精通，专业熟悉的标准化工作人员，持续参与国际标准化会议和相关活动，以使我们及时了解国外在石油和石油化工标准领域的发展动态。同时我们还要积极鼓励有能力的单位，主动承担国际标准的制修订工作，在国际标准中反映自身的利益，同时通过加强合作，充分发挥国内各分标委和技术专家的作用，形成合力，将更多的中国石化优势标准推向国际标准化舞台，这对于增强中国石化在国际标准领域内的话语权、提高中国石化在国际市场的竞争力是十分有利。

4 企业标准化工作程序和要求

在市场经济竞争环境下，企业要依靠先进的技术、良好的管理、优质的产品(服务)去赢得市场，而技术、管理、产品(服务)质量要以标准为依据，企业标准是企业提高市场竞争能力的有力武器，对企业的生存和发展有着重要作用。

制定企业标准，就是企业对需要制定标准的项目，编制计划，组织起草，审查并发布实施和备案的活动(见附录3)。在整个企业标准化活动中，制定科学合理、引领市场的企业标准，是企业建立最佳秩序，获得最佳经济效益和社会效益的前提。

4.1 企业标准制定原则

中国石化企业标准的制定应符合下列原则：

1）符合国家有关法律、法规和规章制度，符合国家产业发展方针、政策，与相关标准协调配套；

2）有利于保障人身健康和财产安全，保护环境；

3）有利于节约能源和资源综合利用；

4）有利于推广科技成果，促进技术进步，提升经营管理水平，提高产品质量，适应市场需要，增加经济效益；

5）有利于保护企业和消费者合法权益，实现共赢；

6）有利于促进对外经济技术合作和对外贸易，积极采用国际标准和国外先进标准；

7）符合集团公司的各项规章制度，符合中国石化发展方针；

8）有利于中国石化抢占标准制高点，保护中国石化近期和长远利益；

9）有利于提高中国石化劳动生产率，创造最佳秩序；

10）企业标准的技术要求不得低于国家标准和行业标准的技术要求。引进国外先进技术、设备和仪器应积极采用国际标准和国外先进标准，引进技术和设备生产的产品，其标准的技术要求不应低于其合同指标。

4.2 企业标准的制定范围

《中华人民共和国标准化法》对企业标准的制定范围做了规定，《企业标准化管理办法》对这一规定做了具体补充。根据法律、法规和规章的规定，企业标准制定的范围可包括以下两个方面。

1）产品标准

《中华人民共和国标准化法》规定："企业生产的产品没有国家标准、行业标准和地方标准的，应当制定相应的企业标准，作为组织生产的依据"。企业生产的产品必须执行相应的标准，无标准生产是法律、法规所不允许的。凡有强制性标准的，企业必须执行；对于国家或行业的推荐性标准则鼓励企业积极采用。没有国家或行业标准时，企业应制定企业的产品标准，由企业审批、编号、发布，并按规定办理备案手续。

产品标准是企业标准体系的重要核心之一。制定好产品标准是企业标准化的关键环节。通过制定产品标准把市场的需求(如使用性能、安全性、经济性等)和社会需要(如法律、法规、环境等要求)转化为产品标准的各项要求。

2）生产、技术、经营、管理活动所需的其他技术标准、管理标准和工作标准

企业生产、技术、经营、管理活动需要的技术标准、管理标准和工作标准的制定，需要根据企业

的类型和特点开展工作，最好首先建立企业标准体系框架和标准体系表，在体系表的基础上系统的开展工作。如果有适用的国家标准或行业标准的，企业可以选择应用或补充制定细则。

按照企业标准技术内容的要求程度划分，可以分为“规程”、“规范”、“技术要求”和“推荐做法”等形式，主要包括施工作业标准，也包括管理技术标准、方法标准、石油设备和材料标准以及设计标准等。

4.3 中国石化企业标准化工作程序和要求

4.3.1 标准制修订程序和要求

中国石化一级企业标准的制修订程序分为标准的立项、起草、征求意见、送审、审查、报批和批准发布阶段。生产经营活动中急需的标准，可采用快速程序制定。标准制修订工作全过程应通过“中国石化标准化管理信息系统”完成。

(1) 立项阶段

在对制定标准的必要性、可行性等进行了分析论证的基础上，各管理部门和二级单位均可提出一级企业标准立项建议，科技部会同相关业务主管部门根据技术发展及生产实际情况等组织对项目建议进行论证，通过论证的项目由科技部统一下达年度标准制修订计划。

(2) 起草阶段

编制标准应当在广泛调研国内外标准情况和生产实际、深入分析研究和试验验证的基础上，撰写标准编制说明，详细描述标准调研情况(如生产和市场情况等)，介绍标准结构框架、关键技术指标的确定依据等，按照标准立项论证确定的内容及标准编写规则起草标准草案。标准起草单位的标准化主管部门负责组织审查标准草案。

(3) 征求意见阶段

标准起草单位应当广泛征求中国石化有关业务主管部门及相关生产、销售、使用、科研、检验等单位对草案的意见，并通过“中国石化标准化管理信息系统”网站公开征求意见。各有关单位标准化主管部门要组织相关专家认真研究，及时回复意见。标准征求意见期限一般为1个月。

(4) 送审阶段

起草单位要认真分析研究收集到的每一条反馈意见，以确定是否采纳，在此基础上编写完成标准送审稿及相关材料，报送相关标准化技术归口单位。标准化技术归口单位对报送材料的完备情况、标准编写格式进行审核后，提交科技部。

(5) 审查阶段

科技部或相关业务主管部门委托专业标准化技术委员会对标准送审材料进行审查。审查采取会议审查或者函审的方式，并形成审查意见。标准审查需经参加审查的四分之三以上的委员或专家同意，方为通过。

(6) 报批阶段

标准通过审查后，起草单位按照审查意见修改标准形成报批稿，报相关标准化技术归口单位或业务主管部门复核后，报送科技部。科技部再次复核并按照标准编号规则对标准统一编号。

(7) 批准发布阶段

中国石化一级企业标准由集团公司领导审批后，发集团公司文件公布。

标准发布后，相关信息由标准化技术归口单位在“中国石化标准化管理信息系统”上公布并归档。

企业标准的技术要求不得低于国家标准和行业标准的技术要求。引进国外先进技术、设备和仪器应积极采用国际标准和国外先进标准，引进技术和设备生产的产品，其标准的技术要求不应低于其合同指标。

标准起草单位应按计划进度要求开展标准制修订工作，计划下达后一年内要完成征求意见稿并发各有关单位征求意见，之后在三个月内完成标准送审稿提交相关标准化技术归口单位或科技部。

各二级企业在制修订本单位企业标准时，应参照中国石化一级企业标准的制修订程序和相关要求。

4.3.2 企业标准复审的程序和要求

企业标准应定期组织复审，复审周期应不超过3年。特别是当有相应的国家标准、行业标准、地方标准和一级企业标准发布实施后，应及时复审。复审结论分为确认(继续有效)、修订或废止。

一级企业标准的复审工作由科技部或相关业务主管部门组织，复审工作程序如下：

(1) 标准起草单位对需复审标准的实施情况进行调查研究，形成调研报告并提出复审意见(征求意见稿)，发总部各相关主管部门、各有关企业和专家征求意见，研究整理反馈意见，形成中国石化企业标准复审报告(送审稿)，报至相关标准化技术归口单位。

(2) 标准化技术归口单位审核后，报科技部同意后组织对复审报告(送审稿)进行审查。

(3) 科技部对复审结论为“废止”和“继续有效”的，报集团公司领导审批，发集团公司文件公布，复审结论为“修订”的标准，列入下一年度中国石化一级企业标准制修订计划草案。

各二级企业标准化主管部门在组织对本单位企业标准进行复审时，应参照一级企业标准的工作程序和要求。

4.3.3 企业产品标准备案程序和要求

企业产品标准只有经过备案，才能作为生产、经营、质量监督检验以及质量仲裁等活动的依据。根据国家质检总局2009年发布实施的《企业产品标准管理规定》的要求，企业产品标准备案是企业依法将批准发布的企业产品标准告知标准化行政主管部门，并由标准化行政主管部门存档备查的行为。备案后的企业产品标准可以依法作为监督检查的依据。

中国石化对各二级企业的产品标准实施“双备案”管理，即到地方和中国石化总部标准化行政主管部门办理双重备案，具体要求见《中国石化企业产品标准备案管理细则》。二级企业产品标准备案管理的全过程均应通过“中国石化标准化管理信息系统”进行。

中国石化的备案管理包括“备案审查”和“标准备案”两个步骤。备案审查是指对二级企业产品标准在批准发布前的审查。标准备案是指为通过审查已发布的企业产品标准办理备案。

备案审查包括总部相关业务主管部门和科技开发部的双重审查。科技开发部的备案审查委托相关的备案审查单位分别承担。

二级企业产品标准在批准发布前，须先将标准文本、标准编制说明、标准审查会议纪要等材料上传至中国石化标准化管理信息系统，提交备案申请。

备案审查单位对二级企业拟发布的产品标准预先进行备案审查，并填写审查意见及审查结论(同意备案、修改或暂缓备案)。

总部相关业务主管部门应及时通过标准化信息系统对拟发布的二级企业产品标准进行技术审查，反馈审查意见。

备案审查单位汇总总部相关业务主管部门的审查意见后，将审查意见及审查结论反馈至二级企业。

对不符合备案要求的产品标准，二级企业应及时对标准进行修改，直到符合备案要求。

当发现二级企业产品标准违反国家法律、法规或强制性国家标准、行业标准时，备案审查单位有权不同意备案，并将备案审查意见报科技部，由科技部会同总部相关业务主管部门，责令其限期改正。

二级企业产品标准须经备案审查同意后方可批准发布。

二级企业发布产品标准后，应及时通过标准化信息系统上报标准文本和编制说明等相关材料。同时，将该产品标准相关纸质备案材料上报相应的备案审查单位，办理上级标准化行政主管部门备案。

备案审查单位负责将二级企业上报的产品标准相关备案材料，报科技部办理备案登记。

在完成上级标准化行政主管部门的备案后，二级企业应按所在地方政府标准化行政主管部门的要求及时办理地方备案。

二级企业发布的产品标准，应在发布后30日内完成双重备案工作。

经过备案的企业产品标准，在复审、修订和部分条款更改、补充后，应按以上程序重新办理备案登记手续。

4.3.4 标准的宣贯和实施

中国石化各级生产经营等相关管理部门负责标准的宣贯和实施工作。

对于新发布的重要标准，标准化管理部门及相关业务主管部门应在标准实施前，及时组织宣传贯彻，并督促各二级企业做好标准实施前的各项准备工作。

企业必须严格执行现行有效的国家标准、行业标准或中国石化企业标准(包括一级企业标准、二级企业标准)。

新产品销售前必须制定产品标准或与需方签订产品技术协议。

各企业生产的产品，应按照国家有关规定在其产品说明书、标签、包装物上注明所执行的标准。

不符合标准、未备案标准或无标准的产品，禁止生产、销售、采购和使用。

4.4 经费

1）中国石化对列入标准化年度计划的国家标准、行业标准、中国石化一级企业标准制修订项目和标准化研究项目给予适当的补助经费。项目补助经费专款专用，可以跨年度使用。

2）中国石化负责管理的全国和行业的专业标准化技术委员会和分技术委员会、承担中国石化企业标准化管理工作的专业标准化技术委员会和标准化技术归口单位以及中国石化企业产品标准备案审查单位的工作经费，由中国石化在年度标准科研项目补助费中列支。

3）标准项目补助费的使用范围：制修订国家标准、行业标准、中国石化一级企业标准所需的调研、资料文献、试验验证、小型仪器和器材购置、会议办公、标准审查、技术咨询、差旅和劳务等开支。

4）二级企业标准制修订项目、标准化研究项目、标准文本购置、标准实施与监督和标准化活动等项费用，列入本企业的年度财务计划，专款专用。

4.5 监督检查和奖励

1）各级标准化管理部门负责组织对下属单位的标准化管理工作(重点是标准制修订、标准复审、标准备案及标准宣贯工作等)进行监督检查。

2）各级生产经营管理部门负责监督检查下属单位实施相关标准的情况，标准化管理部门要予以指导和配合。

3）经批准发布的国家标准、行业标准和中国石化企业标准，以及其他标准化研究成果，均属科技成果。科技部推荐优秀的标准化成果参加国家标准化管理委员会标准创新贡献奖和中国石化的科技进步奖的评选。对其中成绩显著，为标准化工作做出重要贡献者，应按国家标准化管理委员会颁布的《中国标准创新贡献奖管理办法》和中国石化集团公司科技进步奖管理规定及所属单位的规定，给予奖励。

4）凡获得国家级或集团公司级表彰奖励的标准化工作人员，均记入本人档案；作为第一起草人完成一项国家标准、行业标准或中国石化一级企业标准的，视同在核心期刊上发表一篇论文。

5 企业标准编制基础

5.1 企业标准制修订的阶段任务

中国石化企业标准分为一级企业标准和二级企业标准。一级企业标准是由股份公司标准化主管部门提出计划，由企业或其他直属单位制定，股份公司审批，发布的标准。二级企业标准是由企业或其他直属单位提出并制定，分(子)公司或其他直属单位标准化审查委员会审批、发布的标准。

中国石化企业标准包括上游勘探开发和下游炼油和石油化工标准，种类繁多，主要有施工作业标准、管理技术标准、方法标准、石油设备和材料标准、设计标准、产品标准等。标准类别虽然各不相同，但是其标准化过程中各个阶段的任务要求是基本相同的。

中国石化一级企业标准制修订阶段，起草单位和起草人的主要任务见表5-1。

表5-1 一级企业标准制修订阶段任务

序号	阶　段	任　务
1	立项	在标准前期研究工作的基础上提出新项目建议，填写企业标准立项论证报告(见附录4，编制标准草案。立项论证报告经本单位审查并签字盖章后报送科技开发部技术监督处
2	起草阶段	根据科技开发部下达的一级企业标准制修订计划，编制标准征求意见稿和编制说明，本单位标准化主管部门对标准征求意见稿和编制说明进行审查、确认
3	征求意见阶段	将标准征求意见稿和编制说明提交相关部门和单位(包括产品的用户)广泛征求意见。对征求意见的反馈信息进行收集整理并作出处理意见，填写企业标准征求意见汇总处理表(见附录4)。根据反馈信息的处理结论对标准征求意见稿和编制说明进行修改，提出标准送审稿和编制说明。将标准送审稿和编制说明提交本单位标准化主管部门进行审查、确认
4	送审阶段	将标准送审稿和编制说明报送技术归单位进行审核确认。将审核确认后的标准送审稿和编制说明报送技术监督处
5	审查报批阶段	对于会议审查的标准，起草单位根据标准审查会会议纪要的要求，逐条对标准送审稿进行修改，提出标准报批稿和编制说明；对于函审的标准，应对函审意见进行汇总，编制函审结论，根据函审结论对标准送审稿进行修改，提出标准报批稿和编制说明。本单位标准化主管部门对报批稿和编制说明进行审查、确认后报送技术归口单位进行审核确认
6	备案阶段	起草单位将标准报批稿和相关材料提交技术归口单位。办理双重备案手续

5.2 企业标准制定过程中相关文件的编写要求

标准制定程序的相关文件包括：标准文本、编制说明、征求意见稿反馈意见汇总处理表、审查会议纪要(或函审结论)、其他文件等。

(1) 标准文本

标准文本(征求意见稿、送审稿、报批稿、正式标准)、的编写应符合GB/T 1.1等标准的规定。纸质文件要求打印清晰，不要有漏页、漏行、漏字现象。纸质文件和电子文件要求完全一致。

(2) 编制说明

标准编制说明是记录标准的研究与制定过程的重要文件，编制说明的内容应全面、详实且具有较好的可追溯性，以作为标准的审查、标准的复审和标准的修订等各阶段标准化工作的依据。根据《全国石油产品和润滑剂标准化技术委员会国家标准、行业标准制修订程序》(试行)第二十条之规定，编制说明主要包括以下内容：

1) 工作简况：包括任务来源、协作单位、主要工作过程、标准主要起草人及其所做的工作等；

2) 标准编制原则和确定标准主要内容(如技术指标、参数、公式、性能要求、试验方法、检验规则等)的论据(包括试验、统计数据)。修订标准时，应增列新旧标准指标、水平的对比；

3) 主要试验(或验证)的分析、综述报告，技术经济论证，预期的经济效果；

4) 采用国际标准和国外先进标准的情况(包括采用对象的选取、采标一致性程度的确定、与采标对象的差异及原因，与国际、国外同类标准水平的对比情况)，或与测试的国外样品样机的有关数据的对比情况；

5) 与有关的现行法律、法规和强制性标准的关系；

6) 重大分歧意见的处理经过和依据；

7) 贯彻标准的要求和建议措施(组织措施、技术措施、过渡办法等)；

8) 废止现行有关标准的建议；

9) 其他应予以说明的事项。

上述内容无论是国家标准、行业标准，还是企业标准的编制说明都是可以遵循的。对于中国石化各类企业标准编制说明的各章节标题和顺序不必完全按照上述九条的要求，应根据标准化对象的不同类型和要求，视具体情况加以选择或增加新条款。最终以标准编制说明对于标准制定有着充分的支持力度和较好追溯性目的。具体编写要求见6.2和7.2条。

(3) 征求意见稿反馈意见汇总处理表

企业标准征求意见稿的意见汇总处理表的格式见附录4。填写时应注意以下问题：

——意见顺序以标准章条排列；

——提意见者的身份不能仅是个人；

——要有明确的处理意见，即“采纳”或“未采纳”。做出“采纳”或“未采纳”处理应当十分慎重，要在充分了解对方意见的基础上，认真权衡利弊做出处理结论。对于“未采纳”的意见一定要说明原因。

——准确统计发、回函及处理情况。

(4) 审查会议纪要或函审结论

1) 会议纪要

应如实反映会议审查情况，包括对企业标准各章条的审查情况和对编制说明中相关内容的审查情况。一般可从以下几方面编写：

——出席会议的情况(含专家名单)；

——对标准送审稿所作的主要修改；

——要求起草者会后所作的工作内容(如有需要)；

——标准是否通过会议审查的明确结论.

2) 函审结论

函审单及函审结论表的格式见附录5。函审单应由审查人签字，函审结论应加盖公章。

5.3 标准编写的通用要求

本节将介绍企业标准编写的通用要求，包括标准起草应满足的基本要求和确定标准技术要素应遵循的的基本原则，以及对标准起草人员的要求。

5.3.1 标准编写的基本要求

标准编写的基本要求归纳起来，主要包括统一性、协调性、规范性、目标性和适用性等方面的要求。

（1）统一性

统一性是对标准编写及表达方式的基本要求。标准的统一性适合于以下三种类型的标准：

1）一项单独出版的标准或部分的内部统一；

2）一个分为多个部分的标准的内部统一；

3）由多个标准构成的系列标准的内部统一。

所谓的“统一性”是指标准的结构、文本和术语的统一。

1）结构的统一

标准的结构是指标准中的章、条、段、表、图和附录的排列顺序。标准结构的统一适用于一个分为多个部分的标准和由多个标准构成的系列标准，在起草这类标准时要求做到：

——各个标准或部分之间的结构尽可能统一；

——各个标准或部分中的相同或相似内容的章、条的编号尽可能相同。

2）文体的统一

文体的统一适合于所有类型的标准，无论对于单独的、分部分的或系列标准，类似的条款应由类似的措辞来表达；相同的条款应由相同的措辞来表达。

3）术语的统一

与文体的统一相同，术语的统一也适用于所有类型的标准。无论对于单独的、分部分的或系列的标准，对于同一个概念应使用同一个术语。对已定义的概念，应避免使用同义词。尽可能使每个被采用的术语只有唯一的含义。

（2）协调性

统一性强调的是一项标准或部分的内部统一，或一系列标准的内部统一，而

协调性是对标准之间的协调，目的是达到在一定范围内的所有标准的整体协调性。对于企业标准而言，其标准体系中的所有标准应当是成系统的整体协调的。在起草标准时，应注意与现行基础标准内容相协调，与上级或同级标准之间相协调，与非本专业、非本部门标准之间相协调。在涉及标准化的术语、量、单位和符号、制图符号、极限和公差、环境条件、安全、化学等方面要与现行的基础标准和特定技术领域有关的标准内容之间相互协调。

（3）规范性

规范性是指起草标准应依据标准制定的相关基础标准（见 2.2.5）。要做到标准起草的规范性，需要对标准化对象进行预先设计，即在标准研究的前期工作中，就首先按照 GB/T 1.1 对标准结构的要求，确定标准的预计结构和内在关系，即起草的标准是单个的、分部分的或系列标准，还要着重考虑确定标准的内容和层次的划分，以便对相应的内容进行统一编排。如果标准分为若干个部分，应预先确定各部分的名称。

GB/T 1.1 是我们编写所有类型企业标准的基础。对于中国石化的各类企业标准，起草过程中除了按照 GB/T 1.1 的编写要进行起草外，还需根据标准化对象的特定类型，按照其他相关基础标准（见 2.2.5）的规定进行编写，以保证各类企业标准编写的规范性。

如果一项标准是采用国际标准制定的，则应在起草标准时尽可能与国际标准的结构和内容保持一致，并按照 GB/T 20000.2 的要求，明确与相应的国际标准的一致性程度，即等同、修改和非等效。关于如何界定“等同”、“修改”和“非等效”，可参见 3.3.3。在制定试验方法标准时还应符合 GB/T 20002.4 的要求；制定涉及安全内容的标准时，还应符合 GB/T 20000.4 的相关规定。

(4) 目标性和适用性

制定任何一项企业标准的目标是规定明确且无歧义的条款，以保证标准具有较强的适用性且易于被其他标准或文件引用，有利于企业的市场竞争和国内外贸易。一项高质量的企业标准应力争达到：

——标准的范围清晰、明确，技术内容在其规定的范围内力求完整；

——充分考虑最新技术发展水平，有着较好的前瞻性、市场适应性和成本合理性；

——为未来本领域的技术发展搭建框架并预留空间；

——标准文字流畅，表述清楚准确，逻辑严谨，能被未参加的标准编制的专业人员理解。

5.3.2 确定标准技术内容的原则

确定标准的技术内容就是搭建标准的整体框架，确定标准的范围和技术要求，因此是决定标准质量的关键性工作。标准起草人应结合前期标准的研究过程和结果，根据各方对标准的预期确定标准的技术内容。一般可遵循以下原则：

(1) 目的性原则

根据制定标准的目的，有针对性地选择标准中的规范性技术内容。

1) 适用性目的

通过规定产品、过程和服务的相关特性，以保证产品、过程和服务的适用性。以企业产品标准化为例，制定企业产品标准的目的是提高产品质量、满足市场需求、保证产品的适用性，提高产品的市场竞争力。首要任务是做好市场调研和产品开发的有针对性的研究，将用户的定性的或抽象描述转化为定量的技术和经济指标，将切实反映产品使用性能的必备的产品指标纳入标准的技术要求。另外，还要根据不同用户的不同需求，开发差别化的产品，使企业标准充分发挥引领市场和参与竞争的作用，更好地满足适用性的要求。

2) 健康、安全、环保的目的

以保障健康，保证安全，保护环境或促进资源合理利用的目的制定的国家或行业标准一般为强制性标准。这些内容在 WTO/TBT 协议中属于技术法规的内容。制定以保障健康，保证安全，保护环境或促进资源合理利用为目的企业标准，应当尽可能引用上述法规或标准的内容，并根据中国石化的实际，确定标准的技术内容。

另外，在炼油和石油化工产品标准中，需要首先确定标准化对象是否为危险化学品，如果结论是肯定的，就应在标准的技术内容的设置上增加相关的章节，明确安全、健康和环保要求（见 7.1.3）。

3) 促进理解和交流的目的

在制定术语、符号、产品分类、试验方法等标准时，其目的就是能够在一定的范围内对通用的事项进行统一，以避免对相同的概念出现不同的理解和混乱，达到易于理解和交流的目的，以保证标准能够正确实施。

(2) 性能特性原则

性能特性原则适用于绝大多数产品标准。所谓性能特性原则，是指只要可能，技术要求就应以性能特性来表达，而不是用生产特性、设计特性或描述特性来表达。也就是说，在规定产品标准的技术内容是，原则上只规定产品的分类和与使用性能相关的指标，而尽可能不对如何达到这些使用性能要求的手段和方法，如生产工艺、原材料等加以限制。这种表达方法给技术发展留有较大的空间，因此也称为最大自由度原则。

石油产品标准中，以发动机油为例，产品技术指标中如果只有黏度、闪点、酸值等一般的理化指标，则不能保证其具备发动机润滑油的特性，必须设置如发动机台架试验等一系列使用性能指标，才能表征其使用性能。但是，使用性能指标一般都是耗时且费用较高的试验过程，如发动机台架试验，一套目前中等质量水平的台架试验也需上百万元，这样的性能试验只能作为产品的型式检验项目，在成品检验时不可能进行批次检验，这也给产品的质量控制带来不确定性。因此在产品标准中，我们会引入表征适用性能的模拟试验方法和指标，并配合设置一些理化指标，在减少产品的检测成本的同时，尽可能保证产品的质量。

在产品标准中，通常不包含生产工艺要求，也不指定原材料。但是对于一些石化产品标准来说，为了限定产品的的适用范围、保证产品质量或满足产品的安全要求等目的，可能需要提及生产工艺或需要直接指定某原材料。在这种情况下，最好补充说明“……或其他已经证明同样适用的原材料。”

（3）可证实性原则

可证实性原则又称为可检验性原则。可证实性原则实际上是标准的制定与标准的实施相结合的原则，标准化工作与计量工作相结合的原则。理解可证实性原则，可从以下几点入手：

1）标准中的主要技术要求，即使用性能要求，应当用明确的数值表达，即带有公差，或指出最大值或最小值来表示。不要使用模棱两可，无法确定的语言表达。对于产品标准来说，只能将可以用计量检测手段进行测试的指标纳入技术要求。

2）如果目前还没有一种试验方法可以在短时间内证实产品的寿命、稳定性和可靠性等使用性能，则暂不应规定这些要求。一些技术要求，虽然使用者需要，但是暂时没有科学的检测方法进行检测或评价，或者检测或评价方法不成熟，不具备复现试验结果的要求时，就不应将这些要求写入标准。

3）产品标准的研制过程中，应当注重表征其主要使用性能的检测仪器的试制和检测方法的标准化，这些工作是产品标准化的重要组成部分，如果缺少主要使用性能的检测方法，可以说，该产品标准的制定时机并不成熟。这种情况下标准起草单位应认真权衡，是否在检测或评价方法尚未成熟时制定产品标准。

总之，在确定标准的技术要求时，应尽可能定量，少用或不用定性要求。在规定技术要求时，应充分考虑所规定的内容的是否能够得到验证。不然的话，设置的技术要求将不具备可证实性，不仅无法实施，还可能造成市场的混乱。以牛奶原国家标准为例，正是由于以当时国内无蛋白质的检测方法和仪器，就在标准中以检测氮代替蛋白质，造成不法企业向牛奶中添加含氮量高的三聚氰胺，使得符合国家标准的奶粉致人死命或终生残疾，这一由于可证实性缺陷造成的重大食品安全事故已经成为中国乳品业永久的伤痛。由此可见，技术要求的可证实性原则对于一个产品标准是何等重要。

通常情况下，可证实性即可检验性的实现有以下形式：

1）明确设置具体数值，而这些限值能够提供一种或几种检测方法进行检测。对于产品标准来说，只能将可以用计量检测手段进行测试的指标纳入技术要求。

2）通过试验得出某种结论。定量要求不一定是具体限值。试验后可以得出如“通过”，“合格”等结论。如石油产品的液相锈蚀试验，经蒸馏水或合成海水试验后，指标为“合格”。

3）设置比较直观的具体要求。标准中有些要求非常直观，不用试验就可以被证实。如一些石油产品中设置的外观指标，以“透明“表示，就比较容易证实。

5.4 标准编写的基本方法

本节将重点介绍标准编写的基本方法和要求，包括自主研制标准和采标标准的编写要求、标准的形式、标准的结构、标准编写的细节和规则等。对标准中通用要素的编写，在本节中不做叙述，在随后的章节中将根据勘探开发类以及炼油和石油化工类企业标准的特点，结合实例讲述企业标准中通用要素的编写要求。

5.4.1 标准的形式

标准的形式可分为作为整体出版的单独的标准和分部分出版的标准。

(1) 单独的标准

单独的标准是将每个标准化对象编制为一个独立的标准。即该标准发布时是以独立的标准编号存在的，并且作为整体出版。这种形式的标准最为常见。

(2) 分部分出版的标准

部分是一项标准被分别起草、分别批准发布的系列文件之一。也就是在特殊情况下，对一个标准化对象的不同方面，在同一标准编号下将一项标准分为若干个单独的部分，每个部分又可以单独出版。

这些独立部分的划分有以下几种方式：

1) 根据标准的内容情况：

——标准篇幅过长；

——后续部分内容相互关联；

——某些部分可能被法规引用；

2) 根据使用方的需求：

——安全要求；

性能要求；

——服务要求；

——安装规则；

——质量评定。

3) 按照使用的方式：

——标准化对象的特定方面(每部分可单独使用)；

——标准化对象的特定通用、特殊方面(每部分不可单独使用)。

应当注意的是，分部分出版的标准既不是独立的标准，也不是系列标准中的标准，而是一项标准内的组成部分。

分部分出版的标准与系列标准的区别在于系列标准是顺序号相连且内容互相关联的 系列单独的标准，如 GB/T 20000、GB/T 20001 和 GB/T 20002 即为系列标准，而 GB/T 20001 又分为 GB/T 20001.1、GB/T 20001.2、GB/T 20001.3 等若干部分。

5.4.2 标准的结构

无论是一项单独的标准还是分部分的标准，其结构构成的划分大致有两种方式，一是按照标准的内容也就是要素来划分，另一种是按照标准的层次即部分、章、条、段、列项和附录等来划分。

5.4.2.1 按照标准的内容划分

标准内容可根据要素的性质划分，也可根据要素在标准中的状态和位置来划分。

(1) 标准中各要素的划分和作用

根据标准中的要素的性质可划分为“规范性要素”和“资料性要素”。

1) 规范性要素

是指“要声明符合标准而应遵守的条款的要素”，也就是说当声明某一产品、过程或服务符合某一项标准时，并不需要符合标准中的所有内容，而只要符合了规范性要素的条款，即可认为符合了该标准。也就是说，要遵守某一标准，就是要遵守该标准中的所有规范性要素中的内容。

2) 资料性要素

资料性要素是标识标准、介绍标准、提供标准的附加信息的要素。该要素在声明符合标准时无需遵守，仅提供一些附加的信息或资料。

根据标准中要素的性质划分的目的是为了区分标准中的要素是应遵守的要素，还是不必遵守的(只是为符合标准而提供帮助)的要素。

根据要素在标准中所处的位置，可划分为分为以下四类：

1）资料性概述要素

这类要素的性质是资料性的，是位于正文之前的四个要素：封面、目次、前言、引言。要素的作用是标识标准、介绍其内容、背景、制定情况以及该标准与其他标准的关系。

2）资料性补充要素

这类要素的性质也是资料性的，是位于正文之后除规范性之外的三个要素：资料性附录、参考文献、索引。要素的作用是提供附加信息，以帮助理解或使用标准。

3）范性一般要素

这类要素的性质是规范性的，是位于正文之中靠前的三个要素：名称、范围、规范性引用文件。要素的作用是描述标准的名称、范围，给出对于标准的使用必不可少的文件清单等。

4）规范性技术要素

这类要素的性质是规范性的，是标准的核心部分，通常包括：术语和定义、

符号和缩略语、要求、试验方法、……规范性附录等要素，要素的作用是规定标准技术内容。

根据要素的性质和位置划分的要素之间的关系见图 5-1。

- 标准要素
  - 资料性要素
    - 资料性概述要素
      - 封面
      - 目次
      - 前言
      - 引言
    - 资料性补充要素
      - 资料性附录
      - 参考文献
      - 索引
  - 规范性要素
    - 规范性一般要素
      - 名称
      - 范围
      - 规范性引用文件
    - 规范性技术要素
      - 术语和定义
      - 符号和缩略语
      - 要求
      - ……
      - 规范性附录

图 5-1　根据要素的性质和位置划分的结果

按照要素在标准中是否必须具备可将标准要素分为必备要素和可选要素。

1）必备要素

标准中必须存在的要素。包括：封面、前言、名称、范围。

2）可选要素

标准中不必必须存在的要素，其存在与否视标准条款的具体需要而定。

标准中除了“封面、前言、名称、范围”这四个要素之外，其他要素均为可选要素。

根据要素的必备和可选状态划分的要素之间的关系见图 5-2。

- 标准要素
  - 必备要素
    - 封面
    - 前言
    - 标准名称
    - 范围
  - 可选要素——除上述 4 个要素之外的其他所有要素

图 5-2　根据要素的必备和可选状态划分的结果

（2）标准中要素的编排

标准中要素的典型编排见表 5-2。表 5-2 是按照标准中各类要素的前后顺序即其在标准中所呈现的具体位置，列出标准中各要素的类型。

表 5-2 标准中要素的典型编排

要素类型	要素[a] 的编排	要素所允许的表述形式①
资料性概述要素	***封面***	*文字（标识标准的信息）*
	目次	*（内容自动生成）*
	前言	**条文** *注* *脚注*
	引言	*条文* *图* *表* *注* *脚注*
规范性一般要素	**名称**	**文字**
	范围	**条文** 图 表 *注* *脚注*
	规范性引用文件	引导语 文件清单（规范性引用） *脚注*
规范性技术要素	术语和定义 符号和缩略语 要求 …… 规范性附录	条文 图 表 *注* *脚注*
资料性补充要素	*资料性附录[b]*	*条文* *图* *表* *注* *脚注*
规范性技术要素	规范性附录	条文 图 表 *注* *脚注*
资料性补充要素	*参考文献*	*引用文件* *脚注*
	索引	*（内容自动生成）*

①表中黑体表示“必备要素”；正体表示“规范性要素”；斜体表示“资料性要素”。

5.4.2.2 按照标准的层次划分

标准的层次是指标准的主题及主要技术内容的表述次序，显示标准内容之间相互的逻辑关系。标准的层次划分采用部分、章、条、段、列项和附录等形式。表 5-3 给出了标准层次设置的编号示例和说明。

表 5-3　层次的设置

名称	编号示例	说　明
部分	20000. 1	1）部分不是独立的标准，是一项标准的组成部分； 2）部分的编号：由标准顺序号和部分编号组成，如 7631. 2、7631. 3。 3）部分的名称使用分段式： ——各部分的引导要素和主体要素相同，补充要素不同 ——补充要素前应标明“第×部分：”(用阿拉伯数字) 4）部分的前言要说明标准的结构
章	3	1）从范围开始编号； 2）每一章均应有标题
条	3. 1 3. 1. 1	1）设置： ——一个层次中有两个或两个以上的条时才可设条； ——可以分到第五层，如 3. 1. 1. 1. 1. 1、3. 1. 1. 1. 1 . 2； ——避免无标题条再分条。 2）标题： ——第一层最好给出标题； ——同一章的各条(指同层次)有无标题应统一； ——不同章之间的各条有无标题不要求统一； ——可将无标题条首句中的关键术语或短语标为黑体
段	无编号	1)是章或条不编号的层次。 2)避免出现悬置段
列项	字母编号 a)、b) 下一层次的数字编号 1)、2) 双连线—— 圆点 ·	1）列项应由一段后跟冒号的文字引出，见示例×××~示例×××。 2）可用黑体字强调列项中的关键术语或短语
附录	A	1）识别： 附录的编号(A/B)、附录的性质(规范性/资料性)、标题。 2) 章、图、表、数学公式的编号： 章(A. 1…)、图(图 A. 1…)、表(表 A. 1…)、数学公式(A. 1…)

标准中通用要素的编写，即从封面、前言、标准各章、附录到终止线的完整的企业标准的编写方法见 6. 4。

5. 4. 3　标准编写的细节和规则

(1) 条款的表述

条款是标准内容的表述方式，分为要求、推荐和陈述三种类型。在编写过程中，通过使用不同汉语句式或助动词进行表达。

1）要求型条款

要求型条款即表达如果声明符合标准需要满足的准则，并且不准许存在偏差的条款，一般采用以下表述方式：

——利用祈使句直接表示指示；

——利用助动词“应”、“不应”，表示声明符合标准需要满足的要求。

2）推荐型条款

推荐型条款利用助动词“宜”、“不宜”表述，表示以下意思：

——在几种可能性中推荐特别适合的一种，不提及也不排除其他的可能性；

——某个行动步骤是首选的，但未必是所要求的；

——不赞成但也不禁止某种可能性或行动步骤(使用否定形式)。

3）陈述型条款

陈述型条款利用陈述句表达信息。助动词表述：

——“可”、“不必”，表示在标准的界限内允许的行为或行动步骤；

——“能”、“不能”、“可能”、“不可能”表示用于陈述由材料的、生理的或某种原因导致的能力或可能性。

标准条款表述中所用的助动词见表 5-4。

表 5-4　助动词及其等效表述

表达	助动词	特殊情况下使用的等效表述	含义
要求[a]	应[b]	应该 只准许	用于表示声明符合标准需要满足的要求
	不应[c]	不得 不准许	
推荐	宜	推荐 建议	用于表达在几种可能性中被推荐作为特别适用的一种，不提及也不排除其他可能性；或表示某个行动步骤是受到推荐是首选的，但也未必是所要求的，或（以否定形式）表示不赞成但也不禁止某种可能性或行动步骤
	不宜	不推荐 不建议	
允许	可[d]	可以 允许	用于表示在标准界限内所允许的行动步骤
	不必	无须 不需要	
能力和可能性	能[e]	能够	用于陈述由材料的、生理的或某种原因导致的能力和可能性
	不能	不能够	
	可能[f]	有可能	
	不可能	不可能	

[a] 为了表示直接的指示，例如涉及试验方法所采取的步骤，使用祈使句。示例：“开启记录仪。”

[b] 不使用“必须”作为“应”的替代词。（以避免将某标准的要求和客观的法定责任相混淆）

[c] 不使用“不可”代替“不应”表示禁止。

[d] “可”是标准所表达的许可。

[e] “能”指主、客观原因导致的能力。

[f] “可能””指主客观原因导致的可能性。

示例：

错误或不规范	正确
严禁使用金属支承条。	不应使用金属支承条。
……匀速下放钻具，切忌溜钻	……匀速下放钻具，不应出现溜钻
闸板防喷器关闭应能在≤10s 以内完成……	闸板防喷器关闭应能在 10s 以内完成……
……，密封部位无渗漏为合格。（允许压降参考值：环形防喷器≤1.0MPa，闸板防喷器≤0.7MPa）	……，密封部位无渗漏为合格。（允许压降参考值：环形防喷器不大于 1.0MPa，闸板防喷器不大于 0.7MPa）

（2）提及标准本身的具体内容

1）规范性提及标准中的具体内容时，应使用诸如下列表述方式：

——“按第 3 章的要求”；

——“符合 3.1.1 给出的细节”；

——“按 3.1 b)的规定”；

——“按 B.2 给出的要求”；

——“符合附录 C 的规定”；

——“见 3.1 的公式(3)”；

——“符合表 2 的尺寸系列”。

2）资料性提及标准中的具体内容，以及提及标准中的资料性内容时，应使用下列资料性的提及方式：

——“参见 4.2.1”；

——“相关信息参见附录 B”；

——“见表 2 的注”；

——“见 6.6.3 的示例 2”；

——“(参见表 B.2)”；

——“(参见图 3)”。

（3）图

1）用法

如果用图提供信息更有利于标准的理解，则宜使用图。在用图表达标准内容时，要遵守准确、规范和简明易懂的原则。对于技术制图、简图和图形符号应符合相关标准的规定。

每幅图在条文中均应明确提及。只允许对图进行一个层次的细分。例如，图 1 可分成 a)、b)、c)等。

2）形式

应采用绘制形式的图，只有在确需连续色调的图片时，才可使用照片。应提供准确的制版用图，宜提供计算机制作的图。

3）编号

——每幅图应有一个编号，图的编号由“图”和从 1 开始阿拉伯数字组成，例如“图 1”、“图 2”等。

——标准中图的编号应连续，并与章、条和表编号无关。图的编号从引言开始一直连续到附录之前。当只有一幅图时，仍应标为“图 1”。

——附录中图的编号，应在编号前加上表示附录的编号字母，字母后跟下脚点，每个附录图的编号应重新从 1 开始。例如图 A.1、图 A.2 等。

4）图题

每幅图都宜有图题，并置于图的编号之后。同一标准中有无图题应统一。图的编号和图题应置于图下方的居中位置。例如：

单位为××

图×　××××

5）图中字母符号、字体和说明

a）字母符号

一般情况下，图中用于表示角度量或线性量的字母符号应符合 GB 3102.1 的规定，必要时，使用下标以区分特定符号的不同用途。

图中表示各种长度时使用符号系列 l_1、l_2、l_3 等，而不使用诸如 A、B、C 或 a、b、c 等符号。

b）字体

图中的字体应符合 GB/T 14691 的规定。斜体字用于代表量的符号、量的下标符号、数的符号；正体字用于所有其他情况。

c）序号

在插图中，应使用零、部件序号(参见 GB/T 4458.2)或脚注代替文字描述，文字描述的内容在序号说明的序号含义以及脚注中给出。

如果所有量的单位均相同，宜在图的右上方用一句适当的陈述(例如“单位为毫米”)表示。

6）图的接排

如果某幅图需要转页接排，在随后接排该图的各页上应重复图的编号，图题(可选)和“(续)”，如下所示：

图×　(续)

续图均应重复关于单位的陈述。

7）分图

通常情况下宜避免使用分图，当分图对理解标准的内容必不可少时，才可使用。对于零、部件不同方向的视图、剖面图、断面图和局部放大图不应使用分图。

如果每个分图中包含了各自的序号说明、图注或图的脚注，不应作为分图处理，而应作为单独编号的图。

原则上只允许对图作一个层次的细分。分图的编号应使用字母编号(后带半圆括号的小写拉丁字母)[例如：图 1 可包含分图 a)、b)、c)等]，不应使用其他形式的编号(例如：1.1 、1.2 、…，1-1、1-2、…，等)。

(4）表

1）用法

如果用表提供信息更有利于标准的理解，则宜使用表。每个表在条文叙述时均应明确提及。不允许表中有表，也不允许将表再分为次级表。

2）编号

a）每个表应有一个编号。表的编号由“表”和从 1 开始的阿拉伯数字组成，例如“表 1”、“表 2”等。

b）标准中表的编号应连续，并与章、条和图的编号无关。表的编号从引言开始一直连续到附录之前。当标准只有一个表时，仍应编为“表 1”。

c）附录中表的编号应在编号前加上表示附录编号的字母，字母后跟下脚点，每个附录中表的编号应重新从 1 开始，例如附录 A 中的表标为表 A. 1、表 A. 2 等。

3）表题

表题即表的名称。每个表宜有表题，并置于表的编号之后。同一标准中有无表题应统一。表的编号和表题应置于表上方的居中位置。

示例 1：

表×　表题

××××	××××	××××	××××

4）表头

a）每个表应有表头。表栏中使用的单位一般应置于相应栏的表头中量的名称之下。

示例 2：

类型	线密度/(kg/m)	内圆直径/mm	外圆直径/mm

b）适用时，表头中可用量和单位的符号表示。需要时，可在提及表的陈述中或在表注中对相应的符号予以解释。

示例 3：

类型	ρ_l/ (kg/m)	d/mm	D/mm

c）如果表中所有单位均相同，宜在表的右上方用一句适当的陈述（例如“单位为毫米”）代替各栏中的单位。

示例 4：

单位为毫米

类型	长度	内圆直径	外圆直径

d）不准许使用示例 4（斜线）的表头，而应使用示例 5 的表头。

示例 5：

类型 尺寸	A	B	C

示例 6：

尺寸	类　　型		
	A	B	C

5）表的接排

表需要转页接排时，应在随后接排该表的各页上重复表的编号，编号后跟表题（表题也可省略），同时要加“（续）”字样。所有续表均应重复表头和关于单位的陈述。如下所示：

表×　（续）

（5）数学公式

企业标准中经常用到公式，特别是某些参数的确定或试验测定的结构都需要用公式来表达。

1）编写要求

a）公式应以正确的数学形式表示，由字母符号表示的变量，应随公式对其含义进行解释，但已在“符号和缩略语”一章中列出的字母符号除外。

b）公式不应以量的描述性术语或名称的形式表示。

c）公式应单独一行，居中排。

d）公式编号从 1 开始的带圆括号的阿拉伯数字全文连续编号。公式与编号之间用“……”连接。

e）公式中量与解释之间用破折号连接，各行的破折号应对齐。

示例：

$$v = \frac{l}{t}$$

式中：

v ——一个匀速运动质点的速度；

l ——运行距离；

t ——时间间隔。

2）注意事项

a）一项标准中同一符号绝不可以表示一个物理量，又表示其对应的数值。

b）应尽可能避免使用多于一个层次的上标或下标符号，同样还应避免使用多于两行的符号和公式。

c）公式中由符号表示的变量应随公式对其含义进行解释。

d）公式中不应使用量的名称或术语表示，应用量的符号(斜体)表示。

e）公式中的乘号使用“×”而不使用“·”。

(6) 标准中的注

标准中的注是为了便于使用者正确理解标准而设置的，共分六种形式：条文的注和条文的脚注、图注和图的脚注、表注和表的脚注。不同的注所起的作用不同。上述六种形式的注中，只有图的脚注和表的脚注可以包含要求，其余的注不应包含要求。

1）条文的注、示例

a. 作用

条文的注和示例的性质为资料性。在注和示例中应只给出有助于理解或使用标准的附加信息，不应包含要求或对于标准的应用是必不可少的任何信息。

示例1：

注：最高允许电压应按第20章的规定。”(划线处提了要求)

示例2：

注：可选择，在……载荷下试验(此处用祈使句表达的指示是一个要求)

b. 位置

注和示例宜置于所涉及的章、条或段的下方。

c. 编排

a）章或条只有一个注，应在注的第一行文字前表明“注：”。同一章(不分条)或条中有几个注，应标明“注1：”“注2：”“注3：”等。标注方法如下：

4.1.2　标题

注：

4.1.6　标题

注1：

注2：

b）在同一编号的章内或条内，如果注释的内容分别出现在不同的段落(需对同一章或同一条内的不同段落注释)时，应将同一章、条内不同段落的注释统一编顺序号。如“注1：”、“注2：”、“注3：”等。标注方法如下：

4.1.7　标题

注1：

注2：

c）章或条中只有一个示例，应在示例的具体内容之前标明“示例：”。同一章(不分条)或条中有几个示例，应标明“示例1：”、“示例2：”、“示例3：”等。

2）条文的脚注

a. 作用

条文的脚注的性质为资料性，应尽量少用。条文的脚注用于提供附加信息，不应包含要求或对于标准的应用是必不可少的任何信息。

b. 位置

条文的脚注应位于相关页面的下边，并由一条位于页面左侧四分之一版面宽度的细实线将其与条文分开。

c. 编排

通常，应使用后带半圆括号的阿拉伯数字从1开始对条文的脚注编号。条文的脚注编号从“前言”开始全文连续，即：1)、2)、3)等。在需注释的词或句子之后应以相同的上标数字”[1)]、[2)]、[3)]等标明脚注。

脚注的标注方式如下：

1）

2）

在某些情况下，例如为了避免和上标数字混淆，可用一个或多个星号，即：*、**、***等代替数字及半圆括号。

3)图注和图的脚注

(a）图注

a）作用

图注不应包含要求或对于标准的应用是必不可少的任何信息。关于图的内容的任何要求应在条文、图的脚注或图和图题之间的段中给出。

b）位置

图注的位置应在图题之上，并位于图的脚注之前。

c）编排

当图中只有一个注时，应在注的第一行文字前标明“注：”字。同一幅图中有多个注时，应标明“注1：”、“注2：”、“注3：”等字样。

每幅图的图注应各自单独编号。

(b）图的脚注

a）作用

图的脚注可以包含要求。

b）位置

图的脚注应置于图题之上，并紧跟图注。

c）编排

图的脚注编号应由上标形式的“a”开始的小写拉丁字母编号，即“[a]”、“[b]”等，在图中需注释的位置应以相同的上标形式的小写拉丁字母标明脚注。

每幅图的脚注应单独编号。

单位为××

包含要求的段

注：××××××(图注内容)

[a] ××××××
[b] ×××××× }(图的脚注内容)

图×　××××

4）表注和表的脚注

（a）表注

a）作用

表注不应包含要求或对于标准的应用是必不可少的任何信息。关于表的内容的任何要求应在条文、表的脚注或表内的段中给出。

b）位置

表注应置于表中，并位于表的脚注之前。

c）编排

表中只有一个注时，应在注的第一行文字前标明“注：”。当同一表中有多个注时，应标明“注1：”、“注2：”、“注3：”等。

每个表中的注应各自单独编号。

（b）表的脚注

a）作用

表的脚注可包含要求。

b）位置

表的脚注应置于表中，并紧跟表注。

c）编排

表的脚注应由上标形式从“a”开始的小写拉丁字母编号，即a、b、c等。在表中需注释的位置应以相同的上标形式的小写拉丁字母标明脚注。

每个表的脚注应单独编号。表注及表的脚注规则如下所示。

示例1：

单位为毫米

<table>
<tr><th>类　　型</th><th>长　　度</th><th>内 圆 直 径</th><th>外 圆 直 径</th></tr>
<tr><td></td><td>l_1[a]</td><td>d_1</td><td></td></tr>
<tr><td></td><td>l_2</td><td>d_2[b,c]</td><td></td></tr>
<tr><td colspan="4">段(可包含要求)
注1：表注。
注2：表注。</td></tr>
<tr><td colspan="4">[a]表的脚注。
[b]表的脚注。
[c]表的脚注。</td></tr>
</table>

示例 2：

表× SI 基本单位

量 的 名 称	单 位 名 称	单 位 符 号
长度	米	m
质量[a]	千克(公斤)[b]	kg
电流	安〔培〕	A
物质的量	摩〔尔〕	mol

注 1：本标准所称的符号，除特殊指明外，均指我国法定计量单位所规定的符号以及国际符号。
注 2：无方括号的量的名称与单位名称均为全称。方括号中的字在不致引起混淆、误解的情况下可以省略。去掉方括号中的字即为其名称的简称。

[a] 人民生活和贸易中，质量习惯称为重量。
[b] 圆括号中的名称，是它前面的名称的同义词。

（7）量和单位

1）单位的符号和名称不能混用。例如，在用于标准中的文字叙述时，速度的单位名称写作“千米每小时”，不写作“每小时 km”或“千米/小时”；速度的单位符号“km/h”应与阿拉伯数字表示的数值结合使用，不能单独使用。

2）用阿拉伯数字表示的数值可与单位符号结合，度、分和秒(平面角度)的单位符号应紧跟数值后；所有其他单位符号前应空四分之一个字的间隙。

例如“500 m”不写为“500 米”；“2 h”不写为“2 小时”；“20 t”不写为“20 吨”。

3）不要用非标准化的缩略语表示单位。例如秒的缩略语为“s”，而不是“sec”；分的缩略语为“min”，而不是“mins”；小时的缩略语为“h”，而不是“hrs”。

4）物理量的符号都使用斜体；单位符号使用正体。例如：表示体积的物理量“ *V* ”使用斜体；表示岩样 *L* 长度的单位为 mm，则“mm”为正体。

5）不应使用“ppm”、“pphm”、“ppb”之类的缩略语，因为这些缩略语在不同的语种中含义不同，可能会产生混淆。

例如，写作“质量分数为 4. 2μg/g”或“质量分数为 4.2×10^{-6}”，而不写作“质量分数为 4. 2 ppm”。

6）同一类物理量之间才可进行比较和相加或相减的运算。

例如，230V+5%这种表示相对误差的方法不符合代数学的基本规则，可用下述表示方法代替：

——“230×(1±5%)V”；

——“230×(1±0. 05)V”；

——“230V，具有±5%的相对误差”。

7）用于表示数值符号‰、%宜避免使用。因为百分数和千分数还代表数值。

例如，表示质量分数或体积分数的方法是：“质量(或体积)分数是 0. 07”或“质量(或体积)分数是 7%”，不写为“7%(*m*/*m*)或 7%(*V*/*V*)”。

8）描述物理量相除的量时，应使用其专用的物理量名称，而不应使用“单位”这样的词。

例如：应使用“线质量”，而不应使用“每单位长度质量”。

9）在标准中应尽量避免使用“重量”表示物体的质量。

示例：

错误或不规范	正　确	说　明
500 米；2 小时；20 吨	500m；2h；20t	凡带阿拉伯数字的量的单位，均用符号单位
……直径以 mm 为单位	……直径以毫米为单位	
Φ325 管线	直径 325 mm 管线	直径可以用符号，但需要说明
……乘以系数 K=1.3	……乘以系数 1.3	条文文字表述不应出现数学运算符号 （表格内要用数学运算符号）

（8）数和数值的表示

1）小数点符号为“.”。

2）小于 1 的数值写成小数形式时，应在小数点符号左侧补零。

3）对于任何数，应从小数点符号起，向左或向右每三位数字一组，组间空四分之一个字的间隙，但表示年号的四位数除外。

示例：23 456　2 345　2.345　2.345 6　2.345 67

4）数和数值相乘应使用乘号“×”，而不使用圆点。例如 1.8×10^{-3}不写成 $1.8\cdot10^{-3}$。

5）表示非物理量的数（相对物理量的数值而言），数字一至九宜用汉字表示，大于九的数字一般用阿拉伯数字表示。

示例：

错误或不规范	正　确
用 5 根 5m 长的管了进行试验	用五根 5m 长的管子进行试验
再选十五根管子进行压力试验	再选 15 根管子进行压力试验

6）表示物理量的数值，应使用后跟法定计量单位符号（见 GB 3100~GB 3102、GB/T 13394、GB/T 14559 和 IEC 60027）的阿拉伯数字。例如 20t，5m。

7）极限数值

GB 1250—89《极限数值的表示方法和判定方法》规定了书写极限数值的方法、涵义，以及将测定值或其计算值与标准规定的极限数值作比较的方法。

表达极限值的基本用语表如下：

基本用语	符　号	特定情形下的基本用语	涵　义
大于 A	$>A$	多于 A、高于 A	A 值不符合标准要求
小于 A	$<A$	少于 A、低于 A	A 值不符合标准要求
大于或等于 A	$\geqslant A$	不小于 A、不少于 A、不低于 A	A 值符合标准要求
小于或等于 A	$\leqslant A$	不大于 A、不多于 A、不高于 A	A 值符合标准要求

必要时，允许采用下列习惯用语：

“A 及以上”、“至少 A”，指数值大于或等于 A（$\geqslant A$）；“A 及以下”、“至多 A”，指数值小于或等于 A（$\leqslant A$）；

“超过 A”，指数值大于 A（$>A$），“不足 A”，指数值小于 A（$<A$）。

(9) 尺寸和公差的表示

标准中的尺寸和公差应以准确无歧义的方式表示，数字后紧跟单位。尺寸和公差的表示示例见表5-5。

表 5-5　尺寸和公差的表示示例

	正 确 表达	不 写 作
体积	80mm×25mm×50mm	80×25×50mm
公差	80F±2F 或(80±2)F 但要全文统一	80±2F
公差	80mm±0. 2mm	80mm±0. 2
压强范围	10kPa~12kPa 或(10~12)kPa 但要全文统一	10~12kPa
温度范围	0°C~10°C	0~10°C
百分数的公差	63%~67%	63~67%
带有公差的中心值	(65±2)%	65±2%

第二篇　实　践　篇

6 勘探开发类企业标准编写

6.1 标准制定的思路和要求

6.1.1 勘探开发类企业标准的特点

石油天然气勘探开发领域的活动涵盖了物探、地质勘探、测井与录井、钻井、油气田开发、采油采气、油气储运、地面工程建设、钻采装备与材料、海(水)上石油工程、油田计量与油气水分析、HSE、劳动定额定员、信息与计算机应用、节能节水等诸多的专业技术门类，内容庞杂。因此企业标准具有以下特点：

——标准化对象多样化：油田企业标准化对象多样，既包括地质勘探、石油工程、油气开采等过程对象，又包括相关材料与装备标准及信息、安全、环保等相关内容，导致企业标准编写模式的多样化；

——个性化程度高：标准化对象及要求多样化，企标编写个性化程度高；

——与市场紧密结合：随着海外市场的大力开拓，作为参与市场竞争的文件，标准技术要求及相关安全、环保要求等，与海外市场所在国家、地区的法规要求及国际惯例紧密接轨；

——与技术进步紧密结合：石油勘探开发标准立足于先进、成熟技术，随着技术不断进步，技术标准也随之制定、修订和完善，与技术进步紧密结合，不断促进技术应用与效益提高。

6.1.2 勘探开发类企业标准类型

勘探开发领域标准化对象多种多样，标准的类别主要包括施工作业标准、管理技术标准、方法标准、石油设备和材料标准及设计标准等。按照标准技术内容的要求程度划分，标准可以分为“规程”、“规范”、“技术要求”和“推荐作法”等形式。

6.1.3 标准立项思路及要求

6.1.3.1 确定标准化对象

标准化对象决定了标准的名称、范围以及标准应具备的技术内容。一旦标准化对象确立下来，名称就可以确定，适用范围也随之确定。

确定标准化对象需要从以下几个方面来考虑：

一是需求分析，即起草人首先应该调研清楚：

(1) 标准制定后能够达到什么目的？能否促进生产、降低成本、改善安全和健康？

(2) 标准实施后产生什么结果？是促进还是限制新技术的发展？是增加效益、降低成本？是增加还是减少使用者的选择性？

(3) 制定标准的适时性？目前的技术发展水平是否成熟？是否适合制定标准？

二是分析是否具备“共同使用”和“重复使用”的特点，只有具备上述两个特点的对象才能适宜编制企业标准，只适合在某一单位使用的标准可制定成该企业的标准，不必制定成中石化企业标准。

三是了解本领域的技术发展状况：尤其是新技术、新工艺、新发明，为确定标准化对象做好充分的技术储备。

四是充分熟悉、掌握现有标准：确定标准化对象前要清楚该技术领域中已有的标准，包括国家标准、行业标准以及中石化企业标准，并分析它们涉及的内容和水平，能否满足需求，是否需要在技术上进行协调，在此基础上决定是否立项新的标准项目。现有标准能够满足需要，就不需立项制定新标准。如果现有标准不能满足要求，在确定满足标准立项原则基础上，可立项制定新标准。

6.1.3.2 确定标准内容

在明确了标准化对象后，需要进一步讨论并确定标准的技术内容。首先根据标准所针对的使用对象以及制定的目的，确定标准的形式是规范、规程还是指南等。标准的类型不同，其技术内容也不同，标准中使用的条款类型及章条设置也会不同。二是确定标准的技术要求。选择哪些内容、哪些要求列入标准中，不同的标准有不同的要求。

6.1.4 立项论证报告主要内容

标准起草人经过对立项标准所涉及的技术内容、专业技术领域的发展状况、相关的国内外技术现状、国内外同类标准的情况等等进行广泛调查研究，甚至采取必要的实验、试验等手段验证需要确定的技术指标后，按照科技部的要求，编制“中国石化企业标准制修订项目立项论证报告”，并逐级上报，经审查同意后，作为列入年度计划的重要依据。

6.1.4.1 立项论证报告主要包括以下几部分：

（1）目的和意义。包括：标准制修订的必要性、预期完成后的作用和效益。

（2）国内、国外相关标准或技术现状分析及采标情况。应说明国内、国外现有相关标准的编号、名称、主要技术指标、异同及标准的特点；相关技术现状及发展趋势；采用标准的编号、名称、采标程度及采用标准的适用性、存在问题等情况。

（3）主要工作内容及标准的适用范围。

（4）可行性分析(适时性、研究基础、具备的技术条件)。

（5）标准的主要内容及章、条目次。

（6）负责人及主要参加人员情况简介及分工。

（7）工作进度计划。应有征求意见稿、送审稿及报批稿(三稿)的完成时间。

（8）经费预算及来源。

（9）其他说明事项。

6.1.4.2 编写注意事项

（1）国内、国外相关技术现状分析要力争详尽：起草人必须对相关专业领域的技术发展情况进行分析，论述拟立项标准的技术水平，充分说明标准是否具有先进性、合理性与市场性。

（2）已有的国内、国外相关标准查询要全面：起草人必须对本专业领域已有的相关标准进行查新，尽可能列出所有有关的现行标准，并对比分析标准内容的异同等，论述已有标准的不适应之处，说明立项的必要性。

在历年的企标立项审查中，常常遇到“立项论证报告”中现有的标准情况一栏中填写“无”，可在标准技术归口管理部门检索时，发现已有好几项类似的上级、中石化的企业标准。由于起草人未从专业技术层面进行相应的分析，标准化主管部门本着标准不应重复制定的原则，得出标准不能立项的结论。如果标准是生产中急需制定的，反而影响了立项决策。

（3）标准的主要内容及章、条目次应尽可能详细，尤其是拟规范标准化对象的核心内容、技术指标、要求等应作为重点详细列出，避免仅仅罗列几个章标题，从标题中看不出任何标准需要的核心技术要求，这样的立项论证报告难以给审查人员提供立项的依据，影响立项决策。

（4）工作进度安排：应按照标准制修订程序各阶段的要求安排工作进度，重点说明进行调研、实验、编写标准草案、本单位内部审查、标准征求意见、完成送审稿等工作进度及关键时间节点。

6.1.5 立项论证报告编写示例

立项论证报告编写示例见本章附件1。

6.2 标准编制说明的编写

6.2.1 标准编制说明的作用

标准编制说明要记录标准编制的真实过程，通过对标准制定全过程重要信息的阐述，提出标准制定的整体思路和各项指标的确定依据。标准编制说明是标准审查、复审和修订的重要参考材料之一，与标准、意见汇总处理表共同组成标准送审和报批材料。标准批准发布后，科技部组织标准文本印刷并配发油田企业，标准编制说明与意见汇总处理表存档。

首版标准的编制说明应当有详实的背景材料和充分的依据，修订标准的编制说明，应在前一版本编制说明的基础上进行修改，不要脱离原标准的说明再编一个新的，这样标准做即费时费力又缺乏延续性和追溯性。

6.2.2 标准编制说明内容

6.2.2.1 任务来源

项目的来源通常以科技部下达的项目任务书为准，写明项目名称、任务书项目编号等。也可以以集团公司印发的标准制修订项目计划文件为准。

示例 6-1：

> 一、任务来源
>
> 根据《2011 中国石化石油工程企业标准制修订》项目任务书（项目编号：711004）的要求，中国石化企业标准《高含硫化氢天然气集输管道缓蚀剂涂膜作业操作规程》由中原油田普光分公司采气厂负责制定。

6.2.2.2 起草工作简要过程

含主要参加单位及工作组成员所作的工作；标准编制的过程、内部审查情况（最好附上审查意见）；标准征求意见情况（征求意见单位数量、意见回复情况以及分析采纳与否）；标准报批时，还应该补充标准的审查情况以及依据审查意见对标准技术内容所做的修改等。

示例 6-2：

> 二、起草工作的简要过程
>
> （一）成立标准编制小组
>
> 《高含硫化氢天然气集输管道缓蚀剂涂膜作业操作规程》由中原油田普光分公司采气厂负责编制。根据项目任务书，普光分公司采气厂成立了《高含硫化氢天然气集输管道缓蚀剂涂膜作业操作规程》编制小组，普光分公司采气厂厂长×××担任总负责人，副厂长×××担任技术负责人，成员由采气厂技术专家、采气厂技术管理人员、现场作业技术骨干等组成。通过组织机构的成立，一方面加强标准编制过程中的协调和领导，另一方面保证编制标准的规范性和科学性。
>
> （二）编制标准初稿
>
> 2011 年 4 月集团公司科技开发部在北京组织召开“中国石化油气勘探开发领域企业标准立项审查会”，专家评审组听取了本规程的立项论证报告，认为立项依据充分，标准内容、技术路线、实施方案和编制提纲可行，并确立了规程的主要内容。
>
> 根据集团公司下达的《高含硫化氢天然气集输管道缓蚀剂涂膜作业操作规程》立项意见，编制小组修改完善了规程的结构和相关内容，在此基础上开始了规程的编制工作。在规程编制过程中，编制小组收集整理技术资料，深入总结了普光气田生产期间积累的缓蚀剂涂膜作业经验，如涂膜周期、作业准备、气量的计算、缓蚀剂涂膜作业操作程序、常见问题及解决方法、涉硫作业的安全环

保要求等，查阅了有关行业和企业标准，制定了编制计划，通过充分的总结、讨论、审查、完善，完成了本标准的初稿。

本规程在起草过程中参考借鉴了《天然气管道运行规范 SY/T 5922—2003》《含硫油气田硫化氢监测与人身安全防护规程 SY/T 6277—2005》《川东北高含硫化氢气田集输管道腐蚀监测与控制设计技术要求 QSH/0247—2009》《高含硫化氢气田天然气集输系统设计规范 QSH/0245—2009》等标准中的部分条款，总结了普光气田清管与缓蚀剂涂膜作业的方案与现场经验，于 2011 年 6 月初基本形成初稿。

（三）专家讨论与征求意见阶段

初稿完成后，经过了普光分公司采气厂、普光分公司 HSE 监督管理部、中原油田技术监测中心、中原油田油气储运专标委、西南油气田等部门与单位的专家审查，编写小组收集并认真讨论了专家意见，对本规程进行了进一步修改与完善，形成了送审稿。

2011 年 8 月 5 日，采气厂邀请中原油田技术专家王贵波等二十余位专家对本规程进行了初审，提出了审查意见，并对审查意见进行了处理，具体见附表 1。

2011 年 9~10 月期间，征求了西南油气分公司等单位的专家意见，进一步对本规程进行了修改完善，专家意见及处理情况详见附表 2。

2011 年 10 月 27 日，中原油田普光分公司采气厂再次组织对该标准进行了审查，专家提出了修改意见，使本规程进一步完善，专家意见及处理情况详见附表 3。

2011 年 11 月 30 日，中原油田采油采气专标委对该规程进行了评审，专标委专家对规程的结构、技术要求、安全环保等方面提出了修改意见，专家意见及处理情况详见附表 4。

2012 年 4 月，征求了中国石化勘探开发研究院等单位的意见。4 月 11 日中原油田技术监督处分别向中国石化勘探开发研究院、胜利油田、江苏油田、江汉油田、河南油田、西南油气分公司等单位发了征求意见函，截至 4 月 30 日共收到意见 19 条，专家意见及处理情况详见附表 6。

关于规程题目：在 2011 年 11 月 16 日中原油田一级企业标准评审会上统一用语，将“高酸性”统一为“高含硫化氢”，并将“气田”更改换为“天然气”更加准确的限定了标准的使用范围，并在“涂膜”后面增加“作业”两字强调涂膜作业过程的完整性。

2012 年 9 月 13 日，在中国石化企业标准验收评审会上，与会专家经过讨论和审议，提出了评审意见，并一致同意通过《高含硫化氢天然气集输管道缓蚀剂涂膜作业技术规程》标准的审查。专家意见及处理情况详见附表 7。

2012 年 10 月 8 日至 10 月 22 日期间，将修改后的标准文本分别征求了评审组长与主审人的意见，同意报批。评审组长与主审人意见见附表 8。

6.2.2.3 编写标准原则和标准主要内容、技术指标的确定依据

本部分是标准编制说明的核心，主要描述前期研究中对国内外相关技术和标准的整体研究结果的分析对比，逐一说明标准各项指标的意义及确定的依据。主要内容包括：依据的与本标准相关的国外标准、国际标准、国家标准、行业标准以及其他企业标准情况，如标准号、标准名称、采标关系、质量水平等，并重点论述标准所涉及的每一项技术指标、技术参数、性能要求、计算公式、试验方法、检验规则等的确定依据，包括实验数据、试验结果、统计数据、主要试验（或验证）的分析、综述报告，各油田企业目前实际情况，指标所处的技术水平，油田企业实施过程中是否存在困难等等。

如果是采标标准，还需说明本标准与所采用标准的关系，如等同采用或修改采用国际或国外先进标准制定、参考国家或行业标准制定等。

标准修订时，还要说明前一版标准实施以来国内外标准的发展和变化情况，增加新旧标准技术指标变化情况，进行新旧标准水平的对比。

示例 6-3：

3. 确定主要内容、技术指标的依据

本推荐作法是在“GB/T 1.1—2009”规则的指导下，参考“SY/T 5430—92 地层破裂压力测定和套管鞋试漏法”和“GB/T 19139—2003 油井水泥实验方法”两项标准，根据承压井实际操作情况，通过分析堵漏施工各环节的相关细节而制定的。本标准的基本结构和内容，共分七章。

(1) 第 1 章　范围：概述了本规范规定了承压堵漏施工设计、施工前准备、施工程序、验收和资料录取的推荐作法。

通过向各油田及专家的意见征求，最后确定适用于油气井的承压堵漏施工作业和验收。

(2) 第 2 章　规范性引用文件：列出了本规范性引用的 1 个国家标准，1 个石油行业标准。

GB/T 19139—2003 油井水泥试验方法

SY/T 5430—92 地层破裂压力测定和套管鞋试漏法

(3) 3.2.2 中“按堵漏浆进入地层深度计算其附加量，确定堵漏浆用量”是根据塔河油田 123 口井的实际堵漏浆用量而定的，进入漏失通道内的堵漏材料形成的“封堵墙”在 10cm～30cm 左右才能满足承压要求。

(4) 6.6 中，“压降值小于 1MPa/30min”，是参考“SY/T 5430—92 地层破裂压力测定和套管鞋试漏法”，根据现场实际操作情况，压降值小于 1MPa/30min，就可以满足承压要求，并且在后续的钻井施工中，井浆中的小颗粒在井壁处继续堆积，形成致密泥饼，最终也能达到套管试压的要求；若一开始就要达到套管试压要求压降值小于 0.5MPa/30min 的要求，需要反复多次试压，井壁处的高质量泥饼形成后才能达压降值小于 0.5MPa/30min 的要求，需要的时间长，往往需要 8h～12h 反复试压才能达到要求。

(5) 5.6 中“起钻至承压堵漏浆液面以上 150m 位置，若该位置在套管鞋以下深度，则直接起钻至套管鞋内。”是为了防止卡钻而定的。

(6) 5.7 中的“循环钻井液 10 分钟，关闭封井器。”是为了将钻具内残留的固结浆完全循环出来。

(7) 5.8 中“从立管进行憋挤承压作业，憋挤过程应缓慢开泵，采用 5-10 冲进行憋挤承压作业，每次加压幅度在 0.5MPa～1MPa，加压间隔控制在 5min～10min”是通过调研，根据现场实际操作情况而定的。

(8) 5.9 中“立管压力达到 3.2.4 条的承压指标后，压力稳定 3h，缓慢泄压，泄压速度控制在 (0.5MPa～1MPa)/60min，泄压过程中井浆返吐量小于 $2m^3$，可适当加快泄压速度”，是通过调研，根据现场实际操作情况而定的。

(9) 5.10 中“用 80 目筛子筛除堵漏材料”，是通过调研，根据现场实际情况，确保井浆中有足够的微颗粒材料，保证井壁处能够形成致密泥饼而定的。

(10) 式(A.1)和式(A.2)参考“SY/T 5430—92 地层破裂压力测定和套管鞋试漏法”中 5.2。

6.2.2.4　技术经济分析论证和预期的经济效益

简要论述、分析标准实施后产生的经济、社会效益，包括对企业生产成本、工作效率、工作质量、管埋水平、市场竞争以及安全环保等方面的影响。

6.2.2.5　采用国际标准和国外先进标准情况及水平对比分析

说明有无采标情况。如果有对应的国际标准，要严格按照 GB/T 1.1 的规定说明与国际标准的一致性程度，说明标准在技术指标、编写方法上的异同。特别要注意避免为了表示标准的技术水平高，人为将非等效视为采标的现象。

6.2.2.6　与现行法律、法规、政策及相关国家标准、行业标准的差异和协调性

标准必须要符合国家的法律、法规、政策及强制性标准，尤其在涉及安全、环保方面的条款是否有违背之处。论述标准内容与已有的相关国家标准、行业标准或中石化企标的差异和协调性，标准对

已有标准的哪些方面做了补充等。

6.2.2.7 贯彻实施标准的措施和建议

包括实施标准的建议、组织措施、管理措施以及标准的实施监督手段等。

6.2.2.8 其他应予说明的事项

包括一些重大分歧意见的处理经过和依据，备案备查。

6.2.3 标准编制说明常见问题

（1）流于形式，只简单介绍任务来源、标准制修订过程，更为关键的国内外标准调研、国际国内市场研究、标准结构论述、具体指标分析等篇幅较少或根本没有。

（2）研发力度不够、调研不充分、资料收集不到位，没有做足应做的工作，标准指标的确定缺乏数据支撑。

（3）编写人员不熟悉技术工艺需求。

（4）对标准编制说明重要性认识不够。

（5）主要内容、技术指标的确定依据是编写的重点，反而缺乏详实的数据、资料、调研情况。

6.2.4 标准编制说明编写注意问题

6.2.4.1 编制说明应阐述清楚标准中全部指标、性能要求的来源、依据、国内外同类标准的现状和问题(包括各油田的企业标准)，本标准要达到的水平，企业实施的难度及可能存在的风险和投资情况等，避免写成工作过程的流水账。

6.2.4.2 编制说明应与标准文本的三稿对应，即：编制说明(征求意见稿)、编制说明(送审稿)、编制说明(报批稿)。

6.2.4.3 如果标准在执行过程中发现问题，比如某些参数指标无法执行、执行后出现人员伤亡、设备损坏等状况，则需要追查标准指标的来源或确定的依据，查询编制说明。因此，编制说明详细的记录标准编制情况是非常必要的。

6.2.5 标准编制说明编写示例

标准编制说明编写示例见附件2。

6.3 标准征求意见汇总处理表

6.3.1 征求意见汇总处理表必须要统计发送“征求意见稿”的单位数、收到的回函的单位数、回函并有建议或意见的单位数以及没有回函的单位数。

6.3.2 对收到的反馈意见一律统计入表中，统一分析对待，不允许隐瞒一些不同的意见。

6.3.3 征求意见汇总处理表中“提出单位(人)”一栏，要填写详细，尽量将提出人写上，以方便联系和追溯。

6.3.4 征求意见汇总处理表对应标准文本的送审稿和报批稿，也存在两稿，即：征求意见汇总处理表(送审稿)和征求意见汇总处理表(报批稿)。其中送审稿填写征求意见阶段征求到的各油田企业的意见，报批稿则在送审稿的基础上补充标准审查会上专家的意见，该意见的“提出单位(人)”一栏填写“标准审查会”。

6.3.5 对“不采纳”和“部分采纳”的意见要有充分地理由说明，甚至要与提出单位(人)进行沟通协商。

6.3.6 征求意见汇总处理表示例见附件3。

6.4 标准文本

6.4.1 封面

标准封面是资料性的必备要素，分为上、中、下三部分，各部分之间用横隔线分开。封面上共有13项内容(见表6-1)，不同级别的标准封面标示的内容项有所不同。

表6-1 标准封面内容项

序　　号	标　准　封　面　项	位　　置
1	标准的级别	上部
2	标准的标志	
3	标准编号	
4	被代替标准编号	
5	国际标准分类号	
6	中国标准文献分类号(ICS号)	
7	标准备案号	
8	标准名称	中部
9	标准名称对应的英文译名	
10	采标一致性程度	
11	发布日期	
12	实施日期	
13	标准发布部门	下部

1. 标准的级别

在标准封面第一条横线上方标注标准的级别。中国石化企业标准分为以下两级：

中国石化(一级)企业标准：标注“中国石油化工集团公司企业标准”字样。

中国石化二级企业标准：标注“中国石油化工股份有限公司×××分公司标准”字样，或集团公司二级企业单位。

例如“中国石油化工股份有限公司中原油田分公司标准”。

2. 标准的标志

在标准右上角位置标示，中国石油化工集团公司企业标准标志是“Q/SH”。

中国石化二级企业标准的标志应在“Q/SH”后加上该企业的代码。

例如：石油勘探开发研究院标准的标志为：Q/SH 0355。

3. 标准编号

标准编号由标准代号、顺序号和年代号三部分组成。

例如：《高含硫化氢天然气集输管道缓蚀剂涂膜作业操作规程》标准的编号为：Q/SH 0486—2011。

企业标准复审确认后再版时，标准编号后面需要加上复审的年号。

例如：Q/SH 0186.1—2008(2011)地震勘探资料质量控制规范第1部分：采集施工。

4. 被代替标准的编号

如果企业标准代替了某个或多个企业标准，应在标准编号的下面另起一行标明被代替标准的编号。代替标准较多时可以只写一个，后面加“等”字，其余在前言里面说明。

5. 国际标准分类号(ICS号)和中国标准文献分类号

ICS号是ISO编制的，便于我国标准与国际标准的交流与对比。可从《国际标准分类法ICS》中查到，常用的与石油天然气领域有关ICS号见表6-2。

表6-2　与石油天然气工业有关的ICS号

专　　业	ICS号
石油及相关技术综合(石油天然气勘探入此)	75-010
石油和天然气的开采与加工	75.020
原油	75.040
天然气	75.060
石油产品综合	75.080
润滑剂、工业油及相关产品 (包括矿物油、金属加工和临时防腐蚀用液体)	75.100
液压液	75.120
石蜡、沥青材料和其他石油产品	75.140
燃料	75.160
燃料综合	75.160.01
固体燃料	75.160.10
液体燃料	75.160.20
气体燃料[包括液化石油气]	75.160.30
石油和天然气工业设备	75.180
石油和天然气工业设备综合	75.180.01
勘探和钻采设备[包括海上建筑]	75.180.10
加工设备	75.180.20
容积测量和容积设备	75.180.30
其他石油和天然气设备	75.180.99
石油产品和天然气储运设备 (包括石油和天然气存贮装置、管道、加油站、分配油装置)	75.200

例如：Q/SH 0172—2012《川东北酸性天然气井试井技术规范》，属于“石油和天然气的开采与加工”，经查附录4，ICS号为“75.020”。

6. 中国标准文献分类号

在ICS号之下，应标明中国标准文献分类号。分类号标记采用拉丁字母与阿拉伯数字相结合的方式。一级大类主要按专业划分为24个，以一个字母表示一个大类。如A—综合，B—农业、林业，C—医药、卫生、劳动保护，D—矿业，E—石油，F—能源、核技术，G—化工，……，Z—环境保护。二级类以两位数字(00~99)表示。

常用的与石油天然气领域有关中国标准文献分类号见下表6-3。

表6-3　中国标准文献分类号二级类目(石油大类)

分　类　号	类　　名	范　围　注　释
E	石油	用于生产、流通过程中保证符合文字标准要求的石油产品标样分别入本类各有关类目
E00/09	石油综合	
E10/19	石油勘探、开发与集输	
E10	石油勘探、开发与集输工程综合	术语、通用方法等

续表

分类号	类名	范围注释
E11	石油地质勘探	油气田普查勘探规范，地质构造分类方法，地质实验、勘探测井方法、油气田评价等
E12	石油开发	油气田储量计算，油气、水井下动态分析，井网设计，提高采收率岩心分析、试验方法等
E13	石油钻井	井身设计，工艺参数与规程，工程质量等。钻井液与处理剂如此
E14	石油开采	油、气田的注水、酸化、压裂、热采方法等。压裂液与添加剂入此
E15	海洋石油作业	海洋石油设备与井口定位，水下作业等
E16	油、气集输	油、气处理、集中、储存、管道运输等。油气处理添加剂入此
E20/29	石油、天然气	
E30/49	石油产品	
E60/69	石油产品	
E90/99	石油勘探、开发与集输设备	

例如，Q/SH 0498—2013《伊利石结晶度X射线衍射分析方法》属于地质实验方法标准，中国标准文献分类号应为E11。

7. 标准备案号

企业技术标准不备案，在标准封面上不用标示；企业产品标准应进行备案，产品标准的封面上应写上“备案号：”字样，待备案后由管理部门统一编号。

8. 标准名称

(1) 名称起草的要求和形式

标准名称是规范性的必备要素，应置于封面的中部及首页范围之前。名称应直接反映出标准对象的范围和特征，准确的概括标准的主题，并力求简练。

标准名称由引导要素、主体要素和补充要素三部分组成，其中主体要素是必备要素，其他要素是否存在视标准具体情况而定：

——引导要素：表示标准所属的领域，领域很清晰时候不必有引导要素；

——主体要素：表示该领域内论述的主要对象；

——补充要素：表示该对象的特定方面，或区分该标准（或该部分）与其他标准（或其他部分）的细节。当标准技术内容包含了标准主题的所有方面时，可以省略。

示例6-4：

引导要素	主体要素	补充要素
—	钻井液完井液滤饼性能测定方法	—
—	抽油机节电控制柜节电测试评价方法	—
—	钻井液氯离子测量	离子滴定法
—	稠油流变性测试	旋转流变仪法
—	地震勘探资料质量控制	（第1部分：）采集施工
钻井液用	聚合醇防塌剂通用技术条件	—
石油工业机械和设备	散装物料设备	装载尺寸

部分标准的名称也采用分段式，第一段是标准的引导要素和主体要素，第二段是补充要素。各部分名称的引导要素（如有）和主体要素相同，而每一部分名称的补充要素不同。要注意的是每一部分的名称中均应标明“第×部分：”，其中“×”为与部分编号完全相同的阿拉伯数字。例如“第1部分：”、

“第 2 部分：”，而不应写成中文数字“第一部分：”、“第二部分：”。

以 Q/SH 0186 为例：

Q/SH 0186.1—2008《地震勘探资料质量控制　第 1 部分：采集施工》

Q/SH 0186.2—2012《地震勘探资料质量控制　第 2 部分：数据处理》

Q/SH 0186.3—2008《地震勘探资料质量控制　第 3 部分：资料解释》

（2）起草标准名称的注意事项：

a. 避免无意中扩大、限制标准的范围。

例如：“管道渗漏检测方法”，标准内容中未包含所有的管道，修改为“金属管道渗漏检测方法”。

b. 措辞应紧扣标准的内容。

例如：“三次采油室内物理模拟驱油实验方法”，因三次采油范围太广，改为“化学驱室内物理模拟驱油实验方法”。

c. 名称各要素的用语之间不能重复；

例如：“水泥浆体系性能与稠化度检测方法”，“性能”包含“稠化度”，改为“水泥浆体系稠化度检测方法”。

d. 部分标准需在补充要素之前应加“第×部分”；

例如：“地震勘探资料质量控制　第 1 部分：采集施工”、

e. 无须描述文件的类型。

标准名称中不应出现“……标准”、“……国家标准”或“……标准化指导性技术文件”等表述。

例如：“空气钻井安全技术标准”，改为“空气钻井安全技术规范”。

9. 英文名称

企业标准应尽量给出英文名称。

英文名称应尽量从相应国际标准的名称中选取，避免直译标准的中文名称；采标标准宜采用原标准英文名称。如果标准的内容与相应的国际标准有差异，应研究原文名称是否可用，不能用时则需按照我国标准的名称作相应的调整。

英文名称各要素第一个词的首字母大写，其余字母小写；各要素之间的连接号为一字线。

示例 6-5：

Rules of detection and test of logging surface system Part4：SL-6000 logging surface system

10. 与国际标准一致性程度

当标准与国际标准存在一致性程度时，应在封面英文名称之下标示与国际标准的一致性程度。

格式：（国际标准编号+国际标准名称(英文)+一致性程度代号）。

一致性程度标识见示例 6-6。

示例 6-6：（标准英文名称与采标名称不同）

（ISO 78-2 :1999，Chemistry—Layout for Standards—Part 2：Methods of Chemical analysis，MOD）

如采标的英文名称与国际标准名称相同，则不用标出国际标准名称，见示例 6-7。

示例 6-7：（标准英文名称与采标名称相同）

（ISO 3461-1 :1998，IDT）

11. 发布日期、实施日期和标准发布部门

发布日期指集团公司发布标准文件的签发日期。实施日期指发布文件中指定的实施日期。这两个信息由标准归口管理单位在标准发布后添加在封面下部。

中国石化企业标准的发布部门为“中国石油化工集团公司”。

二级企业标准发布部门为各二级企业。

企业标准封面见示例 6-8。

示例 6-8：

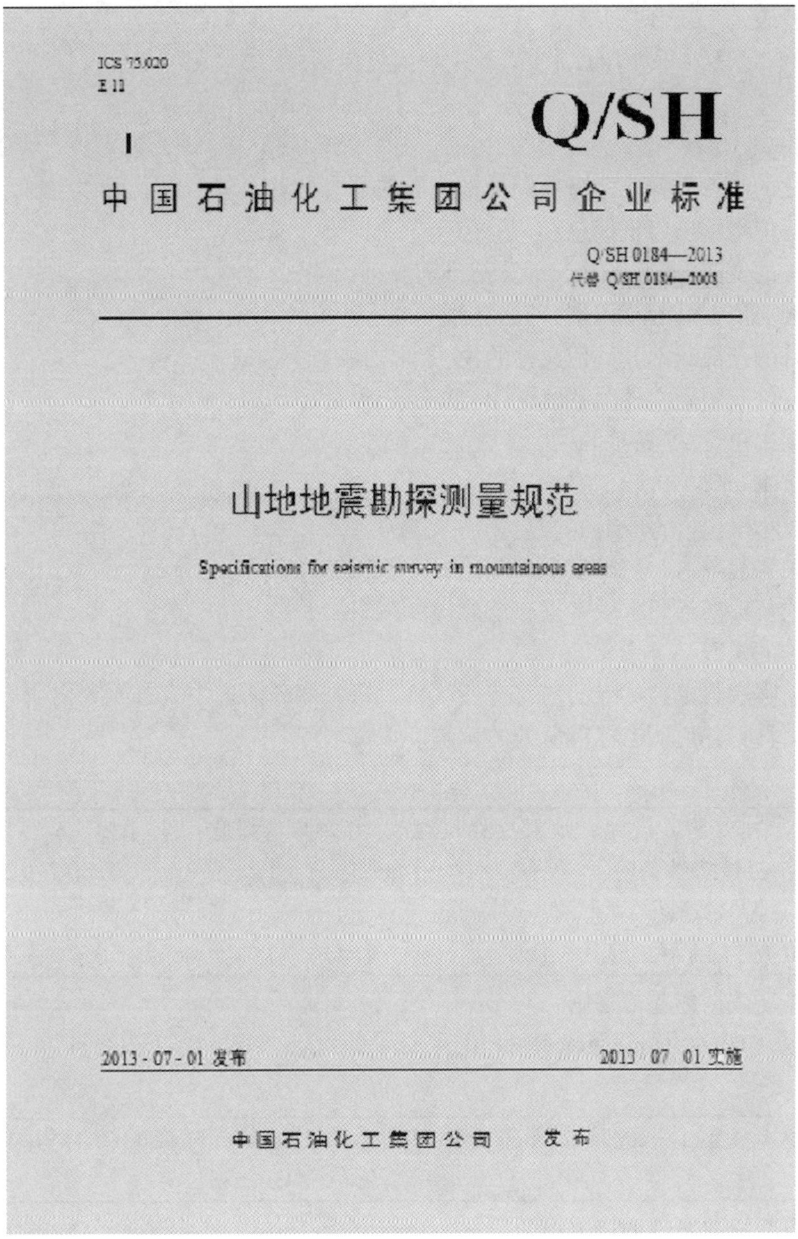

ICS 75.020
E 11

Q/SH

中 国 石 油 化 工 集 团 公 司 企 业 标 准

Q/SH 0184—2013
代替 Q/SH 0184—2008

山地地震勘探测量规范

Specifications for seismic survey in mountainous areas

2013-07-01 发布 2013-07-01 实施

中国石油化工集团公司 发布

6.4.2 目次

目次为可选、资料性要素，根据需要设置。一般要求超过 15 个印刷页就应设置目次。建议在标准的整体内容基本编写完成后，使用标准编写模板自动生成目次，可避免内容的遗漏和错误。

目次所列的内容和顺序：

——前言；

——引言；

——章编号、标题；

——条的编号、标题(需要时才列出，并且只能列出带标题的条)；

——附录编号、附录性质、[即“(规范性附录)”或“(资料性附录)”]、附录标题；

——附录章编号、标题(需要时列出)；

——附录条编号、标题(需要时列出，并且只能列出带标题的条)；
——参考文献；
——索引；
——图编号、图题(需要时列出)；
——表编号、表题(需要时列出)。
注意：“术语与定义”一章内的“术语”不应列入目次中。

6.4.3 前言

前言是资料性的必备要素，即每项标准都应有前言。位置至于目次之后，引言之前。
前言应视情况依次给出以下信息：
——标准结构的说明(非必备项，部分标准需要列出)；
——编制标准所依据的起草规则(非必备项)；
——标准代替的全部或部分其他文件的说明(非必备项)；
——与国际文件、国外文件关系的说明(非必备项)；
——标准的提出单位(必备项)；
——标准的技术归口单位(必备项)；
——标准的起草单位(必备项)；
——标准的主要起草人(必备项)；
——标准所代替标准的历次版本发布情况(非必备项)。
(1) 标准结构的说明
部分标准的前言应与单独标准的前言有所区别。每一部分前言中应首先列出所有已发布或计划发布的其他部分的名称，并说明本标准所处的位置。

示例 6-9：

Q/SH 0271《油气水井防砂设计、施工及验收规范》分为两个部分： ——第 1 部分：机械防砂； ——第 2 部分：化学防砂。 本部分是 Q/SH 0271 的第 2 部分。

(2) 编制标准所依据的起草规则
即前言中要提及 GB/T 1.1，见示例 6-10。

示例 6-10：

本标准按照 GB/T 1.1—2009《标准化工作导则　第 1 部分：标准的结构和编写》给出的规则起草。

(3) 代替或废除先前文件的情况说明
1) 如标准是修订标准，应一一给出被代替或废除标准的编号和名称(加书名号)
代替一个标准：
“本标准代替 Q/SH 0186.2—2008《地震勘探资料质量控制　第 2 部分：数据处理》。”
同时代替几个标准：
“本标准同时代替 Q/SH ××××—2008《××××》、Q/SH ××××—2007《××××》。”
2) 说明与前一版本相比的主要技术变化，包括：
——删除了前一版本中的某些技术内容(见××章、条编号)；
——增加了新的技术内容(见××章、条编号)；
——修改了先前版本中的技术内容(见××章、条编号)。
叙述主要技术变化时按照所涉及章条的前后顺序逐一陈述，使用“删除”、“增加”、“修改”的方式，同时在括号中给出所涉及的新旧版本有关章条的编号。

示例 6-11：

本标准代替 Q/SH 0033—2007《川东北天然气井钻井与井下作业工程安全技术规范》。
本标准与 Q/SH 0033—2007 相比，主要技术变化如下：
——增加了地层压力大的井选择防喷装置及控制管汇级别的要求(见 3.3.3.2.1)；
——修改了液气分离器排气管线离井口的距离(见 3.3.3.4.3)；
——修改并增加了弃井及封井的相关内容(见 4.7)；
——增加了对酸化、压裂施工特殊要求(见 4.5.5.2)；
——增加了对防硫化氢应急预案的管理要求(见 6.1.1)；
——删除了……

(4) 说明与对应的国际标准的关系

如果所制定的标准是以国际标准为基础形成的，可在前言中陈述与相应标准的关系。

——说明与对应的国际标准、导则、指南或其他文件的一致性程度；

——写出对应的国际文件的编号、文件名称的中文译名；

——列出与所采用的国际标准的技术差异和所作的主要编辑性修改(修改较多时，宜编排一个附录)。

示例 6-12：

本标准使用重新起草法修改采用 ISO ××××-1 :2002《×××××》。
本标准与 ISO ××××-1 :2002 相比，存在结构变化，增加了第 4、第 5 章
本标准与 ISO ××××-1 :2002 的技术性差异及其原因如下：
——××××；
——××××；

(5) 标准的提出、归口单位信息

提出单位就是提案建议起草该标准的业务主管部门。企业标准归口部门统一为“中国石油化工股份有限公司科技部”。

示例 6-13：

本标准由中国石油化工集团公司安全环保局提出。
本标准由中国石油化工股份有限公司科技部归口。
本标准起草单位：中国石油化工股份有限公司勘探南方分公司
本标准主要起草人：×××、×××。

(6) 标准起草单位、起草人

标准起草单位可以填写至起草单位的最基层单位，以便标准使用者与之联系。需要时，可指明负责起草单位和参加起草单位。可采用以下方式陈述：

“本标准起草单位：××××××、××××××。”

“本标准由××××××、××××××负责起草。”

“本标准由××××××负责起草，××××××参加起草。”

起草人可表述为：“本标准主要起草人：×××、×××、×××。”

(7) 标准所代替标准的版本情况的说明

如果标准是修订标准，还应在前言的最后陈述该标准历次版本的发布情况，见示例 6-14、示例 6-15。

示例 6-14：

[选自 Q/SH 0033—2007《川东北天然气井钻井与井下作业工程安全技术规范]

本标准代替 Q/SH 0033—2007《川东北天然气井钻井与井下作业工程安全技术规范》。
本标准与 Q/SH 0033—2007 相比，主要变化如下：
……
本标准所代替标准的历次版本发布情况为：Q/SH 0033—2006、Q/SH 0033—2007。

示例 6-15：

［选自 5332—2011《陆上地震勘探数据处理技术规范》］

本标准代替了 SY/T 5332—2005 和 SY/T 6591—2001。
SY/T 5332—2005 的历次版本发布情况为：
——SY/T 5332—1992、SY/T 5332—1997；
——SY/T 5512—1992、SY/T 5512—1996；
——SY/T 5513—1996、SY/T 5513—2003；
——SY/T 6441—2003。

（8）前言编写注意事项
——不应包含应在正文中出现的要求、范围等；
——不应包含图、表；
——不应阐述标准制定的目的或意义、标准的立项或编制过程（应放入编制说明中）；
——不应遗漏应在前言中说明的内容，如与前一版的差异；
——各信息编排顺序要按 GB/T1. 1 的要求排列；
——表述要规范。

首次制定单独标准的前言见示例 6-16，首次制定分部分标准的前言见示例 6-17，修订标准的前言见示例 6-18。

示例 6-16：

前　　言

本标准按照 GB/T 1. 1—2009《标准化工作导则 第 1 部分：标准的结构和编写》给出的规则起草。
本标准由中国石油化工股份有限公司油田勘探开发事业部提出。
本标准由中国石油化工股份有限公司科技开发部归口。
本标准起草单位：中国石油化工股份有限公司胜利油田分公司地质科学研究院。
本标准起草人：×××、×××。

示例 6-17：

前　　言

Q/SH 0450《油田企业能源审计方法》分为四个部分：
第 1 部分：导则；
第 2 部分：油气生产；
第 3 部分：石油工程；
第 4 部分：公用工程。
本部分为 Q/SH 0450《油田企业能源审计方法》的第 2 部分。
本部分按照 GB/T 1. 1—2009《标准化工作导则 第 1 部分：标准的结构和编写》给出的规则起草。
本部分由中国石油化工股份有限公司油田勘探开发事业部提出。
本部分由中国石油化工股份有限公司科技开发部归口。
本部分起草单位：中国石油化工股份有限公司中原油田分公司技术监测中心。
本部分主要起草人：×××、×××。

示例 6-18：

前　言
本标准代替 Q/SH 0033—2007《川东北天然气井钻井与井下作业工程安全技术规范》。 本标准与 Q/SH 0033—2007 相比，主要变化如下： ——标准名称修改为“川东北含硫化氢天然气井钻井与试气作业工程安全技术规范”； ——增加了地层压力大的井选择防喷装置及控制管汇级别的要求(见 3.3.3.2.1)； ——增加了对控制剪切、全封闸板的三位四通换向阀的要求； ——增加了现场备有与再用钻杆尺寸匹配的钻杆死卡； ——防火带离放喷池距离改为按放喷池周边 50 米设置(见 3.3.3.3.1)； ——修改了液气分离器排气管线离井口的距离(见 3.3.3.4.3)； ——修改了钻井和试气压井后控制油气上窜速度(见 3.8.3. 和 4.5.6.10)； …… 本标准由中国石油化工集团公司安全环保局提出。 本标准由中国石油化工股份有限公司科技开发部归口。 本标准主要起草单位：勘探南方分公司、胜利石油管理局、中原石油勘探局。 本标准主要修订人：×××、×××、×××。 本标准所代替标准的历次版本发布情况为：Q/SH 0033—2006、Q/SH 0033—2007。

不规范的前言及修改见示例 6-19。

示例 6-19：

问　题　前　言	问题及处理方式	正　确
为加强野外地震基础数据的管理，提高各技术环节的数据交换效率，方便地震辅助数据存储和资料处理，根据本企业近年的生产实践，结合西部新区勘探指挥部表层调查辅助数据格式，参照壳牌公司(Shell)地震勘探辅助数据格式标准和 SY/T 6290—1997 标准，制订了《陆上地震勘探辅助数据格式》(SPS 格式)。 …………	前言里阐述了标准的目的意义，应放入引言中	
本标准的编写格式符合 GB/T 1.1—2000 的规定。 本标准自发布之日起，同时代替 Q/SL ×××—1994。 本标准自实施之日起，有效期三年，到期复审。 本标准起草人：×××、×××。 本标准于 1994 年 02 月 03 日首次发布，本次修订为第一次修订。 本标准由×××钻井专业标准化委员会提出并归口。 本标准起草单位：××××。	语言不简练、表述不规范、顺序不对	本标准按照 GB/T 1.1—2009《标准化工作导则第 1 部分：标准的结构和编写》给出的规则起草。 本标准代替 Q/SL ×××—1994《套管组合回压凡尔》。 本标准与 Q/SL ×××—1994 相比主要变化如下： ——扩大了×××××； ——增加了×××××。 本标准由×××钻井专业标准化委员会提出并归口。 本标准起草单位：××××。 本标准起草人：×××、×××。 本标准于 1994 年 02 月 03 日首次发布，本次修订为第一次修订。

续表

问　题　前　言	问题及处理方式	正　确
为了防止和减少电气火灾的发生，针对电气火灾的基本特点，应进行有效的电气检查。	给出了要求，移入标准正文中相关部分。	
请注意标准的某些内容可能涉及专利。本标准的发布机构不承担识别这些专利的责任。	企标不用写	删掉此句。
本标准代替 Q/SH 0025—2006《川东北天然气井完井推荐作法》，与 Q/SH 0025—2006 相比，主要变化如下： ——主要对标准 6、8 节内容进行了修改。	主要技术变化情况表述不清	本标准代替 Q/SH 0025—2006《川东北天然气井完井推荐作法》，与 Q/SH 0025—2006 相比，主要变化如下： ——修改了完井方式选择的内容（见第 6 章）； ——增加了气层保护相关内容（见 8.2）。

6.4.4 引言

引言是可选的资料性要素（其内容不应包含要求），引言可根据标准需要设置，并将其置于前言之后，正文之前。

引言的内容包括：编制标准的原因、目的、意义，如果需要还可以给出有关标准技术内容的特殊信息（比如：专利、与其它标准的关系等）。如果标准与国际标准的一致性程度为等同，则不保留国际标准的前言，将其适用内容转化为本标准的引言。

引言的编写：引言不编号，当需要对引言的内容分条时，条的编号为 0.1、0.2 等，如果引言中有图、表、公式或脚注，则应使用阿拉伯数字从 1 编号，正文中相关内容的编号与引言中的编号连续。

示例 6-20：

[选自 GB/T 1.1《标准化工作导则 第 1 部分：标准的结构和编写》]

引　言

GB/T 1 已经实施近二十年，它在我国标准的制定和修订工作中起到了重要的指导作用。GB/T 1 依据的主要国际文件《ISO/IEC 导则——第 3 部分：国际标准的结构和起草规则》于 1997 年出版了第三版。为了适应标准化工作的需要，进一步与 ISO/IEC 导则和指南体系相协调，促进贸易与交流，有必要调整 GB/T 1 的结构，建立新的标准化工作导则、指南和编写规则国家标准体系。调整后的结构如前言所述。

本部分是 GB/T 1 结构调整后修订完成的第一个部分，其他部分和有关标准将在今后陆续制定和修订。

6.4.5 范围

6.4.5.1 范围的作用

标准的第1章“范围”是规范性的必备要素。主要作用是给标准中规定的规范性内容划定一个适用的界限，明确标准对象的适用范围及能够应用的技术领域，必要时给出标准对象的不适用范围及限制条件。

“范围”一章分两段编写，第一段概括标准的主要内容，即按照标准内容的顺序将各章的内容恰当地、有机地组织到该条款当中(相当于标准内容提要)。第二段陈述标准“干什么用”，即给出标准的适用范围。

6.4.5.2 范围表述

范围一般采用如下的表述方式：

“本标准规定了……的方法。”

“本标准规定了……的技术要求。”

“本标准给出了……的指南。”

“本标准界定了……的术语。”

适用性的陈述应由下述引导语引出：

“本标准适用于……。”

“本标准不适用于……。”

如果标准分部分出版，则应将上述表述中的“本标准……”改为“GB/T ××××的本部分……”或“本部分……”。

技术标准、产品标准、分部分出版标准的“范围”一章表述分别见示例6-21、示例6-22和示例6-23。

示例6-21：

本标准规定了钻井液和完井液滤饼的制备方法及其厚度、压缩性、抗剪切强度、渗透率、酸溶性和粘附系数等滤饼性能的测定方法。

本标准适用于测定钻井液和完井液的滤饼性能。

示例6-22：

本标准规定了电驱动拖挂式钻机的型式、型号、基本参数、要求、试验方法、检验规则、标志、包装、运输及贮存要求。

本标准适用于电驱动拖挂式钻机的设计、制造和质量检验。

示例6-23：

Q/SH 0271的本部分规定了油、气、水井化学防砂的设计、施工及验收要求。

本部分适用于中、浅层直井和斜度小于45°的斜井的常规化学防砂作业。

6.4.5.3 范围编写注意问题

(1) 编写要简洁，高度提炼标准涵盖的一切技术内容，避免超出规定的内容或覆盖不全。

(2) 编写要完整，要涵盖标准化对象及适用范围。

(3) 不能规定要求。

不规范的“范围”一章编写及修改见示例6-24。

示例 6-24：

错　　误	正　　确
本标准规定了粗丙烯的要求、试验方法、取样、检验规则、标志及贮运。 本标准适用于粗丙烯。	本标准规定了粗丙烯的要求、试验方法、取样、检验规则、标志及贮运。 本标准所属产品经脱硫脱水等精制工艺后作聚丙烯的原料和化工原料。
本标准规定了主动式、被动式旋转防喷器的检查、维修、检验、测试和判废的技术要求。 本标准适用于石油天然气钻井、修井用主动式和被动式旋转防喷器，混合式旋转防喷器可参照执行。	本标准规定了主动式、被动式旋转防喷器的检查、维修、检验与测试和判废的技术要求。 本标准适用于石油天然气钻井、修井用主动式和被动式旋转防喷器的检维修，混合式旋转防喷器可参照执行。
本标准规定了密闭输送原油管道的管理、检查技术要求。 本标准适用于密闭输送运行的原油管道。	本标准规定了密闭输送原油管道安全联锁保护、启动前的检查与准备、启动与停运、输油量的调节、流程切换、安全保护的技术要求。 本标准适用于密闭输送运行的原油管道的运行管理。
本标准规定了海外油气公司并购项目可行性研究报告的内容及编写要求。 本标准适用于海外油气勘探项目的可行性研究报告和预可行性研究报告的编制。预可行性研究报告的编制，可根据具体情况，内容适当简化，重点应说明项目的必要性、可行性等内容。(包含了要求)	本标准规定了海外油气公司并购项目可行性研究报告的内容及编写要求。 本标准适用于海外油气勘探项目的可行性研究报告的编制，预可行性研究报告可参照执行。

6.4.6　引用文件

引用文件是可选要素，分规范性引用和资料性引用。

6.4.6.1　规范性引用文件

规范性引用，就是把现行有效的标准或其他可以引用的规范性技术文件的全部或一部分内容，直接作为本标准的内容。所引用的文件或条款与标准文本中的规范性要素具有同等的效力。在使用标准时，除了遵守标准本身的条款，还必须遵守规范性引用的其他标准或文件。规范性引用文件列入标准第 2 章“规范性引用文件一栏表”，并与标准正文中引用的文件一一对应，即标准条款中出现的所有规范性引用文件均应列入引用文件清单，反之，在第 2 章“规范性引用文件一栏表”中出现的标准必须被正文中某一条款引用，否则没有列入第 2 章的必要。

6.4.6.2　资料性引用文件

被引用的文件是标准的资料或信息，仅供介绍标准或帮助理解标准时用，而不必在标准中遵守或执行。资料性引用文件列入参考文献一栏表中。

6.4.6.3　引用的方式

引用的方式有注日期和不注日期两种。

(1) 注日期引用：引用时指明了引用文件的年号或版本号。意味着仅引用了所引文件的指定版本，只有该注日期的文件版本适合，以后引用文件修订的新版本以及修改单的内容均不适合。在提及了所引用文件中具体的章、条、附录、图和表时(不论是规范性应用还是资料性引用)、不能确定能否接受所引用文件将来的变化时，采用注日期引用。

示例 6-25：

6.3.1　分析精密度应符合 SY/T 5779—2008 中 6.6 对重复性限的规定。

（2）不注日期引用：引用时不提及所引文件的年号或版本号。意味着所引用的文件不论如何更新，其最新版本适用于引用它的标准。

示例 6-26：

5.4.2　对清洗后的岩样进行烘干，烘干方法遵照 SY/T 5336 的规定。

6.4.6.4　第 2 章“规范性引用文件”的编写

该章由一段固定的引导语和所列出的所有规范性引用文件清单组成。

引导语使用下面固定的一段话：“下列文件对于本文件的应用是必不可少的。凡是注日期的引用文件，仅所注日期的版本适用于本文件。凡是不注日期的引用文件，其最新版本（包括所有的修改单）适用于本文件”。使用标准编写模板可自动生成。

规范性引用文件的排列顺序：

——国家标准；

——行业标准；

——企业标准；

——国内有关文件；

——国际标准（含 ISO、IEC 标准）；

——ISO、IEC 有关文件；

——其他国际标准以及国际有关文件。

同一级别标准按顺序号（由小到大），不同标准按拉丁字母顺序。

6.4.6.5　标准条文中引用的具体表述

（1）规范性引用的具体表述：

a）引用其他文件：

——“……按 GB/T ××××.1—1988 进行试验……”

——“……按 GB ××××—2007 中第 3 章……”

——“……遵守 GB ××××.4—2006 中表 1 的规定……”

——“……应符合 GB ××××—2009 中的规定……”。

——“……应按照……的要求”

——“……按 GB 4547.4 和 GB 3102 规定的……”

——“……见 GB/T 16732……”。

b）引用本身：

——“……按第 3 章的要求”；

——“……符合 3.1 的规定”；

——“……按 3.1 b）的规定”；

——“……见附录 C”；

——“……按 3.1 列项中第二项的规定”；

——“……按 5.5.3 中第二段的要求”；

——“……图 A.6 所示”；

——“表 2 给出”；

——“（见表 B.2）”。

（2）资料性引用的具体表述：

——“……参见的……内容”；

——“……中给出了进一步的说明”；
——“……参见 4.2 的注”；
——“……附录 B(资料性附录)给出了的相关信息”。

6.4.6.6 编写注意事项

(1) 规范性引用文件一览表中不要列入标准起草过程中依据或参考的文件以及下级文件或尚未发布或出版的文件。

(2) 不要混淆引用文件的性质。

(3) 应正确的选择引用方式(注日期、不注日期)，并全文一致。

(4) 不要漏引或多引。

(5) 应仔细核实引用文件的准确性：现行有效性、文件的属性、名称、编号正确性等。

(6) 一览表中文件排列顺序要正确。

示例 6-27：

2 规范性引用文件 下列文件对于本文件的应用是必不可少的。凡是注日期的引用文件，仅所注日期的版本适用于本文件。凡是不注日期的引用文件，其最新版本(包括所有的修改单)适用于本文件。 SY/T 6225—1996 油田动态分析技术要求 Q/SH 0182—2008 采油井资料录取规定 …… 4.2 开发动态特征 4.2.1 微生物驱油实施前评价单元水驱开发效果，按 SY/T 6225—1996 中 6.33 确定单元递减规律，并预测水驱至经济极限含水的最终采收率、产油量等。 4.2.2 微生物驱油实施过程中，应按 Q/SH 0182—2008 中第 3 章录取单元常规生产动态资料，评价微生物驱油单元阶段自然递减率、阶段含水上升率、阶段采出程度、产油量、增油量等。 ……

不规范的引用及修改见示例 6-28。

示例 6-28：

不 规 范	正 确
引用标准一览表 GB 1094.3—2003《电力变压器》 第 3 部分绝缘水平和绝缘试验	引用标准一览表 GB 1094.3—2003 电力变压器 第 3 部分绝缘水平、绝缘试验和外绝缘空气间隙
引用标准一览表 GB/T 50369—2006 油气长输管道工程施工及验收规范	引用标准一览表 GB 50369—2006 油气长输管道工程施工及验收规范
5.2 侧出线产品低压套管在油箱侧面引出安装，排列顺序符合上述第一款的要求。	5.2 侧出线产品低压套管在油箱侧面引出安装排列顺序应符合 5.1.1 的规定。
引用标准一览表 GB/T 20174—2006 石油天然气工业 钻井和采油设备 钻通设备(正文未用) SY/T 5053.1 防喷器及控制装置 防喷器(已作废) SY/T 5053.2 钻井井口控制设备及分流设备控制系统规范 SY/T 5127 井口装置和采油树规范(已作废)	引用标准一览表 SY/T 5053.2 钻井井口控制设备及分流设备控制系统规范

续表

不 规 范	正 确
SY/T 5094—1995 磺甲基酚醛树脂	SY/T 5094—1995 钻井液用磺甲基酚醛树脂
GB/T 11567.1 汽车和挂车侧面防护要求 GB/T 11567.2 汽车和挂车后下部防护要求	GB 11567.1 汽车和挂车侧面防护要求 GB 11567.2 汽车和挂车后下部防护要求

6.4.7 术语和定义

（1）术语和定义的编写

术语和定义为可选的规范性要素，如果标准中某些术语需要定义，可单独列出一章“术语和定义”。

“术语和定义”一章的表述形式为：引导语+术语条目(清单)。

一般采用下列引导语：

——下列术语和定义适用于本文件；

——……界定的以及下列术语和定义适用于本文件。

术语条目的内容：条目编号+术语+英文对应词+定义。

每条术语都应该有编号，只有一条术语也要编号。编号由阿拉伯数字加下脚点组成。对术语进行定义时，要准确、简明、适度，对名词性术语要界定清楚是什么，对动词性术语要解释清楚如何做，不应包含要求。

（2）编写注意事项

1）只应选择对标准范围所覆盖领域中的难以理解、可能有不同理解的术语进行定义；

2）如果某条术语在标准条文中没有用到，就不必下定义；

3）定义中不能包含要求；

4）同一领域术语应一致；

5）不能同语反复；

6）引导语不要省略；

7）编排格式要正确：术语与编号分行排、定义要另起一行排、英文对应词的第一个字母要小写。

示例 6-29：

3 术语和定义

下列术语和定义适用于本文件。

3.1

燃爆 burning and explode

天然气外泄后，因受外界因素的影响或达到自燃爆炸的浓度而发生的燃烧或爆炸。

3.2

泥环 earth circle

因为少量而足够的水将岩屑粘结在一起，在钻杆表面形成的泥饼环。

3.3

排砂管线 expel sand pipeline

空气钻井中，从旋转防喷器出口接出的排出钻屑的管线。

不规范的“术语和定义”编写及修改见示例 6-30。

示例 6-30：

错误或不规范	问　　题	正　　确
3　定义 3.1 高压油气井： 地层压力 ≥ 68.9MPa(10000psi)的油气井。 ……	1. 章标题不准确； 2. 少引导语； 3. 少英文对应词； 4. 定义表述不规范。	3　术语和定义 下列术语和定义适用于本文件。 3.1 高压油气井　英文对应词 地层压力大于等于 68.9MPa(10000psi)的油气井。 ……
3　定义 …… 3.1 输气干线，指管线直径……。	1. 章标题不准确； 2. 格式不对：术语和定义都未另起一行。	3　术语和定义 …… 3.1 输气干线　gas trunk line 指管线直径……。
3　术语和定义 本标准的术语应符合 GB 1094.1—1996《电力变压器》第 1 部分　总则中 3 章的规定。	引导语表述不规范	3　术语和定义 GB 1094.1—1996　第 1 部分确立的术语适用于本文件。
3　术语和定义 归一化”方法　normalized mehtod 将不同日历时间投产的采油井按照生产时间对单井日产油量进行算术平均的方法。参与“归一化”的采油井生产不足 12 个月时其日产油曲线都应预测外推到第 12 个月。	定义中包含了要求	3　术语和定义 归一化”方法　normalized mehtod 将不同日历时间投产的采油井按照生产时间对单井日产油量进行算术平均的方法。

6.4.8　符号、代号和缩略语

“符号、代号和缩略语”在非符号、代号标准中是可选的规范性要素。可单独列一章，也可与“术语和定义”合为一章，章标题为“术语和定义、符号和缩略语”。符号和缩略语也可分别设章编写。

“符号”、“代号”、“缩略语”或其组合的表述形式：引导语+“符号”清单。

(1) 常用的引导语

——下列符号(代号、缩略语)适用于本文件；

——下列符号和缩略语适用于本文件。

示例 6-31：

3 术语、定义、符号和缩略语
3.1 术语和定义
下列术语和定义适用于本文件。
……
3.2 符号
下列符号适用于本文件。
……
3.3 缩略语
下列缩略语适用于本文件。
……

（2）清单中符号字母排列顺序

——大写字母位于小写字母之前(A、a、B、b)等；

——无角标字母在有角标的字母之前(A、a、C、C_m、C_1、C_2)等；

——拉丁字母在希腊字母之前；

——特殊符号和文字在最后。

示例 6-32：

4 符号
下列符号适用于本文件：
b：等边三角形边框内缘底边长。
D：观察距离。
d：圆形边框内经。
d_e：菱形边框内缘的边长。
L：直线距离。
………

（3）编排格式

符号、代号、缩略语不编号，均另起一行空二字起排，在“符号”之后空一个字或加冒号“：”、破折号“——”，后写出相应的含义，回行时，与上行含义的第一个字取齐。

（4）注意事项

物理量符号一律使用斜体；计量单位符号、数学符号、化学元素符号一律用正体。

6.4.9 要求

要求的章、条设置因标准的不同而不同，视具体情况而定。例如，一项标准可能没有“试验方法”、“产品的分类与命名”等，但可能包括了“施工前准备”、“施工步骤”等要求。下面就常见类型标准的要求编写做一简要介绍。

6.4.9.1 施工作业标准的要求

（1）编写思路

施工作业标准的要求应按照施工作业工序的先后顺序逐项编写，需要时再给出每项工序(作业步骤)结果的质量要求。一般可按照作业设计、作业前准备(包括施工场地、工具、仪器的检验与校准、资料等)、作业步骤、质量要求、资料记录、验收(或质量评定)、HSE 要求等步骤编写。这些技术要求可单独成章，也可合并编写。如果标准化对象需要在施工前先进行设计，标准的技术要求部分就可以从“作业设计”一章写起，如果无需进行设计，根据实际情况，可从“作业前准备”或“作业步骤”直接编写。

（2）编写要求

施工作业类标准的形式可以是“规程”、“规范”和“推荐作法”。

1）规程

标准名称中使用了“规程”的，标准内容主要规定为设备、构件或产品的设计、制造、安装、维护或使用而推荐的惯例或程序，即应明确规定完成标准要求的操作程序和方法。“规程”类标准应该按照施工作业工序的先后顺序编写，尽可能详细、简洁的描述具体操作步骤或程序，使用者按照技术要求中规定的步骤或程序能够完成标准所规定的工作。

示例 6-33：

“要求”条款的设置	说　　明
4　带压作业设备要求 5　井筒条件 6　施工准备 6.1　井场准备 6.2　施工演练 6.3　堵塞管柱 6.4　安装带压作业设备 6.5 整体试压	此部分共分 3 章编写，均属于“作业前准备”
7　施工步骤 7.1　起油管悬挂器 7.2　装自封封井器。 7.3　正常起油管 7.4　加压起管柱 7.5　加压下管柱 7.6　正常下管柱 7.7　不放溢流更换特殊井口四通 7.8　安装油管悬挂器 7.9　恢复生产 7.10　资料录取	属于“作业步骤”，单列一章。其中“质量要求”、“资料录取”等要求均在各步骤中描述
8　HSE 要求	“HSE 要求”单列一章

示例 6-34：（操作规程标准要求的描述程度）

> 7.3.6　打开快开盲板，3s 内对发球筒内部进行喷淋，打开发球筒 8#平衡阀门，将清管器推至发球筒大小头处，关闭快开盲板。
>
> 7.3.7　依次打开发球筒吹扫气 12#、11#阀门，置换球筒内空气，在发球筒压力表泄压口检测氧含量，小于 2 %为合格。依次关闭 12#、11#、10#阀门。
>
> 7.3.8　打开 4#、6#、7#阀门将酸气引入球筒，发球筒升压至集气站出站压力后，用验漏液对快开盲板进行验漏。

2）规范

标准名称中使用了“规范”的，标准内容主要规定工艺过程或服务（产品、设计，施工，制造，检验等技术事项）需要满足的要求，即规定标准化对象的某一方面要达到的具体指标、程度或结果，对工艺过程或服务中易出现的问题及注意事项做出具体要求。

具体编写“规范”类标准时，也应按照施工作业工序的先后顺序编写，可以描述具体的操作步骤或程序，也可以对施工作业工序的关键点直接给出要达到的结果、指标或要求，对使用者提出可检验的参照依据。

示例 6-35：

“要求”条款的设置	说　　明
4　压裂施工操作流程 4.1　泵送桥塞多级分段压裂施工操作流程 4.2　多级滑套-封隔器分段压裂施工操作流程 5　放喷返排 6　压后井筒处理 6.1　钻塞作业 6.2　多级滑套-封隔器多级分段压裂压后井筒处理	属于“施工作业”，根据实际情况分成了 3 章
7　资料录取	属于“资料录取”的要求
8　HSE 要求	“HSE 要求”单列一章

3）推荐作法

由于技术工艺、设备、地域、管理方式等的不同，而无法对同一标准化对象的施工作业工艺做出统一技术要求时，可以编写成推荐作法。标准名称中使用了“推荐作法”的标准，是企业标准中唯一一类推荐性的标准。该类标准主要表示：

——标准所规定的作法是特别适合的一种，不提及也不排除其他作法的可能性；

——该作法是首选的，但未禁止其他的作法。

具体编写时，应按照施工作业工序的先后顺序编写，可以描述具体的操作步骤或程序，也可以对施工作业工序的关键节点直接给出要达到的结果、指标或要求。

示例 6-36：

“要求”条款的设置	说　　明
3　取心准备 3.1　地质预告 3.2　取心施工设计 3.4　工具选配 3.5　密闭取心工具配件和材料 3.6　井眼要求 3.7　钻井设备和仪表要求 3.8　工具检查与组装	第 3 章属于“作业前准备”
4　下钻 5　钻进 5.1　树心 5.2　钻进参数 5.3　操作要求 6　割心 6.1　自锁式取心工具 6.2　加压式取心工具 7　起钻 8　岩心出筒	第 4、5、6、7、8 章属于“施工作业”。质量要求在各章中分别描述，例如：5.3 操作要求

6.4.9.2 方法标准的要求

方法标准主要包括试验方法标准和评价方法标准。

(1) 试验方法标准

1) 编写思路

试验方法标准是规定试验过程的标准，技术要求应重点规定详细的操作步骤、结果的计算方法、有效性的验证方法和安全警示的内容。一般可按照方法原理、试剂与材料、试样制备和保存、仪器和设备、试验条件、采样、试验步骤(或测定程序)、结果表述(或试验结果的数据处理和计算方法)、精密度、质量保证和控制、特殊情况处理、安全保障及警示、试验报告等步骤编写。其中，方法原理、反应方程、试剂与材料、仪器和设备等都是从操作步骤中提取出来的，是为了便于交流和事先为试验做好准备工作。操作步骤一章可以按操作或进行操作的顺序编写，准确、详细地叙述每步的过程。上述要求可单独成章，也可合并编写。

2) 编写要求

试验方法标准要求的重点是操作步骤，应按"规程"的形式进行编写，具体见本节 6.4.9.1 中"规程"的编写。特殊情况下，也可以编写成"规范"的形式，不宜编写成"技术要求"和"推荐作法"。

示例 6-37：

"要求"条款的设置	说　明
3　方法原理	属于"方法原理"
4　仪器和设备 4.1　试剂和材料 4.2　样品准备	"仪器和设备"、"试剂和材料"、"样品准备"合并一章编写
5　分析步骤 5.1　开机 5.2　预热 5.3　"零"富集测试 5.4　样品分析	试验步骤
6　计算 6.1　分析结果的表述 6.2　结果计算	结果计算
7　精密度	精密度(相互独立的测试结果之间的一致性程度)
8　安全与环保要求	HSE 要求，单独一章

(2) 评价方法标准

1) 编写思路

评价方法标准一般是对标准化对象的技术指标、方案等从经济、技术等方面给予评价，给出评价结果，为决策提供依据。技术要求可按照评价原则、评价内容(指标)、评价方法、参数的确定及计算、评价结果、评价报告等内容和步骤编写。上述技术要求可根据标准情况进行删减，或单独成章，或合并编写。

2) 编写要求

评价方法标准应按"规范"或"技术要求"的形式编写。

示例 6-38：

“要求”条款的设置	说　　明
4　评价任务及流程 4.1　评价任务 4.2　评价要求 4.3　评价流程 4.4　页岩油勘探选区评价单元划分 5　评价的基础资料	属于“评价原则”和“评价内容”
6　页岩油勘探选区评价方法 6.1　选区评价方法建立原则 6.2　评价模型 6.3　评价参数	属于“评价方法”
7　页岩油勘探选区评价参数赋值 7.1　页岩油富集概率参数赋值及计算 7.2　页岩油资源价值赋值及计算	属于“参数的确定及计算”
8　评价结果分类	属于“评价结果”
9　选区评价成果 9.1　报告主要内容 9.2　图件及表格	属于“评价报告”

6.4.9.3　石油设备和材料标准

石油设备和材料标准属于产品标准中的一大类，这类标准的主要内容是规定设备或材料应该满足的要求，即该设备或材料应具备的结构性能、规格、质量特性，并通过试验方法的测试来判断各项性能是否满足要求。要求一般按照分类、标记、性能要求、试验方法(或性能测试方法)、检验规则、标志、标签、包装、运输和贮存、安全环保要求等的顺序逐项编写。

石油设备和材料标准编写注意事项：

(1) 标准中规定的试验方法应尽量选择和引用一些现成的、通用的、无损的、安全的试验方法，以避免重复。

(2) 标准中规定的性能要求应给出具体的特性值，每个特性值至少规定一种试验方法。

(3) 尽量只规定性能要求，不规定设计要求和制造工艺要求，以免限制技术发展。

(4) 标准中不应包含索赔、担保、结算费用之类的契约要求。

示例 6-39：

“要求”条款的设置	说　　明
3　型式、规格型号 3.1　剪切泵的型式 3.2　剪切泵的型号表示方法	属于“分类、标记”
4　剪切泵的基本参数 5　要求	属于“性能要求”，分 2 章编写
6　试验方法 6.1　性能试验 6.2　运转试验 6.3　静平衡试验	属于“试验方法”

续表

“要求”条款的设置	说　　明
7　检验规则 7.1　出厂检验 7.2　型式检验 7.3　判定规则	属于“检验规则”
8　标志、包装、运输和贮存 8.1　标志 8.2　包装 8.3　运输和贮存	属于“标志、标签、包装、运输和贮存”
9　安全环保要求	属于“安全环保要求”

6.4.9.4　管理技术标准

管理技术标准是针对技术管理活动中所涉及的内容和应达到的技术要求、措施和方法而制定的标准。

技术要求主要应按照具备的条件、与其他活动的协调措施、职责分工、职责内容、满足的要求、质量控制措施以及特殊情况的处理、记录或报告等编写。

管理技术标准宜编写成“技术要求”或“规范”的形式，不宜制定成“规程”和“推荐作法”。

示例 6-40：

“要求”的条款设置	说　　明
3　井架 4　底座 5　绞车 6　游动系统 6.1　天车 6.2　游车 6.3　大钩 6.4　水龙头 7　动力系统 7.1　柴油机 7.2　发电机 7.3　空气压缩机 7.4　钻井泵 8　传动系统 8.1　机械传动装置 8.2　电传动装置	标准各章规定了钻机主要部件的报废应满足的要求
9　钻机综合判废技术条件	根据主要部件情况判断整机判废条件

示例 6-41：

“要求”条款的设置	说　　明
3　质量控制点的设置和分级 3.1　质量控制总则 3.2　三级质量控制划分 质量控制点的设置和级别划分	属于“控制的原则及具体措施”
4　地震采集工程设计 4.1　设计依据 4.2　技术设计 4.3　施工设计 5　地震采集施工准备阶段 5.1　工程投资方的工作 5.1.1　地质任务 5.1.2　资质审查 5.1.3　工程实施裁定 5.1.4　工程开工前验收 5.2　工程监理方的工作 5.3　工程施工方的工作 5.3.1　工区踏勘 5.3.2　基础工作和基础资料 5.3.3　组织机构及人员构成 5.3.4　岗位人员的配备和培训 5.3.5　电子仪器设备系统 5.3.6　机动设备和后勤装备 5.3.7　QHSE 管理体系 5.4　开工条件 6　地震采集工程试验 6.1　基础工作的检查 6.2　现场试验的检查 6.3　试验资料处理的检查 6.4　施工参数的确定 6.5　试生产及二次方法论证 7　辅助信息采集 7.1　地震采集测量工作 7.1.1　测量要求 7.1.2　测量工作检查 7.2　表层结构调查 7.2.1　表层结构调查施工 7.2.2　表层结构调查作业现场的检查 7.2.3　表层结构调查资料解释 7.2.4　表层结构调查成果 7.3　表层调查辅助数据格式 8　地震采集施工	标准根据标准化对象的具体情况，按照生产工艺过程的先后顺序将技术要求分多章编写。 各章分别规定了生产工艺要达到的技术要求、单位和人员的职责分工、职责具体内容以及质量控制的具体措施等

续表

“要求”条款的设置	说　　明
8.1　激发工序 8.2　接收工序 8.3　仪器录制系统 9　采集资料现场处理 10　采集施工过程质量控制和评价 10.1　施工过程质量控制 10.2　施工质量评价 10.2.1　评价内容 10.2.2　工程施工方自评 10.2.3　工程监理方复评 10.2.4　工程投资方终评 11　采集施工竣工验收 12　采集资料整理与上交 12.1　资料整理 12.2　资料上交 13　质量跟踪	标准根据标准化对象的具体情况，按照生产工艺过程的先后顺序将技术要求分多章编写。 各章分别规定了生产工艺要达到的技术要求、单位和人员的职责分工、职责具体内容以及质量控制的具体措施等

6.4.9.5　设计标准

设计标准常见的主要是石油工程设计标准，技术要求应按照设计原则、设计依据、设计内容与要求、设计参数与数据、设计的审批与更改、设计报告、安全环保要求等顺序依次编写。

设计类标准可以编写成“规范”和“技术要求”的形式。

示例 6-42：

“要求”条款的设置	说　　明
3　设计原则	属于“设计原则”
4　设计内容与要求 4.1　井位及地质概况 4.2　钻井工程设计依据 4.3　钻井工程质量要求 4.4　井身结构设计 4.5　钻井主要设备 4.6　钻具组合设计 4.7　钻头选型与钻井参数设计 4.8　欠平衡设计 4.9　钻井重点技术要求 4.10　钻井液设计 4.11　油气层保护重点措施 4.12　油气井压力控制要求 4.13　固井设计 4.14　取心设计 4.15　地层孔隙压力监测 4.16　地层漏失试验	“设计内容与要求”，包括了“设计依据”、“设计参数与数据”、“健康、安全、环保要求”的内容，三部分合并编写

续表

“要求”条款的设置	说　明
4.17　完井井口装置及要求 4.18　健康、安全、环保要求 4.19　钻井资料要求 4.20　钻井工程预算	“设计内容与要求”，包括了“设计依据”、“设计参数与数据”、“健康、安全、环保要求”的内容，三部分合并编写
5　设计的审批与更改	属于“设计的审批与更改”
6　设计格式	属于“设计报告”

6.4.10　标准中 HSE 要求的编写

6.4.10.1　施工作业标准

施工作业标准应规定安全环保的要求，且单独成章，一般设置在标准的其他技术要求之后，章标题可写成“HSE 要求”。

“HSE 要求”一章的内容从三方面考虑：施工作业过程中可能存在的不安全因素、环境污染以及应采取的应急措施，可包括但不限于以下具体内容：

——作业人员资质、作业票办理以及交叉作业沟通协调等要求。

——可能出现的人员伤亡、生产设备设施的损毁。

——环境危害因素、污染源及控制措施。

——可能导致的职业病及职业健康检查的有关要求。

——异常工况的处理，包括水、电、汽停运后对作业的影响，超温、超压、火灾、爆炸、中毒等事故发生时的应急处理程序等。

——有毒有害因素、存在部位、对人体产生的危害、尘毒、放射线源监测采样点分布点、检测频次。

——地质和气象等自然灾害可能导致的危险预判以及防范措施。

其他潜在的危险因素。

——危险因素的预防措施和减控措施。

——灾害发生时应急处理措施或应急预案。

标准中通过规定“HSE 要求”，使标准执行者了解存在的不安全因素和风险，及早采取防范措施，降低操作者和设备的风险，同时可以减少标准编制者的责任。

示例 6-43：

Q/SH ×××《高含硫化氢天然气集输管道清管作业技术规程》标准：

7　HSE 要求

7.1　作业人员上岗前都应接受安全培训，经考核合格后持证上岗。

7.2　生产区域禁止火源，人员应按 SY/T 6277—2005 中 5.2.1 的要求做好人身防护措施。

7.3　消防设施、移动式鼓风设施等设备摆放到作业区域；作业区域设置有毒气体区域安全警示标牌和警戒带。

7.4　打开盲板时应侧身，打开快开盲板的同时，应立即关闭收发球筒手动放空阀门，防止空气进入放空系统。

7.5　收发球杆应采用防爆收发球杆，打开盲板后，应 3 s 对收发球筒内部进行喷淋操作，防止硫化亚铁自燃。喷淋产生的固、液废弃物应进行收集处理。

7.6　作业结束后，参加作业人员应到指定的地方清洁个人卫生，并清洗作业设备、工具、工作服等。

6.4.10.2 方法标准

试验方法标准应规定安全环保的要求，评价方法可不规定安全环保要求。

方法标准中存在许多对健康或环境有危险的不安全因素，比如着火、爆炸、中毒等。如果分析的产品、试剂、仪器或分析步骤有危险，必须在标准的相关位置注明应注意的事项，以避免伤害。具体写法：

1）如果危险属于一般性提示或来自使用或被分析的产品，应在第一章“范围”之前用黑体字做出警示性陈述。

示例 6-44：

警告：本标准涉及某些有危险的材料、操作和仪器，但是本标准无意对此有关的所有安全问题都提出建议。用户在使用本标准之前应建立适当的安全和防护措施，并确定有适应性的管理制度。

2）如果危险来自特殊的材料、仪器，应在第一次提及该材料或仪器时用黑体字做出警示性陈述。

示例 6-45：

3　试剂和材料 3.1　甲苯 　注意：甲苯易燃，蒸气有毒。

3）如果危险来自分析步骤，应在分析步骤中给出预防措施。

示例 6-46：

7　分析步骤 …… 7.2 …… 注意：砷化氢气体发生和吸收装置中各接头处，应接合严密，使用前应进行检查，防止砷化氢气体逸失。

6.4.10.3 石油设备和材料标准

如果石油设备和材料属于危险品，或在检测、试验过程中存在对健康或环境有危险的不安全因素，需要在标准中增加相应的条款或章节，以注明应注意的事项，以避免伤害。

具体写法：

（1）在第一章“范围”之前用黑体字做出警示性陈述。见 6.10.4.2 部分。

（2）在“标志、包装、运输、贮存”一章中增加需要内容，即增加对于该种危险货物的特殊标志、包装和储运要求，一般可直接引用相关的基础标准，如 GB 190 等。

（3）单独设置“HSE 要求”一章。

6.4.10.4 设计标准

设计标准应规定安全环保的要求，宜单独成章，位置置于其他技术要求之后，章标题可写成“HSE 要求”。

“HSE 要求”一章的内容应考虑所设计的石油工程各部分内容涉及到的危险因素、环境保护及应制定的应急措施的内容，可包括但不限于以下具体内容：

——现场的废弃、恢复等环境影响风险分析及控制措施。

——污染源及控制措施。

——地质和气象等自然灾害可能导致的危险预判以及防范措施。

——有毒有害因素、存在部位、对人体产生的危害、尘毒、放射线源监测采样点分布点、检测频次。

——可能导致的职业病及职业健康检查的有关要求。

——异常工况的处理，包括水、电、汽停运后对作业的影响，超温、超压、火灾、爆炸、中毒等事故发生时的应急处理程序等。

——其他潜在的危险因素。

——危险因素的预防措施和减控措施。

——灾害发生时应急处理措施或应急预案。

示例 6-47：

9　健康、安全和环境保护 9.1　HSE 要求 HSE 要求应符合 Q/SH 0250 的规定。 9.2　环境保护 应对试气、放喷、作业过程中产生的酸性天然气、剩余入井液(酸液、压井液、射孔液、洗井液等)、残酸及废液(返排的残酸等)、生活垃圾等物体，提出排放、回收、处理要求和措施，满足国家和当地政府有关环保标准。 9.3　安全防护 9.3.1　应进行酸性气藏井下作业安全评价分析。 9.3.2　对机械伤害、有毒有害气体、酸液伤害等方面提出安全防护要求和安全防护措施。 9.3.3　安全防护具体要求及措施应执行 AQ 2012—2007 和 Q/SH 0033 的有关要求。 9.4　应急预案 9.4.1　采气工程方案应提出应急预案类别，主要包括但不限于硫化氢中毒、气井井喷、气体泄漏。 9.4.2　预案应具有完整性，应包括组织指挥、事故处理、人员安全、防止污染、恢复生产等措施。 9.4.3　预案应具备可操作性。

6.4.11　附录

附录是可选要素。一般情况下，为了合理安排标准的结构，可考虑将一些内容编写在“附录”中。附录可以看做是标准中的一个特殊的层次，它可以进一步划分成章、条、段、列项等。附录分为规范性附录和资料性附录。

6.4.11.1　规范性附录

规范性附录给出标准正文的补充或附加条款，其内容是构成标准整体不可分割的组成部分，声明符合标准时也应遵守附录中的内容。在规范性附录中可对标准中某些条款进一步补充或细化，例如，试验、计算、评价的具体方法等。

条文中提及时的措词方式如下：

……按附录 A 中规定的试验方法进行试验；

……遵照附录 C 的规定；

附录 D 给出了……的详细规定；

……的细则见附录 E。

6.4.11.2　资料性附录

资料性附录给出有助于理解或使用标准的附加信息，仅供使用标准时参考。例如：标准中重要规定的依据和对专门技术问题的进行介绍、某些条文的参考性资料、正确使用标准的说明等。

条文中提及时的措词方式如下：

……参见附录 C；

……参考附录 B。

6.4.11.3 附录的编号

附录按拉丁字母 A、B、C……顺序编号，如附录 A、附录 B……等。附录的编号应按条文中提及时的先后次序编排，即条文中最先提及的应编号为附录 A，再往后按字母排序。当全部条款中只出现一个附录时，其附录仍编号为附录 A。

附录的章、图、表和数学公式的编号都应从 1 开始单独编号，编号前应加上附录标号中表明顺序的字母，字母后跟下脚点。例如：附录 A 中的章编号为“A.1”、“A.2”、“A.3”……，图编号为“图 A.1”、“图 A.2”……，表编号为“表 A.1”、“表 A.2”……，公式编号为“公式 A.1”、“公式 A.2”……。

6.4.11.4 编写注意事项

(1) 标准中的任何一个附录都应该在正文中明确提及，如果正文中没有提及可能是正文中的相关条款忘记了提及，或是该附录没有存在的必要。这种情况下必须修改标准。

(2) 不要混淆附录的性质，应将标准中要执行的内容列入规范性附录，将信息类的内容列为资料性附录。

(3) 正文中提及附录时的表述(措辞)要与附录的性质一致。如正文中提及时用“按附录 A 中规定的步骤进行测定”，而附录 A 的性质定为“资料性”，二者矛盾。此时要根据标准实际情况，或修改附录的性质，或修改提及附录的措辞表达。

(4) 附录的编号顺序要按附录出现的先后顺序排号。

(5) 不要将应列入附录的内容列入了标准正文，会造成标准结构庞杂，主脉络不清。

6.4.12 参考文献和索引

6.4.12.1 参考文献

参考文献为可选要素，如有参考文献，则应置于最后一个附录之后，参考文献的编写应遵照 GB/T 7714 的有关规定。以下文件可以列入参考文献：

——非公开的文件；

——资料性引用文件；

——在标准编制过程中参考过的文件；

——著作、期刊上的文章等。

注意事项：

(1) 文献清单中每个参考文献前应在方括号中给出序号。

(2) 排序与第 2 章规范性引用文件的要求相同。

(3) 参考文献中的国际文件名称，不必译成中文。

(4) 参考文献中的国际、国外标准和其他文献无需给出中文译名。

6.4.12.2 索引

索引为可选要素。勘探开发类非术语标准中使用较少。如果有索引，则应作为标准最后一个要素，宜使用标准编写模板自动生成。

6.4.13 终结线

标准的最后一个要素之后，应有标准的终结线。

终结线居中，长度为版面四分之一的粗实线。不能另起一页编排。

附件1：立项论证报告示例

《石油天然气控制储量计算细则》立项论证报告

一、目的与意义

1. 阐明标准制修订的必要性

石油天然气控制储量计算是储量评价管理工作中的一项重要内容。2004年新颁布GB/T 19492—2004《石油天然气资源/储量分类》和2005年新颁布DZ/T 0217—2005《石油天然气储量计算规范》(以下简称新储量规范)，是综合性的指导性储量计算规范，在石油天然气控制储量计算方面仅作了框架性的规定，对控制储量计算条件、计算方法、参数选取及报告编写等方面规定不具体，造成不同地区、不同油田以及不同的储量计算人员在控制储量计算及报告编写上不统一、不规范，不利于控制储量的评价与管理。新储量规范发布实施后，中石化缺少与之相适应的控制储量计算细则。

中国石油化工股份有限公司2012年制定了新的《中国石油化工股份有限公司石油天然气储量管理办法(试行)》，需要制定与之相适应的控制储量计算细则。

针对以上问题，在执行国家储量规范的前提下，有必要建立中国石化石油天然气控制储量计算细则企业标准，确立适合中石化控制储量评价和管理的储量计算方法和指标体系，满足控制储量评价与管理工作。

2. 预期完成后的作用和效益

通过细则的确立，可以规范不同单位、不同地区、不同油气藏类型的控制储量储量计算，规范计算方法和统一计算条件要求、规范控制储量计算参数选取原则、统一报告编制格式，便于在中石化系统内汇总计算结果、统一管理，为科学地评估和管理油气储量、实现储量资产化管理提供技术支撑。对于保证储量计算、申报、评审过程和储量数据库建设的标准化管理、运行具有深远的意义。

二、国内、国外相关标准或相关技术发展现状分析及采标情况

1. 国内、国外现有相关标准及相关技术情况说明(标准编号、名称及相关技术现状、主要技术指标)

(1) 2004年新颁布GB/T 19492—2004《石油天然气资源/储量分类》规定了石油天然气资源/储量的分类和定义。介绍了勘探开发阶段划分、储量的经济意义、储量的分类及计算条件要求。

(2) 2005年新颁布DZ/T 0217—2005《石油天然气储量计算规范》规定了石油天然气储量计算与评价的规则。介绍了储量计算应具备的条件、储量计算单元划分原则、地质储量计算方法、地质储量计算参数确定原则、技术可采储量计算、经济评价和经济可采储量计算以及储量综合评价。

(3) 1996年中国石油天然气总公司勘探局编制的《石油天然气控制储量计算细则(试行稿)》介绍了控制储量的定义及界定条件、计算方法、参数选取、控制储量评价及报告编制要求。

(4) 行标SY/T5367—2010《石油可采储量计算方法》，介绍了利用经验公式法、理论公式法、类比法、递减曲线法、水驱特征曲线法、童宪章图版法、注采关系法、数字模拟法计算技术可采储量；利用现金流法、经济极限法和类比法计算经济可采储量，对评价流程和经济评价参数作了有关规定。

(5) 行标SY/T6098—2010《天然气可采储量计算方法》，介绍了气藏废弃产量和废弃压力的计算方法；利用物质平衡法、弹性二相法、产量递减法、改进衰减法、预测模型法、统计关系曲线法、水驱特征曲线法、数值模拟法、类比法计算技术可采储量；利用现金流法、经济极限法和类比法计算经济可采储量，对评价流程和经济评价参数作了有关规定。

(6) 行标SY/T5838—2011《陆上油气探明经济可采储量评价细则》，介绍了陆上石油天然气探明经济可采储量的评价方法，包括评价方法的选择、评价单元划分、确定原则、判别条件、计算方法及参数取值要求。

(7) 企标Q/SH 0295—2009《石油天然气经济可采储量计算细则》，介绍了石油天然气经济可采储量计算方法、评价参数取值要求。

(8) 行标SY/T 6583—2010《石油天然气探明储量报告编制规范》，规定了石油、天然气探明储量报告编制内容与格式，适用于石油、天然气容积法计算探明储量报告的编制。

(9) SY/T 5615—2004《石油天然气地质编图规范及图式》，规定了石油天然气地质图件的分类，图元的分类和代码，投影系统、高程系统和坐标系统，编制规范、图件格式和图元图式。适用于石油天然气地质专业各类图件的编制和绘制。

(10) 中石油的企业标准 Q/SY 179—2006《石油天然气控制储量计算方法》，规定了石油及天然气控制储量的术语和定义、界定条件、计算方法、分类评价以及储量报告编写的要求，规定了中石油探区经济评价及参数取值要求。 2. 与国内、国外现有相关标准的异同和特点 1996 年中国石油天然气总公司勘探局编制的《石油天然气控制储量计算细则(试行稿)》规定的控制储量的定义及界定条件、计算方法、参数选取、控制储量评价及报告编制要求，目前已不适应新储量规范、中石化探区储量的评价及管理要求。 行标 SY/T 5367—2010《石油可采储量计算方法》、行标 SY/T 6098—2010《天然气可采储量计算方法》、行标 SY/T 5838—2011《陆上油气探明经济可采储量评价细则》、企标 Q/SH 0295—2009《石油天然气经济可采储量计算细则》，介绍了技术可采储量计算方法和经济可采储量评价方法，基本能满足控制技术可采储量和经济可采储量的计算要求。 行标 SY/T 6583—2010《石油天然气探明储量报告编制规范》，规定了石油、天然气探明储量报告编制内容与格式，适用于石油、天然气容积法计算探明储量报告的编制。对本标准的制定有一定参考作用。 行标 SY/T 5615—2004《石油天然气地质编图规范及图式》，适用于石油天然气地质专业各类图件的编制和绘制。对本标准的制定有一定参考作用。 中石油的企业标准 Q/SY 179—2006《石油天然气控制储量计算方法》是针对中石油的控制储量计算、评价与管理制定的。不适用于目前中石化探区的控制储量计算、评价与管理。 本标准根据中国石油化工股份有限公司 2012 年制定的《中国石油化工股份有限公司石油天然气储量管理办法(试行)》及现行储量规范，参考其他相关标准，细化控制储量计算的相关计算条件、参数选取、控制储量评价及报告编制等要求；使之既满足国家新储量规范的要求，又符合中石化系统的储量管理的需求。 3. 采标情况(采用标准编号、名称、采标程度及采用标准的适用性、存在问题) 无采标。
三、主要工作内容及标准的适用范围 1. 主要工作内容 (1) 对国内各油气田控制储量计算及相关研究报告进行调研； (2) 对不同岩性、油藏类型控制储量计算的条件及认识程度进行统计分析及相关研究； (3) 编制控制储量参数及储量计算的相关技术细则； (4) 编制储量升级计划部分的编写要求； (5) 编制标准表格、图版制作要求； (6) 编制控制储量报告的编写要求； (7) 咨询储量计算方面专家，对相关问题进行讨论。 2. 标准的适用范围 该细则规定了中国石油化工股份有限公司石油天然气控制储量计算的技术要求及储量报告编写要求。 适用于中国石油化工股份有限公司各分公司控制储量的计算、报告编写、评价与管理工作。
四、可行性 1. 制修订标准的适时性 目前，中石化系统还没有关于油气控制储量计算的企业标准，而每年新增的新增控制储量计算和管理工作，需要形成本系统控制储量计算细则，该细则既要符合国家新储量规范、又能满足中石化企业上游发展战略的需求，起到规范中石化探区储量评价和管理工作的作用。 2. 国内对该类标准项目的研究基础 GB/T 19492—2004《石油天然气资源/储量分类》、DZ/T 0217—2005《石油天然气储量计算规范》、SY/T 5367—2010《石油可采储量计算方法》、SY/T 6098—2010《天然气可采储量计算方法》、Q/SH 0295—2009《石油天然气经济可采储量计算细则》对本标准有指导作用。 SY/T 5838—2011《陆上油气探明经济可采储量评价细则》、SY/T 6583—2010《石油天然气探明储量报告编制规范》、SY/T 5615—2004《石油天然气地质编图规范及图式》、1996 年中国石油天然气总公司勘探局编制的《石油天然气控制储量计算细则(试行稿)》、中国石油天然气股份有限公司中已经发布的企业标准 Q/SY179—2006《石油天然气控制储量计算方法》对本标准的制定有一定参考作用。

续表

<table>
<tr><td>

3. 已具备立项的技术条件

中石化石油勘探开发研究院从事历年中石化探区新增探明、控制、预测储量的评价与管理工作，承担中石化胜利、中原、西北等十二家分公司每年新增三级储量的评审验收、汇总、数据库管理等工作，熟悉中石化各类储量及其变化，熟悉储量申报、审批和备案程序，全面系统地掌握企业和行业储量规范，编写过储量相关规范。

胜利油田分公司地质科学研究院承担历年胜利油田新增探明、控制、预测储量的计算与申报工作，全面熟悉各级各类储量的资料录取、计算和申报工作，积累了多年储量资料及储量参数取值、储量计算方法的经验，全面系统地掌握企业和行业储量规范，编写过储量相关规范。

中石化石油勘探开发研究院与胜利油田分公司地质科学研究院于2012年初步完成了油田部“中石化储量计算技术规范”项目，该项目主要研究内容包括预测储量、控制储量、探明储量及储量复(核)算的计算技术规范，为中国石化石油天然气控制储量计算细则企业标准奠定基础。

</td></tr>
<tr><td>

五、负责人及主要参加人员情况简介及分工
负责人：××× ××× 标准的总体设计、编写、修改、审查
参加人：××× ××× 地质储量部分的编写，标准的讨论修改及出版
××× ××× 技术可采储量部分的编制
××× ××× 经济可采储量部分的编制
××× ××× 储量综合评价及储量升级计划部分编写
××× 控制储量报告编写规范的编制
××× ××× 标准表格图版的编制

</td></tr>
<tr><td>

六、标准的主要内容及章、条目次
前言
1 范围
2 规范性引用标准
3 术语和定义
4 控制地质储量计算
4.1 地质储量计算应具备的条件
4.2 储量计算单元划分
4.3 储量计算方法
5 地质储量计算参数确定方法及选值原则
5.1 含油(气)面积
5.2 油(气)层有效厚度
5.3 有效孔隙度
5.4 原始含油(气)饱和度
5.5 原始体积系数
5.6 原始溶解气油比
5.7 原油(凝析油)密度
5.8 参数的取值位数
6 控制技术可采储量计算
6.1 技术可采储量估算必须满足的条件
6.2 技术可采储量计算
7 经济可采储量计算
7.1 经济可采储量计算条件
7.2 经济评价方法基本要求
7.3 开发概念设计
7.4 经济可采储量计算
8 储量综合评价
8.1 储量可靠性评价
8.2 储量综合评价

</td></tr>
</table>

续表

9 储量升级规划 9.1 储量升级计划基本要求 9.2 储量升级计划方案内容 10 控制储量报告编制要求 10.1 范围 10.2 储量报告编制基本要求 10.3 储量报告编写内容 10.4 附图、附表格式及要求 附录 A （规范性附录）控制储量不同油气藏类型勘探开发程度及地质认识程度要求 附录 B （规范性附录）储量计算公式中参数名称、符号、计量单位及取值位数 附录 C （规范性附录）油（气）田（藏）储量规模和品位等分类 附录 D （规范性附录）控制储量报告封面及目次格式 附录 E （资料性附录）典型图件示例 附录 F （资料性附录）主要附表格式
七、工作进度计划 2013 年 1~2 月：立项论证； 2013 年 3~7 月：标准编写，完成征求意见稿； 2013 年 8 月：本单位内部审查； 2013 年 9~10 月：广泛征求意见； 2013 年 11~12 月：完成送审稿； 2014 年 1~3 月：完成报批稿。
八、经费预算及来源 ……

附件 2：标准编制说明示例

中国石化企业标准
《高含硫化氢天然气集输管道缓蚀剂涂膜作业技术规程》
编制说明

一、任务来源

根据《2011 中国石化石油工程企业标准制修订》项目任务书（项目编号：711004）的要求，中国石化企业标准《高含硫化氢天然气集输管道缓蚀剂涂膜作业操作规程》由中原油田普光分公司采气厂负责制定。

二、目的和意义

缓蚀剂涂膜作业是有效控制高含硫化氢天然气对管道内腐蚀的核心技术，是气田安全生产过程中的重要保障，作业程序正确与否关系到安全生产与管道安全，目前国内外没有专门针对高含硫化氢集输管道缓蚀剂涂膜作业的操作规程，需要制定高含硫化氢天然气集输管道缓蚀剂涂膜作业技术规程，规范现场缓蚀剂涂膜作业。

目前，普光分公司采气厂已经具有丰富的缓蚀剂涂膜作业经验，需要在总结作业方案与经验的基础上，制定高含硫天然气集输管道缓蚀剂涂膜作业操作规程，明确技术要求，规范高含硫化氢天然气集输管道缓蚀剂涂膜作业的程序，有效避免不安全的因素发生，并保证作业效果。

三、起草工作的简要过程

（一）成立标准编制小组

《高含硫化氢天然气集输管道缓蚀剂涂膜作业操作规程》由中原油田普光分公司采气厂负责编制。根据项目任务书，普光分公司采气厂成立了《高含硫化氢天然气集输管道缓蚀剂涂膜作业操作规程》编制小组，普光分公司采气厂厂长杨发平担任总负责人，副厂长张分电担任技术负责人，成员由采气厂技术专家、采气厂技术管理人员、现场作业技术骨干等组成。通过组织机构的成立，一方面加强标准编制过程中的协调和领导，另一方面保证编制标准的规范性和科学性。

（二）编制标准初稿

2011 年 4 月集团公司科技开发部在北京组织召开“中国石化油气勘探开发领域企业标准立项审查会”，专家评审组听取了本规程的立项论证报告，认为立项依据充分，标准内容、技术路线、实施方案和编制提纲可行，并确立了规程的主要内容。

根据集团公司下达的《高含硫化氢天然气集输管道缓蚀剂涂膜作业操作规程》立项意见，编制小组修改完善了规程的结构和相关内容，在此基础上开始了规程的编制工作。在规程编制过程中，编制小组收集整理技术资料，深入总结了普光气田生产期间积累的缓蚀剂涂膜作业经验，如涂膜周期、作业准备、气量的计算、缓蚀剂涂膜作业操作程序、常见问题及解决方法、涉硫作业的安全环保要求等，查阅了有关行业和企业标准，制定了编制计划，通过充分的总结、讨论、审查、完善，完成了本标准的初稿。

本规程在起草过程中参考借鉴了 SY/T 5922—2003《天然气管道运行规范》、SY/T 6277—2005《含硫油气田硫化氢监测与人身安全防护规程》、Q/SH 0247—2009《川东北高含硫化氢气田集输管道腐蚀监测与控制设计技术要求》、Q/SH 0245—2009《高含硫化氢气田天然气集输系统设计规范》等标准中的部分条款，总结了普光气田清管与缓蚀剂涂膜作业的方案与现场经验，于 2011 年 6 月初基本形成初稿。本规程的编写由张分电总负责，刘二喜、刘方检、徐新波等负责规程文本编写与通稿；何洋、兰勇、陈广等经过现场作业实践检验规程内容条款的可操作性，并根据现场实际情况进行了多次修改与完善；洪祥等在安全作业方面给予了技术指导与支持；王弘杰等在缓蚀剂的选择与清管器的参数方面提出了建设性的意见。

（三）专家讨论与征求意见阶段

初稿完成后，经过了普光分公司采气厂、普光分公司 HSE 监督管理部、中原油田技术监测中心、中原油田油气储运专标委、西南油气田等部门与单位的专家审查，编写小组收集并认真讨论了专家意见，对本规程进行了进一步修改与完善，形成了送审稿。

2011 年 8 月 5 日，采气厂邀请中原油田技术专家王贵波等二十余位专家对本规程进行了初审，提出了审查意见，并对审查意见进行了处理，具体见附表 1。

2011 年 9~10 月期间，征求了西南油气分公司等单位的专家意见，进一步对本规程进行了修改完善，专家意见及处理情况详见附表 2。

2011 年 10 月 27 日，中原油田普光分公司采气厂再次组织对该标准进行了审查，专家提出了修改意见，使本规程进一步完善，专家意见及处理情况详见附表 3。

2011 年 11 月 30 日，中原油田采油采气专标委对该规程进行了评审，专标委专家对规程的结构、技术要求、安全环保等方面提出了修改意见，专家意见及处理情况详见附表 4。

2012 年 4 月，征求了中国石化勘探开发研究院等单位的意见。4 月 11 日中原油田技术监督处分别向中国石化勘探开发研究院、胜利油田、江苏油田、江汉油田、河南油田、西南油气分公司等单位发了征求意见函，截至 4 月 30 日共收到意见 19 条，专家意见及处理情况详见附表 6。

关于规程题目：在 2011 年 11 月 16 日中原油田一级企业标准评审会上统一用语，将“高酸性”统一为“高含硫化氢”，并将“气田”更改换为“天然气”更加准确的限定了标准的使用范围，并在“涂膜”后面增加“作业”两字强调涂膜作业过程的完整性。

2012 年 9 月 13 日，在中国石化企业标准验收评审会上，与会专家经过讨论和审议，提出了评审意见，并一致同意通过《高含硫化氢天然气集输管道缓蚀剂涂膜作业技术规程》标准的审查。专家意见及处理情况详见附表 7。

2012 年 10 月 8 日至 10 月 22 日期间，将修改后的标准文本分别征求了评审组长与主审人的意见，同意报批。评审组长与主审人意见见附表 8。

四、标准主要内容与参数的确立

根据立项报告和集团公司下达的《高含硫化氢集输管道缓蚀剂涂膜作业操作规程》立项意见，确定本规程主要内容。说明如下：

（一）遵循的原则

编制本规程遵守以下原则：

1. 符合石油天然气行业现有的技术标准要求（本标准在术语和有关内容方面引用了石油天然气行业标准）；

2. 依托普光气田现场作业经验，指导川东北高含硫化氢气田开发生产；

3. 符合高含硫化氢天然气集输管道缓蚀剂涂膜作业的实际；

4. 明确高含硫化氢集输管道的 HSE 管理要求。

（二）结构层次说明

本规程涉及高含硫化氢天然气集输管道缓蚀剂涂膜作业的典型工艺、作业方案、技术要求、操作程序、安全环保、资料管理等完整性作业过程。

（三）主要内容的确定

本规程根据普光气田投产两年多来缓蚀剂涂膜作业积累的经验，结合普光气田高含硫化氢的特点编制，对高含硫化氢气田集输管道缓蚀剂涂膜作业的技术要求、操作程序、常见故障及解决方法、安全环保要求进行了规范。其中缓蚀剂涂膜作业清管器的选择、清管器运行速度、缓蚀剂的用量等技术要求是根据普光气田现场作业情况与 SY/T 5922—2003《天然气管道运行规范》进行完善确立；技术方案的编写、审批及变更按照《普光分公司采气厂管道批处理作业方案》中相关程序制定；操作步骤部分根据《采气厂管道缓蚀剂批处理作业操作规程》编写；常见故障及解决方法是根据普光气田高含硫化氢集输管道缓蚀剂涂膜过程中遇到的常见故障和解决办法积累的经验确立；安全环保要求依据 SY/T 6277《含硫油气田硫化氢监测与人身安全防护规程》和《采气厂管道批处理作业危害/环境风险识别与评价》，并结合目前普光气田生产中积累的作业经验确立。主要内容与参数确立过程如下：

1. 术语与定义

本规程主要定义了高含硫化氢条件下缓蚀剂涂膜操作所涉及到的术语，主要包括：

（1）高含硫化氢天然气的定义

为了界定本规程适用的工况，引用 Q/SH 0245—2009《高含硫化氢天然气集输系统设计规范》中对高含硫化氢的定义，明确本规程适用的高含硫化氢天然气是指硫化氢体积分数大于等于 5%且小于 20%的天然气。

（2）缓蚀剂涂膜的定义

针对高含硫化氢天然气集输管道的腐蚀控制工艺技术，本规程引用了 Q/SH 0245—2009《高含硫化氢天然气集输系统设计规范》中对缓蚀剂涂膜进行的定义，即在两个个清管器之间注入一段缓蚀剂溶液随清管器流经整个管道，在管道内壁形成一层持续缓蚀性能的膜，精要概括缓蚀剂涂膜作业的过程。

（3）清管器的定义

缓蚀剂涂膜作业需要专用的导向清管器与涂膜清管器进行作业，根据缓蚀剂涂膜作业的工艺，导向清管器是指缓蚀剂涂膜作业过程中，缓蚀剂溶液段塞前的清管器，具备引导缓蚀剂溶液段塞与管道清洁功能；涂膜清管器是指缓蚀剂涂膜作业过程中，缓蚀剂溶液段塞后的清管器，具备缓蚀剂涂敷功能。

(4) 过盈量的定义

为了保证清管器之间的缓蚀剂能够完整涂覆在管道内壁，通常要求清管器的直径要大于管道内径，本规程引用了 SY/T 5922—2003《天然气管道运行规范》中过盈量的定义，即清管器外径大于管道内径的值与管道内径的百分比。

(5) 成膜时间的定义

缓蚀剂在管壁上吸附成膜的效果跟缓蚀剂溶液与管壁的接触时间有着密切的关系，本规程中缓蚀剂的成膜时间是指缓蚀剂段塞与管道内壁的接触时间。一般而言，接触时间越长，缓蚀剂在管壁上的吸附效果越好。

2. 作业方案

本规程中高含硫化氢天然气集输管道缓蚀剂涂膜作业方案编写与审核的要求借鉴了普光气田集输系统缓蚀剂供货商在北美地区作业方案的基本要求，参照了普光气田在 200 余次缓蚀剂涂膜作业实践形成的完整性作业实施方案。缓蚀剂涂膜作业方案应满足以下三个特征：

(1) 方案的必须性

高含硫化氢天然气集输管道作业风险高，作业前必须完成作业方案的编制与审批；相关人员必须掌握管道的完整信息、作业技术参数及相关的操作步骤；作业全过程必须建立完整的应急预案，应对突发事件。

(2) 方案的规范性

作业方案的主要内至少应包括作业管道的信息、编制依据的原则、组织机构、作业程序、操作步骤、应急预案、数据记录等。

(3) 方案的严肃性

编制的方案应经过作业所涉及的生产运行管理、HSE 管理、技术管理等部门的审查与主管领导审批，作业条件与工况发生变化时，应及时进行方案变更。

3. 作业准备

缓蚀剂涂膜作业准备应包括工用具与材料准备、动力气源准备。至少应包括以下内容：

(1) 工用具与材料准备

导向清管器、涂膜清管器、缓蚀剂、稀释剂、移动式缓蚀剂加注撬、收发球杆、通讯设备、清管器定位监测仪、残液回收装置等。

(2) 动力气源的准备

新建管道投运前的预涂膜应采用氮气作为动力气源，生产运行管道应采用气井原料气作为动力气源；生产运行管道作业时，可用净化天然气作为置换含硫化氢天然气的气源。

(3) 缓蚀剂的用量计算

缓蚀剂的需求量按照缓蚀剂在作业管道管壁上形成均匀厚度的膜的总体积进行计算，通常增加15%左右的富裕量，避免操作过程中的损失造成缓蚀剂量不足。

缓蚀剂使用量的计算见式(A.1)。

$$Q = K \cdot \pi \cdot D_1 \cdot H \cdot L \times 10^3 + Q_1 \qquad \text{(A.1)}$$

式中：

K——附加量系数，一般为 1.15；

Q——缓蚀剂使用量，单位为升(L)；

D_1——管道内径，单位为毫米(mm)；

H——缓蚀剂成膜厚度，单位为毫米(mm)，一般为(0.076~0.125) mm；

L——管道总长度，单位为毫米(mm)；

Q_1——管线上支管段三通、排污口等容积，单位为升(L)，计算见式(A.2)。

$$Q_1=\frac{\pi D_2^2}{4}\times L+Q_{其他} \cdots\cdots\cdots\cdots \quad (A.2)$$

式中：

D_2——支管段内径，单位为毫米(mm)；

L——支管段的长度，单位为为毫米(mm)。

$Q_{其他}$——其他排污损耗量之和，单位为升(L)。

(4) 清管器的选择

缓蚀剂涂膜作业时，导向清管器在前涂膜清管器在后，导向清管器要具备良好的密封性能，防止缓蚀剂从导向清管器漏失，涂膜清管器要具备良好的涂覆功能。通过广泛咨询不同缓蚀剂供货商的经验，导向清管器的过盈量应为3%~8%，涂膜清管器过盈量应为1%~2.5%。通过普光气田实践检验，以上过盈量的清管器能够在管壁上形成完整的缓蚀剂膜。

(5) 气源准备

根据普光气田的经验，新建管道投运前应采用氮气作为动力气源，生产运行管道应采用气井原料气作为动力气源；生产运行管道作业时，可用净化天然气作为置换含硫化氢天然气的气源。

4. 技术要求

缓蚀剂涂膜作业的技术指标主要包括气量的计算、成膜时间的要求、清管器的运行速度等，具体技术要求如下：

(1) 气量的计算方法

缓蚀剂涂膜作业所需气量的计算见式(B.1)。

$$Q=2893.165\times\frac{PVA}{Z(\frac{t_s+t_m}{2}+273.15)} \cdots\cdots\cdots\cdots \quad (B.1)$$

式中：

Q——缓蚀剂涂膜发送清管器所需气量，单位为立方米每秒(m^3/s)；

P——管道缓蚀剂涂膜运行压力，单位为兆帕(MPa)；

V——缓蚀剂涂膜清管器运行速度，单位为米每秒(m/s)；

A——缓蚀剂涂膜管道横截面积，单位为平方米(m^2)；

t_s——清管发球端管道温度，单位为摄氏度(℃)；

t_m——清管收球端管道温度，单位为摄氏度(℃)；

Z——天然气压缩因子。

(2) 预清洁的标准

管道缓蚀剂预涂膜时应将管道内的积杂清除干净，通过咨询国外公司缓蚀剂预涂膜的做法，结合普光分公司采气厂在集输管道预涂膜作业时摸索的经验，预涂膜时管道清洁的标准为，连续发送五个泡沫清管器，最后三个泡沫清管器的污染深度不超过6.35mm为合格。

(3) 成膜时间

根据缓蚀剂成膜时间定义，成膜时间越长，缓蚀剂的吸附效果越好。在调研westhaven、纳尔科、贝克休斯等国外缓蚀剂供货商的不同类型涂膜缓蚀剂在国内外应用的案例的基础上，考虑到实际生产运行，最终确定成膜时间不宜低于5s。通过在普光主体缓蚀剂涂膜作业实践检验，采用电指纹监测、漏磁检测、超声波检测等方法对管道进行腐蚀监测与检测，不低于5 s的成膜时间能够满足高含硫化氢集输管道腐蚀控制的技术要求。

(4) 成膜厚度

缓蚀剂成膜厚度决定缓蚀剂的用量，通过调研Westhaven缓蚀剂在国外其他地区的应用经验，缓蚀剂成膜厚度约为0.076mm~0.125mm之间为宜，通过在普光气田的应用实践，0.076mm~0.125mm的缓蚀剂膜厚能够满足减缓高含硫化氢腐蚀的要求。

（5）速度控制

成膜时间与缓蚀剂段塞的长度决定了清管器的运行速度，缓蚀剂段塞与清管器的运行速度应控制在3 m/s以内。

5. 缓蚀剂涂膜作业操作步骤的确立

本规程对缓蚀剂涂膜作业操作的作业前安全条件确认、清管器的发送操作、涂膜作业过程监控、清管器的接收操作的操作步骤进行了确定。操作步骤的确定方面参考了Q/SH 1025 0741—2010《高酸性气田集输管道缓蚀剂预涂膜技术规程》、Q/SH 1025 0852—2012《高含硫化氢天然气集输管道清管作业技术规程》及普光分公司采气厂制定的《酸气缓蚀剂批处理安全技术操作规程》《清管收发球安全技术操作规程》中的操作方法。本规程的操作步骤方面的内容完成后，普光分公司采气厂依照本规程在普光主体与大湾区块进行了实施检验，结果表明，本规程确定的操作步骤完全能够满足高含硫化氢集输管道缓蚀剂涂膜实际操作的需要。

6. 常见问题及处置方法

本规程列举了三种类型的异常涂膜作业现象，分别是管道内卡球、清管器未出站、球筒密封面漏气等，对异常情况的表现、异常现象的原因分析、处理建议等方面进行了表述，见表1。本规程中列举的异常现象及处置建议是在总结普光气田200余次涂膜作业过程中遇到的典型问题及处理方法的基础上逐步形成的，基本涵盖了缓蚀剂涂膜作业过程中经常遇到的问题，能够为高含硫化氢天然气集输管道涂膜作业提供指导。

表1　缓蚀剂涂膜作业常见故障及解决方法

<table>
<tr><th>运行异常</th><th>异常情况的表现</th><th>不正常情况的原因</th><th>处理建议</th></tr>
<tr><td rowspan="3">管道内卡球</td><td rowspan="3">发球端压力上升；收球端压力下降；流量下降</td><td>1. 皮碗或碟片磨损较大，过盈量偏小，出现旁路流量；</td><td rowspan="3">1. 提高动力气源气量；
2. 收球端放空；
3. 发送一个过盈量更大的清管器将被卡球推出</td></tr>
<tr><td>2. 管壁几何变形；</td></tr>
<tr><td>3. 清管器前积聚的脏物</td></tr>
<tr><td rowspan="2">清管器未出站</td><td rowspan="2">动力源流量和压力稳定，检测到清管器没有移动</td><td>1. 清管器皮碗或碟片破损；</td><td>1. 取出清管器，更换损坏的皮碗或碟片；
2. 更换新的清管器</td></tr>
<tr><td>2. 清管器未放置到位，引起在发球筒大小头处窜气</td><td>1. 对发球筒放空置换，重新放置清管器</td></tr>
<tr><td rowspan="2">盲板密封面泄漏</td><td rowspan="2">盲板关闭后有气体泄漏</td><td>1. 密封面有损伤或密封面有污物；</td><td>1. 用砂纸打磨或清洗密封面；</td></tr>
<tr><td>2. 密封垫圈损坏</td><td>2. 更换密封圈</td></tr>
</table>

五、执行本规程的建议

本规程规定了高含硫化氢气田集输管道缓蚀剂涂膜作业的操作与技术要求、操作程序、常见故障及解决方法、安全环保要求，适用于高含硫化氢集输管道缓蚀剂涂膜作业。

六、与有关的现行法律、法规和强制性国家标准的关系

尚无该方面的国家标准、行业标准，部分条款主要参考了如下标准：

SY/T 5922—2003　天然气管道运行规范

SY/T 6277—2005　含硫油气田硫化氢监测与人身安全防护规程

Q/SH 0247—2009　川东北高含硫化氢气田集输管道腐蚀监测与控制设计技术要求

Q/SH 0245—2009　高含硫化氢气田天然气集输系统设计规范

附件 3：征求意见汇总处理表示例

中国石化企业标准
《抽油机用永磁同步电动机选型技术要求》
征求意见汇总处理表

标准名称：抽油机用永磁同步电动机选型技术要求　　承办人：×××　共 2 页　第 1 页

负责起草单位：胜利油田分公司技术检测中心中心　　电话：×××　2011 年 5 月 12 填写

序号	标准章条编号（修改前编号）	意见内容	提出单位（人）	处理意见及理由
1	标准名称	原标准名称为“抽油机用永磁同步电动机技术和使用规范”范围太笼统，不够具体，修改为“抽油机用永磁同步电动机选型技术要求”	中石化油田勘探开发事业部陈玲	采纳
2	全文	标准中“抽油机用永磁同步电动机”的简称不统一，应全文统一	江苏油田分公司陆克山	采纳 简称统一为“永磁电机”
3	2	规范性引用文件中，有两项标准未按标准代号的顺序排列，应按国标规定按标准代号的顺序排列	中石化油田勘探开发事业部谭宁	采纳 按国标规定按标准代号的顺序排列
4	3.6	该条意思表述不够清晰	河南油田分公司于传聚	采纳 将原文的“电动机应按下列额定输出功率制造”改为“电动机额定输出功率范围为”
5	4.5	该条对应的表 4 中小数位数不统一，要求统一小数位数	中原油田分公司张继伟	采纳 统一表中小数位数
6	8、9	将原标准的 8 电动机安装、9 电动机的使用两条删除，与修改后的题目关联不紧密	江汉油田分公司李宏	采纳 将 8、9 两条删除

说明：① 发送“征求意见稿”的单位数：7 个。
② 收到“征求意见稿”后，回函的单位数：5 个。
③ 收到“征求意见稿”后，回函并有建议或意见的单位数：5 个。
④ 没有回函的单位数：2 个(按无意见处理)。

7 炼油和石油化工类产品企业标准

7.1 炼油和石油化工类产品企业标准制定的思路和要求

企业产品标准不仅是组织生产、交付检验及仲裁检验的依据，还是参与市场竞争、防范技术壁垒的重要技术手段，是企业面对消费者和社会对产品质量责任的承诺。企业产品标准的质量直接影响产品的市场占有率和企业的经济效益。制定企业标准的各个阶段都伴随着标准的研究工作。在标准立项阶段，需要针对标准制定的必要性和适时性进行调查和论证，根据市场需求情况、国内外同类标准的状况和水平、前期标准研究获得的试验验证数据，确定标准的范围和技术水平；在标准的制定阶段，需要重点针对标准化对象的技术内容和质量指标进行研究和验证工作，从而制定出符合市场需要的技术、经济指标科学合理的高质量企业标准。

产品标准是企业标准的核心，而企业自行制定的产品标准恰恰是企业面对市场的多样化、个性化产品的集中体现。企业产品标准的制定应以新产品研制开发的成果为基础，而新产品的研发过程也应始终贯穿着标准化工作。目前，中国石化下游产品一级企业标准有近 200 项，二级企业标准有 1200 余项。面对如此品种繁多的石油和石油化工产品，企业标准的制定应从何处入手？如何提高企业标准的适应性、保证产品稳定生产、满足市场和用户的不同需求、增强产品的市场竞争力，如何制定出比国家标准和行业标准水平更高、要求更严或更具特色的企业产品标准，是我们一直在探讨的问题。

这里总结多年来企业产品标准研究与制定的工作的经验，提出以下思路和要求。

7.1.1 产品研发与标准化相结合的工作思路

1）根据用户和市场的需求，确定产品试制指标

在现今市场竞争的大环境中，企业要善于抓住市场和用户反馈的信息，从中筛选出有市场前景的新产品作为开发对象。对新产品开发对象的国内外技术水平、产品应用情况、质量状况、市场占有情况及前景等内容进行深入调研。确定产品研制开发的试制规格。试制规格一般情况下需要有明确的替代对象，如国外产品或国内现有产品。这种情况下要收集并分析替代对象的技术标准或典型性质，合理确定试制规格，在保证产品性能满足设备或机具发展要求的同时，符合环保排放法规的要求。试制规格指标要有先进性，以保证研发产品在今后一定时间内的市场竞争力；然后分析本单位的能力状况，如原材料、人员、设备、工艺条件、检验能力等。根据本单位的实际能力和确定的试制规格，进行产品的研究开发。作为世界 500 强企业的中国石化，产品的研究开发应尽可能采用国际标准和国外先进标准。

2）产品鉴定（或投放市场）前制定暂行标准

研究开发工作进行了实验室研制和工业生产试验后，还需进行研制产品的使用试验，根据用户的反馈意见和出现的问题，先制定一个暂行的技术要求，试制规格只是经调研后确定的产品研发的目标，是不是能够实现，在生产、使用等各方面是否可行需要实验室和工业生产的验证。随着开发研究的深入，对试制规格的各项指标进行不断进行调整。待到技术成熟时，制定为暂行标准，暂行标准是在试制规格的基础上，对生产验证结果的总结。伴随着暂行标准的过渡期，当生产控制稳定，产品质量稳定后，将其上升为企业标准。

3）对暂行标准进行充分的验证后提出制定企业标准的建议

暂行标准是企业标准的雏形，执行暂行标准的产品可以“协议标准”的名义提供给专一的客户，并对客户的使用情况进行跟踪，通过对使用效果的跟踪和考察，收集客户的意见和建议，对暂行标准或协议

标准进行修改，在收集了多批产品验证数据的情况下，提出制定企业标准的立项建议可谓水到渠成。

上述工作程序是将标准化贯穿实验室开发、工业生产和使用验证的整个过程，能够保证企业标准的市场适应性和生产可行性。

7.1.2 验证数据在企业产品标准制定过程中的重要作用

验证数据是确定标准指标最重要的依据。对于产品标准而言，最重要的也是最具有挑战性的工作就是根据有效且充分的生产和使用验证数据，科学合理地确定产品指标。这也是制定一个高质量产品标准的最大难点所在。需要标准起草人在了解标准化工作程序的同时，充分理解标准的精髓是实现“最佳秩序”，而一个产品标准是否能够带来“最佳秩序”，关键在于技术指标的合理制定。

确定标准指标的过程，就是对试制产品或工业生产产品进行各项指标的分析验证的过程。所谓分析验证，就是尽可能多地收集产品样本，进行全面分析检测，尤其是表征产品使用性能的指标，一定要进行分析检测。否则，只进行一般的理化指标分析，很难说明产品的使用特性和质量水平。样品分析一般不要少于三批，对于合成树脂，产品数据积累至少 20 批。如果只有一批数据，就很难作为最终确定标准指标的依据。在制定产品企业标准时，切忌在无数据支撑的情况下确定指标，这样做存在较大的风险，可能会在标准实施后造成比较大的问题。如果标准指标制定过高，可能会造出质量过剩，同时使生产难度增大，成本增加；如果指标设置过低，可能给用户使用带来一定风险，给企业产品的信誉造成潜在威胁。一个高质量的企业产品标准应当在具有高的质量水平的同时具有良好的经济性，这样才能在产品推向市场时使经济和社会效益最大化。

7.1.3 制定企业产品标准的风险分析

在制定石油化工企业产品标准时，需要我们通过科学的方法来识别风险和控制风险，以提高标准的整体水平。通过标准的制定，发现标准化对象中涉及的各类风险，包括质量风险、检验风险、安全风险等，并在相应章节进行规范，以将风险控制在可接受的范围。

1）质量风险

在起草企业标准的过程中，指标设置不合理往往会给标准的实施带来质量风险。对于自主制定的产品标准来说，在产品研发过程中，往往会出现将试制规格制定比较高，提供给用户进行使用试验的产品的质量水平比较高，在这种情况下如果制定企业标准时延用这些指标，可能缺乏生产的可行性和经济性，而在制定企业标准时降低指标，会出现使用试验产品与标准化的大生产的产品的质量不一致的情况，可能在使用中出现问题。因此，在确定产品试制指标时，一定要在保证指标的先进性的同时具有经济性上的可行性。片面追求高质量而忽略了成本风险，造成质量过剩，而片面强调生产可行性或降低成本，而忽略了使用方的需求会使 该产品失去市场竞争力。尽可能减低质量风险的有效途径就是将产品研发和标准化工作紧密结合，使确定的技术要求达到先进性的和经济性的基本平衡。

2）检验风险

检测风险是指在制定产品标准的过程中，选择的检验方法不合理或落后，无法达到控制产品质量、体现产品性能的目的，进而造成质量失控。我们应当按照 5.3.2 的可证实性原则来设置产品指标和检测方法。在产品标准化过程中，应在标准研究阶段首先进行重要性能的检测和评价方法的建立和标准化工作，待检测方法基本成熟，再进行产品标准的制定工作。对于一些市场急需的产品，在缺少产品性能的检测或评价方法的情况下制定标准，存在质量失控的风险。这种情况下，需要通过其他的理化指标的严格控制来减小风险，并在标准发布实施的同时，继续进行方法的建立和标准化工作，如果来不及制定标准，可以规范性附录的形式放在产品标准中并进行引用。

在制定产品标准过程中，存在另一个检测风险，即检验规则规定的检验周期的合理性和科学性。应重点考虑哪些决定产品质量的重要指标或随原料不同容易造成成品质量波动的指标的检验周期设置，避免因检验周期过长造成质量失控。

对于产品标准中检验规则的确定，需要与产品质量管理相结合，在标准实施的过程中对检验项目和结果进行跟踪和分析。因此，对于首次制定的产品标准的检验规则应当相对保守一些，待标准修订时再进行必要的调整。

3）安全风险

在制定炼油和石油化工类产品标准时，需要掌握适当的方法来确定标准化对象是否存为危险化学品。对于可能涉及的安全问题，在标准中应给予规范或警示，避免因标准中涉及的安全内容的缺失造成标准实施后发生不必要的人身伤害和/或财产损失。标准中的安全内容的编写可按照 GB/T 20000.4 的思路和方法进行编写。主要包括以下方面：

（1）确定标准化对象为危险化学品，需要在标准中增加“安全”一章，根据相关安全标准的要求给出对于标准化对象的危险特性，包括爆炸、燃烧、毒性等的警示，必要时，需提供该产品的化学品安全技术说明书(SDS)。

（2）确定标准化对象为危险化学品，需要在标准中的相关章节，对于该产品在使用、运输、贮存等相关环节的危险特性进行必要的规范或警示。

（3）识别标准化对象是否为危险化学品：

石油化工产品企业标准可能成为包含安全内容的产品标准，其安全内容宜引用基础安全标准和专业安全标准。在新标准立项时进行相关的分析，如通过闪点、毒性等信息进行判断，确定该标准是否为“包含安全内容的产品标准”。识别的方法包括：

——确定标准制定对象的产品名称和化学组成。其组成可能是单一的化合物、有固定分子式的化合物或混和物，对于混和物需要确定各类组分的化学组成和浓度。

——收集相关信息，查找相关标准和规范。有明确的化学组成的产品可以通过查阅相关标准、文献来确定；对于多种组分的混合物，需要根据相关标准的要求，确定其混和物的潜在危险性。

——根据 GB 13690 及其引用的标准进行判断，参考 GB 12268(危险货物品名表)、欧盟 CLP 法规的附表、或者 GB 13690—92 版的附录 A“常用危险化学品分类明细表”，确定标准制定对象是否为危险化学品(危险货物)，属于哪一个类别。

7.1.4 制定属于危险化学品的产品标准

在大量炼油和石油化工产品中，有一些属于国家法律法规和相关标准规定范围的危险化学品。制定这类产品标准时，我们应当根据 GB/T 20000.4—2003“标准化工作指南　第 4 部分：标准中涉及安全的内容”的思路和要求编写标准化对象属于危险化学品的产品标准。

GB/T 20000.4—2003 是修改采用 ISO/IEC 指南 51 :1999“标准中涉及安全的内容”制定的，技术要求与国际标准接轨。该标准为标准起草者分析、确定并起草标准中涉及安全的内容提供指导。对于中国石化一级和二级企业标准的中石化一级和二级企业标准的起草者，要求具有风险识别能力，无论标准化对象是产品、检测方法或其他，只要存在风险就要增加相应的安全章节和警示描述。

对于产品标准，在确认标准化对象属于危险化学品(危险货物)后，需要在标准中增加相应的条款或章节：

1）在标准正文(范围)之前，增加一段警示性陈述：

警告：如果不遵守防范措施，本标准所属产品在生产、贮运和使用等过程中可能存在危险。本标准无意对与本产品有关的所有安全问题都提出建议。用户在使用本标准之前，有责任建立适当的安全和防护措施，并确定相关规章限制的适用性。

2）在“标志、包装、运输、贮存”一章中增加对于该种危险化学品(危险货物)的特殊标志、包装和储运要求。一般可以引用相关的基础标准，如 GB 190、13690 等标准。

3）增加安全一章。建议“安全”一章编写的主要内容：

（1）指明该产品所属的类别，并引用 GB 20576~20599，20601，20602 系列标准的警示性说明；

（2）建议凡是判断为危险化学品的产品，出厂时都附上“化学品安全技术说明书”，尤其是定义为毒性和腐蚀性等的物质。

（3）如果仍有未规定的特殊防护措施和重点注意事项，需自行补充，以免出现误使用、误操作等情况造成伤害和损失；

7.1.5 对企业产品标准起草人的要求

标准制定者对于标准化的理念、方法的理解程度以及自身的专业技术水平和标准化实践经验，决定了产品标准的质量。

制定企业产品标准不仅仅是编写的过程，它包括了前期试制规格和暂行规格的确定和修改，因此产品的研制开发和企业标准的起草不要脱节，标准编写人员只有在研究开发之初就参与工作，才能将标准化工作贯穿全过程，才能理解各项指标的实际含义，最终保证企业标准的质量。

一般来说，企业产品标准应由熟悉产品性能和用户要求的人员作为主要起草人。最好选派参与前期产品研究开发工作的技术人员承担标准起草工作。他们在研究开发的过程中，参与了对产品的试制规格的确定和修改，对产品使用性能和用户要求有比较深的了解。

如果标准起草人没有机会参与产品的研发和应用过程，就需要抓住起草立项论证报告的机会，认真对标准化对象的研究开发背景和使用要求进行调研，有条件时应当到产品的使用现场进行实地考察调研，以纸上谈兵的方式将产品鉴定指标或他人提供的试验数据抄过来直接制定标准，看似简单，其实是最不可取的。因此，企业产品标准的起草人不仅需要熟悉标准化的工作程序和方法和相应的专业技术知识，还应具备学习扩展的能力和高度的责任心。

7.1.6 企业标准起草过程中应注意的问题

（1）全面认识标准体系

制定相关的炼油和石油化工类产品标准，首先应对相应行业的标准体系进行全面的了解，标准体系中涵盖的国家标准和行业标准是制定企业标准的基础工作。认识和理解本专业的标准体系及各标准之间关系，可以使企业在制定标准时更加游刃有余，取得事半功倍的效果，提高制定标准的效率和水平。

在相关的炼油和石油化工类标准体系中，已经制定的产品标准的框架是企业标准的基础模式，企业标准中产品的技术要求不得低于国家标准和行业标准的要求，具体而言，项目不得少于国行标的项目，指标不得低于国行标的指标。

（2）根据产品实际情况确定制定企业标准的必要性

无论是制定企业暂行标准还是企业标准，企业在确定生产项目或准备开发新产品项目前，应首先做好市场调研，对产品项目作可行性分析，并尽可能收集相关法规文献和技术资料，至少应了解国内是否有该产品的技术标准，再确定是否需要制定产品的企业标准。比如，合成树脂聚丙烯粉料产品仅有 SH/T 1761.1—2008《聚丙烯树脂粉料 第 1 部分：间歇法》一个石化行业标准，间歇法聚合生产的聚丙烯粉料适用于该标准，直接执行该标准即可；若连续法生产聚丙烯粉料，则需要企业制定相应的产品标准。

对于一些还没有国行标的产品，企业仍需制定企业标准才能组织进行生产。比如：乙烯-乙酸乙烯酯（EVAC）树脂和超高分子量聚乙烯（PE-UHMW）树脂，这些产品目前没有现行的国家标准或行业标准，既然中国石化有此类产品，就应该尽快制定相应的国家或行业标准，抢占话语权。

（3）根据产品特点制定企业标准

我国国家或行业的产品标准，多数为推荐性标准，企业可以结合本企业产品的实际参照执行或根据本企业产品特点制定企业标准。

比如：已有 GB/T 12670—2008《聚丙烯（PP）树脂》国家标准，该标准中没有将所有牌号的聚丙烯产品及指标都纳入其中，只规定了注塑类、挤出类、窄带类、纤维类和挤出薄膜类等五类 PP 树脂的性能测定项目和最低指标要求。因此，企业需要根据本企业生产牌号制定各自的企业标准。

（4）根据产品质量准确表述标准指标

面对激烈的市场竞争，很多企业意识到只有高标准才有高质量。国家也鼓励企业制定严于上级标准的企业标准。为此，企业应考虑的是将产品质量控制在既满足用户明确和隐含的需要、又符合生产装置现有实际所需要的水平上。要做到这一点，企业不仅要执行上级发布的产品标准，而且还应该制定具有自己特色的企业产品标准。

如已发布的GB/T 11115—2009《聚乙烯(PE)树脂》国家标准，其中的电线电缆类PE树脂规定了颗粒外观、密度、熔体质量流动速率、拉伸断裂性能和相对电容率五个测试项目。而在中国石化一级企业标准中，除了国标中规定的五个项目外，根据电线电缆绝缘料的特点，还增加了介质损耗因数和水含量两个项目。用介质损耗因数，也就是损耗角正切来判断材料绝缘性能的好坏；控制水含量的指标来控制材料在高强度电场作用下老化导致被击穿的现象。

(5) 注重市场分析和调研工作

企业在确定生产项目或准备开发新产品项目前，应首先做好市场调研，对产品项目作可行性分析；其次尽可能收集相关的法律、法规，充分消化吸收国内外该产品相关技术资料；最后在了解国内是否有该产品的技术标准基础之上，再确定是否需要制定产品的企业标准。

调研工作，包括搜集国内外同类产品的技术资料，同时搜集国外典型或在中国大陆销量较大的产品技术资料，包括名称，牌号，用途，质量控制参数和指标以及命名规则，如有可能搜集国外牌号的内控指标。调研还包括同类产品涉及的标准,，充分考虑该产品性能应达到国家或行业的标准规定，尤其是安全、环保、人身健康方面的标准要求。

7.1.7 企业产品标准的复审

随着科学技术的发展、市场需求的变化和企业的技术进步，企业产品标准需要定期进行复审，复审周期不超过3年。一级企业标准的复审工作由股份公司标准化主管部门负责组织进行，二级企业产品标准由起草单位标准化主管部门负责组织进行。对产品标准的复审，主要是针对标准的技术内容和指标水平进行重新审核，以确认标准的有效性。在多年产品标准复审中经常出现的问题是，三年期限将到，匆匆进行复审工作，没有时间进行深入的调研、数据的收集和分析，结论都是“确认”。这样就使复审流于形式，没有达到预期的目的。正确的做法是，自一项产品标准自发布实施开始，企业就建立广泛收集该标准实施中发现问题的机制，收集有关方面的意见、技术发展状况和采用标准的更新情况，从而为复审标准积累信息和依据。另外在复审时机把握上要预留足够时间，单位标准化主管认真组织标准起草单位和起草人进行复审工作，并在企业范围召开会议对复审结果进行论证和审查，确认复审结论，从而使复审这一标准化工作的重要手段发挥最大的作用，促进标准水平不断提高。

对企业产品标准复审结果按下列情况分别处理：

1) 标准技术内容不做修改，仍能适应当前需要，符合当前科学技术水平的，给予确认。确认的标准，不改变标准的顺序号和年代号。

2) 为完善和充实标准内容，对标准条文、图表做少量修改、补充时，按本企业有关修改的规定执行。

3) 标准的主要规定需要做大量改动才能适应当前生产、使用需要和科学技术水平的，应作为修订标准项目，列入企业制、修订标准年度计划，按制、修订标准的程序进行修订。修订后的标准不改变顺序号，只改变年代号。

4) 标准的内容已不能适应当前需要，或为新的标准所替代的标准应予废止。

5) 复审后的企业产品标准应按有关规定重新备案。

7.2 炼油和石油化工类产品企业标准编制说明编写要点和应注意的问题

7.2.1 标准编制说明的作用和重要性

产品标准编制说明是记录从首版到今后历次复审和修订等标准化活动的有着较强证实性和追溯性的文件。对于产品标准来说，其主要作用是通过对从产品研发到标准制定全过程重要信息的阐述，对产品验证数据和市场反馈信息进行分析，提出标准制定的整体思路和各项指标的确定依据。编制说明不仅为标准的制定提供依据，而且对于标准的后期维护，如复审和修订提供了可追溯的信息资料。

在产品标准化工作的各个阶段中，首版标准的编制说明最为重要，应当有详实的背景材料和充分的数据支持，以保证首版标准在技术上先进，经济上合理。否则，就给今后标准实施、标准的复审和修订造成了很大困难。

对于复审或修订标准的编制说明，应在前一版本编制说明的基础上进行修改，不要脱离原标准的说明，再重编写一个，这样做即费时费力又缺乏标准化过程的延续性和追溯性。

7.2.2 企业产品标准编制说明的主要内容

对于编制说明的主要内容，在5.2第2)条中已经列出，在参考其9条编写内容的基础上，总结炼油和石油化工类产品标准的制定特点，建议编制说明编写以下内容：

1）任务来源、项目背景及主要工作过程

本节相当是编制说明的前言。按照中国石化标准化制修订程序和管理要求，所有的企业标准的制修订都应列入本企业的标准制修订计划并在计划下进行。任务来源是指标准立项情况，如集团公司下发的一级企业标准制修订计划或二级单位的年度标准化工作计划或根据新产品研制开发、投放市场的需要追加计划等。可简单明了地介绍标准制修订的依据、项目编号或合同号、项目名称或标准名称、主要承担单位、参加单位、标准制修订年限、主要工作过程等内容。

本部分需要重点说明制定该标准的背景情况，并给出明确的时间概念。通过对市场需求情况、产品研制和产品鉴定情况、产品应用情况进行简要叙述，说明标准制定时机是否成熟，能否为企业带来经济效益等。

2）国内外标准概况及本标准制定的依据

这一节是通过对国内外相关标准的整体调研结果的汇总、分析和对比，提出标准制定的依据。主要编写内容包括与本产品相关的国外标准、国际标准、国家标准、行业标准以及其他企业标准情况，如标准号、标准名称、采标关系、质量水平等内容。这些信息是我们制定本企业标准的重要参考依据，因此收集越多、越全越有利。在与国内外标准比较和分析中还应说明本产品是否有相应的国家和行业标准，如果有，国家或行业标准是否其中暂不包括该产品或牌号，国家和行业标准指标是否比较低，不能满足市场需要等。如果是复审修订的标准，则首先对国内外相关标准进行查新，重点说明前一版标准实施以来国内外标准的发展和变化情况。

通过对上述信息的分析、比对，确定本标准的质量水平和制定依据。

在说明标准制定依据时，还需说明本标准与所采用标准的关系，如等同采用或修改采用国际或国外先进标准制定、参考国家或行业标准制定等。

3）标准主要技术指标和试验方法的说明

本部分是产品标准编制说明的核心。应逐一说明各项标准指标的意义及确定的依据。在确定产品质量指标时，需要以第5)条提供的验证数据为依据。标准指标的确定既要充分体现本产品的质量水平和性能优势，最大限度地提高产品的市场竞争力，又要考虑到生产的可行性和经济性。切不可不以验证数据为依据，凭主观想象确定标准指标。

这一段还要对各项指标所采用的试验方法进行说明，尤其是采用非标准试验方法的自建方法应重点说明。

4）产品应用情况

收集产品的用户使用情况和反馈意见，尽量附上用户的书面意见，构成对确
定标准指标的支撑。这里应重点说明产品试用的效果和投放市场的经济效益。

5）标准指标验证数据

在标准研究和起草阶段应必须重点收集标准指标的验证数据。不以数据为依据，就无法正确设置技术指标的限值。一般在情况下至少提供3~5批生产数据，方可作为确定指标的依据。通过尽可能

多批次的检测数据可以更好的掌握产品的质量的稳定性，如果按照统计量来说，至少积累 15～30 批的数据才能具有统计意义，在此基础之上进行统计分析，确定该产品的指标是最具有说服力的。对于长期生产的产品，在修订标准过程中，因为有正常的出厂检验，企业已经有相当多的数据，可以从 Limis 系统中将数据导出，利用大量的数据来确定指标要求。一般在编制说明中，要给出这些积累的数据，可以以平均值、标准偏差、变异系数或数据图等形式给出。

6）其他相关材料

其他相关资料包括国外标准的原文、重要性能评价项目的评价报告（包括外委和添加剂厂商提供的评价数据）。

7.2.3 编写复审或修订标准的编制说明应注意的问题

对于复审或修订标准的编制说明，应在前一版本编制说明的基础上进行修改，不要脱离原标准的说明，再编一个新的，这样标准做即费时费力又缺乏延续性和追溯性。对于修订或复审各章节着重说明的问题：

1）在“任务来源、项目背景及主要工作过程”中，给出首版标准的制定年代、历次复审或修订的年代，对修订的原因和主要内容进行概述。

2）“国内外标准概况及本标准制定的依据”中对查新情况进行叙述，说明采用标准是否有新版本，主要的变化内容，是否适合本标准等；

3）在“标准主要技术指标的说明”中，应指出现行标准在执行过程中是否存在问题，或国家对标准化工作是否有了新的法规和规章要求，或根据用户提出的新要求（包括为了适应市场需求的变化而有必要在更短的时间里修订企标的情况），或产品标准中引用的标准有修订或废止，需要对现行标准进行必要的修订。最重要的技术说明是，应着重对于修改的指标和试验方法进行叙述，说明原因和依据。

特别应当关注的是前一版标准中的“报告项目”项目，本次复审或修订是否具备确定指标的条件；尤其是对于使用性能指标，原则上应当制定合适的指标，不能连续几次复审都不做修订，总是报告。

4）在“产品应用情况”中着重说明上一版标准实施以来的应用情况，客户的反应；

5）在“标准指标验证数据”中，应提供至少 5 批上一版标准实施以来的生产数据，以构成对修订指标的支持。

7.2.4 企业产品标准编制说明的常见问题

在实际工作中发现，编制说明的质量有待进一步提高。究其原因主要有以下几方面问题：

1）对编制说明的重要性不理解，认为没有必要写这么多内容。

2）标准编写和标准的研究工作脱节，标准编写人员未参加前期标准化工作

不熟悉产品的生产工艺和市场需求。标准指标的确定缺乏验证数据支撑。

3）产品标准的研究和制定过程中工作不扎实，背景信息、各类验证数据收集不全。

4）复审标准时，未做充分的调研工作，仅仅给出复审结论而缺乏支持复审结论的数据和对相关问题的分析。

5）标准编写人员未经培训，不清楚编制说明的编写要求。

由此可见，提高标准编制说明的质量是提高产品标准质量的关键因素，而提高标准起草人员的专业素质才是问题的关键。

7.3 炼油类产品企业标准的编写要点

7.3.1 产品标准的内容和结构层次

产品标准不同于产品说明书和宣传材料，有严格的内容规定和格式要求。一项产品标准，无论是

什么产品类型，在内容上都可以划分为一些互不重复、又互相关联的基本要素，作为编排标准内容的依据。这些基本要素概括为资料性要素(分为概述要素和补充要素)和规范性要素(一般要素和技术要素)，它们贯穿在标准的各个章节中，相关内容详见5.4.2。

在编写产品标准时，这些要素要按一定的逻辑次序进行编写。炼油产品企业标准按表7-1的次序进行编写。

表7-1　炼油产品企业标准的主要结构

- 封 面
- 目 次
- 前 言
- 首 页
- 正 文

1　范围
2　规范性引用文件
3　产品分类和标记
4　要求和试验方法
5　检验规则
6　标志、包装、运输和贮存
7　安全(危险化学品)

- 规范性附录
- 资料性附录
- 参考文献
- 终止线(结 束)

7.3.2　产品标准的编写

表7-1所列章节在内容上虽然彼此互不重复，但又是紧密相关的一个整体，在编写上要求逻辑严谨、结构清晰、简明通俗、准确无误。

以下按上述章节依次进行炼油产品企业标准的编写进行介绍。

为了理解方便，文中列举一些示例，仅供参考。

7.3.2.1　封面的编写

一项标准的封面给出了有关标准的大量重要信息，主要内容和编排位置见表7-2。

表7-2　封面的内容和编排位置

上　部	中国标准文献分类号、标准的标志、标准类别、标准编号、代替标准编号
中　部	标准名称、与国际标准一致性程度的标识、标准的发布及实施日期
下　部	标准的发布部门或单位
各部分之间用横线隔开	

炼油产品企业标准封面示例如下：

ICS 号
中国标准文献分类号

Q/SH

中国石油化工集团公司企业标准

Q/SH ××××—××××
代替 Q/SH　××××—××××

标准名称

标准英文译名

与国际标准一致性程度的标识

××××-××-××发布　　**××××-××-××实施**

中国石油化工集团公司　发布

1. ICS 号

位于封面左上角。ICS 分类编号是 ISO 编制的，通过使用这一国际统一的分类方法，便于标准的国际交流。具体的分类编号见表 7-3。

表 7-3　中国标准文献分类法(石油炼制部分)与国际标准分类法对照

国际标准分类号 ICS	中国标准文献分类分类号	类名	范围注解
75.080 石油产品综合	E30 E40 E41 E60 E61	石油产品综合 合成油脂 真空油脂、防锈油脂 石油产品添加剂综合 添加剂	术语，分类，采样方法，通用分析、试验方法等 非矿物油制的油品 真空封脂、封泥、真空泵油，扩散泵油，防锈油等 术语、分类、通用分析、试验方法等 清净、分散、抗氧、抗腐、抗磨、增粘、抗泡沫、防冰、金属钝化剂等
75.100 润滑剂、工业油及相关产品	E34 E36	润滑油 润滑油	基础油、内燃机油、汽轮机油、压缩机油、食品机械用油、冷冻机油、仪表油、其他机械用的石油液体润滑剂等 一般用和多用途润滑脂，抗摩擦、耐热、耐冻、抗擦伤、耐化学作用等润滑脂，仪表、汽车、轴承、齿轮等特殊用途润滑脂，防护用润滑脂和密封用润滑脂等
75.120 液压液	E39	液压油液	动力传动油(含合成的、耐燃的)，制动液等
75.140 石蜡、沥青材料和其他石油产品	E33 E38 E42 E43 E44 E45 E49	溶剂油 绝缘油 石油蜡 石油沥青 石油焦 工艺用油 其他石油产品	抽提、洗涤、医药、油漆等用的溶剂油 变压器油、电容器油、电缆油等 石蜡、地蜡、凡士林、液体石蜡、白色油、石油脂等 道路沥青，建筑沥青、水工沥青、橡胶沥青等 天然沥青入此 针焦、延迟焦、釜氏焦等 金属切削油、轧制油、热处理油、非金属加工用油、热传递油等标准油、清洗剂等
75.160.20 液体燃料	31	燃料油	汽油、柴油、煤油等
75.160.30 气体燃料	24 46	天然气 炼厂气体	液体天然气入此 液化石油气燃料等

示例：车用汽油

ICS 75.160.20

2. 中国标准文献分类号

位于封面左上角。按照《中国标准文献分类法》的规定选取，应给出一级类目和二级类目编号。分类号标记采用拉丁字母与阿拉伯数字相结合的方式。炼油类产品的中国标准文献分类详见表 7-3。

示例：车用汽油

E 31

3. 备案号

位于封面左上角。企业产品标准在发布之后、实施之前，应到行政主管部门和所在地技术监督部门办理产品标准备案，获取备案号。一般在封面填写的是技术监督局所给的备案号，以备检查。

4. 标准的标志

中国石油化工股份有限公司所属企业的产品企业标准的标志为：Q/SH

5. 标准类别

“××××××(企事业单位名称)企业标准”

示例：

中国石油化工股份有限公司上海高桥分公司企业标准

应注意的问题：如果企业名称较长，可以将字号或字间距缩小，而不要调整页边距或将文字至于页边距之外而无法显示。

6. 标准编号

标准编号由单位代码、顺序号和年代号三部分构成。如经复审确认，还应有确认年代号，形式为：

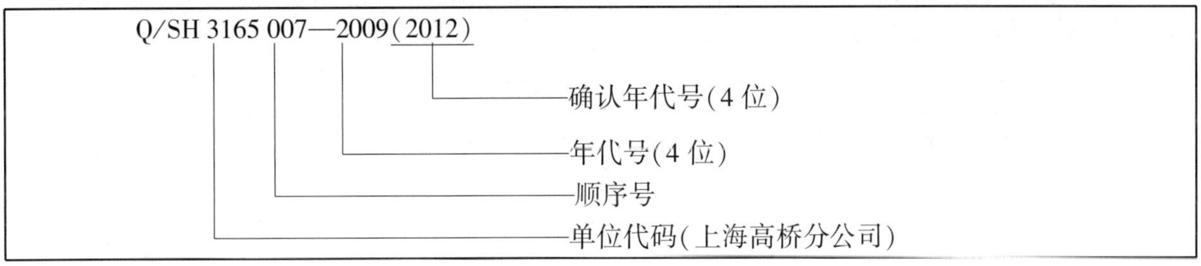

如果等同采用了国际标准(不包括国外先进标准)，应给出国际标准的标准代号、标准顺序号、标准年号，用“/”分开。

示例：

Q/SH 3360 001—2000/ISO 12925-1 :1996

7. 与国际标准一致性程度(GB/T 20000. 2—2009)

与国际标准一致性程度(GB/T 20000. 2—2009)的有“等同(identical)”、“修改(modified)”和“非等效(not equivalent)”三种划分，划分判定见表 7-4。

表 7-4　与国际标准一致性程度的含义和代号

一致性程度与代号	采　用　方　式	含　　义
等同(identical) IDT	翻译	a）国家标准与国际标准在技术内容 a 和文本结构方面相同。 b）可包含 GB/T 20000. 2—2009 的 4. 2 条中的最小限度的编辑性修改。 c）“反之亦然原则”适用
修改(modified) MOD	重新起草	a）国家标准与国际标准之间存在技术性差异，这些差异及其产生的原因能被清楚地说明。 b）国家标准在结构上与国际标准对应，或有结构调整但同时有清楚的比较。 c）可包括 GB/T 20000. 2—2009 的 4. 2 条中的编辑性修改。 d）“反之亦然原则”不适用
非等效(not equivalent) NEQ	重新起草	a）国家标准与相应国际标准在技术内容和结构上不同，同时它们之间的差异也没有被清楚地标示。 b）“非等效”程度不属于采用国际标准

涉及采标情况，在标准编写中有更多的要求，详见 GB/T 20000. 2—2009。

8. 代替标准的编号

如果所起草的标准代替了某个或某几个标准，则应在标准编号之下另起一行给出被代替标准的编号。

标准正文的第一页不再给出此信息。

注意：被替代标准号或年代号应与前言所说明的标准的制修订情况相吻合。

9. 标准的发布和实施日期及标准的发布单位

企业标准的发布单位应为发布标准的企业名称。发布和实施日期由企业批准发布标准时确定，一般情况下，标准的发布和实施日期相差 1 个月以上。其间进行标准的备案和实施前的准备工作。

10. 标准名称

1）中文名称

标准名称直接反映出产品标准对象的范围和特征。因此产品标准的名称力求简练、明确地突出标准主题。

标准名称构最多包括三个要素(见表 7-5)，即引导要素、主体要素、补充要素。

引导要素：表示标准所属的领域。

主体要素：表示所述领域的标准化对象。

补充要素：表示标准化对象的特定方面。

主体要素是必备要素，其余是可选要素。

表 7-5　中文名称的构成要素

要　　素	引　导　要　素	主　体　要　素	补　充　要　素
一个	—	车用汽油	—
两个	—	发动机油表观黏度的测定	冷启动模拟机法
三个	石油产品	闪点和燃点的测定	克利夫兰开口杯法

中文名称要素与要素之间空一字符隔开。

示例：

> 石油产品　闪点和燃点的测定　克利夫兰开口杯法

炼油产品企标名称通常用主体要素表达。在起草产品名称时应考虑以下几个方面：

a）应符合有关“石油及石油化工产品分类标准”的规定。目前这些分类标准见表 7-6。

表 7-6　石油及石油化工产品分类标准

标　准　编　号	标　准　名　称
GB/T 498	石油产品及润滑剂的总分类
GB/T 7631. 1	润滑剂、工业用油和相关产品(L 类)的分类 第 1 部分：总分组
GB/T 7631. 2	润滑剂、工业用油和相关产品(L 类)的分类 第 2 部分：H 组(液压系统)
GB/T 7631. 4	润滑剂和有关产品(L 类)的分类 第 4 部分：F 组(主轴、轴承和有关离合器)
GB/T 7631. 5	润滑剂和有关产品(L 类)的分类 第 5 部分：M 组(金属加工)
GB/T 7631. 6	润滑剂和有关产品(L 类)的分类 第 6 部分：R 组(暂时保护防腐蚀)
GB/T 7631. 7	润滑剂和有关产品(L 类)的分类 第 7 部分：C 组(齿轮)
GB/T 7631. 8	润滑剂和有关产品(L 类)的分类 第 8 部分：X 组(润滑脂)
GB/T 7631. 9	润滑剂和有关产品(L 类)的分类 第 9 部分：D 组(压缩机)
GB/T 7631. 10	润滑剂和有关产品(L 类)的分类 第 10 部分：T 组(汽轮机)
GB/T 7631. 11	润滑剂和有关产品(L 类)的分类 第 11 部分：G 组(导轨)
GB/T 7631. 12	润滑剂和有关产品(L 类)的分类 第 12 部分：Q 组(热传导液)
GB/T 7631. 13	润滑剂和有关产品(L 类)的分类 第 13 部分：A 组(全损耗系统)
GB/T 7631. 14	润滑剂和有关产品(L 类)的分类 第 14 部分：U 组(热处理)
GB/T 7631. 15	润滑剂和有关产品(L 类)的分类 第 15 部分：N 组(绝缘液体)
GB/T 7631. 16	润滑剂和有关产品(L 类)的分类 第 16 部分：P 组(气动工具)
GB/T 7631. 17	润滑剂、工业用油和相关产品(L 类)的分类 第 17 部分：E 组(内燃机油)
GB/T 12692. 1	石油产品　燃料(F 类)分类 第 1 部分 总则
GB/T 12692. 2	石油产品　燃料(F 类)分类 第 2 部分 船用燃料油品种
GB/T 12692. 3	石油产品　燃料(F 类)分类 第 3 部分 工业及船用燃气轮机燃料品种
GB/T 12692. 4	石油产品　燃料(F 类)分类 第 4 部分 液化石油气(L 组)
SH/T 0389	石油添加剂的分类
Q/SH 0556—2013	石油炼制催化剂分类和命名

b）制定严于或超出国标、行标、集团公司企标牌号的产品标准，产品名称应与相应的同类产品的国标、行标或集团公司标准保持一致。例如：

制定不在国标 GB 5903—2011“工业闭式齿轮油”牌号之列的 CKD 1500 时，产品名称应为“CKD 1500 工业闭式齿轮油”。

c）与产品的组成特性、适用范围及产品特性相一致，要避免夸大或限制标准的范围。

示例：

橡胶工业用稀释剂	长链烷烃脱氢催化剂。

d）突出产品的优越特性，树立产品形象。

如：脱芳脱臭溶剂油、L-EGD 全合成二冲程汽油机油

反例：

添加剂 1-45	××牌高级内燃机油

存在问题：产品名称过于简单，与产品具体用途没有相关性。

2）英文名称

企业标准不要求一定给出英文名称，但如有需要，可以给出英文译名。

对英文名称的要求：

a）应尽量从相应国际标准的名称中选取，避免直译标准的中文名称。在采用国际标准时，应直接采用原标准的英文名称。标准名称的首字母大写。

b）标准名称为三段式：每一段头一个单词的头一个字母大写，其余小写。段与段之间用一字符相联。

示例：

Building components and building elements – Thermal resistance and thermal transmittance – Calculation method

7.3.2.2 目次的编写

目次为可选择的资料性要素，起层次结构框架、引导阅读、检索的作用。

如果标准的内容较长，结构较复杂，篇幅较多时，一般应设置目次，以便于标准的使用者全面了解标准的整体结构，查阅标准内容。

（1）编写内容

目次中所列的内容及次序如下：

——前言；

——引言；

——章的编号、标题；

——带有标题条的编号、标题(需要时才列出)；

——附录编号、附录性质(即在圆括号中注明“规范性附录”或“资料性附录”)、标题；

——附录章的编号、标题(需要时才列出)；

——附录条的编号、标题(需要时才列出，并且只能列出带有标题的条)；

——参考文献；

——索引；

——图的编号、图题(需要时才列出)

——表的编号、表题(需要时才列出)。

（2）编写注意事项

1）内容过少无必要设目次，目次的层次根据需要确定。

2）目次不应列出“术语和定义”一章中的术语。

目次的编写使用标准编写模版十分准确方便。切记在标准的整体内容基本编写完成后，用标准编写工具：添加或更新目次—目次设定级数、所含图表目次悬项—自动生成目次。这样可大大避免内容的遗漏和错误。

7.3.2.3 前言的编写

前言是资料性的概述要素。每一项标准都应有前言。在前言中给出了大量的有关该标准的信息和基本情况。但前言中不应包含要求和推荐，也不应包含图表。

前言编写的总体要求是言简意赅。

（1）企业标准前言的内容

企业标准的前言的内容涉及较多，但并非每一项都是必写项，应视标准的情况而定，不涉及的项目，就不写。

1）说明标准的结构(非必写项)

标准分为多个部分时需要在前言中给出，企业标准较少有这种情况。

2）编制标准所依据的标准(必写项)

必写项目。表述方式如下：

本标准按照 GB/T 1.1—2009《标准化工作导则 第1部分：标准的结构和编写》给出的规则起草。

3）说明该标准代替或废除的其他标准；列出与前一版本相比的主要技术变化。(非必写项)

对修订的标准，应说明被替代的标准(含修改单)的编号和名称。

标准替代有以下几种情况：

a. 代替一个标准，表述方式如下：

本标准代替 Q/SH 3030 545—2009《ATF+4 自动传动液》。

b. 同时代替几个标准，表述方式如下：

本标准同时代替 Q/SH 3190 116—2003《混合三甲苯》和 Q/SH 3190 115—2003《混合三甲苯》。

c. 代替标准中的一部分内容，表述方式如下：

本标准代替 Q/SH 3030 999—2005《BLC-A 润滑脂》中的1号，Q/SH3030 999—2005 中的0号和2号继续有效。

当标准修订时，应说明与其前一版本在重要技术内容上的改变情况，如项目的增减、技术指标和试验方法的变更，并列出所涉及的新、旧版本的有关章条。

示例：

本标准代替 Q/SH ×××× ×××—2009《××××》。本标准与 Q/SH ×××× ×××—2009 相比主要变化如下： ——脚注 d 由“硫含量允许用 GB/T 11140、SH/T 0253 方法测定，仲裁试验以 SH/T 0689 方法测定的结果为准”修改为“硫含量允许用 GB/T 11140 方法测定，仲裁试验以 SH/T 0689 方法测定的结果为准。”(2009 版中表1的脚注 c，本版中表1的脚注 d)； ——铅含量指标由不大于 0.013g/L 修改为不大于 0.005g/L(见 3.2，2009 年版的第3章)。”

4）说明采用国际标准的程度和差异(非必写项)；

等同采用前言编写见 GB/T 20000.2—2009 附录 D 的示例1，修改采用见附录 D 的示例2、示例3，非等效时见附录 D 的示例4。

5）说明与同类产品国家标准或行业标准的借鉴关系和差异(非必写项)；

企业标准经常有制定高于已有国行标或产品牌号不在已有国行标中的情况，应说明与已有国行标的标准借鉴关系及差异情况。借鉴关系一般用“参考”表述 。

示例：

> 本标准参考 GB 5903—2011“工业闭式齿轮油”国家标准制定。本标准依据 GB 5903—2011 的技术要求制定了 CKD 1500 黏度级别的质量指标，质量水平达到 GB 5903—2011 的要求。”

6）有关专利的说明；

凡可能涉及专利的标准，请按 GB/T 1. 1—2009 附录 C 编写。

7）标准的提出机构(必写项)

企业标准一般由企业法人代表授权的部门提出。表述方式如下：

> 中国石油化工股份有限公司××分公司科学技术部提出。

企业标准的批准与发布单位一致，封面已给出发布单位信息，在此不再给出。

8）标准的归口单位(必写项)

当企业标准的归口单位可与提出单位一致时，可以合并。表述方式如下：

> 中国石油化工股份有限公司××分公司科学技术部提出并归口。

9）标准的起草单位(必写项)

企业标准的起草单位即标准的编制单位。表述方式如下：

> 中国石油化工股份有限公司××分公司××炼油厂负责起草。

当由两个或两个以上单位参加标准的起草时，应指明负责起草单位和参加起草单。表述方式如下：

> 本标准由中国石油化工股份有限公司×××××负责起草。
>
> 本标准参加起草单位：中国石油化工股份有限公司××分公司、中国石油化工股份有限公司××分公司。

10）标准的主要起草人(必写项)

标准的主要起草人表述方式如下：

> 本标准主要起草人：×××、×××、××。

11）首次发布情况和所代替标准的历次版本发布情况(必写项)

如果标准是首次制定发布，表述方式如下：

> 本标准为首次发布。

如果标准不是首次发布，应尽量列出所代替标准历次版本的全部信息，表述方式如下：

> 本标准于 2005 年 1 月首次发布，于 2008 年 1 月第一次修订，2011 年 12 月第二次修订。本次为第三次修订。

如果代替两个或两个以上的标准，应将被代替的各标准的变化情况分别列出。表述方式如下：

> 本标准代替了 Q/SH 3030 005—2010 和 Q/SH 3030 008—2010。
>
> Q/SH 3030 005 的历次版本发布情况为：
>
> ——Q/SH 3030 005—2005；
>
> Q/SH 3030 005—2010。
>
> Q/SH 3030 008 的历次版本发布情况为：
>
> ——Q/SH 3030 008—2006；
>
> ——Q/SH 3030 008—2010。

（2）前言编写应注意的问题：

1）不要将应纳入编制说明的内容放入前言，如标准的编制目的、标准的起草过程等。

2）不要将应在前言中说明的内容遗漏，如本标准与前一版的差异及原因等。

3）前言是资料性概述要素，不应包含要求。

4）前言中不应包含标准范围的内容。

5）取消关于标准附录的说明。

6）前言各部分的内容应按次序编写，不应随意写。

7）产品标准中所涉及的试验方法为标准正文的内容，前言中不必叙述所采用的试验方法以及试验方法的采用标准情况，因此类似下面的写法在前言中不应出现。

“本标准的试验方法全部采用了国家标准和行业标准，其中多数是采用了国际标准和国外先进标准，色泽测定法 GB/T 3555—1992 eqv ASTM D 156—1987，硫含量测定法 SH/T 0253—1992 neq ASTM D 3120—1982，芳烃含量测定法 SH/T 0409—1992 neq UOP 495—1975，碳数分布测定法 SH/T 0410—1992 neq 411—1975。”

8）起草人名之间用“、”隔开。

（3）前言编写示例及反例和问题

针对前言编写存在的一些问题，给出以下几个示例，以便大家分析参考。

示例 1：

Q/SH ×××× 001—2013

前　　言

本标准按照 GB/T 1.1—2009《标准化工作导则 第 1 部分：标准的结构和编写》给出的规则起草。

本标准参考 GB 16629—2008《植物油抽提溶剂》制定，与 GB 16629—2008 主要技术差异如下：

——按正己烷含量设置两个产品牌号；

——增加了正己烷含量指标及其相应的试验方法；

——馏程中初馏点和干点限值由“61℃和 71℃“分别改为“65℃、70℃(60 号)和“66℃、70℃(80 号)”；

——溴指数限值由“100 mgBr/100g”改为“50 mgBr/100g(60 号)”和“20 mgBr/100g(80 号)”，增加相应试验方法；

——硫含量限值由“0.0005%”改为“0.0002%”；

——增加了砷和铅含量指标及其相应的试验方法；

——增加了安全章。

本标准由中国石油化工股份有限公司炼油事业部提出。

本标准由中国石油化工股份有限公司科技开发部归口。

本标准主要起草单位：中国石油化工股份有限公司金陵分公司、中国石油化工股份有限公司石油化工科学研究院、中国石油化工股份有限公司扬子石油化工有限公司。

本标准主要起草人：方虹、钟乎、龙化骊、戴玉娣、张文良、陈官容。

本标准为首次发布。

如果标准不涉及“非必写部分”的内容，则前言直接必写内容。

示例 2：

Q/SH ×××× 002—2013

前　　言

本标准按照 GB/T 1.1—2009《标准化工作导则 第 1 部分：标准的结构和编写》给出的规则起草。

本标准由××××石油化工公司质量管理处提出并归口。

本标准由××××石油化工公司炼油厂负责起草。

本标准主要起草人：×××、×××。

本标准首次发布。

反例 1：

Q/SH ×××× 002—2013

前　　言

本标准等效[1] 采用美国石油学会 API SG 汽油机油[2,3]标准制定。

本标准所属产品的理化性能参照 GB11121-1997 的测试方法，采用国家标准(GB)、石油及石油化工产品试验方法(SH)进行测试，对国内尚无台架的发动机评定试验，采用相应的 ASTM 台架试验进行测试[4,5,6]。

本标准为首版[7]。

API SG 汽油机油于 1988 年由美国石油学会正式提出。它必须通过五个台架实验，分别为：MS 程序ⅡD、ⅢE、ⅤE，CRCL-38、Caterpillar $1H_2^8$。

本标准中产品的质量水平与美国石油学会 APISG 汽油机油标准相当[9]。

本标准由××××××公司提出[10]。

本标准由××××××技术处起草。

本标准主要起草人：×××、×××。

存在问题：1."等效"采标的含义不清；2. 未给出所采用的国外标准号；3. 未给出所采用国外标准的差异；4. 国内标准的采标使用"参考"为宜；5. 未给出所采用国内标准的差异 6. 试验方法的信息不应在此给出；7. 标准的发布情况表述不规范，位置应在前言的最后；8. 不应包含要求，应纳入标准正文的要求中；9. 产品质量水平的介绍不宜；10. 未给出归口单位信息。

反例 2：

前　　言

本标准编写格式符合 GB/T 1. 1—2000、GB/T 1. 2—2002 的规定。[1]

本标准于 1998 年制定并发布，2002 年列入制修订项目进行了第一次修订，2006 年进行了第二次修订，本次修订为第三次修订。[2,3]

本标准代替 Q/SH ×××. 5. 70—96

本标准与 Q/SH ×××. 5. 70—96 相比主要变化如下：

——表面积的测定方法由甲醇吸附容量法修改为氮吸附容量法，质量指标不变。[4,5]

——粒度分布的测定方法由扬析粒度法修改为激光粒度法，质量指标相应的变为：

0μm ~ 40μm ≤ 20%（体积分数）；0μm ~ 149μm ≥ 90%（体积分数）；平均粒径 65. 0μm ~ 80. 0μm。[4,6,7]

本标准由××××公司生产管理部技术科提出。[7,8]

本标准由××××催化剂厂起草。[7]

本标准由×××××批准。[7,9]

本标准主要起草人：×××、×××。[7,11]

存在问题：1. 叙述也不规范；2. 标准制修订有关情况的说明属基本部分应在前言的最后一条给出；3. 语言不精练；4. 列项线应为 2 个字宽；5. 列项未完，此处句号应为分号；6. 表示范围均应采用"~"；7. 此处应有句号；8. 未给出标准归口单位信息；9. 企业标准的批准单位即发布单位，因此在次不再写批准单位；11. 整个前言的行间距不一致。

7. 3. 2. 4　引言

引言为可选概述要素，不应包含要求。引言可以给出有意义的信息：

1）制定该标准的原因。

2）有关标准技术内容的特殊信息或说明。

3）如果已经识别出标准涉及专利，应给出相关内容的说明。

引言不应编号。当引言的内容需要分条时，应仅对条编号，编为0.1、0.2等。

一般情况下不需要编写引言。

7.3.2.5 “范围”的编写

标准正文是阐述标准的实质性内容，它包括范围、规范性引用文件、要求、检验规则、包装、标志、贮存和运输以及安全等内容。

如果产品属于危险化学品，需要在标准正文中增加相应的条款或章节：

1）在标准正文(范围)之前，增加一段警示性陈述；

标准正文前的警示性陈述：

警告：如果不遵守防范措施，本标准所属产品在生产、贮运和使用等过程中可能存在危险。本标准无意对与本产品有关的所有安全问题都提出建议。用户在使用本标准之前，有责任建立适当的安全和防护措施，并确定相关规章限制的适用性。

2）在“标志、包装、运输、贮存”一章中增加需要内容；

3）增加安全一章。

范围是标准编写的必备要素。要求以陈述的形式来完整、规范、简洁地表述标准的对象和所涉及的各方面。

（1）范围的编写内容

炼油类产品企业标准要求在“范围”中明确限定该产品的类型和适用范围，必要时还可规定出不适用的范围，表述方式如下：

> 1　范围
> 本标准规定了××××(产品名称)的要求、试验方法、检验规则、标志、包装、运输、贮存和安全(第3章至最后一章)。
> 本标准适用于以(生产工艺或原料)制得的、在(较具体的应用场合)使用的××××(产品名称)。

“范围”编写示例如下：

示例1：

> 1　范围
> 本标准规定了L-CKB、L-CKC和L-CKD工业闭式齿轮油的产品品种、标记、要求、试验方法、验规则、标志、包装、运输和贮存
> 本标准适用于以深度精制矿物油或合成的油馏分为基础油，加入功能添加剂调制而成的、在工业闭式齿轮传动装置中使用的工业闭式齿轮油。

示例2：

> 1　范围
> 本标准规定了轻质正构烷烃的要求、试验方法、标志、包装、运输、贮存及取样。
> 本标准适用于Molex工艺生产的，用于生产增塑剂、农药乳化剂和化肥添加剂的轻质正构烷烃。

(2)编写“范围”时应注意的问题

“范围”的内容看似简单，但却是标准正文内容的提纲挈领，编写时应注意的以下问题：

1）范围不应规定要求，有关要求的内容写入“要求”章节。

2）范围与标准名称应匹配。譬如用于作燃料的产品，名称不能叫做“××××溶剂”。

3）“范围”所界定的内容应涵盖标准中一切技术内容的规定，避免超出了“范围”的界定或覆盖不全。

4）对产品适用范围的规定应具体而明确。

5）不应使用宣传用语宣扬产品特性，如：本标准产品具有优异的抗氧防腐性，绿色环保。

反例 1：

> 1　范围
>
> 本标准规定了冷炸脱蜡油的技术要求。
>
> 本标准所属产品适用于冷炸脱蜡油。

存在问题：1. 未给出生产工艺；2. 规定的内容未涵盖标准的已有内容。3. 适用范围太笼统，不具体。

反例 2：精制抽提溶剂油

> 1　范围
>
> 本标准规定了抽提溶剂油的技术要求、试验方法、检验规则、运输、贮存。
>
> 本标准适用于由重整抽余油经精馏工艺生产的精制抽提溶剂油用作植物油抽提溶剂，以下简称产品。

存在问题：1. 规定的内容与适用范围未分清；2. 简称“产品”不适宜。

7.3.2.6　“规范性引用文件”的编写

规范性引用文件是标准制定中科学、合理、简便的设置。在编写产品标准时，直接引用其他有关标准的编号和名称(有时甚至标出引用条文的编号)，并构成该标准的一部分内容。

(1) 规范性引用文件的内容

规范性引用文件的内容包括引用标准、标准化技术指导文件、技术规程、规程、法规、技术法规、指南、技术报告等，通过引用它们成为标准中条款，构成标准的一部分。

(2) 规范性引用文件的引导语

在规范性引用文件一章中，有一段必写的固定的引导语，表述方式如下：

> 下列文件对于本文件的应用是必不可少的。凡是注日期的引用文件，仅注日期的版本适用本文件。凡是不注日期的引用文件，其最新版本(包括所有的修改单)适用于本标准。

(3) 规范性引用文件的引用方式

规范性引用文件的引用方区分为“注日期引用”和“不注日期引用”。

两种引用方式有着不同的含义，企业标准在编写此章时，注意区别使用风险，选择适宜的引用方式。

1) 注日期引用：意味着只使用所注日期的版本，其以后被修订的新版本，甚至修改单中的内容均不适用。如果引用时提及了被引用文件中的具体章、条、附录、图或表的编号，均应注日期。

注日期引用的文件应给出版本号或年号以及完整的标准名称。

示例：

> GB/T 4756—1998 石油液体手工取样法

在标准中引用时可下列表述方式：

> 按照 GB/T 261—2008 给出了相应的试验方法，……；

> 应符合 GB/T 17477—2012 表 1 中规定的……

> 按 GB/T ×××××—2005，3.1 中第二段的规定

2)“不注日期引用”意味着可接受所引用文件将来的所有变化。

引用独立的标准：应给出完整的名称，但不应给出版本号或年号。

示例：

GB/T 6682 分析实验室用水规格和试验方法

引用由多个部分组成的标准：应在标准顺序号后标明“（所有部分）”及其标准名称的相同部分，即引导要素（如果有）及主体要素。

示例：

GB 3102（所有部分）量和单位

不注日期引用可下列表述方式：

“……按 GB/T 261—2008 规定的……”

——“应符合 GB/T 17477 表 1 中规定的……”

（4）规范性引用文件的编写要求：

1）标准中出现的所有规范性引用文件均应列入引用文件清单。清单中不应有：非公开的文件、资料性引用文件、在标准编制过程中参考过的文件；

2）引用文件清单列出的每一项文件必须在标准条款中得到规范性引用，如第 2 章一览表列出了“GB/T 4756 石油液体手工取样法”，在标准的某一条必然对应有相应的条款：“取样应按 GB/T 4756 规定的方法进行。”；

3）引用文件的排列顺序为先排国内标准和文件，后排国外标准和文件，即：国标、行标、地标、企标、国内有关文件、ISO 标准、IEC 标准、ISO 或 IEC 有关文件、其他国外标准以及有关文件；同一级别标准按标准号顺序排列；

4）与国际文件存在一致性程度的标准，如果对应的国际文件又规范性引用了其他国际文件，应按照 GB/T 20000.2—2009 的规定，视不同程度、不同情况编写。与国际标准一致性程度为非等效时，可不标示与国际标准一致性程度标识；

5）引用试验方法的标准编号与名称之间空一个字的间隙。标准名称不应加书名号，其后也不加标点符号。如标准名称太长，回行顶格排；

6）列出非标准类文件时应符合 GB/T 7714《文后参考文献著录规则》的规定。

示例：（与国际标准没有一致性关系的情况）

2　规范性引用文件 下列文件对于本文件的应用是必不可少的。凡是注日期的引用文件，仅注日期的版本适用于本文件。凡是不注日期的引用文件，其最新版本（包括所有的修改单）适用于本标准。 GB/T 265—88 石油产品运动粘度测定法和动力粘度计算法 GB/T 4756 石油液体手工取样法 SH 0164 石油产品包装、贮运及交货验收规则 ASTM D6082 润滑油泡沫特性测定法 SAE J183 发动机油性能及发动机使用性能分类 JASO T904 JASO 摩擦性能试验方法

（5）规范性引用文件编写应注意的问题

1）必须对被引用标准的技术内容认真进行研究核对，考虑其标准的适用程度。

2）必须核实所引用文件的制修订情况。特别在企业标准修订时要逐一核对所引用文件的制修订情况，避免因应用文件更新而产生技术上的问题。

3）需要引用企业标准时，应引用本企业的标准（参见 GB/T 20000.3）。不宜将国外公司或其他企业的测试方法直接作为引用文件，应将其转化为企业标准加以引用，或作为该标准的附录。

4）不要混淆引用文件的性质。

5）引用文件清单是否注日期和标准正文应统一，避免引用方式错误，即：该标注日期的未标注日期，可以不标注日期的标注了日期。

6）排序不要有误。

7.3.2.7 术语、定义、符号和缩略语

术语、定义、符号和缩略语均为可选要素，企业标准中较少涉及，其编写见 GB/T 1.1—2009 的 7.3.2 和 6.3.3。

7.3.2.8 分类、命名和标记

可选要素，视标准内容而定。

1）产品的分类和命名

如果产品需要划分类型、品种和牌号，应根据具体情况作出合理的分类，并应说明其划分的依据或理由，必要时应说明类型或牌号产品的适用场合。

为了使用方便，还可以规定产品的代号。

示例 1：

> 3.1　产品分类和代号
>
> 本标准所属产品按极压性能分 MAE、MAF 二个牌号。MAE 适用于精密机械加工；MAF 适用于攻丝、冲压成型等加工。

示例 2：

> 3.1　产品分类和代号
>
> 本标准产品根据产品性能(主要指活性)划分为三个品种，其产品名称和代号见表 1。

表 1　RSDS 系列催化汽油选择性加氢脱硫催化剂的产品名称及代号

产　品　名　称	代　号
RSDS-1 催化裂化汽油选择性加脱硫催化剂	RSDS-1
RSDS-21 催化裂化汽油选择性加氢脱硫催化剂	RSDS-21
RSDS-22 催化裂化汽油选择性加氢脱硫催化剂	RSDS-22

应注意，当产品“等”或“级”用于区分产品质量的好坏时，如一等品、二等品或优级品，它们不属于分类和命名的内容，最好不要当作一个层次来划分。

如果要制定的产品标准只包含一个产品，则不必编写此项内容。

2）产品标记

在许多场合，用唯一识别某产品的简短标记来代替对该产品冗长的描述是较为方便的。例如在标准、货物订单、包装、信息交流和管理等等。

在 GB/T 1.1—2009 的附录 E 中给出了标记体系。

7.3.2.9 “要求和试验方法”的编写

“要求”是产品标准的技术要素的核心内容。对于炼油产品，一般将“试验方法”一章的内容合并在“要求”一章中，该章的标题为“要求和试验方法”。

要求是产品标准的核心部分，炼油产品标准的要求主要体现在产品技术要求上，在一定意义上，产品的技术要求即是企业组织生产的依据，也是用户验收产品的依据，因此在制定技术要求时，除了必须充分考虑产品的使用要求、产品特性外，还有考虑企业的利益等等。在编写技术要求时要体现这些方面。

技术要求和试验方法编写的格式要求主要有：

1）通常采用表的形式表达。

表的编号由“表”和从1开始的阿拉伯数字组成，例如“表1”、“表2”等。表的编号应一直连续到附录之前，并与章、条和图的编号无关。只有一个表时，仍应标为“表1”。每个表宜有表题，并置于表的编号之后。表的编号和表题应置于表上方的居中位置。

2）技术要求内容包括外观和感官要求、理化性能、使用性能、稳定性以及健康安全和环境保护要求等，通常按如下次序编写：

a. 外观和感官要求：指产品的颜色、状态和气味等；

b. 理化性能即物理性能和化学性能；

物理性能主要包括黏度、密度、馏程、闪点、倾点等；

化学性能主要包括化学成分、纯度、杂质含量的限值，酸性及碱性等；

c. 稳定性指产品在运输、储存、以及操作环境条件（如：温度、湿度、振动）下使用，其承受影响的能力。产品的稳定性从另一侧面反映产品的使用性能；

d. 使用性能通常是在特定条件下测试得到的，间接地反映了产品的使用功能。如模拟试验、台架试验等。

3）表的编号从1开始，只有一个表也应标为“表1 表题”。表应尽可能编排在一页内，如果标准正文当页余下的空间编排不下一个完整的表，则将表编排到下一页，正文后续章节的内容提前。一页排不下，表的转页接排为“表1(续)”。

4）所列项目名称应符合试验方法的规定。试验方法编号与技术内容中的项目相对应列在表的右端。

5）凡有试验条件（如温度、压力、时间和材质等）要求的项目，应在该项目后的括号中注明。

6）项目中的计量单位符号及有关符号一定要按相应试验方法的要求，如：*m/m* 应改为“质量分数”、*V/V* 应改为“体积分数”。

7）技术指标限值的表示应采用标准用语：

——包括给定数值本身：不大于、不小于、不高于、不低于等

——不包括给定数值本身：大于、小于、低于、高于、多于、少于等。

8）当对表中内容需要做说明时，应用“表注”说明，“表注”不能包含要求，列于表内下方，标明“注：”或“注1：”、“注2：”…

9）当需要对表中某一技术项目或试验方法作必要的解释或说明时，在该项目或试验方法的右上角标以脚注，用小写英文形式标注：[a,b,c]…。脚注可以包含要求，所注释的内容列在表内的下方。如果有“表注”，则列在“表注”下方的另一格内。

10）每个项目的名称靠左对齐；项目下的分项目，换行左起空一个字；项目名称与单位之间用“，”隔开，表示限值的词（如：不大于、不低于等）靠右对齐。

11）表中文字、表注、脚注均为小五号字。

以上编写要求也是编写时需要注意的问题，需要逐一核对。

示例：

表1　×××的技术要求和试验方法

项　　目		质量指标	试验方法
闪点（开口）/ ℃	不高于	90	GB/T 3556
密度（20℃）/（kg/m^3）		650~750	GB/T 1884 和 GB/T 1885
馏程 a/℃ 　初馏点 　50%馏出温度终馏点	 不高于	 报告 205	GB/T 6536

续表

项　　目		质量指标	试验方法
硫含量(质量分数)b/%	不大于	0.08	GB/T 380
铅含量/(μg/kg)	不大于	150	附录 A
注 1：×××××			

[a] 试验方法也包括 GB/T 255，结果有争议时，以 GB/T 6536 为准。

[b] 试验方法也包括 GB/T 11131 和 SH/T 0253。结果有争议时，以 GB/T 380 为仲裁试验方法 。

7.3.2.10　检验规则的编写

检验规则为可选要素，视产品标准的具体情况而定。企业标准主要是企业组织生产使用，作为生产型标准，检验规则的设置使相关内容更加规范。

检验规则的主要内容包括：检验分类、组批、抽样、判定规则及复验规则。

(1) 检验分类

根据石化行业的特点，检验分类主要有：出厂检验和型式检验。

1) 出厂检验

出厂检验是对正式生产的产品在交货验收时必要进行的最终验收，以评定已通过型式检验的产品在交货验收时是否具有型式检验时确认的质量，达到良好质量特性的要求。

出厂检验又可划分为二种形式：出厂批次检验和出厂周期检验。

出厂批次检验是该批产品出厂时所必需进行的检验项目。

出厂周期检验是在保证产品质量的同时，降低检验成本而设置的一种检验形式。

企业在质量保证体系完善的前提下，综合检验成本和质量风险，可对一些试验周期长、费用高等试验项目进行定期检验。检验周期可按生产批次(5 批、10 批等)或生产周期(季度、半年或 1 年)设置。

2) 型式检验

型式检验是对产品各项质量指标的全面检验，以评定是否全面符合标准，是否达到全面设计质量要求。

型式检验项目包括技术要求中的所有的规定。型式检验宜根据需要规定检验时机，例如停产后复产、原料或工艺有较大改变可能影响产品性能时……。

当出厂检验为全检时，就不再编写型式检验。

(2) 组批规则

应根据产品的特点和供需双方承担的风险，确定组批规则。

组批规则宜根据需要规定组批条件、批量、组批时机、组批方法等内容。

(3) 抽样(取样)

不同类型产品采用的取样方法不同，炼油产品取样法有如下国家标准和行业标准，分别规定了不同类型产品的抽样条件和方法，及样品的保存方法：

SH/T 0233 液化石油气采样法

SH/T 0229 固体和半固体石油产品取样法

SH/T 0635 液体石油产品采样法(半自动法)

GB/T 4756 石油液体手工取样法

GB/T 11147 石油沥青取样法

（4）判定规则和复验规则

对每一类检验均应规定判定规则，即判定产品合格或不合格的条件。

必要时可对不合格批再次提交检验并规定复验规则，如允许复验的项目、条件、次数及复验结果的综合判定等。

（5）示例

根据不同类型的情况，给出如下检验规则的编写示例，以供参考。

示例1：

4 检验规则

4.1 出厂检验

本标准表2中规定的所有项目均为出厂检验项目。

4.2 组批

以生产装置连续生产的产量不大于8t的产品为1个生产批，每生产批进行物化性质分析。每不大于10个生产批组成1个检验批。

4.3 采样

按Q/SH 349 920的规定进行。

4.4 判定规则

出厂检验的结果全部符合本标准表2中的规定时，则判定为该批产品合格。并填写产品质量合格证书。

4.5 复验规则

出厂检验的结果如果有某项指标不符合表2中的规定时，则判定该批产品为不合格。不进行复验。

示例2：

4 检验规则

4.1 检验分类与检验项目

4.1.1 出厂检验

出厂批次检验项目包括：运动黏度、闪点、倾点、水分、抗乳化性和旋转氧弹。

在原材料和工艺条件没有发生可能影响产品质量的变化时，出厂周期检验包括：最大无卡咬负荷和泡沫特性每半年检测一次，液相锈蚀试验和抗氨性试验每年检测一次。

4.1.2 型式检验

型式检验项目包括第4章表1规定的所有检验项目。

在下列情况下进行型式检验：

a）新产品投产或产品定型鉴定时；

b）原材料、工艺等发生较大变化，可能影响产品质量时；

c）出厂检验结果与上次型式检验结果有较大差异时。

4.2 组批规则

在原材料、工艺不变的条件下，产品每生产一罐或釜为一组批，按批进行检验。

4.3 取样

取样按GB/T 4756进行，每组(批)产品取样2L作为检验和留样用。

4.4 判定规则

出厂检验结果符合第4章表1中的技术要求规定时，则判定该产品合格。

4.5 复验规则

如出厂检验结果中有不符合第4章表1中的技术要求规定时，按GB/T 4756的规定自同批产品中重新抽取双倍样品进行复检，复检结果如仍有一项不符合本标准规定的技术指标时，则判定该批产品为不合格。

7.3.2.11　标志、包装、运输和贮存

目前与炼油产品有关的相关标准只有SH 0164《石油产品包装、贮运及交货验收规则》。

炼油类产品的标志、包装、运输、贮存及交货验收可按SH 0164《石油产品包装、贮运及交货验收规则》进行。

如果有特殊要求，如对产品的包装材料、技术、方法，对产品运输方式、条件、运输中的注意事项，贮存场所、条件(温度、湿度、通风、有害条件的影响)、方式、期限等等有要求，或SH 0164中未作规定的事宜，可在此部分中给出。

对于"危险品"的标志、包装、运输和贮存：

(1) 增加对于该种危险化学品(危险货物)的特殊标志、包装和储运要求；

(2) 一般可以引用相关的基础标准，如GB 190、13690等标准。

示例：

5.2　标志、包装、运输和贮存 根据GB 13690，航煤组分油属于易燃液体，产品的标志、包装、运输、贮存及交货验收按SH 0164、GB 13690和GB 190进行。

示例：(易燃液体)

7　标志、包装、运输和贮存 7.1　本产品的标志、包装、运输和贮存及交货验收的一般要求按SH 0164进行。 7.2　××××属于易燃液体，其运输标志应符合GB 190的要求，其安全标志标签应符合GB 13690及相关标准的要求。

如果相关国行标不适用时，企业可以制定自己的企业标准，进行规范。

示例：

6　标志、包装、运输和贮存 本产品的标志、包装、运输、贮存及交货验收按SH 0164进行。 本产品有吸水性，使用塑料桶和塑料袋两层包装，并严格密封。贮存于干燥、防雨的库房内，严禁淋湿，防止包装物破裂和杂物混入。运输过程中应防止淋湿、包装袋刺破和泄漏，保持清洁，干燥。

7.3.2.12　安全

对于危险化学品应编写相关内容。

示例：

6　安全 根据GB 13690，航煤组分油属于易燃液体，其危险性警示见GB 20581—2006中第8章的警示说明。

7.3.2.13　附录的编写

附录为可选要素。附录分为两种形式：规范性附录和资料性附录。

(1) 规范性附录

规范性附录是对标准有关技术内容的进一步补充，是标准正文不可分割的一部分。

炼油产品企业标准中的规范性附录主要涉及试验方法和试验材料应满足的特殊要求，在条文中提及时的措词方式如下：

遵照附录A的规定；

见附录C；

按附录 B 中规定的检验方法进行。

（2）资料性附录

通常提供有关重要规定的依据、技术问题介绍和参考性资料、及正确使用标准的说明等。

条文中提及时的措辞方式：参考附录 A

（3）附录编写注意事项

1）不要将标准中应执行的内容列入资料性附录，将信息类的内容列入规范性附录。

2）不要将应列入附录的内容列入标准正文，造成标准结构庞杂，主脉络不清。

3）同一标准中出现两个或两个以上“规范性附录”和“资料性附录”时，应按在标准正文中出现的先后顺序排列，所有的附录均用大写字母(A、B、C…)顺序编号。

4）每个附录另起一面，不允许接排。

5）附录中的章、图、表和数学公式应从 1 重新开始，编号前应加上附录编号中的字母顺序号。

例如：章用“A. 1”、“A. 2”、“A. 3”等表示；

图用“图 A. 1”、“图 A. 2”等表示。

7. 3. 2. 14 参考文献

参考文献为可选择的资料性要素。如果有参考文献，应该放置在最后一个附录之后。编写要求如下：

（1）参考文献的编写应遵照 GB/T 7714 的有关规定。

（2）排序与第 2 章规范性引用文件的要求相同。

（3）保留的参考文献中的国际文件名称，不必译成中文。

（4）文献清单中每个参考文献前应在方括号中给出序号。

（5）资料性引用文件的排列顺序及表述，参见“ 规范性引用文件”引用文件清单，其余文件的起草应遵照 GB/T 7714 的有关规定。

（6）参考文献中的国际、国外标准和其他文献无需给出中文译名。

7. 3. 2. 15 标准的终止线

在标准的全部内容编写完后，应有标准的终结线，表示整个标准的结束，不得遗漏。

终结线为居中的粗实线，长度为版面宽度的四分之一，不能另起一面编排。

炼油类产品企业标准示例如下：

ICS ××
E ××

Q/SH

中国石油化工股份有限公司×××分公司企业标准

Q/SH ×××× 001—2012
代替 Q/SH ×××× 001—2009

标准名称

（标准英文名称）

××××-××-××发布 **××××-××-××实施**

中国石油化工股份有限公司××××分公司 发布

前　言

本标准按照 GB/T 1.1—2009 给出的规则起草。

本标准代替 Q/SH 349 112—2011《×××××××》。

本标准与 Q/SH 349 112—2011 相比，主要变化如下：

——“分类和代号”条款名称修改为“产品代号”，代号后增加 1~3 位可选用户代码（见 3.1，2010 年版的 3.1）；

——产品外观由“土黄色”修改为“浅灰色至黄褐色”（见 3.2，2010 年版的 3.2）；

——灼烧减量由“不大于 15.0%（质量分数）”修改为“不大于 13.0%（质量分数）”（见 3.2，2010 年版的 3.2）；

——组批规则由“以相同配方且不大于 300t 为一检验批”修改为“以相同配方生产的若干个班样的产品为一批，每批不超过 300t”（见 4.2，2011 年版的 4.2）；

本标准由中国石油化工股份有限公司×××分公司×××部提出并归口。

本标准由中国石油化工股份有限公司××××分公司×××部负责起草。

本标准主要起草人：×××、×××、×××。

本标准于 2008 年 1 月首次发布，2011 年 1 月第一次修订，本次为第二次修订。

标准名称

(如果产品属于危险化学品，需要在此警告)

警告：如果不遵守适当的防范措施，本标准所属产品在生产、贮运和使用等过程中可能存在危险。本标准无意对与本产品有关的所有安全问题提出建议。用户在使用本标准之前，有责任建立适当的安全和防范措施，并确定相关规章限制的适用性。

1 范围

本标准规定了以(生产工艺或原料)制得的(××××产品名称)的分类、标记、要求、试验方法、检验规则、标志、包装、运输和贮存……。(第3章至最后一章的章标题内容)。

本标准所属产品适用于(具体的或概括的应用场合)。(必要时还可规定山不适用的范围。)

2 规范性引用文件

下列文件对于本文件的应用是必不可少的。凡是注日期的引用文件，仅注日期的版本适用于本文件。

凡是不注日期的引用文件，其最新版本(包括所有的修改单)适用于本标准。

GB/T 511 石油产品和添加剂机械杂质测定法(重量法)

GB/T 3141 工业液体润滑剂 ISO 黏度分类(GB/T 3141—94，eqv ISO 3448：1992)

GB/T 4756 石油液体手工取样法(GB/T 4756—1998，eqv ISO 3170：1988)

GB/T

SH/T

SH 0164 石油产品包装、贮运及交货验收规则

SH/T

Q/SH

ISO

IEC

ASTM

其他

(排列顺序为先排国内标准和文件，后排国外标准和文件，即：国标、行标、地标、企标、国内有关文件、ISO 标准、IEC 标准、ISO 或 IEC 有关文件、其他国外标准以及有关文件；同一级别的标准按标准号顺序排列。)

3 分类和代号

根据产品的性质，用途不同，产品可分为若干类型、品种或牌号。其内容应包括产品品种(型号、牌号)的划分，产品代号或标记的含义等，必要时说明不同牌号适用的场合)。

本标准所属产品按×××性能划分为×个牌号(品种、类型)。A 适用于……；B 适用于……。

4 要求和试验方法

×××(产品名称)的技术要求和试验方法见表1。

表1 ×××(产品名称)的技术要求和试验方法

项目		质量指标		试验方法
		60号	80号	
×××含量(质量分数)/%	不小于	60	80	SH/T 0714
馏程： 初馏点/℃ 干点/℃	 不低于 不高于	 65 70	 66 70	ASTM D1078
密度(20℃)/(kg/m^3)		655~680	655~680	SH/T 0604、GB/T 1884 和 GB/T 1885[a]
色度/号	不于小	十30	十30	GB/T 3555
溴指数/(mgBr/100g)	不大于	50	20	GB/T 11136、SH/T 1767、SH/T 0630[b]
不挥发物/(mg/100mL)	不大于	1	1	GB/T 3209
硫含量(质量分数)/%	不大于	0.0002	0.0002	SH/T 0253 SH/T0689[c]
机械杂质及水分		无	无	目测[d]
铜片腐蚀(50℃，3h)/级	不大于	1	1	GB/T 5096
砷/(mg/kg)	不大于	0.02	0.02	SH/T 0629

[a] 有争议时，以 GB/T 1884 和 GB/T 1885 为仲裁法。
[b] 有争议时，以 SH/T 0630 为仲裁法。
[c] 有争议时，以 SH/T 0253 为仲裁法。
[d] 将试样注入 100mL 的玻璃量筒中，室温下观察，试样透明并无可见的悬浮和沉降的机械杂质及水时观察结果为“无”，反之为“有”。有争议时，分别以 GB/T 260 和 GB/T 511 为仲裁法。

5 检验规则

5.1 检验分类

本产品检验分为出厂检验和型式检验。

5.1.1 出厂检验

本产品的出厂检验包括出厂批次检验和出厂周期检验项目。

出厂批次检验项目包括：(若干检验项目)。

在生产工艺和原材料没有变化的情况下，出厂周期检验包括：××1(检验项目1)每5批进行一次检验；××2(检验项目2)每半年进行一次检验；××3(检验项目3)每四年评定一次。

5.1.2 型式检验

型式检验项目包括第4章表1规定的所有检验项目。

在下列情况下进行型式检验：

a）新产品投产或产品定型鉴定时；

b）原材料、工艺等发生较大变化，可能影响产品质量时；

c）出厂检验结果与上次型式检验结果有较大差异时。

5.2 组批规则

在原材料、工艺不变的条件下，产品每生产一罐或釜为一组(批)，按批进行检验。

5.3 取样

取样按GB/T 4756(或××××)进行，每组(批)产品取样3L作为检验和留样用。

5.4 判定规则

出厂检验的结果符合本标准表1中的规定，则判定该产品合格。

5.5 复验规则

如出厂检验结果中有不符合第4章表1中的技术要求规定时，按GB/T 4756的规定自同批产品中重新抽取双倍样品进行复检，复检结果如仍有一项不符合本标准规定的技术指标时，则判定该批产品为不合格。

6 标志、包装、运输和贮存

标志、包装、运输、贮存及交货验收按SH 0164(或×××××)进行。

(对于“危险品”的标志、包装、运输和贮存：

根据GB 13690，×××××属于易燃液体，产品的标志、包装、运输、贮存及交货验收按SH 0164、GB 13690和GB 190进行。)

7 安全

(对于“危险品”需增加此章：

根据GB 13690，×××××属于易燃液体，其危险性警示见GB 20581—2006中第8章的警示说明。)

(以上格式仅供编写参考，内容应根据实际情况编写)

7.4 石油化工类产品企业标准的编写要点

7.4.1 有机化工原料类产品企业标准的编写

7.4.1.1 产品标准的内容和结构层次

有机化工原料是中国石化化工板块产品中的一大类，关于有机原料产品标准的结构层次、标准编号、标准分类号、标准封面、采标的一致性程度、前言、引言、目次、正文各章及附录的编写应当遵循 GB/T 1.1—2009 以及相关基础标准规定的哪些规则，标准的要素编排见本表 7-7。

表 7-7 产品标准要素的编排

标准要素	资料性要素	资料性概述要素	封面 目次 前言 引言
		资料性补充要素	资料性附录 参考文献 索引
	规范性要素	规范性一般要素	标准名称 范围 规范性引用文件
		规范性技术要素	术语和定义 分类和代号 要求 试验方法 规范性附录

当产品标准各项目的试验方法全部采用通用方法标准时，标准的结构可为表 7-8 形式或表 7-9 形式，

表 7-8 化工产品企业标准的主要结构

- 封 面
- 目 次(根据需要)
- 前 言
- 首 页
- 正 文

1 范围
2 规范性引用文件
3 产品分类和标记(根据需要规定)
4 要求和试验方法
5 检验规则
6 标志、包装、运输和贮存
7 安全(危险化学品)

- 规范性附录
- 资料性附录
- 参考文献
- 终止线(结束)

当产品标准各项目的试验方法部分采用通用方法标准或均为本产品标准专有方法时，标准的结构应为表 7-9 形式：

表 7-9 化工产品企业标准的主要结构

- 封 面
- 目 次(根据需要)
- 前 言
- 首 页
- 正 文

1 范围
2 规范性引用文件
3 产品分类和标记(根据需要规定)
4 要求

续表

5　试验方法 6　检验规则 7　标志、包装、运输和贮存 8　安全(危险化学品) • 规范性附录 • 资料性附录 • 参考文献 • 终结线(结束)

以下从编写有机原料产品标准需要着重注意的几个方面陈述化工原料、中间体、化工助剂类企业标准的编写要点，并给出示例。

7.4.1.2　产品标准的编写

(1) 封面

封面的编写见表 7-10。

表 7-10　封面的内容和编排位置

上　部	中国标准文献分类号、标准的标志、标准类别、 标准编号、代替标准编号
中　部	标准名称、与国际标准一致性程度的标识、 标准的发布及实施日期
下　部	标准的发布部门或单位
各部分之间用横线隔开	

化工标准要注意以下两个问题。

1) 标准文献分类号

在标准封面的左上角应标出标准文献分类号，即国际标准分类号(ICS 号)和中标文献分类号，国家标准、行业标准、中国石化一级企业标准的 ICS 号和中标文献分类号应都标出。二级企业标准原则上两种分类号都标出，有的地方标准化行政主管部门在企标备案时要求中标文献分类号必须标出，没有特别要求 ICS 号一定要标出。有的企业以往在编写产品标准(二级企标)时，对于本标准所属的产品应属于哪一专业标准文献号还不清楚，有的标准未标出，有的标错。

(a) ICS 号

化工原料产品的 ICS 号在 ICS 大类里属于“化工技术”71，属有机原料类的，ICS 号第一级和第二级为 71.80，第三级为细分的小类。属助剂和催化剂类的，ICS 号第一级和第二级为 71.100。合成树脂和合成橡胶的 ICS 号在 ICS 大类里属于 83，化纤产品虽也属合成材料，但国际国内的标准文献分类都将其归化纤标准文献分类归于纺织品标准类，ICS 分类为人造纤维，ICS 号为 59.060.20。

(b) 中国标准文献分类号

中标文献分类号大类则无论是原料、化工助剂或催化剂，还是合成树脂和橡胶，专业大类都属于 G。合成纤维的中标文献分类和纺织品标准划为一大类 W，合成纤维(化纤)为 W51 或 W52。

有机化工原料标准文献分类号分为：

有机化工原料综合 G15(基础标准、方法标准)；

基本有机化工原料 G16，包括乙炔、乙烯、丙烯、丁烯、丁二烯、甲烷、乙烷、丙烷、苯、甲苯、二甲苯、萘、蒽、吡啶类、甲醇、乙醇等；

一般有机化工原料 G17，包括脂肪族与芳香族的烃类、醚类、醛类、酸类、酐类、酯类、酮类，低碳脂肪胺类，元素有机化合物。

此外，石化企业常用到的助剂产品分类号是 G71，催化剂 G75，水处理剂 G77。

示例 1

重芳烃：ICS 71.80.15 G 17

示例 2：

过氧化二异丙苯：ICS 71.100.40 G71

示例 3：

丙烯聚合 NG 型催化剂：ICS 71.100.99 G 75

化工类标准的 ICS 分类号和中国标准文献分类号(化工类 G 及合成纤维类)见表 7-11，表 7-12。

表 7-11　化工类标准的 ICS 分类号

序　号	专　业	ICS　号
1	化工技术	71(第一级)
2	分析化学	71.040
3	分析化学综合	71.040.01
4	化学实验室、实验室设备	71.040.10
5	实验室器皿和有关仪器	71.040.20
6	化学试剂	71.040.30
7	化学分析	71.040.40
8	物理化学分析方法	71.040.50
9	有关化学分析方法的其他标准	71.040.99
10	无机化学	71.060
11	无机化学综合	71.060.01
12	化学元素	71.060.10
13	氧化物	71.060.20
14	酸	71.060.30
15	碱	71.080.40
16	盐	71.060.50
17	其他无机化学	71.060.99
18	有机化学	71.080
19	有机化学综合	71.080.01
21	脂族烃	71.080.10
22	芳香烃	71.080.15
23	卤代烃	71.080.20
24	有机氮化物	71.080.30
25	有机酸	71.080.40
26	酐	71.080.50
27	醇、醚	71.080.60
28	脂类	71.080.70
29	醛和酮	71.080.80
30	酚	71.080.90
31	其他有机化学	71.080.99
32	化工产品	71.100
33	化工产品综合	71.100.01
34	工业气体	71.100.20
35	表面活性剂及其他助剂	71.100.40
36	制冷剂和防冻液	71.100.45
37	水净化用化学试剂	71.100.80
38	其他化工产品	71.100.99

表 7-12　中国标准文献分类号(化工类 G 及合成纤维类 W)

分类号	分类号含义
化工类	
G00/09	化工综合
G00	标准化、质量管理
G01	技术管理
G02	经济管理
G04	基础标准与通用方法
G07	电子计算机应用
G08	标志、包装、运输、贮存
G09	卫生、安全、劳动保护
G10/14	无机化工原料
G10	无机化工原料综合
G11	无机酸、碱
G12	无机盐
G13	氧化物、单质
G14	其他无机化工原料
G15/19	有机化工原料
G15	有机化工原料综合
G16	基本有机化工原料
G17	一般有机化工原料
G18	煤焦油加工产品
G20/29	化肥、农药
G20	化肥基础标准与通用方法
G21	化肥、化学土壤调理剂
G23	农药基础标准与通用方法
G24	农药中间体
G25	农药
G26	植物生长促进剂
G30/39	合成材料
G30	合成材料综合
G31	合成树脂、塑料基础标准与通用方法
G32	合成树脂、塑料
G33	塑料型材
G34	合成橡胶基础标准与通用方法
G35	合成橡胶
G38	胶黏剂基础标准与通用方法
G39	胶黏剂
G40/49	橡胶制品及其辅助材料
G40	橡胶制品综合
G41	轮胎
G42	胶管、胶带、胶布
G43	橡胶密封件
G44	胶乳制品
G45	医用和食品工业用橡胶制品
G47	其他像胶制品
G48	再生胶
G49	炭黑

续表

分类号	分类号含义
G50/59	涂料、颜料、染料
G50	涂料基础标准与通用方法
G51	涂料
G52	涂料辅助材料
G53	颜料基础标准与通用方法
G54	颜料
G55	染料基础标准与通用方法
G56	染料中间体
G57	染料
G60/69	化学试剂
G60	化学试剂综合
G61	基准试剂
G62	一般无机试剂
G63	一般有机试剂、有机溶剂
G64	高纯试剂、高纯物质
G65	指示剂、特效试剂
G66	生化试剂、临床分析试剂
G67	仪器分析试剂
G69	其他试剂
G70/79	化学助剂、表面活性剂、催化剂、水处理剂
G70	化学助剂基础标准与通用方法
G71	化学助剂
G72	表面活性剂基础标准与通用方法
G73	表面活性剂
G74	催化剂基础标准与通用方法
G75	催化剂
G76	水处理剂基础标准与通用方法
G77	水处理剂
G80/84	信息用化学品
G80	感光材料基础标准与通用方法
G81	感光材料
G82	磁记录材料基础标准与通用方法
G83	磁记录材料
G84	照相级化学药品
G85/89	其他化工产品
G85	其他化工产品综合
G86	工业气体与化学气体
G89	火工产品
G90/99	化工机械与设备
G90	化工机械与设备综合
G91	化工机械与设备零部件
G92	化工机械
G93	化工设备
G94	非金属化工机械设备
G95	橡胶、塑料用机械
G96	感光材料、磁带用机械
G98	化工专用仪器仪表

续表

分类号	分类号含义
b）纺织类（合成纤维类）	
W00/09	纺织综合
W10/19	棉纺织
W20/29	毛纺织
W30/39	麻纺织
W40/49	丝纺织
W50/54	化学纤维
W50	化学纤维综合
W51	化学纤维半制品
W52	化学纤维
W55/59	纺织制品
W60/69	针织
W70/79	印染制品
W90/99	纺织机械与器具

2）标准名称

标准名称直接表述了标准化的对象，标准名称通常不应多于三个要素，具有的形式即三段式。对于有机化工原料或中间体，其产品是单一物质（单质、化合物）或混合物，标准名称一般采用一段式，即采用主体要素表达。对于某些有专用性的化学品（如水处理剂），标准名称宜采用引导要素和主体要素两段式。而与原料类产品相关的方法标准，由于产品的控制项目主要是纯度、组分或杂质，其测定方法有传统的化学方法和现代仪器分析方法，为了在方法标准名称中更能显著给出方法特性的信息，便于使用者查阅方便，标准名称宜采用主体要素和补充要素两段式。

示例1：

工业用乙烯

示例2：

水处理剂　羟基亚乙基二膦酸二钠

示例3：

化工产品中水分含量的测定　卡尔·费休法（通用方法）

在命名标准名称时还应注意以下三点：

基本化工原料在工业领域多用于下一步的合成，是多种用途的合成原料，其产品标准的名称中的化学物质前宜有“工业用”，即“工业用××××”。

对于有的装置必然要产出的副产化工原料，如果该化合物有合成工艺制得的，作为副产品的杂质和合成路线产物的杂质很可能不一样。这种情况下，产品执行的标准可以有两种，一种是合成路线有国行标的，根据装置副产品的用途，副产品能执行国行标，不需要另外制定标准。不能执行国行标的，制定企标时，标准名称宜为“副产××××”，否则将在产品销售和使用时给下游用户造成误解甚至给使用带来不利。

对于石化装置常用的具有单一用途的化工剂类（自产或采购），因产品多种而常冠以牌号，这类产品的标准名称如果需要给出牌号信息时，不应只有牌号。为使用户对产品一开始就有清晰的初步了解，应在名称中给出该剂名称的信息（如抗氧剂、催化剂），对于催化剂，必要时在标准名称中给出使用催化剂的装置及其工艺的特征信息。

示例 4：

工业用冰乙酸 注：冰乙酸还有国家标准《食品添加剂　冰乙酸(冰醋酸)》。

示例 5：

副产盐酸

示例 6：

丙烯腈催化剂

示例 7：

碳三馏分液相选择加氢催化剂 BC-L-83

（2）与国际标准一致性程度

与国际标准一致性程度有“等同(identical)”（IDT）、“修改(modified)”(MOD)和“非等效(not equivalent)”(NEQ)三种划分，如果产品标准与国际标准存在着一致性程度的对应关系，在标准中应陈述这种对应关系，如何陈述参见 GB/T 20000.2—2009 的规定。

（3）目次

参见本篇 6.3.2.2。

（4）前言

前言是标准的资料性要素，前言内容由特定部分和基本部分组成(见 GB/T 1.1—2009)，前言的结构、内容和编排格式要求可参见本篇的 6.3.2.3。前言不应包含要求和推荐，也不应包含公式、图和表。编写前言要注意两点：

1）自 GB/T 1.1—2009 实施后，标准的前言第一段应写以下内容：

本标准按照 GB/T 1.1—2009 给出的规则起草。

2）对于修订的标准，在特定部分应说明本版标准与前一版本在重要技术内容上的变化情况，如技术指标项目的增减及指标值的变化，试验方法原理的改变等。在提及指标值的变化时，应陈述(前一版的)××指标由××修改为(本版的)××。前言中说明技术内容的变化不必提及变化的理由，但在标准编制说明中应阐述修改技术内容的理由。

示例：工业用苯乙烯(国标)前言

本标准按照 GB/T 1.1—2009 给出的规则起草。 …… 本标准代替 GB 3915—1998《工业用苯乙烯》，本标准与 GB 3915—1998 相比主要有以下变化： ——纯度项目，优等品指标由“≥99.7%”改为“≥99.8%”；一等品指标由“≥99.5%”改为“≥99.6%”； …… ——增加了乙苯项目，优等品指标为“≤0.08%(质量分数)”，一等品为“报告”，合格品不要求； …… ——取消了纯度项目的 GB/T 12688.2(结晶点法)试验方法，同时删除了原标准 4.5 部分内容； …… 本标准由中国石油化工集团公司提出。 ……

前言编写更多的示例(包括反例)可参见本篇 7.3.2.3。

(5) 引言

引言为可选概述要素，在企业标准里一般较少，写法参见 GB/T 1.1—2009。

(6) 标准正文

1) 范围

此章是标准的必备要素，一般为第一章。范围要明确标准规定了什么，其适用范围是什么。

化工产品标准“范围”通用的写法：本标准规定了×××(与标准名称一致)的要求、试验方法、检验规则及标志、包装、运输、贮存。

对于有机化工原料类以及化工中间体产品，不少产品属于危险化学品(易燃、腐蚀性、有毒、强氧化性)；其生产工艺是通过有机合成路线或化学分离、精馏而制得，产出的同一种原料，由于来源于不同的工艺，其纯度和杂质会有一定区别。基于原料类产品的这一特点，属于危险化学品的，在标准中应规定“安全”章，“范围”的首段表述应为“本标准规定了×××(与标准名称一致)的要求、试验方法、检验规则、标志、包装、运输、贮存和安全(有写安全要求)。”

而标准的范围一般宜提及适用的工艺(“范围”第二段)，工艺路线如果不能公开，也可不提及。标准所属产品的用途表述可根据使用标准的需要给出，即：

本标准适用于由××、××合成生产(制得)的×××(与标准名称一致)。该产品主要用于……(“用途”也可不在“范围”里表述)。

在上述条款里，必要时，还可提及“本标准不适用于……。”

另外，对于单一物质的原料类产品，在“范围”一章的首段、第二段之下，宜列出分子式、结构式(必要时给出结构式，为使用标准者更好地理解产品)、相对分子质量(按 2007 年国际相对原子质量)。

应注意的问题：“相对分子质量”和“相对原子质量”漏写了“质”。

示例 1：

《工业用甲醇》国家标准第一章：

> 本标准规定了工业用甲醇的要求、试验方法、检验规则及标志、包装、运输、贮存和安全等。
>
> 本标准适用于以煤、天然气、轻油、重油为原料合成的工业用甲醇。
>
> 分子式：CH_4O
>
> 相对分子质量：32.042(按 2007 年国际相对原子质量)

示例 2：

《羟基乙腈》企标第一章：

> 本标准规定了羟基乙腈的要求、试验方法、检验规则及标志、包装、运输、贮存和安全要求。
>
> 本标准适用于以氢氰酸为原料制得的羟基乙腈。
>
> 分子式：CH
>
> 结构式：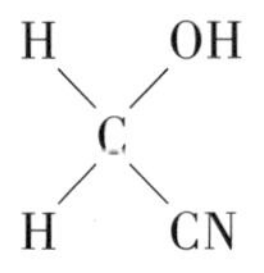
>
> 相对分子质量：57.05(按 2007 年国际相对原子质量)

示例 3：

《1-己烯》企标第一章：

> 本标准规定了己烯的技术要求、试验方法、检验规则及标志、包装、运输、贮存和安全要求。
>
> 本标准适用于以乙烯为原料、……制得的 1-己烯产品。该产品主要用做生产聚乙烯树脂时的共聚单体。

2）规范性引用文件

此章是可选要素，引导语按 GB/T 1.1—2009 规定表述。即：

下列文件对于本文件的应用是必不可少的。凡是注日期的引用文件，仅注日期的版本适用于本文件。凡是不注日期的引用文件，其最新版本(包括所有的修改单)适用于本标准。

应注意的问题：

(a) 引用标准的注日期：在标准中提及被引用的标准的某章或某条内容时，应注日期引用。引用标准的所有部分，即标准中不被提及被引用的标准的某章或某条，可不注日期引用。引用标准适用于多个专业的，宜采用不注日期引用，例如 GB/T 8170。

(b) 被引用标准的“部分”：当被引用标准是分部分的标准时，分引用“所有部分”和“某一部分”。

(c) 引用国标按标准号从小到大顺序，不考虑是强制性标准还是推荐性标准。引用行标同样是这样排列。

(d) 引用国外标准，其国外(国家、协会)标准号应排在国内标准之后。企业标准引用国外标准的情况，一般是引用试验方法标准。

(e) 需要引用企业标准(如企业的方法标准)时，应引用本企业的标准(参见 GB/T 20000.3)。不宜将国外公司或其他企业的测试方法直接作为引用文件，应将其转化为企业标准。

(f) 编写标准时，应注意标准的查新，关注被引用标准是否确认或废止。

(g) 在引用标准的编排方面，所有引用的标准名称和标准号之间只空一个汉字格，而不是所有标准名称对齐。

示例：

2　规范性引用文件
下列文件对于本文件的应用是必不可少的。凡是注日期的引用文件，仅注日期的版本适用于本文件。凡是不注日期的引用文件，其最新版本(包括所有的修改单)适用于本标准。
GB/T 3143　液体化学产品颜色测定法
GB/T 3723　工业用化学产品采样安全通则
GB/T 6283　化工产品中水分含量的测定 卡尔·费休法(通用方法)
GB/T 6324.4　有机液体化工产品微量硫的测定　微库仑法
GB/T 6680　液体化工产品采样通则
GB/T 8170　数值修约规则与极限数值的表示和判定
Q/SH ××××　(标准名称)
Q/SH ××××　(标准名称)
……
ASTM D5808　用微库仑分析法测定芳香烃和相关化学药品中有机氯的标准试验方法

3）术语和定义

此章是可选要素。有时，为了让使用本标准者理解其中的某些技术含义较为复杂的名称、术语，需要规定此章。其引导语的表述可参见 GB/T 1.1—2009 的 6.3.2。

4）分类和命名

此章是可选要素。对于化工产品，根据产品的性质、用途不同，有些产品会分有几个或多个型号，在这种情况下规定此章有助于使用标准者理解标准的适用范围和产品特性。此章内容应包括产品品种、型号的划分，产品代号或产品标记的含义。合成材料产品标准常规定此章，可参见本篇 7.4.2。

5）要求

“要求”在产品标准中即技术要求，是标准的技术性要素(产品标准的核心部分)，是用户要求的集中表现，是检验产品是否合格的技术依据。对于石化行业的有机原料类产品标准，液体和固体产品常对外观(或性状)有一般要求，而表征其产品质量的技术要求主要是纯度和杂质的要求。在纯度要求方面，一种方式是对产品主含量提出具体极限值，另一种方式是对产品的密度、熔点、结晶点、馏程等物理指标做出限定，间接反映产品的纯度。杂质(分有机杂质和无机杂质)的控制和指标的设项取决于原料来源、生产工艺和下游用户的要求，在编制标准时，必须综合这些因素全面考虑，才能确定适当的杂质指标，指标的高低还取决于分析技术能力是否满足要求。

在同一产品标准的技术要求中，同种化工产品根据市场不同的需求，可以分型号或分等级规定技术指标。同一控制项目的分等以指标高低区分(包括某项指标控制和不控制)，以适合买方对产品品质的不同需求，产品的销售价格通常和产品的分等挂钩。分型则是依照产品不同的下游用途或不同的工艺分出类别或型号(或牌号)。有分型的标准常常在项目和部分指标上有区别。

需要注意的是，当产品有两种以上用途时，如果同一标准里暂不需要将产品进行分型，要考虑指标是不是对不同用途都可以适用，如果有可能不适用，则要在“范围”一章中明确产品的适用范围，以界定产品技术要求的适用性。

“外观”要求一般表述化学品的形态，有时还加上“无机械杂质”或“无悬浮物”。对外观的要求，如果有必要规定详细的测试步骤，“外观”要求也可放在“技术要求”的表内。

示例1：

> 3　要求
>
> 3.1　外观：白色、微黄色块状或片状结晶体。

示例2：

> 3　要求
>
> 3.1　外观：透明液体，无悬浮物和机械杂质。

“技术要求”表格的表题置于表的编号之后，表号和表题均为黑体字。按照GB/T 1.1对编排标准的规定，标准正文凡是有表的，表内文字(包括表注、脚注文字)均为小五号。关于表注和脚注的编写要求可参加本篇7.3.2。

应注意的问题如下：

(a) 标准的技术指标太少，缺乏表征产品具有的特性指标。

技术指标项目设置过少，无法反映出整个产品的真实质量状况。应根据产品的特征、用途以及用户的要求综合考虑设置指标项目。应首先确定影响产品质量的关键指标，如液体产品的纯度和/或馏程(或初馏点、干点)，固体产品的纯度和/或熔点。杂质指标哪些是下游生产特别要求的，哪些必须重点考虑。例如，某种烯烃用于进一步合成或聚合，装置所用催化剂的活性容易受水分、硫影响，此种原料就应考虑规定水分和总硫指标。某种醇用于进一步合成酯类增塑剂，则色度是此种醇必须考虑的质量指标之一。

(b) 标准的“要求”表中是质量分数计的，漏写“质量分数”。

“要求”表中的各项目中，如果指标的质量分数以%表示，项目表述为：××，*w*/%(有的国行标表1指标项目的写法：××(质量分数)/%，国行标对于产品标准技术要求项目的质量分数表示目前未强制统一)。如果所有项目指标的数值均以%表示，表内各项目可不再写%，在表格外右上角标出*w*/%。

过去所用的%(wt)、%(*m*/*m*)、%(*V*/*V*)、ppm、ppb在我国的标准中不再使用。

(c) 技术要求表中，某型号或某等级产品的某一项目指标误以空白表示。

在技术要求表中，某型号或某等级产品的某一指标不控制，应以“ — ”表示，不能空白。

示例：

××××企标：

表 1　技术要求

项　　目	指　标
外观	白色晶状粉末
×含量，*w*/%≥	×
熔点/℃	×
水分，*w*/%≤	×
×含量/(mg/kg)≤	×
×含量/(mg/kg)≤	×

6）试验方法

a. 试验方法的编写概要

“试验方法”一章是产品标准的技术性要素，其内容是检验产品是否符合技术要求的具体测试方法，很多化工产品有各自项目的试验方法，国内也有很多在行业内适用的通用方法国家标准或行业标准。

在化工产品的纯度要求方面，通常采用传统的容量分析法或现代仪器分析法(如气相色谱法、高效液相色谱法)进行定量。表征化工产品的粒度、色度、密度、熔点、结晶点、馏程、蒸发残渣、灰分等指标一般采用通用的物理方法标准(包括重量法)。对于化工原料类产品的杂质，定量或半定量的测试方法通常是目视比色法、容量分析法(滴定法)、仪器分析法(如气相色谱法、高效液相色谱法、可见光分光光度法、原子吸收分光光度法等)。

标准中涉及化学分析方法的编写，主要按照 GB/T 20001.4—2001 的要求编写，但 GB/T 20001.4 的引言已说明，该标准对化学分析方法标准的编写只起指导作用，为了适合任何特殊要求可对编写格式进行调整。在格式编排方面，如果试验方法所有的测定项目都是引用通用方法标准，且不涉及只引用部分条款，可以在试验方法一章中按项目的测定分别列出，也可以将引用标准号与技术要求列为同一表格，参见本篇 6.3 中炼油产品标准编写的“要求和试验方法”的叙述，标准正文如采用这种编排形式，不再单独规定“试验方法”一章。

b. 试验方法的编写形式

编写试验方法各项目的测定写法一般为两种，引用方法标准和本产品标准规定的方法，能引用通用方法标准的尽量引用。

(a) 测定引用通用方法标准

如果全文引用某一方法标准，不注日期引用和注日期引用均可。

如果产品标准的测定方法里另外需要规定一些测定条件，如测定的某一步骤或某一条件、样品的处理、分析中所用的某一试剂，或引用方法标准的某条，引用标准一般为注日期引用。

示例：

×　试验方法

×.4　色度的测定

按 GB/T 3143 的规定进行测定。

示例：

×.4　沸程的测定

按 GB/T 7534—2004 的规定进行测定。蒸馏烧瓶：100mL，温度计的示值范围 50℃~70℃，分度值为 0.1℃。

示例：

×.9　钠含量的测定 按 GB/T 17476—1998 的规定进行测定。其中，试样的制备为：分别称取两份试样，各加入适量的内标元素，充分摇匀。推荐使用的波长为 589.59nm。 取两次平行测定结果的算术平均值为测定结果。两次平行测定结果之差不大于 0.1mg/kg。

(b) 测定采用本产品标准规定的方法

项目的测定没有引用任何方法标准，按以下顺序分条表述各条款内容。

a) 方法原理(可选)

指明所用方法的基本原理，决定方法用途的方法特性和基本步骤，需要时列出反应式。

b) 试剂和材料(可视具体情况只写“试剂”或“材料”)

通常按以下顺序编排(注意：除市售试剂外，其他材料如溶液、标准溶液等如果不是按照 GB/T 601、GB/T 602、GB/T 603 中的规定制备的，应在相应溶液的条款中写出如何制备该溶液，如果需要，还应指明是否必须新鲜配制或贮存期)。

以市售形态使用的产品(如果有 CAS 号，宜给出；如果分析对产品的纯度有要求，宜给出，例如色谱分析用载气和燃气。)(只为本项目测定而制备的某试剂或溶液所用的产品可不列出)。

溶液和悬浮液(不包括标准滴定溶液和标准溶液；标明规定的大约浓度，水溶液不需指明，其他溶剂则要指明；确定的浓度只用 mg/kg，mL/L，g/L 或其分倍数，稀释 $V_1 \rightarrow V_2$，V_1+V_2 表示)。

标准滴定溶液：mol/L，mol/m^3。

标准溶液：g/L 或其分倍数。

指示剂。

辅助材料(如干燥剂)。

c) 仪器

列出分析操作所需要的主要和特殊的仪器设备，包括为本试验装配的装置。实验室一般必配的常用仪器设备可以不列出，例如普通烧杯、量筒、天平、普通干燥器、普通电烘箱等。

主仪器：指明规格、灵敏度等；

辅助仪器(例如：分光光度法分析用的比色皿、色谱分析用的注射器)：规格。

d) 试样的制备(可选。此条款视下一步分析的要求而定。有的情况此步骤为多个项目的分析而准备。)

e) 分析步骤

如称样的要求和数据表示、比对试验、空白试验、校准曲线的绘制等各种常见的分析操作，参阅 GB/T 20001.4—2001 的附录 A.13。

如果分析步骤比较简单，一般不必再细分多少条，叙述清楚即可。如果操作步骤较多，可适当分条叙述步骤。

有的测定表述较为复杂，如气相色谱分析，涉及较多内容的色谱操作条件和为让使用标准人理解所必需的色谱图，这些内容可列入标准的规范性附录。

f) 结果计算

“结果计算”的编写参阅 GB/T 20001.4—2001 附录 A.14，注意公式中各项的解释。

示例：

碱度以氢氧化钾(KOH)的质量分数 w_1 计，数值以%表示，按式(1)计算： 计算公式 ………………………………………………………………………… (1) 式中： ××—— ××——

g）精密度（或允许差）

通常先表述"取两次平行测定结果的算术平均值为测定结果。"然后给出精密度或允许差，以绝对项表示或相对项表示（"测定结果和允许差"的表述也可不单列一条，直接列计算公式解释内容之后）。

（c）应注意的问题

a）试验方法的一般规定

原料类产品的纯度和杂质试验，通常会使用去离子水、分析试剂、标准滴定溶液、标准溶液和指示液，如果用到了这些，则在标准的"试验方法"章一般先列有如下条款作为试验方法的"一般规定"。见下示例：

示例：

×　试验方法 ×.1　一般规定 除非另有说明，在分析中仅使用确认为分析纯的试剂和符合 GB/T 6682 所规定的三级水。 除非另有说明，在分析中所用标准滴定溶液、杂质标准溶液、制剂和制品，均按 GB/T 601、GB/T 602、GB/T 603 规定制备。

对于上述"一般规定"的第一段，当产品的试验方法需要使用 GB/T 6682 所规定的三级水时，一般在标准中都采用此段的写法。如果某项试验用水是二级水或一级水，则在该项试验的试剂条款中还要列出对水规格的特别要求。

上述"一般规定"的第二段为可选。在规定用化学分析的方法测试时常编写此段，但要注意的是，当标准正文中引用了 GB/T 601、GB/T 602、GB/T 603 的哪个标准，就表述哪个标准，都没有，则不写此段。

b）正确表示量的符号

关于量和单位的国家标准可参见 GB 3100~3102《量和单位》。按照国际标准规定，量的符号用斜体拉丁字母或希腊字母表示，如质量用 m 表示，体积用 V 表示，摩尔质量用 M 表示，计算用的质量分数用小写 w 表示。在计算公式中，量的符号常加下标作为说明性标志。

反例：

试样质量误用 G 或 W 表示，被测定项目在计算时误用大写 W 表示质量分数。

c）正确表示量值

在标准中，量值是数值与选定单位的乘积，数值用阿拉伯数字表示，单位应以符号表示。例如：5g，1.2g~1.5g。表示几小时、几分、几秒的正确写法是：3h，30min，10s。不能用非标准化的缩略语表示单位。

反例：

非标准写法：表示质量的 5 克；表示时间的 10 分，2 hrs、5S。

d）方法原理简明扼要

测定的方法原理（方法提要）陈述要简明扼要，但也不能过于简化。如：某标准某项目测定的"方法提要"表述，通过燃烧法制备样品，再用分光光度法测定含量。这里要注意，不能只写"燃烧法"，不提分光光度法。"方法提要"还应包括用什么定量方法进行测定的信息。

e）标准正文表述条款中不使用分子式和数学符号

在标准正文的表述条款（更多的情况是分析步骤条款）中，不应夹杂使用数学符号、分子式等。如："加 15mL 硫酸"，不应写成"加 15mLH_2SO_4"；硝酸溶液（1+1）……。不应写成"HNO_3 溶液（1+1）……"；长度大于……，不应写成"长度>……"。

f）分析计算的公式解释写法

解释计算公式中各项应按 GB/T 20001.4—2001 表述，以盐酸标准滴定溶液滴定氢氧化钾为例，见下表。

原 GB/T 1.4	GB/T 20001.4
V—盐酸标准滴定溶液的体积，mL；	V—盐酸标准滴定溶液的体积的数值，单位为毫升(mL)；
c—盐酸标准滴定溶液的实际浓度，mol/L；	c—盐酸标准滴定溶液浓度的准确数值，单位为摩尔每升(mol/L)；
m—试料的质量，g；	m—试料的质量的数值，单位为克(g)；
0.056—与 1.00mL 盐酸标准滴定溶液[c(HCl) = 1.000mol/L]相当的以克表示的氢氧化钾的质量。	M—氢氧化钾的摩尔质量的数值，单位为克每摩尔(g/mol)(M = 56.109)。

g）试验方法(或规范性附录)有气相色谱法或液相色谱法的，应给出典型色谱图。

7）检验规则

检验规则是判定产品质量是否符合产品标准技术要求的准则，是产品质量管理的依据，化工产品标准都要求有检验规则条款。检验规则条款的内容，因化工原料类、化肥类、合成材料类产品有各自的特点，有自己实施的采样通用方法标准，因此，各类化工产品对检验规则的要求可根据各自的情况作出规定，但条款都基于以下的基本规定。

(a）检验分类和检验项目

检验分为型式检验和出厂检验。

出厂检验项目为××、××、××。(如出厂检验项目为全检，则规定：本标准规定的所有项目为出厂检验项目。)

型式检验项目为表 1(技术要求)中的所有项目，正常情况下，在某个周期内至少进行一次型式检验。有下列之一时，也应进行型式检验：

产品停产一段时间后复产、转产、产品生产工艺、原料、设备有较大改变、出厂检验结果与上次型式检验结果有较大差异、合同规定。

(b）交货验收

×××产品应由生产厂的质量检验部门进行检验，生产厂应保证所有出厂产品符合本标准的要求。每批出厂产品都应附有质量检验合格证或一定格式的质量证明书，其内容包括：产品名称、生产厂名、厂址、批号或生产日期、本标准编号等。

(c）组批规则

×××(产品名称)产品按批检验，组批规则根据生产和产量情况表述，如有时可表述为：以不大于×吨为一批。

(d）采样方法

采样按 GB/T ××××规定进行。采样总量不少于×g(或 mL)。还应规定样品的容器和保存、样品标签内容等。

本条款视产品的特性可引用某一采样方法标准，化工产品一般可引用采样总则标准 GB/T 6678 和三个采样通则标准之一 GB/T 6679 ~ GB/T 6681(分别为固体采样、液体采样、气体采样)。

(e）判定规则和复验规则

检验结果的判定按 GB/T 8170 中修约值比较法进行。(如果不说明结果判定按修约值比较法，在执行检验时理解为按全数值比较法判定检验结果。)检验结果如果有一项指标不符合本标准的要求，应重新自两倍数量的包装单元中采样进行检验。重新检验的结果即使只有一项指标不符合本标准的要求，则整批产品为不合格。

8）标志、包装、运输和贮存

化工产品按其物化性质有各自的特点，各类产品对标志、包装、运输、贮存的要求可根据各自的性质和要求的存放环境情况作出规定。此外还有一些专门产品包装的基础标准可引用，如：GB 8569《固体化学肥料包装》。

（a）标志

××××的包装容器上应有明显、牢固的标志，内容包括：生产厂名称、厂址、产品名称、商标(如果有)、生产日期、批号(或生产日期)、型号(如果产品分型)、等级(如果产品分等)、净含量、本标准编号和符合 GB 190(危险品需要规定)规定的“××”标志、GB/T 191(如果需要)规定的“××”标志。

（b）包装

产品应采用……(此处必要时应表述包装材质)进行包装(或表述为：产品应包装在……中(此处应表述包装材质))，净含量×kg。或按用户要求进行包装(是否给出包装的净含量，根据需要规定)。

（c）运输

产品在装卸及运输过程中，应……(根据产品本身的特性和要求表述，例如：应轻装轻卸，防止撞击，防止日晒雨淋，防止与……混运。对于危险化学品有相关的贮运管理规定，所以也可写为：应遵守危险化学品运输的相关规定。)

（d）贮存

产品应贮存于……内，防止……。(根据产品本身的特性和要求表述贮存地，特别是有毒品、腐蚀品、易燃易爆品的贮存要求，应强调不得与……混放)。必要时，应规定产品自生产之日起的贮存期(或保质期)。

示例：

6　标志、包装、运输和贮存
6.1　工业用甲醇产品包装容器上应涂有牢固的标志，内容包括：生产厂名称、厂址、产品名称、批号(或生产日期)、等级、本标准编号和符合 GB 190 规定的“易燃液体”和“毒性物质”标志。
6.2　产品应用清洁干燥的容器包装，包装容器应严加密封。
6.3　工业用甲醇运输应遵守危险化学品运输的相关规定。
6.4　工业用甲醇应贮存在干燥、通风、阴凉、避免烈日曝晒并隔绝热源和火种的地方。

（e）应注意的问题

a）产品并未分等级，但“标志”一条中表述“等级”。

产品分等或分牌号与否，标准的全文规定和表述要前后一致。

b）产品属于危险品，但标准规定的包装标志未提及符合 GB 190 的有关要求。产品属于 GB 12268 范围内的危险品，包装标志应提及“符合 GB 190 规定的“×××”标志(如易燃液体、毒性物质)。

9）安全

参见本篇 7.4.1.2 条以下第(7)“标准正文的安全章节”。

10）附录

参见本篇 7.3.2.13。

11）参考文献

参见本篇 7.3.2.14。

12）标准终结线

参见本篇 7.3.2.15。

(7)标准正文的安全章节

作为企业的标准化工作人员，应着重了解与产品标准相关的一些安全类基础标准以及我国安监总局颁布的《危险化学品名录》。这些基础标准主要有：

GB 190—2009《危险货物包装标志》；

GB 6944—2012《危险货物分类和品名编号》；

GB 12268—2012《危险货物品名表》；

GA 58—93《剧毒物品品名表》；

GB 15258—2009《化学品安全标签编写规定》；

GB/T 16483—2008《化学品安全技术说明书　内容和项目顺序》；

GB 13690—2009《化学品分类和危险性公示通则》；

GB 20576~20599—2006，GB 20601—2006，GB 20602—2006 系列标准(共 26 项)《化学品分类、警示标签和警示性说明安全规范》。

上述 GB 13690—2009 及配套的 26 项危险性分类安全标准完全引用“全球化学品统一分类和标签制度”(GHS)的分类。

标准包含安全条款内容的标准文件依据参见 GB 20000. 4—2003《标准化工作指南　第 4 部分：标准中涉及安全的内容》。迄今为止，标准化行政主管部门对于产品标准的安全条款如何编制并没有一个指导性的细则(或基础标准)，当前各行业的化工产品标准在有关章节里如何陈述安全的相关要求不尽相同，一些行业通常将“安全”一章编排为产品标准正文的最后一章，也有的行业将“安全”一章排在标准“要求”一章之后。安全信息的条款在产品标准中的陈述有的简单，有的较为细化(给出化学品的危险特性、基本的安全操作和防护措施等)。

危险化学品产品标准、一般化学品产品标准中的试验方法涉及危险性试剂或溶液，在标准中应有相应的条款或章节，危险品产品标准应规定“安全”一章，包装标志条款应有“符合 GB 190 规定的‘××××’(哪一种危险性的物质)标志”。

根据 GB/T 20001. 4—2001 给出的编写原则：

——对于产品本身属于危险品的，宜在标准正文最前(位置是在正文的名称之后，范围之前)，增加一段警示性陈述，作为危险的一般性提示(参加本篇 6. 3 中“标准正文的编写”给出的“标准正文前的警示性陈述”)；

——如果危险属于分析步骤固有的，在试验方法一章给出“警示”并列为第一条；

——对于危险来自于特殊的试剂或材料，必要时在该试剂条目下给出“警告”或“注意”(如使用该试剂必须带防护手套、防护镜；操作应远离明火；操作必须在通风橱中进行等)。

示例 1：

4　试验方法

4. 1　警示

试验方法规定的一些试验过程可能导致危险情况，操作者应采取适当的安全和防护措施。

4. 2　一般规定

……

示例 2：(方法标准 GB/T 12688. 4—2011)

4. 1　冰乙酸。

4. 2　异丙醇。

注意：异丙醇为易燃物，应远离明火。在本试验中应使用全密封的加热器。

有机原料很多属于危险化学品，危险特性如易燃、压缩气体、强氧化性、腐蚀性。企业生产的产品属于危险品的哪一类，应参见 GB 6944—2012《危险货物分类和品名编号》、GB 12268—2012《危险货物品名表》和 GA 58—93《剧毒物品品名表》。

在“安全”一章中，应指明产品属于哪一类危险品，给出联合国危险货物运输编号，即 UN 号(UN 号可查阅 GB 12268)。本章宜表述危险品基本的危害、防护和紧急处置措施。另外，根据 GB 12268，当产品具有主要和次要两种危险性时，在“安全”章节提及产品的危险性时，应按先主要、后次要的顺序表述(见以下示例)，货物的包装运输先按主要危险性分类。

示例：

根据 GB 12268，液氨的主要危险性类别是毒性气体(2. 3 类)，次要危险性是腐蚀性物质(8 类)。

7　安全 7.1　液氨是有毒物质，具有强腐蚀性。……

在起草危险品的企业标准时，建议本章包括与安全相关的产品危险性类别，引用 GB 205××系列某标准的警示性说明。本产品如有 GB 205××系列未规定的特殊防护措施和重点注意事项，建议在“安全”章中补充表述这些措施和注意事项。此外，为便于产品的供需双方(特别是用户)更多地了解产品的危险性和防范措施，以及相关的法规，宜在“安全”章节提及“有关安全的详细资料应查阅供应方提供的符合 GB/T 16483—2008 规定的化学品安全技术说明书。”

有机化工原料类产品企业标准编写示例如下：

ICS 71.080.15
G 17
备案号:

Q/SH

中国石油化工股份有限公司××分公司企业标准

Q/SH ×××× ×××—20××
代替 Q/SH ×××× ×××—2009

××××(示例)

20××-××-××发布　　20××-××-××实施

中国石油化工股份有限公司××分公司　发布

前 言

本标准按照 GB/T 1.1—2009 给出的规则起草。

本标准代替 Q/SH ×××× ×××—2009《××××》。

本标准与 Q/SH ×××× ×××—2009 相比主要变化如下：

——第 3 章技术要求表 1 中，增加了××项目；

——第 3 章技术要求表 1 中，××指标由“≥98.0%”修改为“≥99.0%”；

……

本部分由中国石油化工股份有限公司××公司××部(处)提出。

本部分由中国石油化工股份有限公司××公司归口。

本部分起草单位：中国石油化工股份有限公司××分公司××部(处)。

本部分主要起草人：

本部分所代替标准的历次版本发布情况为：

Q/SH ×××× ×××—2009。

××××(示例)

警示：如果不遵守适当的防范措施，本标准所属产品在生产、贮运和使用等过程中可能存在危险。本标准无意对与本产品有关的所有安全问题提出建议。用户在使用本标准之前，有责任建立适当的安全和防范措施，并确定相关规章限制的适用性。

1 范围

本标准规定了××××苯的技术要求、试验方法、检验规则、标志、包装、运输、贮存和安全。

本标准适用于以×××为原料制得的×××苯，主要用途是作为高分子材料的××××等。

2 规范性引用文件

下列文件对本文件的应用是必不可少的。凡是注日期的引用文件，仅注日期的版本适用于本文件。凡是不注日期的引用文件，其最新版本(包括所有修改单)适用于本文件。

GB 190 危险货物包装标志

GB/T 617 化学试剂　熔点范围测定通用方法

GB/T 6678 化工产品采样通则

GB/T 8170 数值修约规则与极限数值的表示和判定

GB 12268—2012 危险货物品名表

……

……

3 技术要求

××××应符合表1所示的技术要求。

表1　技术要求(仅为示例)

项　　目		指　　标
外观		白色结晶
熔点/℃	≥	
总挥发物/%(质量分数)	≤	
××含量/%(质量分数)	≥	
熔融色度(Pt-Co)/号	≤	

4 试验方法

4.1 外观的测定

目测。

4.2 熔点的测定

按照 GB/T 617 规定进行。

4.3 总挥发物的测定

4.3.1 仪器

4.3.1.1 扁形称量瓶：50mm×33mm；

4.3.1.2 实验室用真空泵：真空度为 0.1MPa；

4.3.1.3 真空干燥器。

4.3.2 步骤

……

4.3.3 结果计算

总挥发物以质量分数 w_1 计，数值以%表示，按式(1)计算：

……… ………………………………………… (1)

式中：

m_0——……；

m_1——……；

m_2——……。

4.4 含量的测定

4.4.1 仪器

4.4.1.1 主仪器……。

4.4.1.2 辅助仪器……。

……

4.4.2 试剂

4.4.2.1 ……。

4.4.2.2 ……。

4.4.2.3 ……。

4.4.3 色谱操作条件

……

4.4.4 校正因子的测定

4.4.4.1 标准溶液的制备

……

4.4.4.2 校正因子的测定

……

(校正因子计算公式)

4.4.5 分析步骤

……

4.4.6 结果计算

……

（含量计算公式）

4.5 熔融色度的测定

4.5.1 试剂

……

4.5.2 分析步骤

……

5 检验规则

5.1 表1中规定的所有项目为出厂检验项目。
5.2 ××××由生产单位的质量检验部门进行检验，生产单位应保证出厂的产品都符合本标准要求，每批出厂的产品应附有质量合格证。
5.3 产品按批检验，以同等质量的均匀产品为一批(此句仅是示例。根据生产情况可有其他形式的表述。)
5.4 采样按GB/T 6678进行。采样总量不少于×g(或mL)。(还应规定装样品的容器和保存、样品标签内容等。)
5.5 检验结果的判定按GB/T 8170规定的修约值比较法进行。检验结果如果有一项指标不符合本标准的要求，应重新自两倍数量的包装单元中采样进行复验。如复验结果仍不符合本标准要求时，则该批产品为不合格。

6 标志、包装、运输和贮存

6.1 ××××的包装用聚乙烯塑料袋，净含量5kg/袋、20kg/袋。外包装用瓦楞纸箱，净含量20kg/箱。200L的聚乙烯塑料桶，净含量170kg±0.5kg/桶。或按用户要求的其他型式包装。
6.2 包装箱(桶)上应涂刷牢固的标志，其内容包括；每箱(桶)产品都应注明生产企业名称、产品名称、生产批号、净含量、符合GB 190规定的×××标志等内容。
6.3 运输时应遵照危险化学品管理的有关规定。
6.4 本品应置于阴凉、通风、干燥、避光、温度不高于30℃的场所，不能靠近热源。本品在符合安全储运要求和未经启封的条件下，其保质期自生产之日起计算为一年。

7 安全

7.1 根据GB 12268—2012，本产品为××××物，UN号：××××。本产品不能和硫酸、高氯酸和还原剂接触。
7.2 (表述安全操作本产品的防护措施。)

7.4.2　合成材料类产品企业标准编写

中国石化合成材料类产品主要是指合成树脂和合成橡胶产品，中国石化合成材料类企业标准主要是合成树脂、合成橡胶的产品标准。这两类产品标准的结构大致相同。

合成材料类产品企业标准的编写要符合三方面要求：技术内容要符合中国石化企业产品标准备案管理细则 1.2 条规定；标准的技术指标满足不低于该类产品现行国家标准、行业标准和一级企业产品标准的要求；标准的结构和编写格式要符合 GB/T 1《标准化工作导则》、GB/T 20000《标准化工作指南》和 GB/T 20001《标准编写规则》等要求。

下文从产品标准的内容结构、编写格式等方面着重说明合成材料类产品企业标准的编写要点，并提出起草标准时应当注意的一些问题。

7.4.2.1　产品标准的内容和结构层次

产品标准在内容上划分为资料性要素(分为概述要素和补充要素)和规范性要素(一般要素和技术要素)。这两大要素贯穿在标准的各个章节中，产品标准要素的类型及具体要素的编排等相关内容见前文 5.4.2。

在编写产品标准时，这些要素要按一定的逻辑次序进行编写。合成材料类产品企业标准按表 7-13 次序进行编写。

表 7-13　合成材料类企业标准的主要结构

- 封面
- 目次
- 前言
- 引言
- 正文
  1 范围
  2 规范性引用文件
  3 术语和定义
  4 分类与命名
  5 要求
  6 试验方法
  7 检验规则
  8 标志
  9 包装、运输和贮存
- 规范性附录
- 资料性附录
- 参考文献

7.4.2.2　产品标准的编写

(1) 封面

封面为必备的资料性要素。封面不仅仅是一个标准的包装，它还起着十分特殊的作用，在标准封面上显示着大量识别标准的重要信息。封面的主要内容和编排位置见表 7-14。

表 7-14　标准封面的具体要素及其位置

上部	国际标准分类号、中国标准文献分类号、备案号、标准的标志、标准类别、标准编号、代替标准编号
中部	标准名称(必要时，标准英文名称)、与国际标准一致性程度的标识(有采标的)、标准的发布及实施日期
下部	标准的发布部门或单位
各部分之间用横线隔开	

1) 国际标准分类号(ICS 号)

应在标准封面的左上角标明国际标准分类号(ICS 号)。分类号的选择应符合《国际标准文献分类法 ICS》的规定。ICS 是一个等级分类法，包含三个级别。第一级包含 40 个标准化专业领域，各个专业又细分为 407 个组(二级类)，407 个二级类中的 134 个又被进一步细分为 896 个分组(三级类)。表 7-15 列出了合成材料类相关专业的国际标准分类。

表 7-15　合成材料类相关专业的国际标准分类(ICS 分类)

序号	专业	ICS 号
1	橡胶和塑料工业	83
2	橡胶和塑料工业的生产工艺	83. 020
3	橡胶和塑料用原料	83. 040
4	橡胶和塑料用原料综合	83. 040. 01
5	胶乳和生橡胶	83. 040. 10
6	橡胶合成配料	83. 040. 20
7	橡胶的辅料和添加剂	83. 040. 30
8	橡胶	83. 060
9	塑料	83. 080
10	塑料综合	83. 080. 01
11	热塑性塑料	83. 080. 20
12	泡沫材料	83. 100
13	增强塑料	83. 120
14	橡胶和塑料制品	83. 140
15	橡胶和塑料制品综合	83. 140. 01
16	薄膜和薄板	83. 140. 10
17	层压薄板	83. 140. 20
18	塑料管、配件和阀门	83. 140. 30
19	软管	83. 140. 40
20	密封件	83. 140. 50
21	其他橡胶和塑料制品	83. 140. 99

示例 1：

(聚丙烯(PP)树脂)： ICS 83. 080. 20

示例 2：

(农用聚乙烯吹塑薄膜)： ICS 83. 140. 10

示例 3：

(苯乙烯-丁二烯嵌段共聚物(SBS))： ICS 83. 040. 10

2) 中国标准文献分类号

位于封面左上角，在 ICS 号下，应标明中国标准文献分类号，即一级类目和二级类目编号。分类号标记采用拉丁字母与阿拉伯数字相结合的方式。分类号的选择应符合《中国标准文献分类法》的规定。合成材料类产品的具体分类详见表 7-16。

表 7-16　合成材料类的中国标准文献分类(ICS 分类)

序号	专业	中国标准文献分类号
1	合成材料综合	G30
2	合成树脂、塑料基础标准与通用方法	G31

续表

序号	专业	中国标准文献分类号
3	合成树脂、塑料	G32
4	塑料型材	G33
5	合成橡胶基础标准与通用方法	G34
6	合成橡胶	G35
7	胶黏剂基础标准与通用方法	G38
8	胶黏剂	G39

具体到某种产品，示例如下：

示例4：

(聚丙烯(PP)树脂)： G32

示例5：

(农用聚乙烯吹塑薄膜)： G33

示例6：

(苯乙烯-丁二烯嵌段共聚物(SBS))： G35

3）备案号

位于封面左上角，在中国标准文献分类号下。除国家标准外，行业标准、地方标准、企业产品标准应注明备案号。组成为：顺序编号-年号。

示例7：

(Q/SH PRD253—2009)：备案号：CY G0224—2009

企业产品标准在发布之后、实施之前，应到行政主管部门和所在地技术监督部门办理产品标准备案，获取备案号。一般在封面填写的是技术监督局所给的备案号，以备检查。

4）标准的类别和标志

按照《中华人民共和国标准化法》的规定，我国标准分为国家标准(GB)、行业标准(××)、地方标准(DB ××/)、企业标准(Q/×××)。中国石油化工股份有限公司所属企业的产品企业标准的标志为：Q/SH。

5）标准的编号和代替标准号

(a) 标准的编号

石油化工合成材料类一级企标的标准编号由中国石化企业标准代码“Q/SH”、“标准顺序号”、“标准发布年代号”三部分组成(产品标准的编号在标准顺序号前增加“PRD”三个字母)，具体格式见附录×《中国石化企业产品标准备案管理细则》中第3章。

示例8：

Q/SH 0252—2009

[选自 Q/SH 0252—2009《聚丙烯(PP)模塑和挤出材料命名系统与分类基础》]

示例9：

Q/SH PRD253—2009

[选自 Q/SH PRD0253—2009《窄带类聚丙烯树脂》]

二级企业标准编号由中国石化企业标准代码“Q/SH”、“二级企业单位代码”、“标准顺序号”、“标准发布年代号”四部分组成，具体格式见附录×《中国石化企业产品标准备案管理细则》中第4章。其中，二级企业单位代码可在中国石化集团及股份公司有关文件中查到。

（b）代替标准编号

仅限于在同级标准中使用，每一项被代替的标准均应在封面中的标准编号之下另起一行标明被代替标准的信息，即被代替的标准编号，编写格式见示例10。如被代替的标准较多时，可仅列出主要被代替的标准，并在标准编号后加上“等”字，编写格式见示例11。

示例10：

代替 Q/SH ×××× ×××—2007

示例11：

代替 Q/SH ×××× ×××—2007 等

6）标准名称

（a）中文名称

标准名称是对标准的主题最集中、最简明的概括，它直接表述了标准化的对象，反映了标准的范围。标准名称最多包括三个要素，即引导要素、主体要素和补充要素。主体要素是必备要素，其余是可选要素。中文标准名称要素与要素之间空一字符隔开。合成材料类中文标准名称编写格式见表7-17。

表7-17　中文标准名称的编写格式

要素	引导要素（标准所属的领域）	主体要素（所述领域的标准化对象）	补充要素（标准化对象的特定方面）
一个	—	聚丙烯（PP）树脂	—
两个	生橡胶	挥发分含量的测定	—
三个	塑料	拉伸性能的测定	第1部分：通则

只包含主体因素的中文标准名称格式见示例12。

示例12：

聚丙烯（PP）树脂

上述标准名称也可按照用途，分为几部分，即标准名称包含主体因素和补充因素，编写格式见示例13。

示例13：

聚丙烯（PP）树脂　第1部分：注塑类 聚丙烯（PP）树脂　第2部分：挤出类 聚丙烯（PP）树脂　第3部分：窄带类 ………

包含引导因素和主体因素的中文标准名称编写格式见示例14：

示例14：

a）热塑性弹性体　苯乙烯/丁二烯嵌段共聚物（SBS）

反例1：

液相本体法共聚聚丙烯树脂

存在问题：标准名称中涉及其具体工艺，限制了标准的范围，企业里如果有多套工艺聚丙烯装置，同一企业就会制定出多个聚丙烯树脂标准，容易引起混乱。

反例2：

b）苯乙烯类热塑性弹性体 TPE

存在问题：1. 标准的范围不确定，苯乙烯类热塑性弹性体包括 SBS、SIS、SEBS、SEPS 四类，标准内容如果只涉及苯乙烯/丁二烯嵌段共聚物(SBS)，标准名称就应明确其标准的范围，标准名称应为《热塑性弹性体　苯乙烯/丁二烯嵌段共聚物(SBS)》；2. 产品缩写代号与产品不符，苯乙烯类热塑性弹性体的缩写代号是 TPS，TPE 是热塑性弹性体(Thermoplastic Elastomers)的缩写代号。

(b) 英文名称

应尽量从相应国际标准的名称中选取，避免直译标准的中文名称。在采用国际标准时，应直接采用原标准的英文名称。

7）与国际标准一致性程度的标识

当所制定的标准有对应的国际标准(不包括国外先进标准)时，应在封面相应位置标明与国际标准一致性程度的标识。具体要求见 GB/T 20000.2—2009《标准化工作指南　第 2 部分：采用国际标准》的第 8 章。

8）标准的发布及实施日期

在封面的倒数第二行，应标示标准的发布日期和实施日期。

示例 15：

2013-02-20 发布	2012-03-20 实施

二级企业产品标准须经备案审查同意后方可批准发布。标准的实施日期由中国石化法定代表人授权的二级企业领导审批后发布标准时确定。一般情况下，标准的发布和实施日期相差 1 个月以上。

9）标准的发布部门或单位

在封面的倒数第一行，应标示标准的发布单位。标准的发布单位应该与封面上部“中国石油化工股份有限公司××分公司企业标准”所述单位一致。

(2) 目次

目次为可选择的资料性要素，是否设置目次要根据标准的具体需要来决定。如果标准的内容较长，结构较复杂，篇幅较多时，一般应设置目次。

目次中所列的内容及次序如下：

——前言；

——引言；

——章的编号、标题；

——带有标题条的编号、标题(需要时才列出)；

——附录编号、附录性质(即在圆括号中注明“规范性附录”或“资料性附录”)、标题；

——附录章的编号、标题(需要时才列出)；

——附录条的编号、标题(需要时才列出，并且只能列出带有标题的条)；

——参考文献；

——索引；

——图的编号、图题(需要时才列出)

——表的编号、表题(需要时才列出)。

(3) 前言

前言为必备的资料性要素，每项标准均应有前言。前言不应包含要求和推荐，也不应包含公式、图和表。前言编写的总体要求是言简意赅。

前言内容的具体表述如下。

1）标准结构的说明(非必写项)

如果所起草的标准是系列标准或分部分出版的标准，应给出：

(a) 标准(或系列标准)的预计(或已知)结构；

(b) 本部分(或本标准)所处的位置。

示例16：

Q/SH ×××× ×××《聚丙烯(PP)树脂》分为五个部分： —— 第1部分：注塑类 —— 第2部分：挤出类 —— 第3部分：窄带类 —— 第4部分：薄膜类 —— 第5部分：纤维类 本部分为Q/SH ×××× ×××的第1部分。

2）标准编制所依据的标准(必写项)

标准是按照GB/T 1.1的规定编制，在表述标准编制所依据的起草规则时应提及GB/T 1.1。

示例17：

本标准按照GB/T 1.1—2009给出的规则起草。

标准是系列标准或分部分出版的标准时，写作“本部分”。

示例18：

本部分按照GB/T 1.1—2009给出的规则起草。

3）标准代替的全部或部分其他文件的说明(非必写项)

给出被代替的标准(含修改单)或其他文件的编号和名称。说明代替先前标准分为以下几种情况：

(a) 代替一个标准

示例19：

本标准代替Q/SH ×××× 001—2009。

(b) 同时代替几个标准

示例20：

本部分代替Q/SH ××××.021—2001《聚丙烯树脂》和Q/SH ××××.023—1999《非膜级无规共聚聚丙烯专用料》。

(c) 代替标准中的一部分内容

示例21：

本部分代替Q/SH ××××.022—2001《聚丙烯树脂》中薄膜类部分内容。

4）与标准前一版本的重大技术变化的说明

列出与前一版本相比的主要技术变化。说明的同时应列出所涉及的新、旧版本的有关章条。

说明与先前版本相比的主要技术变化分为以下几种情况：

(a) 删除了先前版本中的某些技术内容；

(b) 增加了新的技术内容；

(c) 修改先前版本中及技术内容。

示例22：

本标准与Q/SH ×××× ×××—2010相比主要变化如下： c) ——“无机械杂质”改为“无杂质”(见4.1，2010年版的4.2) d) ——“粉末灰分”改为“粒料灰分”，修改了相应的技术要求；增加了产品颗粒外观的技术要求；删除了产品氯含量的技术要求；(见4.2表1，2010年版的4.3表1)。 e) ——增加颗粒外观及薄膜类和纤维类产品黄色指数为出厂检验项目。(见6.1，2010年版的7.1)。

示例23：

本标准与 Q/SH ×××× ×××—2011 相比主要变化如下： ——修改了沥青改性用 SBS 和胶黏剂用 SBS 的性能项目(见表 1、表 2 和表 3，前版表 1)； ——修改了技术指标(见表 1、表 2 和表 3，前版表 1)； ——增加了附录 B(规范性附录)、附录 C(规范性附录)。

(d) 说明采用国际标准的程度和差异(非必写项)

等同采用前言编写见 GB/T 20000.2—2009 附录 D 的示例 1，修改采用见附录 D 的示例 2、示例 3，非等效时见附录 D 的示例 4。

5) 有关专利的说明(非必写项)

凡可能涉及专利的标准，如果尚未识别出涉及专利，则应在前言中用如下典型表述说明相关内容："请注意本文件的某些内容可能涉及专利。本文件的发布机构不承担识别这些专利的责任。"(详见 GB/T 1.1—2009 附录 C)。

6) 标准的提出信息(可省略)和归口信息(必写项)

使用下述适用的表述形式：

"本标准由××××公司提出。"

"本标准由××××公司质量管理处提出。"

"本标准由××××公司归口。"

"本标准由××××公司质量管理处归口。"

如果标准的提出和归口信息相同，则可将它们合并一起叙述。这时可表述为：

"本标准由××××公司提出并归口。"

"本标准由××××公司质量管理处提出并归口。"

7) 标准的起草单位和主要起草人(必写项)

使用以下表述形式：

"本标准起草单位：……。"

"本标准主要起草人：……。"

当由两个或两个以上单位参加起草时，必要时可区分负责起草单位和参加起草单位。

8) 所代替标准的历次版本发布情况(必写项)

应尽量列出所代替标准历次版本的全部信息。

示例24：

本标准于 1995 年 4 月首次发布，于 2000 年 7 月第一次修订，2005 年 9 月第二次修订，2011 年 12 月第三次修订。

如果代替两个或两个以上的标准，应将被代替的各标准的变化情况分别列出。

如果标准分部分出版，则应将上述列项中的"本标准……"改为"本部分……"。

石化合成材料类企业标准前言编写格式及内容见示例 25。

示例25：

前　　言
本标准依据 GB/T 1.1—2009《标准化工作导则　第 1 部分：标准的结构和编写》给出的规则起草。 本标准代替 Q/SH ×××× 011—2009。 本标准与 Q/SH ×××× 011—2009 相比主要变化如下： ——增加了通用要求"一章(见第 4 章)； ——删除了原标准中"粒子的尺寸在任意方向上应为(2~5)mm"的要求(见 5.1，2009 年版的 4.1)；

——用“颗粒外观”取代原标准中的“清洁度”，用“简支梁冲击强度”取代原标准中的“悬臂梁冲击强度”。删除了原标准中的“弯曲模量”，增加了“拉伸断裂应力”、“负荷变形温度”等项目(见 5.2 表 1，2009 年版的 4.2 表 1)；

——增加了××树脂贮存期的规定(见第 9 章)。

本标准由中国石化股份有限公司××分公司提出并归口。

本标准起草单位：中国石化股份有限公司××分公司质量管理处。

本标准主要起草人：×××、×××、×××。

本标准所代替标准的历次版本发布情况为：

——Q/SH ××××011—2005、Q/SH ×××× 011—2009。

反例 3：

前　　言

本标准对本企业生产的聚丙烯产品的命名、技术要求、试验方法、检验规则、标志、包装、运输和贮存提出规定要求。

本标准中×××、×××、×××三个牌号等效采用日本工业标准 K2647—1981(94)《聚丙烯成型材料》。

本标准是对原企业标准 Q/SH ×××.××—1999 进行修订和补充。

本标准中的试验方法基于意大利海蒙特公司提供的试验方法。

本标准自××××年×月××日起正式执行。原企业标准 Q/SH0000 00—2000 自行作废

本标准委托中国石化××分公司×××处负责解释。

存在问题：1. 未提及标准编制所依据的标准 GB/T 1.1；2. 部分内容不属于前言内容，第一段内容属于正文标准范围的内容，第二段和第四段应是编制说明中的内容；3. 表述不规范，第三段和第五段虽是前言的内容，但表述不符合编写要求；4. 未给出归口单位信息；5. 缺少标准起草单位和主要起草人的陈述。

假如某项二级企标不是系列标准中的一个标准，也不是分部分标准中的一个部分，而且是新制定的标准，又没有采用国际标准，与其他标准或文件也没有什么关系，即标准不涉及“非必写部分”的内容，则前言直接必写内容，见示例 26。

示例 26：

前　　言

本标准按照 GB/T 1.1—2009 给出的规则起草。

本标准由××××公司提出并归口。

本标准起草单位：中国石化股份有限公司××××公司质量管理处。

本标准主要起草人：×××、×××、×××。

本标准首次发布。

(4) 引言

引言为可选概述要素。一般情况下不需要编写引言。引言是对“前言”中有关内容的特殊补充或对标准中有关技术内容的特殊说明、解释，以及制定该标准原因的特殊信息或说明等。引言位于标准前言之后，一般不分条，也不编号。只有需要将引言分为带有编号的条时，才可对引言编号，编为 0.1、0.2。

（5）正文

1）范围

范围为必备要素，它应置于每项标准正文的起始位置。范围应明确表示标准的对象和所涉及的各个方面，由此指明标准或其特定对象的适用界限。必要时，可指出标准不适用的界限。

示例27：

> 1　范围
>
> 本标准规定了聚丙烯(PP)树脂的分类命名、要求、试验方法、检验规则、标志、包装、运输和贮存等。
>
> 本标准适用于丙烯或丙烯和乙烯在催化剂的作用下聚合制得的含有添加剂的颗粒状丙烯均聚物(PP-H)、丙烯耐冲击共聚物(PP-B)或丙烯无规共聚物(PP-R)。
>
> 本标准不适用于着色、填充、增强、共混聚丙烯树脂及母粒料。

如果标准分部分出版，范围的编写格式见示例28。

示例28：

> 1　范围
>
> Q/SH×××× ×××的本部分规定了吹塑类聚丙烯树脂的分类命名、要求、试验方法、检验规则、标志、包装、运输和贮存等。
>
> 本标准适用于以丙烯和乙烯为原料，在催化剂的作用下聚合制得的并含有添加剂的颗粒状聚丙烯无规共聚物。
>
> 本标准不适用于着色、填充、增强、共混聚丙烯树脂和母粒料。

示例29：

> 1　范围
>
> 本标准规定了苯乙烯-丁二烯嵌段共聚物(SBS)(以下简称SBS)的要求、试验方法、检验规则以及包装、标志、运输、贮存等。
>
> 本标准适用于以苯乙烯和1,3-丁二烯为主要原料，采用阴离子聚合方法制得的线型SBS、星型SBS及添加填充油的SBS，该SBS主要用于改性沥青、制鞋和制胶黏剂。

反例4：

> 1　范围
>
> 本标准规定了阻燃增强聚丙烯材料的要求、试验方法、检验规则、标志及包装、运输和贮存。
>
> 本标准适用于采用同向双螺杆配料挤出机，采用新型无卤阻燃剂，一定的抗氧剂、光稳定剂和染色剂方法生产的改性聚丙烯树脂。

存在问题：第二段描述不简洁、不完整。可修改为“本标准适用于添加了阻燃剂和其他助剂的阻燃增强聚丙烯材料。”

反例5：

> 1　范围
>
> 本标准规定了聚乙烯树脂的要求、试验方法、检验规则及标志、包装、运输、贮存、运输等。
>
> 本标准适用于Unipol工艺由乙烯聚合制得的聚乙烯树脂。该产品主要用于吹塑、挤出、注射制品等。

存在问题：第二段描述不规范，Unipol工艺可在编制说明中说明。该段可修改为“本标准适用于以乙烯均聚物或乙烯和其他1-烯烃为单体的共聚物及含有添加剂的聚合物。

2）规范性引用文件

规范性引用文件为可选要素，规范性引用文件经过标准条文的引用后，成为标准应用时必不可少的文件。

(a) 引导语

规范性引用文件应由下述引导语引出：

“下列文件对于本文件的应用是必不可少的。凡是注日期的引用文件，仅所注日期的版本适用于本文件。凡是不注日期的引用文件，其最新版本(包括所有的修改单)适用于本文件。”

(b) 引用方式

有注日期的引用文件和不注日期的引用文件两种方式。

对于注日期的引用文件，应给出版本号或年号以及完整的标准名称。注日期的引用文件意味着只使用所注日期的版本，其以后被修订的新版本，甚至修改单中的内容均不适用。如果引用时提及了被引用文件中的具体章、条、附录、图或表的编号，均应注日期。

示例30：

GB/T 2547—2008 塑料　取样方法

对于不注日期的引用文件，不给出年号。应给出完整的名称，但不应给出版本号或年号。不注日期的引用文件意味着可接受所引用文件将来的所有变化。

示例31：

GB　9693 食品包装用聚丙烯树脂卫生标准

(c) 规范性引用文件的排列顺序

规范性引用文件的排列顺序为：国家标准、行业标准、地方标准(适用于地方标准的编写)、国内有关文件、ISO标准、IEC标准、ISO或IEC有关文件、其他国际标准以及其他国际有关文件。国家标准、ISO标准、IEC标准按标准顺序号排列；行业标准、其他国际标准先按标准代号的拉丁字母顺序排列，再按标准顺序号排列。

(d) 与国际标准的一致性程度标识

企业标准如以国际标准为基础编写，并与与国际标准存在一致性程度，如果对应的国际标准又规范性引用了其他国际标准，应按照GB/T 20000.2—2009的规定，视不同程度、不同情况编写。与国际标准一致性程度为非等效时，可不标示与国际标准一致性程度标识。

本企业标准与国际标准没有一致性关系的情况，在企业标准的规范性引用文件清单中，无需在我国标准文件名称后面标示与国际文件的一致性程度标示。

示例32：

2　规范性引用文件

下列文件对于本文件的应用是必不可少的。凡是注日期的引用文件，仅注日期的版本适用于本文件。凡是不注日期的引用文件，其最新版本(包括所有的修改单)适用于本标准。

GB/T 3682—2000　热塑性塑料熔体质量流动速率和熔体体积流动速率的测定

GB/T 8170—2008　数值修约规则和极限数值的表示和判定

GB/T 9345.1—2008　塑料　灰分的测定　第1部分：通用方法

SH/T 1541—2006　热塑性塑料颗粒外观试验方法

Q/SH 0252—2009　聚丙烯(PP)模塑和挤出材料命名系统与分类基础

ISO 16014—4:2012　塑料　体积排除色谱法测定聚合物的平均分子量和分子量分布　第4部分：高温法

反例 6：

> 2　规范性引用文件
>
> 下列文件中的条款通过本标准的引用而成为本标准的条款。凡是注日期的引用文件，其随后所有的修改单(不包括勘误的内容)或修订版均不适用于本标准，然而，鼓励根据本标准达成协议的各方研究是否可使用这些文件的最新本版。凡是不注日期的引用文件，其最新版本适用于本标准。
>
> SH/T 1541　热塑性塑料颗粒外观试验方法
>
> GB/T 9345.1　塑料　灰分的测定　第 1 部分：通用方法
>
> GB/T 3682　热塑性塑料熔体质量流动速率和熔体体积流动速率的测定
>
> GB/T 9693—1988　食品包装用聚丙烯树脂卫生标准
>
> GB/T 8170—2008　数值修约规则和极限数值的表示和判定
>
> Q/SH 0252　聚丙烯(PP)模塑和挤出材料命名系统与分类基础
>
> ISO 16014-4:2012　塑料　体积排除色谱法测定聚合物的平均分子量和分子量分布　第 4 部分：高温法

存在问题：1. 规范性引用文件中引导语未更新；2. 引用国家标准没有按照标准号顺序从小到大依次排列；3. 食品包装用聚丙烯成型品卫生标准是强制性标准，应书写为 GB 9693；4. 石化行业标准应放在国家标准之后；5. 在规范性引用文件中，除涉及卫生、安全和环保标准的要求用不注日期引用，其他均应用注日期引用，否则引用标准更新，会影响产品标准使用。

(e) 编写“规范性引用文件”一章注意事项

a) 引用文件清单列出的每一项文件必须在标准条款中得到规范性引用；

b) 该清单不应包括：非公开的文件、资料性引用文件、在标准编制过程中参考过的文件；

c) 必须对被引用标准的技术内容认真进行研究核对，考虑其标准的适用程度；

d) 需要引用企业标准时，应引用本企业的标准(参见 GB/T 20000.3—2003 中 4.4)。

e) 不宜将国外公司的测试方法直接作为引用标准，应将其转化为企业试验方法标准加以引用，或作为本标准的附录。

3) 术语与定义

术语和定义为可选要素，它给出为理解标准中某些术语所必需的定义。标准中“术语和定义”一章的表达形式是：引导语+术语条目(清单)。根据不同的情况，选择的引导语将不同。

(a) 只有标准中界定的术语和定义适用时，应使用下述引导语：

“下列术语和定义适用于本文件。”

(b) 除了标准中界定的术语和定义外，其他文件中界定的术语和定义也适用时，应使用下述引导语：

“……界定的以及下列术语和定义适用于本文件。”

(c) 只有其他文件界定的术语和定义适用，而本标准中没有界定术语和定义时，应使用下述引导语：

“……界定的术语和定义适用于本文件。”

示例 33：

> 3　术语和定义
>
> 下列术语和定义适用于本文件。
>
> 3.1
>
> 拉伸屈服应力保持率　tensile yield stress retention
>
> 试样老化后的拉伸屈服应力与试样老化前的拉伸屈服应力的比值，用“%”表示。

反例 7：

> 3　术语和定义
> 3.1　拉伸屈服应力保持率　tensile yield stress retention
> 试样老化后的拉伸屈服应力与试样老化前的拉伸屈服应力的比值，用“%”表示。”

存在问题：1. 缺少引导语；2. 一级条目号 3.1 应该单列一行。

4）分类和命名（分类和标记）

分类和标记为标准的可选要素，它可为符合规定要求的产品、过程或服务建立一个分类、标记和（或）编码体系。分类和标记是标准规范性要素，根据具体情况，还应适当调整为“分类和编码”、“分类和命名”、“标准化项目标记”等。石化合成材料类产品标准中，此章题目写为“分类和命名”。“分类和命名”的表述形式不固定，可以是条文，也可以是表。

石化合成材料类产品标准中，其分类和命名编写应符合国家或行业有关标准的规定。

示例 34：

> 4　分类和命名
> 聚苯乙烯（PS）树脂的分类与命名按 GB/T 6594.1—1998 规定进行。

示例 35：

> 4　分类和命名
> 聚丙烯树脂的分类与命名按中国石油化工集团公司标准 Q/SH 0252—2009 规定进行。
> 示例：某种釜式本体法（H）技术生产的窄带类（T）聚丙烯均聚物（PPH）树脂为本色（N，可省略）颗粒（G，可省略）状，熔体质量流动速率 MFR 的标称值为 3g/10min（03），其试验条件为：温度 230℃，负荷 2.16 kg（M，可省略）。该材料命名如下：
>
> PP H - T 03-H
>
> 字符组 1：聚丙烯代号
> 均聚物代号
> 字符组 2：位置 1：窄带
> 字符组 3：熔体质量流动速率标称值范围代号
> 字符组 4：聚丙烯生产工艺技术：釜式本体法
> 命名：PPH-T03-H

示例 36：

> 4　分类和命名
> 异丁烯-异戊二烯橡胶（IIR）按照 GB/T 5576—1997 和 GB/T 5577—2008 的规定，按以下方式命名牌号。
> 异丁烯-异戊二烯橡胶（IIR）牌号由两个字符组组成。
> 字符组 1：异丁烯-异戊二烯橡胶的代号。按照 GB/T 5576—1997 的规定，异丁烯-异戊二烯橡胶代号为“IIR”。
> 字符组 2：异丁烯-异戊二烯橡胶的特征信息代号，由四位数字组成。前两位为不饱和度的标称值，不饱和度大于 1 时，用标称值的前两位数字表示，不饱和度小于 1 时，用“0+标称值的第一位数字”表示。后两位为生胶门尼粘度标称值，用标称值的前两位数字表示。

示例：某异丁烯-异戊二烯橡胶(IIR)，不饱和度的标称值为 1.74，生胶门尼粘度的标称值为 51，命名如下：

IIR　17　51

字符组 1：异丁烯 - 异戊二烯橡胶代号

字符组 2：异丁烯 -异戊二烯橡胶不饱和度的标称值

异丁烯 -异戊二烯橡胶生胶门尼黏度的标称值

命名：IIR1751

反例 8：

4　分类和命名

4.1　根据生产投入丙烯腈量的不同及最终反映性能、用途的差异，苯乙烯/丙烯腈(SAN)树脂产品划分为 HF、HM、HT 系列。

根据产品外观颜色的不同，分别有三种牌号，通过在系列号之后加字母 N(表示微黄色)、W(表示白色)、B(表示淡蓝色)以示区别。

存在问题：1. 该命名方法太笼统，缺少产品的基本信息；2. 苯乙烯/丙烯腈(SAN)树脂命名没有按照 GB/T 21460.1—2008《苯乙烯/丙烯腈(SAN)模塑和挤出材料　第 1 部分：命名系统和分类基础》的规定进行。

5）要求

要求为可选择的规范性技术要素。对于产品标准而言，要求是产品标准的核心。该章所规定的内容，反映具体的产品应达到的质量水平，是企业组织产品生产和供用户选择产品的主要依据。

（a）技术要求中特性量值的选择与确定应遵循以下规定：

a）特性的极限值应反映产品应达到的实际质量水平；

b）每一个特性只规定一种极限值及极限值的有效位数；

c）涉及健康、安全、电磁兼容和环境保护的量值，应符合有关标准。

（b）编写产品标准需要注意以下几点：

a）“要求”宜采用表格的形式。表的编号从 1 开始，只有一个表也应标为“表 1　表题”。一页排不下，表的转页接排为“表 1(续)”；

b）具体标准的指标不应低于相应通用要求或基本技术要求中的规定；

c）对不直接影响产品使用性能等方面的内容，一般不列入该章；

d）如有不宜证实的、不便证实但又需要列入标准的技术内容，应作相应的技术处理(单列一章或并入相关条款)；

e）不应包括索赔、担保、费用结算、价格之类的契约要求；

f）确定技术内容时应注意与相关的法律、法规及文件相协调；

g）不要扩大强制性标准的范围。

合成树脂和合成橡胶技术要求编写方式分别见示例 37 和示例 38。

示例 37：

5　要求

5.1　××树脂为本色颗粒，无黑粒和杂质。

5.2　对于有卫生要求的树脂应符合 GB 9692 标准。

5.3　××树脂的其他技术要求见表 1。

表 1　××树脂的技术要求

序　号	测试项目		单　位	×××(树脂命名)		
				优级品	一级品	合格品
1	颗粒外观	黑粒	个/kg	0		
		色粒	个/kg	≤5	≤10	≤20
2	熔体质量流动速率	标称值	g/10min	6.0		
		偏差		±1.5		
3	残留苯乙烯单体		mg/kg	≤600	≤700	≤800
4	维卡软化温度		℃	≥90	≥88	≥86
5	拉伸断裂应力		MPa	≥55		
6	弯曲强度		MPa	≥80	≥74	≥68
7	透光率		%	≥87		

示例 38：

5　要求

5.1　外观：白色或浅色块状，不含焦化颗粒、机械杂质及油污。

5.2　各项技术要求应符合表 1 规定。

表 1　××橡胶的技术要求

序号	项　目		单位	×××(橡胶命名)		
				优级品	一级品	合格品
1	挥发分(质量分数)		%	≤0. 50	≤0. 80	≤1. 10
2	灰分(质量分数)		%	≤0. 20	≤0. 20	≤0. 20
3	生胶门尼黏度，*ML*(1+4)(100℃)			45±4	45±4	45±7
4	混炼胶门尼黏度，*ML*(1+4)(100℃)			≤65	≤67	≤70
5	300%定伸应力	25 min	MPa	7. 8~11. 3	7. 5~11. 5	7. 5~11. 5
6		35 min	MPa	8. 5 11. 5	8. 2~11 7	8. 2~11. 7
7		50 min	MPa	8. 2~11. 2	7. 9~11. 4	7. 9~11. 4
8	拉伸强度	35 min	MPa	≥15. 0	≥14. 5	≥14. 0
9	扯断伸长率	35 min	%	≥385	≥365	≥365
注：混炼胶和硫化胶的性能指标均采用 ASTM IRB NO. 7 进行评价。						

6）试验方法

在产品标准中，试验方法为规范性技术要素。列入产品标准中的试验方法是与技术要求有关的方法。

(a) 试验方法的选择

选择试验方法，尽量采用已颁布的标准。产品标准中的每一项要求应至少有一项方法对其进行证实，如规定两种以上的方法时，应指出一种仲裁方法。

(b) 试验方法结构

试验方法编写的有以下几种情况：

a) 作为单独的章；

b) 并入要求中；

c) 作为规范性附录；

d) 作为标准的单独部分；

e）作为单独的标准（如果某试验方法有可能被若干其他标准所引用）。

产品标准中化学分析方法的结构应按照 GB/T 20001.4—2001《标准编写规则　第 4 部分　化学分析方法》确定，其他的方法根据具体情况加以选择及参考。表 7-18 给出部分方法标准中规范性核心技术要素的结构示例。

表 7-18　部分方法标准（规范性核心技术要素）结构示例

化学分析方法标准	试验方法标准	测量方法标准
原理	原理	定义
反应式	仪器（或设备）	测量原理和框图
试剂与材料	试样（包括试样的制备和状态调节）	测量设备
仪器	试验步骤	样品
采样（取样）	结果计算和表示	测量步骤
分析步骤	精密度	测量结果的表述
结果计算	试验报告	其他
精密度		
质量保证和控制		
特殊情况		
试验报告		

注：可根据具体情况对标准的结构及顺序进行增减及调整。

（c）产品标准中试验方法一章的编写

一般应直接引用已发布的有关专业的标准试验方法。

示例 39：

> 6　试验方法
>
> …
>
> 6.6　溶体质量流动速率
>
> 熔体质量流动速率的测定按 GB/T 3682—2000 中 A 法或 B 法规定进行，试验条件为 M（温度：230℃、负荷：2.16kg）。仲裁时采用 A 法。

反例 9：

> 6　试验方法
>
> …
>
> 6.6　溶体质量流动速率
>
> 熔体质量流动速率的测定按 GB/T 3682 规定进行。

存在问题：1. 没有说明具体的操作条件，即温度和负荷；2. 未指定仲裁方法，该标准有两种操作方法，采用不同的操作方法 A 或 B，所得的试验结果可能存在偏差，应指定仲裁方法。

示例 40：

> 6　试验方法
>
> …
>
> 6.7　简支梁缺口冲击强度
>
> 试样为按 6.2 规定制备的 80mm×10mm×4mm 长条试样。样条应在注塑后的 1h～4h 内加工缺口，缺口类型为 GB/T 1043.1—2008 中的 A 型。加工缺口后的样条为简支梁缺口冲击试验的试样。
>
> 试样的状态调节按 6.3 规定进行。
>
> 试验按 GB/T 1043.1—2008 规定进行。低温试验时，经状态调节后的试样应在-30℃的低温环境中放置至少 1h，每次冲击应在 10s 内完成。

反例 10：

> 6　试验方法
> …
> 6.7　简支梁缺口冲击强度
> 试验按 GB/T 1043.1—2008 规定进行。

存在问题：1. 缺少试样制备条件和试样尺寸的说明；2. 缺少试样的状态调节与试验的环境说明；3. 未明确试验操作条件。

标准技术要求中各种极限数值未加说明时，均指采用全数值比较法，如规定采用修约值比较法，要在试验方法章节中加以说明，否则按全数值比较法执行标准。

示例 41：

> 6　试验方法
> 6.1　试验结果的判定
> 试验结果采用修约值判定法，应按 GB/T 8170—2008 规定进行。

（d）编写试验方法的有关注意事项

编写产品标准时，如没有查到正式发布的与该专业技术要求有关的试验方法标准，需要重新编写试验方法内容时，要注意以下事项：

a）有关仪器和设备

对于"仪器和设备"条款中，应列出试验操作主要的和特殊的仪器设备，并规定仪器和设备的精度和等级。

示例 42：

> A.3.3　仪器
> 实验室常用仪器及以下：
> A.3.3.1　气相色谱仪，配有氢火焰离子化检测器(FID)和能适应毛细管色谱柱的分流进样器。
> A.3.3.2　色谱柱，长 50m、内径 0.32mm、固定液为 100%二甲基聚硅氧烷、液膜厚度 0.3μm 的毛细管色谱柱，或性能相当的其他色谱柱。
> A.3.3.3　色谱数据处理系统或合适的记录仪。
> A.3.3.4　分析天平，准确度 0.1mg。
> A.3.3.5　微量进样器，10μL。
> A.3.3.6　容量瓶，50mL。
> A.3.3.7　烧瓶，25mL。
> A.3.3.8　移液管，1mL。
> A.3.3.9　计量管，1mL，分度值 0.01mL。

b）有关安全警示条款

对健康或环境有危险或有危害的所分析的产品、试剂或分析步骤，必须引起注意并注明所需的注意事项以避免伤害。按 GB/T 20001.4—2001 附录 A.4"警告"规定，这些内容应该用黑体字印刷和安排。

如果危险属于一般性提示或来自于所分析的产品，应在正文第一页标准名称后立即标出。

示例 43：

> **标准名称**
> **警告——使用本标准的人员应有正规实验室工作的实践经验。本标准并未指出所有可能的安全问题。使用者有责任采取适当的安全和健康措施，并保证符合国家有关法规规定的条件。**

如果危险来自于特殊的试剂或材料，应在试剂或材料的名称后标出。

示例 44：

> A.5 试剂与材料
> …
> A.5.6 环己烷：液相色谱级。
> **警告——二氯甲烷和环己烷是有毒、易燃物品，萃取操作应该在通风橱中进行。**

如果危险属于分析步骤固有的，应在“分析步骤”一章的开始标出。

示例 45：

> A.6 试验方法
> **警示——试验方法规定的一些试验过程可能导致危险情况，操作者应采取适当的安全和防护措施。**

c）试验方法中要规定分析结果的有效位数

具体编写方式见示例 46 和示例 47。

示例 46：

> A.9 结果计算
> …
> 以两次测试结果的算术平均值作为测定结果，计算结果表示到两位有效数字。

示例 47：

> A.9 结果计算
> …
> 取三次平行试验的算术平均值作为测定结果，精确至 1μg/g。

d）试验方法的准确度（精密度、正确度）的表述

尽可能给出试验方法的准确度（精密度、正确度），也可以用允许差表示。

示例 48：

> A.10 重复性
> 在同一实验室，由同一操作者使用相同设备，按相同的测试方法，并在短时间内对同一被测对象相互独立进行测试获得的两次独立测试结果的绝对差值不大于这两个测定值的算术平均值的 10%。

e）量、计量单位及其表述

根据 GB/T 20001.4—2001，原有的一些表述方法需调整，主要有：

——质量分数：“75%（m/m）”改为“质量分数是 0.75”，还可用“5μg/g”这种形式表示，相当于原来的 5ppm。

——体积分数：“75%（v/v）”改为“体积分数是 0.75”。还可用“4.2mL/m^3”这种形式表示，相当于原来的 4.2ppm。

——物理量符号的选择：应符合 GB 3101、GB 3102 的规定。如物质 B 的质量分数（w_B），物质 B 的体积分数（ϕ_B）。

——表示数值 0.001 的符号‰（“每厘”或“每千”）宜避免使用。

7）检验规则

（a）检验分类与检验项目

a）检验分类

根据石化合成材料的特点，产品的检验一般分型式检验项目和出厂检验项目。

● 型式检验

型式检验是对产品各项指标的全面检验，用以评定产品质量是否全面符合标准。如果出厂检验为全检时，不再编写型式检验。

当有下列情况时应进行型式检验：

——新产品试制定型鉴定时；

——正式生产后，若原材料或工艺有较大改变，可能影响产品性能时；

——产品装置检修，恢复生产时；

——出厂检验结果与上次型式检验结果有较大差异时；

——上级质量监督机构提出进行型式检验要求时。

● 出厂检验

出厂检验是对正式生产的产品在交货时进行的最终检验，以评定产品在交货时是否达到了在型式检验中已确认的质量。产品进出厂检验合格，才可作为合格品交付。

出厂检验的项目是型式检验的一部分，在型式检验中所做的一些破坏性试验，试验时间较长的试验一般不作为出厂检验的项目。

b）检验项目

根据选定的检验类别，分别确定需进行的检验项目，可用表格形式表示。实际上是说明“要求”中的检验项目是哪一个检验类别。当检验项目的次序会影响检验结果时，应对检验项目的次序作出规定。必要时可规定在正常生产时型式检验项目进行的频次，不同项目测试的频次可不一样。

示例 49：

7　检验规则

7.1　检验分类与检验项目

××树脂产品的检验分为型式检验和出厂检验两类。

第 5 章要求中所有的项目为型式试验项目，除拉伸断裂应力外的其他项目为出厂检验项目。

示例 50：

7　检验规则

7.1　检验分类与检验项目

××树脂产品的检验分为型式检验和出厂检验两类。

第 5 章中所有的项目为型式检验项目，各类××树脂产品出厂检验项目的具体规定见表×。

表×　各类××树脂产品出厂检验至少包括的项目

序号	试验项目		注塑类	纤维类	吹塑类	涂覆类
1	颗粒外观	黑粒	√	√	√	√
		色粒	√	√	√	√
		大粒和小粒	√	√	√	√
		蛇皮粒和拖尾粒	—	√	—	—
2	熔体质量流动速率		√	√	√	√
3	等规指数		√	√	√	√
4	拉伸屈服应力		√	√	√	√
5	鱼眼		—	√	—	—

示例 51：

> 7　检验规则
>
> 7.1　检验分类与检验项目
>
> SBS 产品检验项目分为型式检验项目和出厂检验项目。
>
> 表 1 ~ 表 3 所列项目均为型式检验项目。对于沥青改性用 SBS，表 1 中的“挥发分”和“熔体质量流动速率”为出厂检验项目。对于制鞋用 SBS，表 2 中除“灰分”外其余项目均为出厂检验项目。对于胶粘剂用 SBS，表 3 中所有项目均为出厂检验项目。
>
> 每周至少分析一次“结合苯乙烯含量”；其余型式检验项目每季度至少分析一次。

（b）组批规则和抽样方案

a）组批规则

根据产品的特点及供需双方承担的风险，确定组批规则。包括组批条件、批量、组批时机、组批方法等。

示例 52：

> 7.2　组批规则与抽样方案
>
> 7.2.1　组批规则
>
> ××树脂以在同一生产线上、相同原料、相同工艺所生产的同一牌号的产品组批，以一个贮存料仓中经掺混后的产品为一批。
>
> 产品以批为单位进行检验和验收。

示例 53：

> 7.2　组批规则与抽样方案
>
> 7.2.1　组批规则
>
> ××橡胶产品以同一生产线上、相同原料、相同工艺所生产的同一牌号的产品组批，并以一个班生产的产品为一批。
>
> 产品以批为单位进行检验和验收。

b）抽样方案

根据产品的特点及供需双方承担的风险，确定抽样方案。具体应根据有关要素例如检查水平（IL）、合格质量水平（AQL）、不合格分类等内容来确定。

不同类型产品采用的取样方法不同。合成树脂和合成橡胶取样法有如下国家标准和行业标准，分别规定了不同类型产品的抽样条件和方法，

现有合成树脂取样标准：

GB/T 2547—2008　塑料　取样方法

现有合成橡胶取样标准：

GB/T 15340—1994　天然、合成生胶取样及制样方法

GB/T 19187—2003　合成生胶抽样检查程序

示例 54：

> 7.2.2　抽样方案
>
> ××树脂可在料仓的取样口抽样。
>
> 包装后产品的取样应按 GB/T 254-7—2008 规定进行。

示例 55：

7.2.2　抽样方案 ××橡胶产品按照 GB/T 19187 的规定进行抽样。根据所测项目，实验室样品的总质量应为 500g～700g。实验室混合样品由各实验室样品等量混合制成。

示例 56：

7.2.2　抽样方案 ××橡胶产品的抽样方案按 GB/T 19187—2003 第 3 章的规定进行。 ××产品可在生产线上抽样，样品总量应不低于 2.0kg。 ××产品应按照 GB/T 15340—2008 规定制取实验室样品。

对取样有特殊要求的应在此章节中予以规定，如果相关国行标取样法不适用时，企业可以制定自己的取样标准方法。

（c）判定规则和复验规则

对每一类检验均应规定判定规则，即判定产品合格或不合格的条件。

必要时可对不合格批再次提交检验并规定复验规则，如允许复验的项目、条件、次数及复验结果的综合判定等。

a）判定规则

示例 57：

7.3　判定规则与复验规则 7.3.1　判定规则 ××树脂应由生产厂的质量检验部门按照本标准规定的试验方法进行检验，依据检验结果和本标准中的技术要求对产品作出质量判定，并提出证明。 产品出厂时，每批产品应附有产品质量检验合格证。合格证上应注明产品名称、牌号、批号、执行标准，并盖有质检专用章。

示例 58：

7.3　判定规则与复验规则 7.3.1　判定规则 ××橡胶产品由质量检验部门按照本标准规定的试验方法进行检验，依据检验结果和要求对产品作出质量判定，并出具产品质量证明书。 产品出厂时，每批产品应附有产品质量证明书。证明书上应有标志并盖有质检专用章和检验员标识。

b）复验规则

某合成树脂产品复验规则编写格式见示例 59，某合成橡胶产品复验规则编写格式见示例 60。

示例 59：

7.3.2　复验规则 检验结果若某项指标不符合本标准要求时，可重新取样对该项目进行复验。以复验结果作为该批产品的质量判定依据。

示例 60：

7.3.2　复验规则

用实验室混合样品进行出厂检验，检验结果中任何一项不符合本标准技术要求时，应重新取双倍样品进行复检，复检结果仍不符合本标准技术要求时，则该批产品应定为不合格品。

8）标志

标志、标签和包装作为相互关联或补充的内容，通常纳入有关的标准，特别是涉及消费品的产品标准。石化合成材料类的产品标准应规定标志的内容，根据产品的具体特点及有关法律、法规和相关标准的要求规定标志的内容。

示例 61：

8　标志

聚乙烯树脂的外包装上应有明显的标志。标志内容可包括：商标、生产厂名称、厂址、标准号、产品名称、牌号、批号(含生产日期)和净含量等。

示例 62：

8　标志

每个异丁烯-异戊二烯橡胶包装箱上应清楚地标明产品的标志。标志内容包括：产品名称、牌号、生产厂名称、注册商标、生产日期、批号和净含量等。

9）包装、运输、贮存

石化合成材料类的产品标准要规定产品的包装、运输和贮存条件等方面的技术要求，这样既防止因包装不当引起危险、毒害或污染环境又保护了产品。

(a）包装

包装的基本内容包括：

a）包装技术与方法，如：箱装、盒装、整体包装还是拆散包装，防潮、防震、防晒等；

b）包装材料和要求，如：牛皮纸袋、塑料薄膜、铝桶等；

c）内包装物的要求，如：内装物的数量、重量、体积、摆放方法等，对可能造成危害或污染的产品，还应对防护条件作出明确规定；

d）包装试验与检验要求。

示例 63：

9.1　包装

汽车门内板用聚丙烯专用料可用内衬聚乙烯薄膜的聚丙烯编织袋或其他包装形式。包装材料应保证在运输、码放、贮存时不被污染和泄漏。

每袋产品的净含量可为 25kg 或其他。

示例 64：

9.1　包装

SBS 产品可采用三合一纸塑包装袋或其它包装形式包装。包装袋材料应保证在运输、码放、贮存时不污染和泄漏产品。

每包产品的净含量可为 20kg 或其他。

示例 65：

9.1　包装

IIR 胶块用印有商标、产品名称或特殊标记的低密度聚乙烯薄膜热合封装，薄膜厚度为0.04 mm~0.06 mm、熔点不大于 110℃，将封装好的胶块放入木箱或铁箱内，每块橡胶净含量为 25kg。

反例 11：

> 9.1　包装
>
> 聚丙烯树脂可用内衬聚乙烯薄膜袋的聚丙烯编织袋或其他包装。包装材料应保证在多次运输、码放、贮存时不泄漏。每袋产品 25kg±250g。

存在问题：1. 企标中包装的规定是明确的，有几种就写几种；2.“包装材料应保证在运输、码放、贮存时不泄漏”即可；3. 每袋产品的质量不应有偏差规定。只规定“每袋产品净含量 25kg“即可。因所有商品应遵守国家质量监督检验检疫总局 2005 年第 75 号发布的《定量包装商品计量监督管理办法》。

（b）运输

对产品运输有特殊要求可在产品标准中规定，基本内容包括：

a）运输方式(工具)：汽车、火车、轮船还是飞机等；

b）运输条件：温度、湿度、堆码高度、不能与某些物质接触等；

c）运输中的注意事项：根据产品及包装件的特性，体积及质量(重量)、形状等，规定装、卸、运等方面的特殊要求，以及运输过程中的防护条件等。

示例 66：

> 9.2　运输
>
> 汽车门内板用聚丙烯专用料为非危险品。在运输和装卸过程中不应使用铁钩等锐利工具，切忌抛掷。运输工具应保持清洁、干燥并备有厢棚或苫布。运输时不应与沙土、碎金属、煤炭及玻璃等混合装运，更不应与有毒及腐蚀性或易燃物混装。不应暴晒或雨淋。

示例 67：

> 9.2　运输
>
> SBS 产品在运输过程中，应避免高温和阳光直接照射或雨水浸泡，运输车辆应整洁，避免包装袋破损和杂物混入。

（c）贮存

必要时，可规定产品的贮存要求，特别是对有毒、易腐、易燃、易爆等危险物品应规定相应的特殊要求。

贮存要求的基本内容包括：

a）贮存场所，指明库存、露天、遮篷等；

b）贮存条件，指明温度、湿度、通风方式、空气流通量、对有害物质的防护等；

c）贮存方式，产品或包装件的放置方式，如单放、堆码，以及堆码的高度、形式等；

d）贮存期限，有效期、贮存期、贮存期内应定期检查的项目、定期维护的要求和防护措施等。

示例 68：

> 9.3　贮存
>
> 汽车门内板用聚丙烯专用料应贮存在通风、干燥、清洁并保持有良好消防设施的仓库内，不得与腐蚀品、易燃品一起贮存，且堆放平整。贮存时，应远离热源，并防止阳光直接照射，不应在露天堆放，防止暴晒。
>
> 汽车门内板用聚丙烯专用料应有贮存期的规定，一般从生产之日起，不超过 24 个月。

示例 69：

> 9.3　贮存
>
> SBS 产品应贮存在常温、干燥、通风、清洁的仓库中，成行成垛整齐堆放并保持一定行距，不应露天堆放，防止日光直接照射。SBS 产品质量保证期为自生产之日起 12 个月。

示例70：

> 9.3　贮存
>
> 低顺式聚丁二烯橡胶应存放在通风、干燥、防晒、远离火源并保持清洁有良好消防设施的仓库内。质量保证期为自生产日期起为24个月。

（6）附录

附录为可选要素。附录分为规范性附录和资料性附录两种形式。

1）规范性附录

规范性附录为可选要素，它给出标准正文的附加条款。一般包括两方面的内容：

（a）试验方法、试验材料应满足的特殊要求；

（b）对标准有关技术内容的进一步补充，是标准正文不可分割的一部分。

在标准条文中提及时的措辞方式：如“遵照附录A的规定”，“见附录C”，“按附录B中规定的校准方法进行。”

2）资料性附录

资料性附录为可选要素，它给出对理解或使用标准起辅助作用的附加信息。该要素不应包含要声明符合标准而应遵守的条款。

在标准条文中提及时的措辞方式：如“参考附录A”；“参见附录B”。

3）附录编写应注意的问题

（a）同一标准中出现两个或两个以上“规范性附录”和“资料性附录”时，应按在标准正文中出现的先后顺序排列，所有的附录均用大写字母(A、B、C…)顺序编号；

（b）每个附录另起一面，不允许接排；

（c）附录中的章、图、表和数学公式应从1重新开始，编号前应加上附录编号中的字母顺序号。例如：章用“A.1”、“A.2”、“A.3”等表示；图用“图A.1”、“图A.2”等表示。

（7）参考文献

参考文献为可选择的资料性要素。如果有参考文献，应该放置在最后一个附录之后。起草应遵照GB/T 7714《文后参考文献著录规则》的有关规定。文献清单中每个参考文献前应在方括号中给出序号。文献清单中所列的文献(含在线文献)以及文献的排列顺序等均与对规范性引用文件引用文件清单的规定相一致。参考文献中如果列出国际、国外标准和其他国际、国外文献，则应直接给出原文，无需将原文翻译后给出中文译名。

编写标准时，在标准的最后一个要素后，应有标准的终结线，以示标准完结。标准的终结线为居中的粗实线，长度为版面宽度的四分之一。

合成材料类产品企业标准编写示例如下：

ICS 83.080.20
G 32
备案号：

Q/SH

中国石油化工股份有限公司××分公司企业标准

Q/SH ×××× ×××—2012
代替 Q/SH ×××× ×××—2009

聚丙烯(PP)树脂

Polypropylene(PP) resin

2012-03-01 发布　　　　2012-04-01 实施

中国石油化工股份有限公司××分公司　发布

前　　言

本标准按照 GB/T 1. 1—2009 给出的规则起草。

本标准代替 Q/SH ×××× ×××—2009。

本标准与 Q/SH ×××× ×××—2009 相比主要变化如下：

——第 5 章技术要求表 1 中，注塑类聚丙烯××产品的拉伸屈服应力指标合格品和一级品由“≥26 MPa”修改为“>29 MPa”，优级品由“≥28 MPa”修改为“≥31 MPa”；

——第 5 章技术要求表 3 中，删除了挤出薄膜类聚丙烯××产品。

本标准由中国石油化工股份有限公司××分公司生产部提出并归口。

本标准起草单位：中国石油化工股份有限公司××分公司质检中心。

本标准主要起草人：×××、×××、×××。

本标准所代替标准的历次版本发布情况为：

Q/SH ×××× ×××—2009。

聚丙烯(PP)树脂

1 范围

本标准规定了聚丙烯树脂的分类命名、要求，试验方法，检验规则，标志，包装、运输和贮存。

本标准适用于以丙烯或丙烯和乙烯为原料，在催化剂的作用下聚合制得的含有添加剂的颗粒状聚丙烯均聚物或共聚物。

本标准不适用于着色、填充、增强、共混聚丙烯树脂和母粒料。

2 规范性引用文件

下列文件对于本文件的应用是必不可少的。凡是注日期的引用文件，仅所注日期的版本适用于本文件。凡是不注日期的引用文件，其最新版本(包括所有的修改单)适用于本文件。

GB/T 1040.2—2006 塑料拉伸性能的测定 第2部分，模塑和挤塑塑料的试验条件

GB/T 1043.1—2008 塑料简支梁冲击性能的测定 第1部分，非仪器化冲击试验

GB/T 1634.2—2004 塑料负荷变形温度的测定 第2部分：塑料和硬橡胶试验方法

GB/T 2410—2008 透明塑料透光率和雾度的测定

GB/T 2412—2008 塑料聚丙烯(PP)和丙烯共聚物热塑性塑料等规指数的测定

GB/T 2546；2—2003 塑料聚丙烯(PP)模塑和挤出材料 第2部分：试样制备和性能测定

GB/T 2547—2008 塑料取样方法

GB/T 2918—1998 塑料试样状态调节和试验的标准环境

GB/T 3398.2—2008 塑料 硬度测定 第2部分：洛氏硬度

GB/T 3682—2000 热塑性塑料熔体质量流动速率和熔体体积流动速率的测定

GB/T 6595—1986 聚丙烯树脂树脂“鱼眼”测试方法

GB/T 8170—2008 数值修约规则与极限数值的表示和判定

GB/T 9341—2008 塑料弯曲性能的测定

GB/T 9345.1—2008 塑料灰分的测定 第1部分：通用方法

GB 9693 食品包装用聚丙烯树脂卫生标准

GB/T 17037.1—1997 热塑性塑料注塑试样的制备 第1部分：一般原理及多用途试样和长条试样的制备

GB/T 17037.3—2003 塑料热塑性塑料材料注塑试样的制备 第3部分；小方试片

GB/T 17037.4—2003 塑料热塑性塑料材料注塑试样的制备 第4部分：模塑收缩率的测定

SH/T 1541—2006 热塑性塑料颗粒外观试验方法

Q/SH 0252—2009 聚丙烯(PP)模塑和挤出材料命名系统与分类基础

3 分类与命名

聚丙烯树脂产品的分类与命名按中国石油化工集团公司标准 Q/SH 0252—2009 规定进行。

4 通用要求

对于有卫生要求的树脂，应符合 GB 9693 的规定。

5 要求

5.1 聚丙烯树脂为本色颗粒，无杂质。

5.2 不同类别的聚丙烯树脂，其他技术要求也不同。

5.2.1 注塑类聚丙烯树脂的其他技术要求见表 1。

5.2.2 纤维类聚丙烯树脂的其他技术要求见表 2。

5.2.3 挤出薄膜类聚丙烯树脂的其他技术要求见表 3。

表 1 注塑类聚丙烯树脂的技术要求

序号	测试项目		单位	×××(树脂的命名)		
				优级品	一级品	合格品
1.1	颗粒外观	黑粒	个/kg			
1.2		色粒	个/kg			
1.3		大粒和小粒	g/kg			
2	熔体质量流动速率		g/10min			
3	等规指数		%			
4	灰分(质量分数)		%			
5	拉伸屈服应力(σ_y)		MPa			
6	弯曲模量(E_f)		MPa			
7	简支梁缺口冲击强度(a_{cA})	23℃	kJ/m^2			
		-20℃	kJ/m^2			
8	负荷变形温度(T_f0.45)		℃			
9	洛氏硬度(R 标尺)					
10	模塑收缩率(S_M)		%			

表 2 纤维类聚丙烯树脂的技术要求

序号	项　目		单位	×××(某纤维类聚丙烯树脂命名)		
				优级品	一级品	合格品
1.1	颗粒外观	黑粒	个/kg			
1.2		大粒和小粒	g/kg			
1.3		色粒	个/kg			
1.4		蛇皮粒和拖尾粒	个/kg			
2	熔体质量流动速率(MFR)		g/10min			
3	等规指数		%			
4	灰分(质量分数)		%			
5.1	拉伸性能	拉伸弹性模量(E_t)	MPa			
5.2		拉伸屈服应力(σ_y)	MPa			
5.3		拉伸断裂应力(σ_B)	MPa			
5.4		拉伸断裂标称应变(ε_{tB})	%			
6.1	鱼眼	0.8mm	个/$1520cm^2$			
6.2		0.4mm				

表 3　挤出薄膜类聚丙烯树脂的技术要求

序号	项　　目		单位	×××(某挤出薄膜类聚丙烯树脂命名)		
				优级品	一级品	合格品
1.1	颗粒外观	黑粒	个/kg			
1.2		大粒和小粒	g/kg			
1.3		蛇皮粒和拖尾粒	个/kg			
2	熔体质量流动速率(*MFR*)		g/10min			
3	等规指数		%			
4	灰分(质量分数)		%			
5	拉伸屈服应力(σ_y)		MPa			
6.1	鱼眼	0.8mm	个/1520cm^2			
6.2		0.4mm				
7	雾度		%			

6　试验方法

6.1　试验结果判定

试验结果采用修约值判定法，应按 GB/T 8170—2008 规定进行。

6.2　试样制备

6.2.1　注塑试样的制备

聚丙烯树脂注塑试样的制备见 GB/T 2546.2—2003 中 3.2 的规定。

用 GB/T 17037.1—1997 标准中的 A 型模具制备符合 GB/T 1040.2—2006 中 1A 型试样，B 型模具制备 80mm×10mm×4mm 长条试样。

用 GB/T 17037.3—2003 标准中的 D1 型模具制备的 60mm×60mm×1mm 注塑试样可用于注塑类产品雾度的测定。

用 GB/T 17037.3—2003 标准中的 D2 型模具制备的 60mm×60mm×2mm 注塑试样可用于注塑类产品模塑收缩率的测定。

用于测定洛氏硬度的试样(尺寸为 50mm×50mm×6mm)可用符合尺寸要求的模具制备注塑试样。

6.2.2　流延薄膜试验样品的制备

6.2.2.1　流延薄膜机至少应具备下列基本条件：

a) 冷却辊温度可控；

b) 口模宽度：不小于 250mm；

c) 螺杆长径比不小于 25。

6.2.2.2　流延薄膜制备条件：

a) 熔体温度：250℃±50℃

b) 冷却温度：20℃~30℃。

6.2.2.3　流延薄厚度

膜厚度：0.030mm±0.005mm。

6.3 试样的状态调节和试验的标准环境

试样的状态调节按 GB/T 2918—1998 的规定进行，状态调节的条件为温度 23℃±2℃，调节时间至少 40h 但不超过 96h。

所有试验都应在 GB/T 2918—1998 规定的标准环境下进行，环境的温度为 23℃±2℃、相对湿度为 50%±10%。

6.4 颗粒外观

按 SH/T 1541—2006 中的规定进行。

6.5 熔体质量流动速率

按 GB/T 3682—2000 中 A 法或 B 法规定进行，仲裁时选用 A 法。选用 B 法测定熔体质量流动速率时，熔体密度值为 0.7386g/cm^3。试验条件为 M(温度：230℃、负荷：2.16kg)。试验时，在装试样前应用氮气吹扫料筒 5s~10s，氮气压力为 0.05MPa。

注 1：试验前，使用相应有证标准样品可保证试验数据的可靠性。

6.6 等规指数

按 GB/T 2412—2008 规定进行。

6.7 灰分

试验按 GB/T 9345.1—2008 规定进行，采用直接燃烧法(A 法)，灼烧温度为 850℃±50℃。

6.8 模塑收缩率

试样为按 6.2.1 中 D2 型模具制备的试样。

测试按 GB/T 17037.4—2003 规定进行。

6.9 拉伸试验

试样为按 6.2.1 制备的多用途试样。

试样的状态调节按 6.3 规定进行。

测试按 GB/T 1040.2—2006 规定进行。测试拉伸弹性模量时，试验速度为 1mm/min。其他拉伸性能测试时，试验速度为 50mm/min。

6.10 弯曲试验

试样为按 6.2.1 规定制备的 80mm×10mm×4mm 长条注塑试样。

试样的状态调节按 6.3 规定进行。

测试按 GB/T 9341—2008 规定进行，试验速度为 2mm/min。

6.11 简支梁缺口冲击强度

试样为按 6.2.1 规定制备的 80mm×10mm×4mm 长条注塑试样。样条应在注塑后的 1h~4h 内加工缺口，缺口类型为 GB/T 1043.1—2008 中的 A 型。加工缺口后的样条为简支梁缺口冲击试验的试样。

试样的状态调节按 6.3 规定进行。

试验按 GB/T 1043.1—2008 规定进行。低温试验时，经状态调节后的试样应在-20℃的环境中放置至少 1h，每次冲击应在 10s 内完成。

6.12 负荷变形温度

试样为按 6.2.1 制备的 80mm×10mm×4mm 长条注塑试样。

试样的状态调节按 6.3 规定进行。

测试按 GB/T 1634.2—2004 中的 B 法（负荷为 0.45MPa）规定进行。试验时，加热装置的起始温度应低于 27℃。加热升温速率为 120℃/h±10℃/h。

6.13 洛氏硬度

试样可为按 6.2.1 制备的推荐尺寸为 50mm×50mm×6mm 的注塑试样。

试样的状态调节按 6.3 规定进行。

测试按 GB/T 3398.2—2008 规定进行，

6.14 鱼眼

按 6.2.2 制备流延薄膜试验样品。

试验样品的状态调节按 6.3 规定进行。

从距膜端大于 1m 处开始裁取试样，试样尺寸符合 GB/T 6595—1986 规定。

测试按 GB/T 6595—1986 规定进行。

6.15 雾度

按 6.2.2 制备流延薄膜试验样品。

试验样品的状态调节按 6.3 规定进行。

从距膜端大于 1m 处开始裁取试样，试样尺寸符合 GB/T 2410—2008 规定。

测试按 GB/T 2410—2008 规定进行。

7 检验规则

7.1 检验分类与检验项目

下列试验项目只需在聚丙烯树脂产品确定牌号时检验：

——第 4 章卫生要求；

——注塑类聚丙烯树脂的模塑收缩率：

除上述项目外，聚丙烯树脂产品的检验可分为别式检验和出厂检验两类。

第 5 章中所有的项目为型式检验项目。

各类聚丙烯树脂出厂检验至少应包括的项目见表 4。

表 4　各类聚丙烯树脂出厂检验至少应包括的项目

序号	试验项目		注塑类			纤维类	挤出薄膜类
			PP-H	PP-B	PP-R	PP-H	PP-H
1.1	颗粒外观	黑粒	√	√	√	√	√
1.2		大粒和小粒	√	√	√	√	√
1.3		蛇皮粒和拖尾粒	—	—	—	√	√
2	熔体质量流动速率		√	√	√	√	√
3	拉伸屈服应力		√	√	√	√	√
4	简支梁缺口冲击强度(23℃)		—	√	√	—	—
5	简支梁缺口冲击强度(-20℃)		—	√	—	—	—
6	鱼眼		—	—	—	√	√
7	雾度		—	—	—	—	√

当有下列情况时应进行型式检验：

a）新产品试制定型鉴定时；

b）正式生产后，若原材料或工艺有较大改变，可能影响产品性能时；

c）产品装置检修，恢复生产时；

d）出厂检验结果与上次型式检验结果有较大差异时；

e）上级质量监督机构提出进行型式检验要求时。

7.2　组批规则与抽样方案

7.2.1　组批规则

聚丙烯树脂以同一生产线上、相同原料、相同工艺生产的同一牌号的产品组批。生产厂可按一定生产周期或储存料仓为一批对产品进行组批。

产品以批为单位进行检验和验收。

7.2.2　抽样方案

聚丙烯树脂可在料仓的取样口抽样。

包装后产品的取样应按 GB/T 2547—2008 规定进行。

7.3　判定规则和复验规则

7.3.1　判定规则

聚丙烯树脂应由生产厂的质量检验部门按照本标准规定的试验方法进行检验，依据检验结果和本标准中的技术要求对产品作出质量判定，并提出证明。

产品出厂时，每批产品应附有产品质量检验合格证。合格证上应注明产品名称、牌号、批号、执行标准，并盖有质检专用章。

7.3.2 复验规则

检验结果若某项指标不符合本标准要求时，应重新加倍取样对该项目进行复验。以复验结果作为该批产品的质量判定依据。

8 标志

聚丙烯树脂产品的外包装袋上应有明显的标志。标志内容可包括；商标、生产厂名称、厂址、标准号、产品名称、牌号、批号(含生产日期)和净含量等。

9 包装、运输和贮存

9.1 包装

聚丙烯树脂可用内衬聚乙烯薄膜袋的聚丙烯编织袋包装或其他包装形式包装。包装材料应保证在运输、码放、贮存时不被污染和泄漏。

每袋产品的净含量可为 25kg 或其他。

9.2 运输

聚丙烯树脂为非危险品。在运输和装卸过程中不应使用铁钩等锐利工具，切忌抛掷。运输工具应保持清洁、干燥并备有厢棚或苫布。运输时不应与沙土、碎金属，煤炭及玻璃等混合装运，更不应与有毒及腐蚀性或易燃物混装。不应暴晒或雨淋。

9.3 贮存

聚丙烯树脂应贮存在通风、干燥、清洁并保持有良好消防设施的仓库内。贮存时，应远离热源，并防止阳光直接照射，不应在露天堆放。

聚丙烯树脂应有贮存期的规定，一般从生产之日起，不超过 12 个月。

8 HSE 企业标准的编写要点

8.1 总体要求

8.1.1 概况

国家对安全生产和安全标准的制修订越来越重视。在石油、石化、化工领域全国设有多个标准化专业委员会。2002 年成立的全国危险化学品管理标准化技术委员会，迄今已组织制定国行标 360 余项。2006 年在国家安监总局旗下成立的全国安全生产标准化技术委员会，其 7 个分技术委员会之一的化学品安全分技术委员会目前已组织制定安全生产行标(AQ)50 项，国标 10 项。石油工业标准化技术委员会的 17 个专业标准委员会之一的石油工业安全专业委员会已组织制定行业安全标准(SY)150 余项。中国石化工程建设部组织制定的石油化工工程建设国家标准和行业标准中包括消防、安全卫生、防雷防静电、抗震等标准。国家工信部近几年开始组织工业企业国行标的制修订，包括安全标准的制修订。全国化学标准化技术委员会负责组织制定化学工业基础、方法和产品等系列标准，目前正在组织制定一些化工行业安全标准，正准备成立安全专业标准化技术委员会。

中国石化重视安全标准的制修订工作，于 2008 年成立了安全环保专业中国石化企业标准归口管理单位，负责组织安全、健康和环保(HSE)标准的制修订。迄今为止安全、环保和职业卫生领域中国石化企业标准已经编制 60 余项。安全环保专业中国石化企业标准归口管理单位设在中国石化青岛安全工程研究院。

HSE 标准从类别上讲有管理标准、技术标准和工作标准。管理标准包括生产管理、技术管理、经营管理等。技术标准包括 HSE 操作规程、施工作业 HSE 标准、设备 HSE 标准、HSE 专用设备及产品、HSE 要求标准、方法标准等。其类别划分见图 8-1。

- HSE 标准
  - 管理标准
    - 生产管理
    - 技术管理
    - 经营管理
  - 技术标准
    - HSE 操作规程
    - 施工作业 HSE 标准
    - 设备 HSE 标准
    - HSE 专用设备及产品标准
    - HSE 要求

图 8-1 HSE 标准类别划分示意

HSE 标准主要是为了控制生产、经营和服务等环节 HSE 风险。标准的主体部分主要是 HSE 管理要求和技术要求或者说是管理措施和技术措施，也可以称之为控制措施。控制措施属于安全性要素。HSE 标准目的是控制风险，但控制风险不是将风险控制至零，而是要实现安全性要素与生产性要素的平衡，即讲究成本效益。HSE 标准的制定应遵循 ALARP 原则。

HSE 标准一定要与生产实践相结合。有的 HSE 标准涉及石油天然气开采、炼油化工和油品销售等领域，制定这样的标准需要上中下游企业广泛参与，要广泛征求上中下游各企业的意见。HSE 技术标准直接控制生产过程的风险，在标准制定过程中不仅要有 HSE 管理人员参与还要有生产技术人员参与。HSE 标准应全面体现安全、环保和健康三个方面，不能只突出安全方面的要求。

8.1.2 总体格式要求

尽管 HSE 标准具有涉及专业面广、类别多样性和跨学科等特点，编制 HSE 标准仍要遵循严格的格式要求。，无论何种 HSE 标准，都应按照 GB/T 1.1—2009 的要求编写，在形式上合理安排标准结构，即划分为一些互不重复、又互相关联的基本要素，作为编排标准内容的基本依据，使得要规范的内容得到合理的表达。这些基本要素概括为资料性要素(分为概述要素和补充要素)和规范性要素(一般要素和技术要素)。

这是 HSE 标准编制的基本格式。但不同类别的 HSE 标准应体现其特色和需要。

以下各节提出了部分类别 HSE 标准的推荐内容和结构并配有示例。但由于以往未规定各类标准的结构，故而以现行标准为主的示例与这次提出的内容和结构不尽相同。标准应尽可能按照规定的相应类别标准的内容和结构编制。实在无法按照规定内容和结构编制时，可以根据具体情况和 HSE 的需要，参考规定的内容和结构编写相应的技术内容。

8.1.3 控制措施的编制

8.1.3.1 总体原则

HSE 标准的技术内容应贯彻“安全第一，预防为主”的方针，并符合我国相关法规标准的要求。

HSE 标准应积极借鉴或采用国际标准和国外先进标准。制定 HSE 标准应充分吸取相关 HSE 事故教训。

8.1.3.2 措施层次

HSE 标准最好在保护层分析(LOPA)的基础上提出控制措施，以确保控制措施的全面性和针对性。保护层通常分为 8 个层次，化工装置保护层示意图见图 8-2。

如图 8-2 所示，典型化工装置的独立保护层呈“洋葱”状分布，从内到外一般设计为：过程设计、基本过程控制系统、警报与人员干预、安全仪表系统、物理(硬件)防护、释放后物理(硬件)防护、厂区应急反应以及社区应急反应等。当然，不是编制设计标准无需考虑工程设计问题，但应考虑装置本身的维护和其他层次的措施。

硬件控制措施还要考虑其适用性、耐久性、可靠性、经济性及与环境的协调性。

编写标准时控制措施可贯穿于每一章节或几个章节，也可以专门开辟一个章节。

管理措施可以从 HSE 管理体系标准十大要素中根据需要选取。

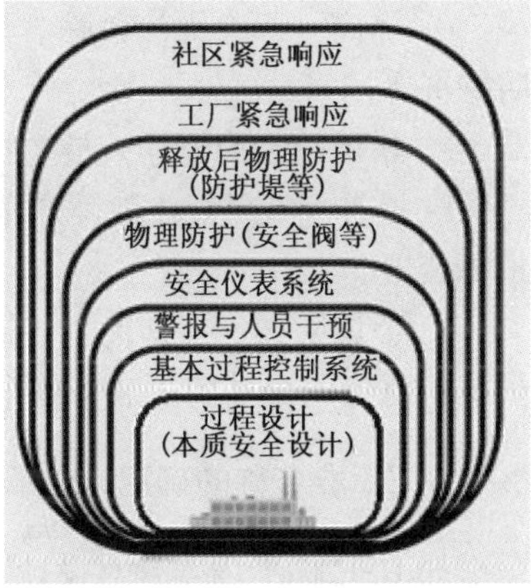

图 8-2 化工装置保护层示意图

8.1.3.3 ALARP 原则

提出 HSE 控制措施应符合 ALARP 原则即合理可行低风险(As Low As Reasonably Practicable，ALARP)原则。判断控制措施是否合理可行，可根据 good practices/best practices(好方法/最佳方法或方案)这个概念判断。也就是说，当我们要对某项风险进行控制时，要考虑到各种为行业普遍接受或认同的已知现有技术或方案。最新但未成熟技术或方案肯定不是 good practice。然后决定哪些该采用。判断控制措施的可行性要权衡费用和相应安全效益。风险降低至可容忍(tolerable)的程度才符合 ALARP 原则。风险可容忍的界限可由法律法规和中国石化《HSE 风险矩阵标准》之低风险区域(蓝色部分)确定。

8.1.3.4 风险分析

编制 HSE 标准最好先做危害识别风险分析。危害分析及控制措施要从人、机、料、法、环、测，即人员素质、设备设施、材料、工艺方法及生产环境等六个方面考虑。

在此基础上针对可能导致事故事件原因的预防措施和减轻事故事件后果的减缓措施或应急措施。控制措施要针对可能导致事故事件发生的原因途径，设置一道甚至多道预防性措施；在事故事件升级造成后果的途径上设置减轻、消除控制措施或应急措施。一个途径上的多道措施要有独立性，一个措施可以针对几个途径。具体思路参见图 8-3[领结图分析法(Bow-tie Diagram)]。

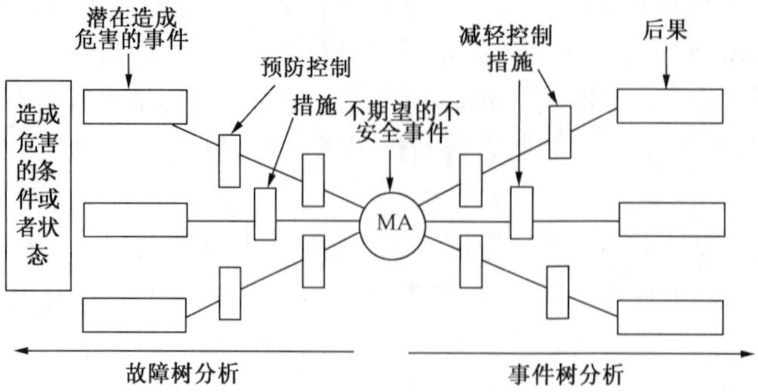

图 8-3 领结图分析法

8.1.3.5 优先顺序

提出 HSE 技术措施时，应遵循以下原则和优先顺序：

a. 消除——通过合理的计划、设计和管理手段，尽可能从根本上消除危险有害因素或环境因素。如，采用自动化作业、遥控技术等。

b. 预防——当消除危险有害因素或环境因素有困难或不可行时，可采取预防性技术措施，如采用防爆膜、熔断器、安全阀等。

c. 减弱——在既无法消除危险有害因素或环境因素又难以预防的情况下，可采用降低风险或减少危害的措施，如在化工生产过程中用低毒性物质代替高毒性物质等。

d. 隔离——在无法消除、预防和减弱的情况下，应将人员与危险有害因素隔开，如使用安全罩、防护屏等。

e. 联锁——当操作人员实物或设备运行一旦达到危险状态时，通过联锁装置终止危险运行。

f. 警告——已发生故障或危险性较大的场所，设置醒目的标识。必要时采用声、光或声光组合报警装置。

g. 个体防护——即使上述措施齐备，在危险性较大的场所也应根据控制风险的需要规定操作人员配备适当的个体防护装备或个体防护用品。

8.1.4 标准名称的确定

如 HSE 标准内容是对设计、施工、制造、检验等技术事项提出一系列统一规定时，可以将标准化对象的名称加“规范”作为标准名称。例如：起重机设计规范(起重机属于特种设备)。

当标准内容是对工艺、操作、安装、检定、管理等具体 HSE 技术要求和实施程序做出统一规定时，可以将标准化对象的名称加“安全规程”或“规程”作为标准名称。例如：涂装作业安全规程，固井作业安全技术规程。

当标准的内容是对某一具体设备、装置、防护用品或其他产品的安全技术规定机器试验方法、检验规则、标志、包装、运输、贮存等方面提出要求时，可以将标准化对象的名称加“安全技术条件”或“技术条件”作为标准名称。例如：防静电胶底鞋、导静电胶底鞋安全技术条件；易燃易爆性商品储藏养护技术条件。

当标准的内容仅包括部分技术特征时，可将标准化对象和标准所叙述的技术特征作为标准名称。例如：高处作业分级；消防气压给水设备的性能要求和试验方法；继电保护和安全自动装置基本试验方法；排烟防火阀试验方法；长管面具性能试验方法(GB 6221—1986)；安全帽试验方法(GB 2812—1989)。

当标准的内容是全面叙述标准化对象时，可直接用标准化对象作为标准名称。例如：安全帽；液化石油气钢瓶。

当标准的通用性较强时，可使用包括标准化对象机器技术特征在内的名称加“导则”或“总则”作为标准名称。例如：安全色使用导则；生产设备安全卫生设计总则。

8.1.5 技术内容

HSE 标准的技术内容应满足下述基本要求：

a. 根据标准制修订的目的，有针对性地选择必须在标准中规定的 HSE 技术内容。

b. 技术内容必须明确具体、解释唯一，不允许使用概念不确切的措辞代替具体数据和必须具备的条件，凡可定量者必须以定量的形式给出。

c. 标准中规定的技术指标必须有可靠的依据或经过验证。

8.2 管理标准的内容和结构

8.2.1 编制格式

HSE 管理标准是生产管理、技术管理、经营管理等领域对需要协调统一的 HSE 事项所制定的标准。

HSE 管理标准包括劳动定额管理标准、技术管理标准、设备管理标准、能源管理标准、物资管理标准等。

HSE 管理标准的名称应简明，确切地反映管理活动的主题，可以采用管理活动的主题与“规定”“程序”、“办法”、“制度”等词汇的组合。

HSE 管理标准，尤其是管理程序部分应大致遵循 PDCA 的思路编写。PDCA 即计划（Plan）、实施（Do）、检查（Check）、纠正（Action）。

建议在因果分析的基础上先分析管理过程中存在的问题，提出解决问题的措施，再编制标准。

标准主体部分可以按职责（可选要素），管理内容和要求（必备要素），检查与考核（必备要素）编排。管理内容和要求部分可包括管理内容、管理要求、管理程序、管理方法和考评方法、步骤和原始凭证等。编制时可根据实际情况调整。HSE 管理标准的格式见表 8-1。

表 8-1 管理标准的内容和结构

1	范围
2	规范性引用文件
3	术语和定义
4	职责（可选要素）
5	管理内容和要求（必备要素）
6	检查与考核（必备要素）

8.2.2 因果分析

管理标准可以事先用因果分析法即鱼骨图、鱼刺图分析标准化对象在管理过程中存在的问题，提出管理措施，再将管理措施写入标准，确保标准不至于出现大的漏项。

因果分析法使用因果图，也称为鱼骨图、鱼刺图，原先用于质量管理中分析质量原因，现移植于安全、健康和环境管理分析。其形状类似鱼骨，故得此名。

画因果图时首先确定结果（即事故），然后从主要原因、次要原因、分支原因一层层进行分析，直到基本原因——可以采取措施预防的事件——为止，依次用大、中、小箭头标出。

鱼骨图有三种：

a. 整理问题型鱼骨图（各要素与特性值间不存在原因关系，而是结构构成关系，对问题进行结构化整理）

b. 原因型鱼骨图(鱼头在右，特性值通常以“为什么……”来写)

c. 对策型鱼骨图(鱼头在左，特性值通常以“如何提高/改善……”来写)

主要原因一般可分为6个方面，即人员、设备、管理、环境、物料、监测等。因果图的应用见图8-4。

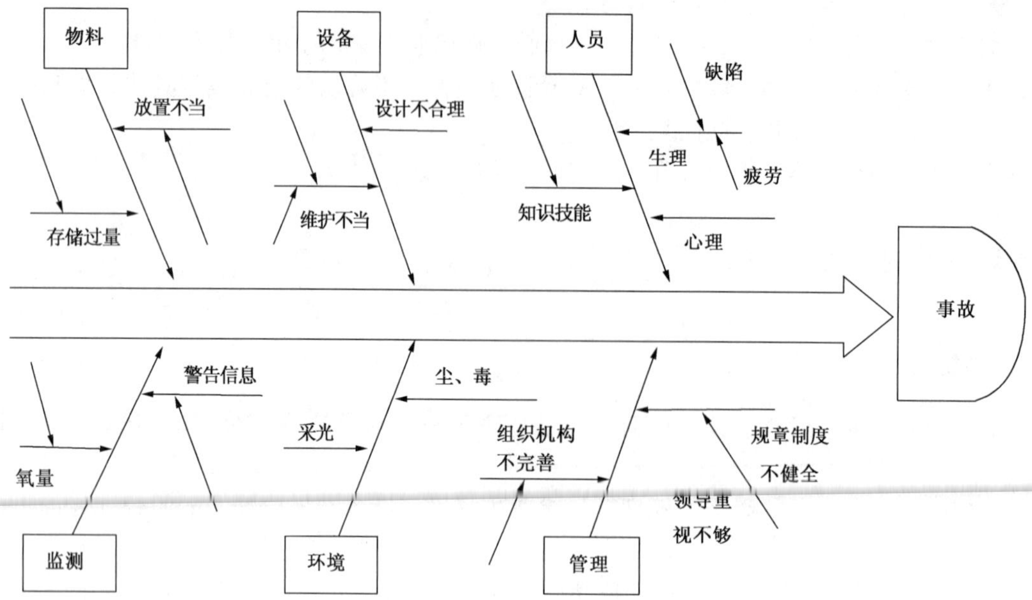

图8-4 典型鱼骨图

编写培训管理标准可事先用整理型鱼骨图分析培训个环节可能存在的问题及管理措施，再将管理措施编入标准，员工培训鱼骨图(整理型)见图8-5。

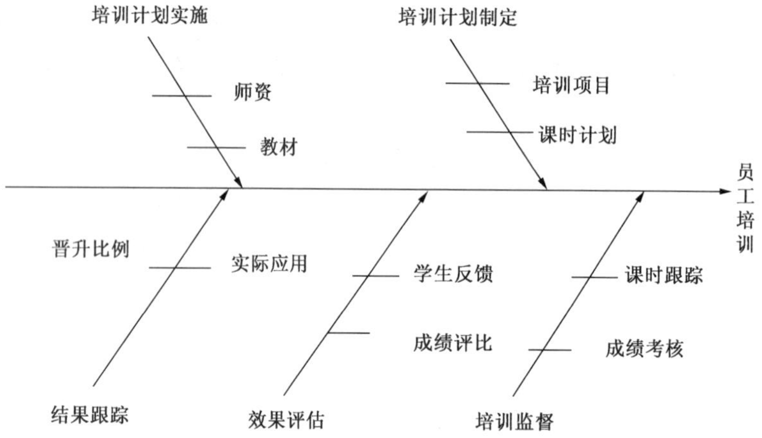

图8-5 员工培训鱼骨图(整理型)

8.2.3 内容要求

HSE管理标准要详细规定该管理活动的全部内容和应达到的要求，采取的措施和方法，明确由哪些部门实施此项管理活动，他们的职责权限。当该管理活动涉及几个部门时，应规定出主管部门、协作部门及其相互关系，同时应明确该项标准贯彻、实施、检查、考核的部门及方法。

逐步列出开展此项活动的详细步骤，明确输入、转换的各环节和输出的内容。其中包括物资、人员、信息和环境等方面应具备的条件，与其他活动接口处的协调措施。

HSE管理应明确每个过程中各项工作由谁干、干什么、何时干、何地干、怎么干以及要达到的要求，必要时可辅以程序或流程图。

标准应符合简化、统一、协调和优化的原则，具有可检查性、可验证性、可操作性，尽量做到定量化，要有质、量、期的要求，文字简练，表达准确，概念清楚，严谨易懂。

管理内容与要求是HSE管理标准的主体，根据管理职能所涉及的范围、管理事项的多少，内容及繁简程度确定管理工作应达到的数量和质量要求、工作程序、工作方法、必要的信息数据采集、传递手续和方式、检查与考核措施等。管理程序和协调关系

信息采集、传递手续和方法。主要是规定管理业务涉及的信息原始记录、统计资料、各种报表的采集、处理、保存及信息传递、反馈的路线、方法、形式、期限等方面的要求。

8.2.4　示例

示例1：《安全、健康与环境(HSE)管理体系》

1　范围
2　术语和定义
3　安全、健康与环境管理体系要求
3.1　领导和承诺、方针和目标
3.2　机构、职责、资源和文件控制
3.3　风险管理与隐患治理
3.4　承包商管理
3.5　装置(设施)设计和建设
3.6　运行控制
3.7　应急管理和公共安全
3.8　检查和监测
3.9　事故、事件管理和预防
3.10　审核、评审和持续改进

《安全、健康与环境(HSE)管理体系》是中国石化集团的HSE管理体系标准修订版。其结构基本上符合PDCA循环。其十大要素没有按章排列，而是用安全、健康与环境管理体系要求的章标题总括，在章下面按节排列。这样安排章节主要是考虑到要与首发版本一致，因而要素没有完全按PDCA循环排列，只是大致按PDCA循环做了排列。其中机构、职责、资源和文件控制放在实施阶段更好。方针目标、风险管理等属于策划阶段，承包商管理、装置设计和建设、运行控制、应急管理和公共安全属于实施阶段，检查和监测、事故、事件管理和预防属于检查阶段，审核、评审和持续改进属于纠正或持续改进阶段。

示例2：《炼化企业HSE培训管理规范》

1　范围
2　规范性引用文件
3　术语和定义
4　职责
5　管理要求
5.1　基本要求
5.2　培训需求调研与分析
5.3　培训计划的编制
5.4　培训资源保障
5.5　培训实施
5.6　培训效果评估

5.7 培训档案的管理
5.8 培训的持续改进
6 审核、偏离、培训和沟通
6.1 审核
6.2 偏离
6.3 培训和沟通
附录 A(资料性附录) 炼化企业 HSE 培训需求矩阵样表
附录 B(资料性附录) 炼化企业管理人员 HSE 培训大纲
附录 C(资料性附录) 培训师的选拔条件和培训内容
附录 D(资料性附录) HSE 培训师能力评估表
附录 E(资料性附录) 学员培训效果评估表
附录 F(资料性附录) 课程满意度调查表

《炼化企业 HSE 培训管理规范》属于管理标准。其主体部分—管理要求按基本要求、培训需求调研与分析、培训计划的编制、培训资源保障、培训实施、培训效果评估、培训档案和培训的持续改进依次展开，符合 PDCA 循环模式。之前冠以基本要求也符合先总述再分述的原则。

8.3 安全操作规程的主要内容和结构

8.3.1 编制格式

安全操作规程标准是为了保证安全生产和操作人员安全，根据生产性质、设备和工具特点及技术要求，结合物料性质、工艺流程、生产经验而制定的安全操作守则。安全操作规程是个广义的概念，应该包括安全、健康、环境和质量四个方面的要求。

安全操作规程可以按 HSE 总体规定(必备要素)，安全操作程序(必备要素)，开停车操作(可选要素)，特殊或异常情况(工况)处理与事故处理预案(必备要素)。安全操作程序部分可以按主要工序编写。特殊情况下，可以根据需要调整。建议在风险分析的基础上编制安全操作规程。根据具体情况选用一种或几种分析方法(见 8.3.2)。安全操作规程的主要内容和结构见表 8-2。

表 8-2 安全操作规程的主要内容和结构

1 范围
2 规范性引用文件
3 术语和定义
4 HSE 总体规定(必备要素)
5 安全操作程序(必备要素)
6 开停车操作(可选要素)
7 特殊或异常情况(工况)处理与事故处理预案(必备要素)。

8.3.2 风险分析

8.3.2.1 作业危害识别

编制安全操作规程标准建议先按工作危害分析法(Job Hazard Analysis 简称 JHA)做危害分析。

用 JHA 识别作业活动过程的危害通常先将划分作业活动划分为若干个步骤或单元，作业活动的划分可以按生产流程的不同阶段、地理区域、装置、作业任务、生产阶段、部门划分或者将上述方法结合起来进行划分。作业步骤应按实际作业步骤划分，划分不能过粗，亦不能过细，能让人明白这项工作是如何进行的，对操作人员能起到指导作用为宜。

接下来分析每个步骤或单元里面可能发生的事故事件或可能出现的异常或紧急状况(以下简称事

故事件)，然后分析可能导致这些事故事件的各种原因，再针对这些原因提出有针对性的控制措施(包括作业人员能力和应急措施)。原因分析既要分析作业人员工作不规范的危险、有害因素，也要分析作业环境存在的潜在危险有害因素和工作本身面临的危险、有害因素。控制措施既要能防止从事此项作业的人员受到伤害，也要防止他人受到伤害，还要防止设备和其他系统受到影响或损害。事故事件及其潜在原因和控制措施要从安全(包括设备安全和财产安全)、环境和职业健康三个方面考虑。质量事件也可以一并考虑。在标准编制过程中至少应将硬件控制措施和作业人员能力作为技术要求和管理要求提出来。对于比较严重的后果应提出相应的应急措施。

利用工作危害分析(Job Hazard Analysis)法识别危害可以按工作危害分析(JHA)记录表进行(见表8-3)。

表 8-3　工作危害分析(JHA)记录表

序号	作业步骤	事故事件	原因	后果	控制措施

根据危害产生的原因，分别对作业过程中的正常情况、异常情况和紧急情况，采取有针对性措施。这样基于风险分析的编制方法，可以避免遗漏控制措施，降低标准执行单位和执行人的风险，同时可以降低标准编制者的责任。

8.3.2.2　工艺危害分析

如果操作设计工艺过程，建议按工艺顺序编制。编制之前建议先用危险与可操作性分析(Hazard and Operability Analysis，简称 HAZOP)对工艺过程加以剖析，找出各环节各节点的不安全因素，确认工艺操作过程中的各种正常情况、异常情况和紧急情况，继而提出有针对性的措施。最后将有关措施以管理要求或技术要求的形式编入标准以确保标准安全要求的系统性、科学性。

危险与可操作性分析(HAZOP)研究的侧重点是工艺部分或操作步骤的各种具体值，其基本过程就是以引导词为引导，对过程中工艺状态的变化(偏差)加以确定，找出装置及过程中存在的危害。

引导词的主要目的之一是能够使所有相关偏差的工艺参数得到评价。

常见述语及引导词：

引导词	参数	偏差
NONE(空白)	+FLOW(流量)	= NONE FLOW(无流量)
MORE 高(多)	+PRESSURE(压力)	= HIHGH PRESSURE(压力过高)
AS WELL AS(伴随)	+PHASE(单相)	= TWO PHASE(两相)
OTHER THAN(异常)	+OPERATION(操作运行)	= MAINTENCE(维修)

确定需要评价的工艺过程，则每个引导词都是与相关工艺结合在一起的，并应用于每一节点上(分析节点、工艺部分(阶段)或操作步骤)。

分析人员要掌握引导词及其含义，HAZOP 分析引导词及其含义见表 8-4。HAZOP 分析用到工艺参数。工艺参数可以根据实际情况和分析需要调整、增减。常用工艺参数见表 8-5。

表 8-4　HAZOP 分析引导词及其含义

引导词	含　义
NONE 空白	设计或操作要求的指标和事件完全不发生，如无流量
LESS 低(少)	同标准值相比，数值偏大，如温度、压力

续表

引导词	含　义
MORE 高(多)	同标准值相比，数值偏小，如温度、压力值偏低
PART OF 部分	在完成既定的功能的同时，伴随多余时间发生
AS WELL AS 伴随	只完成既定功能的一部分，如组分的比例发生变化
REVERSE 相逆	出现和设计要求完全相反的事或物，如流体反向流动
OTHER THAN 异常	出现和设计要求不相同的事或物

表 8-5　常用的 HAZOP 分析工艺参数

流　　量	时　　间	次　　数	混　　合
压力	组分	黏度	副产物(副反应)
温度	pH 值	电压	分离
液位	速率	数据	反应

HAZOP 分析通常需要下述基本资料：管道和仪表控制流程图纸(P&IDs)、工艺流程图(PFD)、工艺流程说明、因果图及控制联锁系统说明、危险物料安全数据表(MSDS)、装置布置图、设备数据表、HAZOP 审查程序、其他必要的参考文件，如：操作手册、管道规格书、安全阀计算书、项目标准等。

利用危险与可操作性分析(HAZOP)法识别危害可以 HAZOP 分析记录表进行(见表 8-6)。

表 8-6　HAZOP 可操作性分析记录

序号	引导词	偏差	原因	后果	控制措施

危害分析方法可以结合运用，也可根据分析人员的熟悉程度使用其他方法，如假设分析法(what-if analyses)等。

8.3.3　内容要求

安全操作规程标准中的一般规定可以提出安全组织、安全教育、监督检查、危害识别、许可证办理、防毒防窒息、防火防爆、防静电、职业健康与劳动保护和环境保护等要求。

程序部分应写出各工序主要 HSE 风险的控制措施。如《成品油罐清洗安全技术规程》基本上是按照这样的模式编制的，但缺少异常工况处理与事故处理预案。像设备检维修规程之类的标准，也可以按设备安排章节，但每一项设备的检维修也应分步骤编写并提出主要风险控制措施要求。《成品油罐清洗安全技术规程》没有写异常情况处理和事故处理预案，可以在修订时补充完善。当然操作规程类标准，尤其是每个工序或设备编制内容多、篇幅长的标准或也可以按工序或设备分章编写。但各工序或设备也应划分步骤并提出各步骤中主要风险控制措施要求，也应在各工序中写明异常情况处理措施和事故处理预案或提出编制异常情况处理和事故处理预案的要求。至少应单独编写一章有关内容。

安全操作规程最好在适当的位置介绍装置概况、岗位任务和装置运行基本原理。安全操作规程部分应在风险分析的基础上针对潜在事故事件的原因和事故事件一旦发生可能产生的后果提出预防措施和减控措施。事故处理预案要从装置可能发生的事故事件出发推演事故升级过程或场景，根据过程和场景提出相关应急物资准备和应急措施。

8.3.4　作业控制要点

安全操作规程标准提出生产过程或作业活动的 HSE 要求一般可以包括以下内容：

a. 生产过程或作业过程的危险和有害因素(来源、等级、浓度、阈限值和其他参数)。

b. 组织和实施生产过程的方案以及在正常工作条件下、异常工作条件下和紧急情况下，对工作制度、设备操作程序、工艺过程控制和检测检验系统的要求。

c. 对生产厂房(含露天作业场所)和作业点的安全卫生要求。

d. 对设备的安全卫生要求。

e. 对危险和有害(包括对环境有毒有害的)原料、中间产品和产品的使用、处理要求。

f. 对原料、中间产品和产品和生产剩余物料的运输(包括装卸)、贮存等方面的HSE要求。

g. 对生产过程、作业活动用特殊设备、作业点布局、管道布置、潜在危险设备的分散和隔离以及设备运动部分的启动信号的要求。

h. 对作业人员心理、生理等方面的要求及培训、考核和资格要求。

i. 对作为危险有害因素源的剩余物料(含废料)的处理、利用和消除方法的要求。

j. 对采用防护设施的要求，包括集体防护设施和个体防护用品。

k. 设置安全标志的要求。

l. HSE要求的检测方法和评价方法。

m. 其他。

8.3.5 危险有毒有害物质控制要点

操作过程中如果涉及危险、有毒有害物料、物品，在标准中也应提出要求。一般应包括以下内容：

a. 物质的危险性或毒性以及危险和毒性等级。

b. 物质对人体危害的作用性质、途径和后果等。

c. 物质或其组分在环境中的阈限值机器测定方法。

d. 易燃易爆物质的性质(自燃点、闪点和爆炸极限等)。

e. 有毒和易燃易爆物质的包装、运输、贮存、使用、除害处理或销毁方法。

f. 在有其他因素作用的条件下，物质在环境中形成有毒化合物的能力和程度。

g. 防护措施和防护手段(如操作方法、集体防护和个体防护用品等)。

h. 设置安全标志的要求。

i. 安全卫生要求的检测方法和评价方法。

j. 其他。

8.3.6 示例(成品油罐清洗安全技术规程)

前言
1 范围
2 规范性引用文件
3 一般安全规定
4 底油排放
5 气体检测
6 排除油气
7 清洗作业
8 验收
附录A(资料性附录) 清罐作业油气检测记录
附录B(资料性附录) 油罐清洗作业记录
附录C(资料性附录) 油罐清洗作业验收报告
附录D(资料性附录) 油罐底板及附件检查记录表
附录E(资料性附录) 油罐重复使用洗刷要求

8.4 施工作业标准的内容和结构

8.4.1 编制格式

施工作业标准是针对特殊过程、关键工序向操作人员交代作业程序、方法以及注意事项而制定的指导性文件。

施工作业标准可以按总体要求、作业准备(必备要素)、作业过程(必备要素)、作业结束(必备要素)、异常或特殊情况注意事项或处理措施、事故应急预案(必备要素)编排。施工作业标准的内容和结构见表 8-7。

表 8-7 施工作业标准的内容和结构

1	范围
2	规范性引用文件
3	术语和定义
4	总体要求
5	作业准备(必备要素)
6	作业过程(必备要素)
7	作业结束(必备要素)
8	异常或特殊情况注意事项或处理措施、事故应急预案(必备要素)

8.4.2 风险分析

编制施工作业标准之前建议用工作危害分析法(JHA)对施工过程做危害识别，根据危害产生的原因，分别对作业过程中的正常情况、异常情况和紧急情况，采取有针对性措施。工作危害分析法(JHA)见 8.3.2。

8.4.3 内容要求

总体要求可以规定机构与职责、HSE 管理制度等一般要求。作业准备可以规定场地、设备、工具、装置等技术条件、安全专项技术、施工队伍资质、警示标志等要求。作业过程应提出作业程序，针对作业过程潜在事故事件原因和可能产生的后果提出控制要求。现场作业标准应规定交叉作业的协调配合，应按合同、法律法规和 HSE 管理体系要求规定文明施工、环保、消防等管理措施和控制措施。针对异常或特殊情况应提出注意事项或处理措施、存在重要事故风险应编制事故应急预案或提出编制应急预案的要求。作业结束提出停工、交接、现场清理等方面的 HSE 和文明施工要求。

8.4.4 施工控制要点

施工作业过程中提出 HSE 要求一般包括的内容要点见 8.3.4。

8.4.5 危险物质控制要点

如果施工作业过程中涉及危险、有毒有害物料、物品，其控制要点见 8.3.5。

8.4.6 示例

8.4.6.1 示例 1:《固井作业安全技术规程》

1	范围
2	规范性引用文件
3	术语和定义

4 作业准备
4.1 固井协调会
4.2 固井作业设计
4.3 固井作业前准备
4.4 作业车辆、工具和人员要求
4.5 HSE 管理及应急准备
4.6 固井作业车辆进出井场
4.7 管汇连接
4.8 施工前交底会
4.9 安全泄压阀安装
5 固井作业过程
6 特殊工艺井固井安全通用原则要求
7 特殊季节和夜间固井作业

8.4.6.2 示例 2：《油水气井注氮气安全技术规程》

3 基本要求
3.1 设计
3.2 设备设施
3.3 施工队伍
4 施工准备
4.1 制、注氮设备及附属设施的检查
4.2 井场条件
4.3 警示标志
4.4 施工用电
4.5 设备就位
4.6 地面流程连接
5 注氮气施工
5.1 开工验收
5.2 应急处理
6 完工
6.1 停机、放空
6.2 地面流程拆卸
6.3 交井

《固井作业安全技术规程》未写作业结束要求。《油水气井注氮气安全技术规程》未遗漏相关章节。两个标准提出事故升级的应急要求更好。

8.5 设备 HSE 标准的内容和结构

8.5.1 编制格式

设备 HSE 标准设备 HSE 标准是为了保证生产设备正常安全运行，保持其技术状况完好并不断改善和提高装备素质而编制的一些规定和章程。

其格式为：机构和职责，设备购置，设备变更、改造和更新，设备安装和拆除，设备使用和操作、压力容器安全附件和控制装置等特殊设备管理，设备的检查、维护和检修，检修工序、检修

HSE 措施、设备报废，设备档案。其内容和结构见表 8-8。

表 8-8　设备 HSE 标准的内容和结构

1　范围
2　规范性引用文件
3　术语和定义
4　机构和职责
5　设备购置
6　设备变更、改造和更新(必备要素)
7　设备安装和拆除(必备要素)
8　设备使用和操作(必备要素)
9　压力容器安全附件和控制装置等特殊设备管理(可选要素)
10　设备的检查(必备要素)
11　维护和检修(检修工序、检修 HSE 措施)(必备要素)
12　设备报废(必备要素)
13　设备档案

8.5.2　风险分析

编写设备 HSE 标准建议按照设备构成的系统顺序编制。编制之前建议先用安全检查表法(Safety Check List)对系统加以剖析，找出各层次的不安全因素，确认设备设施生命周期中的各种正常情况、异常情况和紧急情况，继而采取有针对性的措施，将有关措施以管理要求或技术要求的形式编入标准。这样编制的标准可以做到系统化、科学化，不遗漏可能导致事故的因素。

用安全检查表进行危害识别，首先要划分系统，确定分析对象。系统划分可以按功能或系统所包含的子系统划分，也可以按部位划分。

然后确定检查项目，按项目分析可能发生的事故事件、异常工况和紧急情况。

再分析可能导致事故事件的各种原因。

最后提出对应的控制措施。

应注意的是，不要将防火防爆、消防、安全管理、人员培训作为检查项目来分析。因为我们分析的目的是通过危害识别，提出控制措施，编入标准。而防火防爆、消防、安全管理、人员培训等算是管理措施或技术措施，应该在分析中针对危害产生的原因分析出来。也就是说控制措施是分析的结果而不是分析的项目或对象。

提出控制措施至少应该满足有关标准、规程、规范和规定的要求，同类企业的安全管理经验及国内外事故案例也可以借鉴。

最终要将所分析的控制措施写入标准。

利用安全检查表分析(Safety Check List)法识别危害可以按安全检查表分析(SCL)记录表进行(见表 8-9)。

表 8-9　安全检查表分析(JHA)记录表

序号	检查项目	事故事件	原因	后果	控制措施

8.5.3 内容要求

设备 HSE 管理标准的编制应把握设备全生命周期的概念。设备 HSE 管理标准应规定机构和职责要求。设备购置应规定设备效能、安全性能、噪音水平等内容。设备变更、改造和更新，设备安装和拆除，设备使用和操作等章节应针对存在的风险从预防和减缓的角度提出控制措施。压力容器、安全附件和控制装置等特殊设备管理应符合法律法规和有关国行标的规定。设备的检查、维护和检修应规定动火作业、进设备作业，检维修程序等要求。设备报废应规定报废设备的处置等内容。设备档案应规定检维修记录、设备事故和事故处理等内容。

示例：油田专用湿蒸汽发生器安全规范(SY 5854—2012)

1 范围
2 规范性引用文件
3 设计
4 制造
5 安装
6 使用管理
7 维修与改造
8 化学清洗
9 定期检验
10 报废
11 安全附件与控制装置

企业标准一般不涉及设计和制造，相关内容可以在设备购置章节体现。

8.5.4 控制要点

设备设施类 HSE 标准，一般包含以下内容：

a. 设备设施可能存在的危险有害因素的种类、程度和容许水平。

b. 对所用材料的物质的要求，如材料强度、绝缘性、耐腐蚀性、抗疲劳性、抗老化性的要求，以及物质的无毒害性或低毒害性要求。

c. 对运动部件的要求，如位于外部的旋转、摆动、平移部件采取的安全技术措施。

d. 对脚踏板、工作台、走道、梯子等的防滑、及高处作业防坠落的要求。

e. 对设备设施表面状况、涂覆层以及棱角的要求。

f. 对各种安全防护装置，他表示防护罩、防护屏、制动器、联锁装置、活动元件的终端开关的定位器、工作状态和极限状态控制(含保护)装置和检查、检测仪表的要求。

g. 对操纵器、信号器和显示器的配置要求。

h. 对便于设备启动、操纵和维修的人机工程学要求。

i. 对控制和调节装置，特别是对紧急事故开关和预防意外启动的要求。

j. 对设备的刚度和稳定性的要求。

k. 设备吊装、搬运、安装、使用和贮存方面的安全要求。

l. 润滑要求。

m. 照明要求。

n. 用电安全要求。

o. 对检查、维修、操作的要求。

p. 运转过程中可能出现的危害，如甩出物、噪声、振动、温度、湿度、粉尘、辐射、蒸气、气体或液体等的限制于防护要求。

q. 防火防爆(含设备内压)要求。

r. 对气动设备和液压设备的安全要求。

s. 使用液态燃料或固态燃料设备的安全卫生要求。

t. 使用核燃料设备的安全卫生要求。

u. 各种物料管道的涂色要求。

v. 设备安全标志的要求。

w. HSE 要求的检测方法和评价方法。

x. 其他。

8.6 HSE 专用设备或产品标准的内容和结构

8.6.1 编制格式

或产品基本上属于采购产品。产品采购可以提出采购产品质量管理、供应商的管理和采购管理等要求，但应与已有管理规定一致。根据采购产品性质确定是否需要提出日常检查检验要求。

其内容和结构为分为两类。

产品类为：基本要求(可选要素)、技术参数(必备要素)、试验方法(必备要素)、新购产品检验(采样)(必备要素)、检查检验(可选要素)、储存(必备要素)、处置(必备要素)。HSE 专用产品标准的内容和结构见表 8-10。

表 8-10 HSE 专用产品标准的内容和结构

1	范围
2	规范性引用文件
3	术语和定义
4	基本要求(可选要素)
5	技术参数(必备要素)
6	试验方法(必备要素)
7	新购产品检验(采样)(必备要素)
8	检查检验(可选要素)
9	储存(必备要素)
10	处置(必备要素)

设备类为：安全性及有效性要求、技术参数、试验方法、检验规则(如有)、安装、使用与维护、标志、包装、运输和储存、废弃与处置。HSE 专用设备标准的内容和结构见表 8-11。

表 8-11 HSE 专用设备标准的内容和结构

1	范围
2	规范性引用文件
3	术语和定义
4	安全性及有效性要求
5	技术参数(必备要素)
6	试验方法(可选要素)
7	检验规则(如有)(可选要素)
8	安装、使用与维护(必备要素)
9	标志、包装、运输和储存(必备要素)
10	废弃与处置(必备要素)

8.6.2 内容要求

中国石化企业标准中 HSE 产品标准大部分属于产品采购标准。HSE 产品标准的要求应提供安全性能及有效性能要求。其编写应考虑要求的合理性、有效性、安全性、适用性、导领性、完整性和协调性。安全性能要求可参考有关国行标及其他安全要求，尤其是保护使用者及使用现场的要求。有效性能要求应包括重要性能、一般性能指标及外观要求。有国家标准、行业标准的产品，其性能应符合上述标准的要求。没有国家标准、行业标准的产品，其性能应由产品制造商根据产品预期应用情况确定，并保持性能要求与说明书中明示的技术指标一致。

8.6.3 示例

示例1：《泡沫灭火剂质量监督管理要求》

前言
1 范围
2 规范性引用文件
3 基本要求
3.1 泡沫灭火剂的管理
3.2 供应商的管理
3.3 采购管理
4 技术要求
4.1 泡沫灭火剂选用原则
4.2 泡沫灭火剂储存
5 泡沫灭火剂检验
5.1 抽样
5.1.1 抽样流程
5.1.2 抽样方法
5.2 新购灭火剂检验
5.2.1 检验流程
5.2.2 检验项目
5.2.3 检验周期
5.2.4 不合格项处置
5.3 在役和过期灭火剂检验
5.3.1 检验频次
5.3.2 检验项目
5.3.3 不合格项处置
6 过期泡沫灭火剂的处置
7 检验报告

示例2：《天然气井放喷电子点火装置》

前言
1 范围
2 规范性引用文件
3 术语和定义
4 电子点火装置
4.1 点火性能
4.2 可靠性
4.3 安全性

4.4 其他性能
4.5 电子点火装置组成
5 电子点火装置功能与布置
5.1 点火控制装置
5.2 电点火杆
5.3 耐高温线缆
5.4 放喷头
6 电子点火装置的安装、使用与维护、拆除和搬运
6.1 安装
6.2 使用与维护
6.3 拆除和搬运
6.4 培训
7 标志、包装、运输和贮存
7.1 标志
7.2 包装
7.3 贮存
7.4 保证期

8.7 HSE 要求的内容和结构

8.7.1 编制格式

其格式为：一般要求（必备要素）、HSE 管理（必备要素）、技术要求（必备要素）、职业卫生管理、环境保护管理。职业卫生管理、环境保护管理可穿插于 HSE 管理和技术要求两章，否则要单独分章编制。HSE 要求标准的内容和结构见表 8-12。

表 8-12 HSE 要求标准的内容和结构

1 范围
2 规范性引用文件
3 术语和定义
4 一般要求（必备要素）
5 HSE 管理（必备要素）
6 技术要求（必备要素）
7 职业卫生管理（可选要素）
8 环境保护管理（可选要素）

8.7.2 因果分析

HSE 管理要求标准编制之前可以按因果分析法即鱼刺图分析标准化对象在管理过程中存在的问题，根据解决问题应该采取的措施，提出 HSE 管理要求。因果分析法即鱼刺图分析法见 8.2.2。

8.7.3 风险分析

视管理要求涉及的内容，建议在相应风险分析的基础上编制有关内容。风险分析见 8.3.2。

8.7.4 内容要求

HSE 要求标准是中国石化企业标准的重要组成部分，是中国石化标准技术水平的重要体现。技

术要求标准编制要注意以下各点：

如果有类似国家或行业强制标准，中国石化企业标准必须严于现行有效的国家标准或行业标准，以推动中国石化企业管理和技术水平提高，在激烈的市场竞争中赢得主动。

虽然类似国家或行业标准不是强制性的，中国石化企业标准也可以高于国家标准或行业标准。

如果没有现行有效的国家标准或行业标准，则必须考虑企业安全生产的具体需求，提出安全技术要求。

HSE 技术要求参数水平的设置可以借鉴、采用国际标准化或国外先进标准，但一定要与中国石化生产技术水平相适应。不能一味地追求高指标，免得生产水平达不到，或者要达到标准规定的技术指标必须付出高昂的代价。

HSE 要求标准提出的要求无需规定实现要求的具体路线和方法。技术要求要具有可验证性。

HSE 要求标准的正文部分可以分为 HSE 管理要求和 HSE 技术要求两大部分。HSE 管理要求部分可以编写机构及职责、培训、运行管理、应急管理和检查、检验、维护制度等内容。HSE 技术要求部分可以按工序编写，也可以按区域、设备或功能编写或者按区域、设备和功能混编。《石油化工码头安全要求》即属于 HSE 要求标准。该项标准的技术要求部分即是设备设施和安全功能混编。

8.7.5 示例(石油化工码头安全要求)

前言
1 范围
2 规范性引用文件
3 术语和定义
4 选址、总平面布置及水工建筑
4.1 选址
4.2 总平面布置
4.3 水工建筑
5 工艺及设备
5.1 一般要求
5.2 装卸工艺及设备安全要求
6 仪表自控及通信
6.1 仪表自控
6.2 通信
7 电气及防雷防静电
7.1 供配电
7.2 照明及防爆
7.3 防雷防静电
8 消防
8.1 一般要求
8.2 消防给水系统
8.3 干粉灭火系统
8.4 泡沫灭火系统
8.5 消防设备及灭火器
8.6 消防控制
9 通道及操作平台
10 职业防护
11 水体防控

12　运行管理
12.1　机构及职责
12.2　检查、检验、维护制度
12.3　安全运行
12.4　应急管理
附录 A(规范性附录)防火间距起止点
附录 B(规范性附录)IMO IGC 第十九章所列的其他散装货物
附录 C(资料性附录)常见有毒介质危险性分级
附录 D(规范性附录)不相容灭火剂举例
附录 E(资料性附录)船/岸检查表
附录 F(资料性附录)国际航行船舶配备的证书和文件一览表
附录 G(规范性附录)装卸油品的码头溢油应急设备配备要求

8.8 HSE 方法标准的内容和结构

8.8.1 编制格式

方法标准指的是通用性的方法，如试验方法、检验方法、分析方法、测定方法、抽样方法、工艺方法、生产方法、操作方法等标准。

方法标准大致包括三类：

(1) 以试验、检查、分析、抽样、统计、计算、测定、作业等方法为对象制定的标准。例如：试验方法、检查方法、分析计法、测定方法、抽样方法、设计规范、计算方法、工艺规程、作业指导书、生产方法、操作方法及包装、运输方法等。

(2) 为合理生产优质产品，并在生产、作业、试验、业务处理等方面为提高效率而制定的标准。

(3) 为实现管理目标、保证管理活动顺利进行制定的标准。例如风险评价方法、危害识别方法等。

8.8.2 化学分析方法标准

8.8.2.1 编制格式

其格式为：原理、反应、试剂和材料、仪器、抽(取)样和样本、操作程序、结果表示方法、特殊情况、操作程序注解、试验报告、操作程序示意图。化学分析方法标准的内容和结构见表 8-13。

表 8-13　化学分析方法标准的内容和结构

1　范围
2　规范性引用文件
3　术语和定义
4　原理(可选要素)
5　反应(可选要素)
6　试剂和材料(可选要素)
7　仪器(可选要素)
8　抽(取)样和样本(可选要素)
9　操作程序(必备因素)
10　结果表示方法(必备因素)
11　特殊情况(可选要素)
12　操作程序注解(可选要素)
13　试验报告(必备因素)
14　操作程序示意图(可选要素)

8.8.2.2 内容要求

概述部分：如有必要，在标准名称之后提出警告和安全方面的注意事项。

正文部分：在范围之后要写应用领域，必要时，这章可与上章合并为“范围及应用领域”。在定义之后依次写原理、反应、试剂和材料、仪器、抽(取)样和样本、操作程序、结果表示方法、特殊情况、操作程序注解、试验报告、操作程序示意图、参考文献目录。

原理部分主要是指明分析方法所用的主要步骤、基本原理及性质，必要时还要说明选用这些步骤的理由。

反应部分应写出必要的化学反应式，并用离子方程式表示。

试剂和材料部分应写明化学分析所用的全部试剂和材料及其主要特性(浓度、密度等)，列出一览表。必要时，还应确定纯度。但制备试剂时使用的产品不必列入表内。

一览表排列顺序是：

a. 商业类物品(不包括溶液)；

b. 水溶液与悬浮液，并标出它们的大致浓度；

c. 标准体积溶液和标准浓度；

d. 指示剂；

e. 辅助材料(如干燥剂等)。

仪器部分：凡在试验过程中所用的各种仪器设备，都应列出它们的特性，并用数字连续编号，以便识别。

抽(取)样和样本部分：抽(取)样要按 ISO/TC 69《统计方法的应用》规定的标准抽样方法抽(取)样，写明制备样本的每个步骤，给出制得样本的一些特性数据(如质量、体积等)，如有必要，还应说明盛装样本的容器特点及其储存条件。

操作程序部分应分别叙述试验中的每个操作工序，编写时应使用命令语气准确地表述。包括：

a. 安全保护措施；

b. 试样的确定；

c. 空白试验；

d. 检查试验；

e. 对比试验；

f. 标定等。

结果的表示方法部分要说明所得结果的计算方法，并用阿拉伯数字表示其计算结果。

特殊情况部分主要是写对操作程序的多种更替守则及新的操作程序或更改部分的说明，这一部分一般是由于所要化学分析的产品中存在特定成分。

操作程序的注解部分主要是对分析方法应用有益的注解，它以“注”的形式放在所指的条文末尾，但在注解内容太长时，就可专门写一章“操作程序的注解”，放在正文页的左下方。划一短横线与正文分开，以角往表示注解处。

试验报告部分应写出识别样本所有必要的说明，所用分析方法的参考资料、结果及其所用的表格，在分析过程中所观测到的各种具体问题和在分析方法标准中没有规定的所有操作或可能影响试验结果的任选的操作。

操作程序的示意图主要是操作程序中不同阶段的示意图，尤其对一些较长的操作程序，更应指出，以便把分析过程中不同的操作清楚地区别开来。

参考文献目录：一般在参考文献较多时才单章编写出来，如参考文献较少也可不写这一章，采用其他适当方式列出。其编写形式应参照 ISO 690《文件—参考文献—基本的和补充的单元》中规定。化学分析方法标准的编写具体可见《标准编写规则第 4 部分：化学分析方法》(GB/T 20001.4—2001)。

示例：《海洋石油开发工业含油污水分析方法》

1　范围
2　规范性引用文件
3　方法提要
4　试剂和材料
5　仪器、设备
6　准备工作
7　分析步骤
8　计算
9　统计特性
10　潜在误差和干扰

《海洋石油开发工业含油污水分析方法》是仪器分析与化学分析相结合的分析方法，格式与化学分析方法有一些出入。

示例：《油田化学助剂中重金属的检测与评价》

前言
1　范围
2　规范性引用文件
3　术语和定义
4　采样
5　检测准备
6　消解方法
7　检测方法
8　环境保护评价
9　原始记录和检测报告
10　质量管理
11　注意事项
附录 A（资料性附录）原始记录格式
附录 B（规范性附录）油气田化学助剂重金属检测评价报告格式

《油田化学助剂中重金属的检测与评价》是分析与评价结合的标准，格式和内容与纯粹的化学分析方法有出入。

8.8.3　检验方法标准

8.8.3.1　编制格式

检测方法标准的基本格式是：要求、抽样、检验、检测或检验报告。编制时可根据实际情况调整。检验方法标准的内容和结构见表 8-14。

表 8-14　检验方法标准的内容和结构

1　范围
2　规范性引用文件
3　术语和定义
4　要求（必备因素）
5　抽样（可选要素）
6　检验（必备因素）
7　检测或检验报告（必备因素）

8.8.3.2 内容要求

检验方法标准主要由下列部分组成：

资料性概述要素：封面、目次、前言、引言。

规范性一般要素：标准名称、警告、范围、规范性引用文件。

规范性技术要素：术语和定义，符号、代号和缩略语，要求，检验，规范性附录，其他。

资料性补充要素：资料性附录、参考文献、索引、注和示例。

警告通常为必备要素，对安全、健康或环境有危险的样品、材料、试剂、仪器设备或检验过程，必须因其注意并注明所需的注意事项以避免伤害。这些字应该用黑体字印刷和安排：

——如果危险属于一般性提示或来自所检验的产品，应在标准名称后立即标出；

——如果危险来自特殊的材料、试剂、仪器设备，则应在材料、试剂、仪器设备的名称后标出；

——如果危险属于检验步骤固有的，则应在“检验”一章的开始标出。

要求：要求为可选要素，应符合 GB/T 1.1—2009 中 6.3.4 的要求。

抽样：抽样为可选要素，它规定抽样(取样、采样)的条件和方法。

检验：检验为必选要素，应给出与检验程序有关的所有细节，检验是否符合要求，以及保证检验结果的再现性。如果适合，应指明检验方法是常规检验、抽样检验，还是型式试验等，适合的情况下，有关检验方法的细节一般可按下列顺序给出：

a）检验方法原理

b）辅助材料、试剂

c）仪器设备、装置

d）样品的制备和保存

e）样品的处置和保存

f）环境(温度、湿度、气压等)

g）供电、供水、供气

h）检验条件和试验部位

i）检验步骤

j）检验结果的表述，包括计算方法以及方法的精密度、准确度或测量不确定度；

k）特殊情况

l）检验报告

m）其他要求：如果检验项目的顺序和样品的选用可能会影响检验的正常进行、进度和结果，则标准还需规定各项检验项目的前后顺序和使用的样品。

示例：《石化装置挥发性有机化合物泄漏检测规范》

前言
1　范围
2　规范性引用文件
3　检测准备
3.1　检测人员和设备
3.2　仪器性能评估方法
3.3　泄漏检测方案的制定
4　泄漏检测的实施
4.1　泄漏源检测方法
4.2　检测频次
4.3　被检设备跟踪标识
5　检测安全
5.1　人员的安全
5.2　生产装置的安全
5.3　检测仪器的安全
6　质量控制
7　检测报告
附录 A(资料性附录)　可选检测设备一览表
附录 B(规范性附录)　检测探杆在待测部件的最小滞留时间
附录 C(资料性附录)　检测原始记录格式
附录 D(资料性附录)　检测报告内页格式
表 1　泄漏检测仪器的性能指标要求

《石化装置挥发性有机化合物泄漏检测规范》的主要内容基本上符合要求，格式上略有差别。这个标准与一般检测方法标准的差别在于这个标准规定的是现场检测，因而在抽样等方面的要求与一般检测方法标准有一定差别。

8.8.4　管理方法标准

8.8.4.1　编制格式

管理方法标准类别较多，可按简要说明、范围界定、工作准备、工作实施、结果表述、审查与关闭等部分编排。管理方法标准的内容和结构见表 8-15。

表 8-15　管理方法标准的内容和结构

1　范围
2　规范性引用文件
3　术语和定义
4　简要说明(可选要素)
5　范围界定(可选要素)
6　工作准备(可选要素)
7　工作实施(必备因素)
8　结果表述(可选要素)
9　审查与关闭(可选要素)

8.8.4.2　内容要求

简要说明部分可以说明后续各部分的注意内容和一般要求。

范围界定主要是确定分析范围和目标、确定人员和职责等。

工作准备部分包括计划制定、资料准备、人员培训等内容。

工作实施部分主要是实施程序及每个步骤的工作、工作目标和要求以及记录等。

结果表述主要是将实施的结果形成报告。

审查与关闭主要是对实施报告的评审和对报告落实要求。

示例:《危险与可操作性分析实施导则》

前言
1 范围
2 规范性引用文件
3 术语和定义
4 HAZOP 分析工作程序
5 分析界定
6 分析准备
7 分析会议
8 分析报告
9 HAZOP 审查和结果关闭
附录 A(规范性附录)HAZOP 分析基本流程
附录 B(规范性附录)偏差确定方法
附录 C(规范性附录)参数优先和引导词优先分析方法
附录 D(资料性附录)常用偏差示例
附录 E(资料性附录)偏差原因示例
附录 F(资料性附录)分析记录表示例
附录 G(资料性附录)HAZOP 分析示例

8.9 其他类型标准的 HSE 要求

其他类型的 HSE 标准，可以根据各自的特点和 HSE 的需要，参考本节的思路和方法编写相应的技术内容。

9 中国石化标准化管理信息系统

9.1 系统简介

中国石化标准化管理信息系统是根据集团公司标准化工作的实际需要开发的专业信息平台，系统功能实现了一级企业标准制修订、产品标准备案、标准化信息、标准数据查询、标准化组织机构和人员管理等方面的网络化管理，面向集团公司所有单位和全体员工，为中国石化管理人员、技术人员及标准化工作者提供了统一的标准化信息平台。主要包括一个标准化信息门户和三大功能模块：

- 标准查询
- 一级企业标准制修订流程管理
- 二级企业产品标准备案流程管理

（1）系统登录，在中国石化内网上输入 IP 地址：10.1.19.218，即可登录系统，见图 9-1。

图 9-1

（2）点击导航条中的链接即可进入各功能模块，见图 9-2。

图 9-2

9.2 标准查询

（1）点击标准查询链接即可进入标准查询模块，见图 9-3。

图 9-3

（2）查询标准，具体操作见图 9-4～图 9-7。

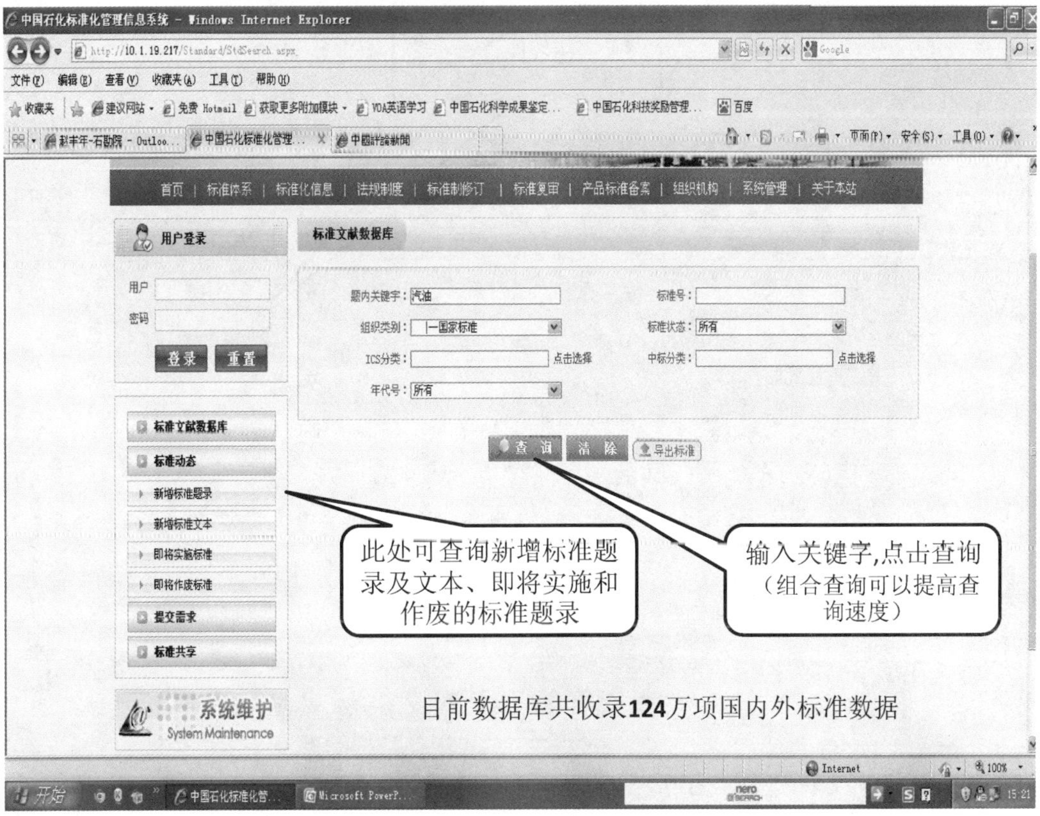

图 9-4

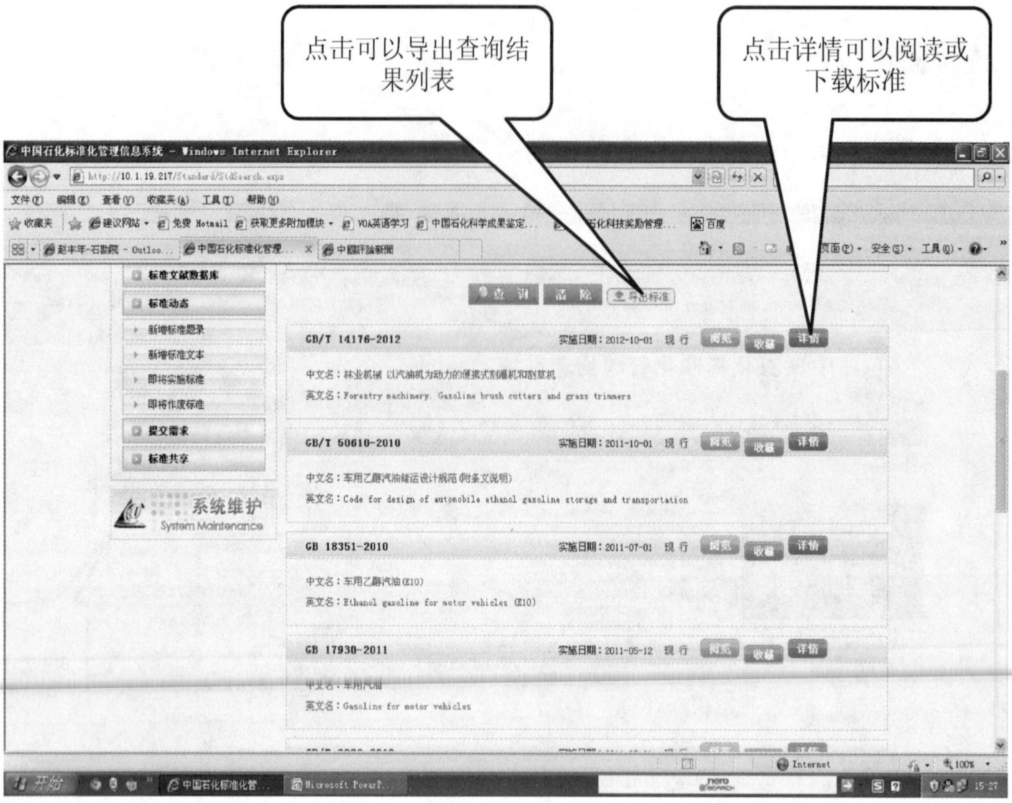
点击可以导出查询结果列表
点击详情可以阅读或下载标准
中国石化标准化管理信息系统 - Windows Internet Explorer
GB/T 14176-2012
中文名：林业机械 以汽油机为动力的便携式割灌机和割草机
英文名：Forestry machinery. Gasoline brush cutters and grass trimmers
GB/T 50610-2010
中文名：车用乙醇汽油储运设计规范(附条文说明)
英文名：Code for design of automobile ethanol gasoline storage and transportation
GB 18351-2010
中文名：车用乙醇汽油(E10)
英文名：Ethanol gasoline for motor vehicles (E10)
GB 17930-2011
英文名：Gasoline for motor vehicles
系统维护
System Maintenance

图 9-5

点击在线阅读标准
中国石化标准化管理信息系统 - Windows Internet Explorer
标准详细信息
标准号：GB 17930-2011
中文名：车用汽油
英文名：Gasoline for motor vehicles
发布日期：2011-05-12
实施日期：2011-05-12
代替标准：GB 17930-2006
页数：10
系统维护
System Maintenance

图 9-6

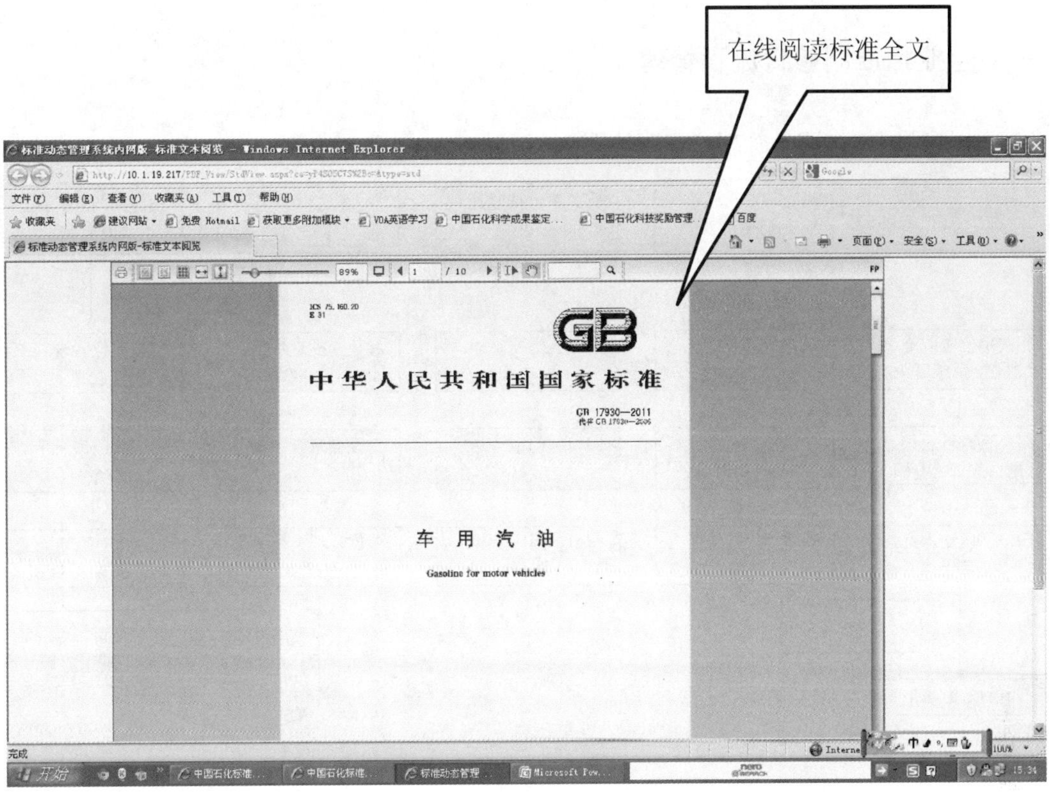

图 9-7

（3）下载标准文本，具体操作见图 9-8。

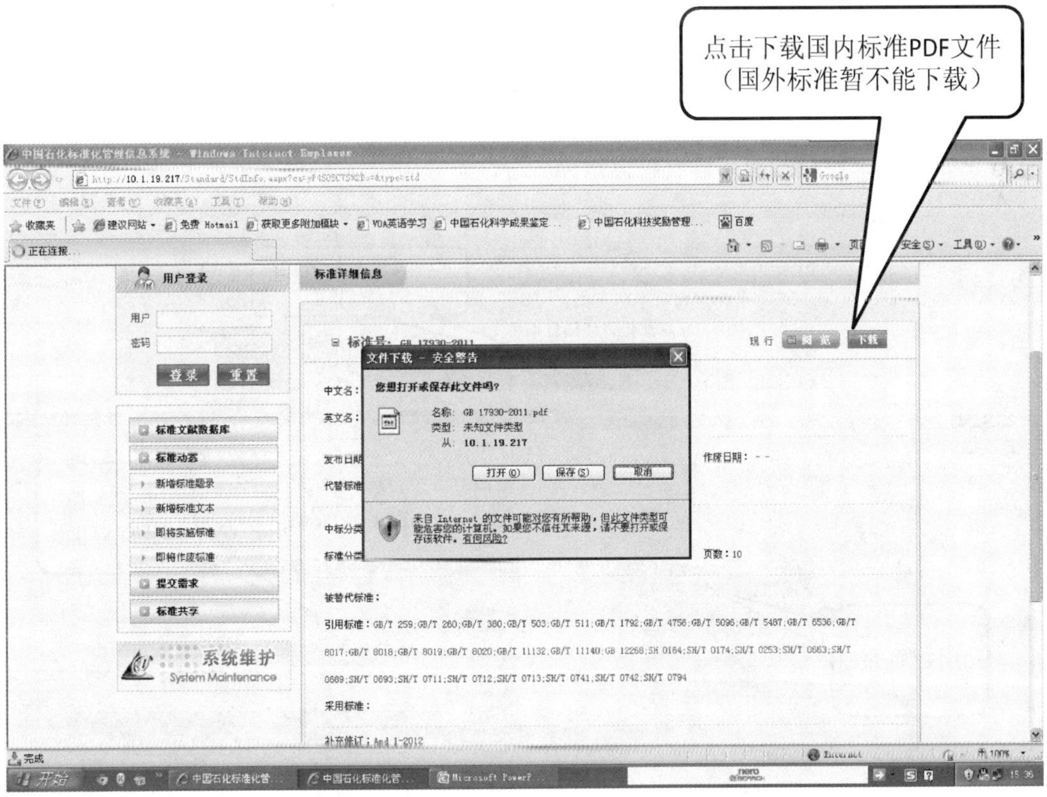

图 9-8

9.3 一级企业标准制修订流程管理

一级企业标准制修订网上管理流程图见图9-9。

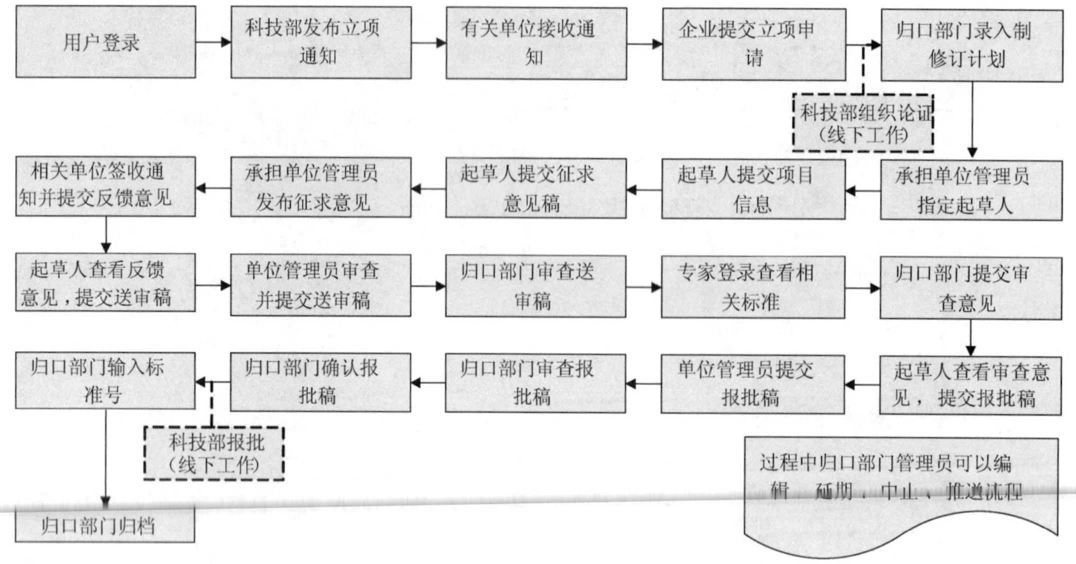

图9-9

一级企业标准复审网上管理流程图见图9-10。

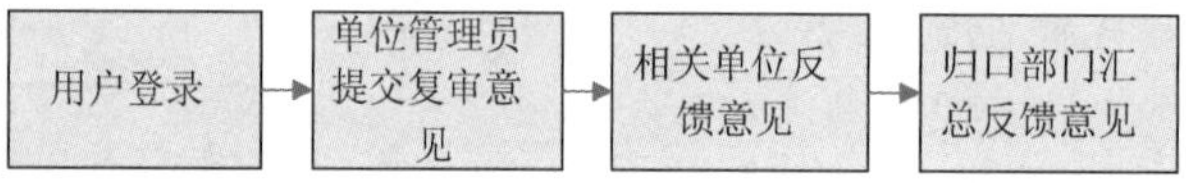

图9-10

用户登录进入标准制修订模块，具体操见图9-11。

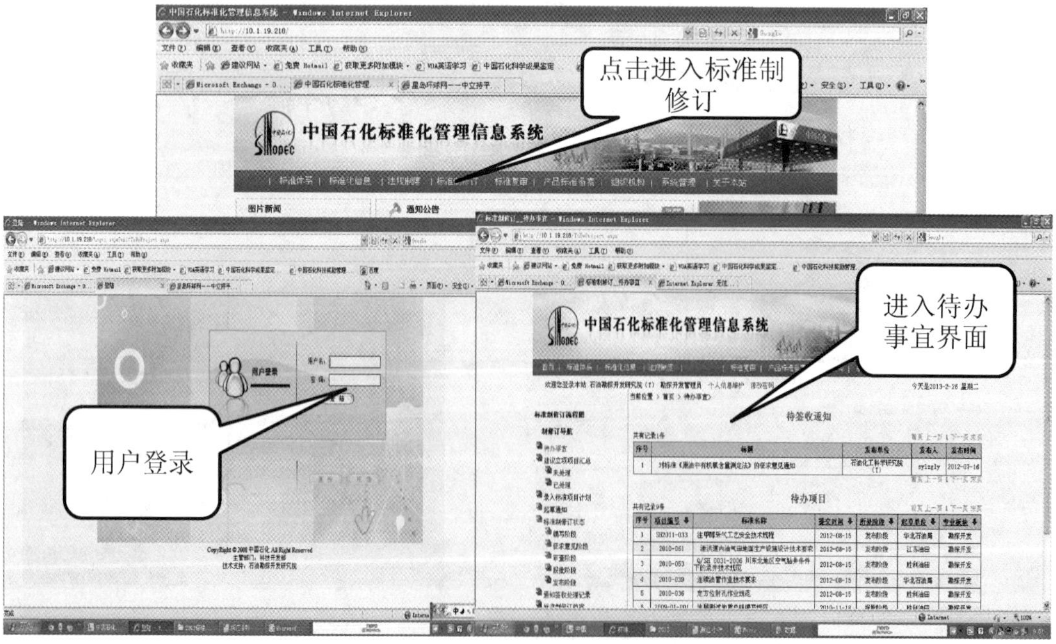

图9-11

（1）科技部发布标准制修订通知，见图 9-12~图 9-14。

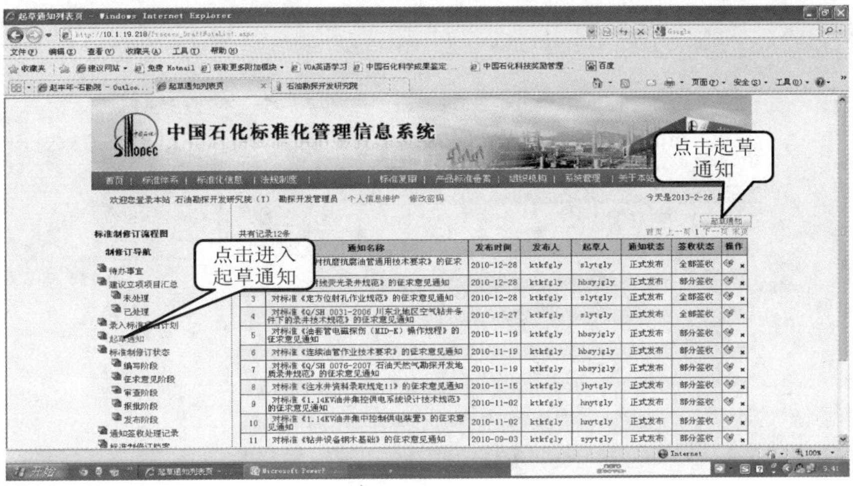

图 9-12

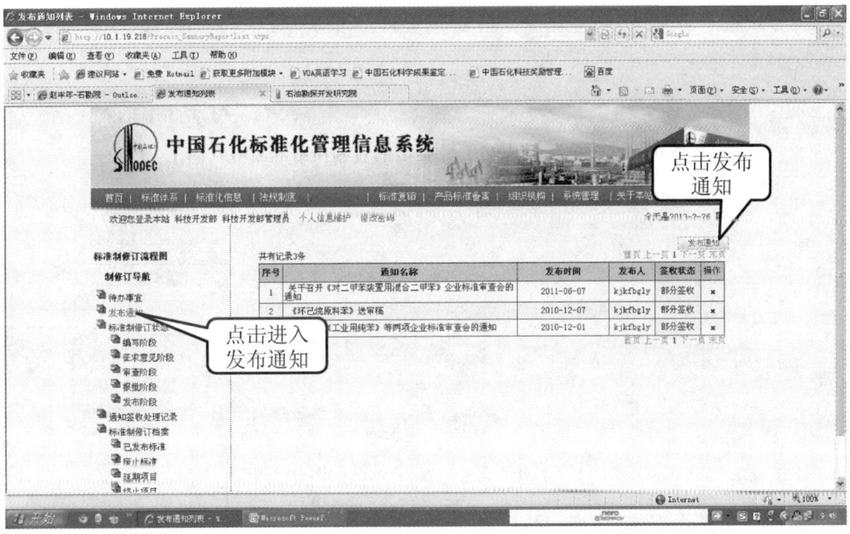

图 9-13

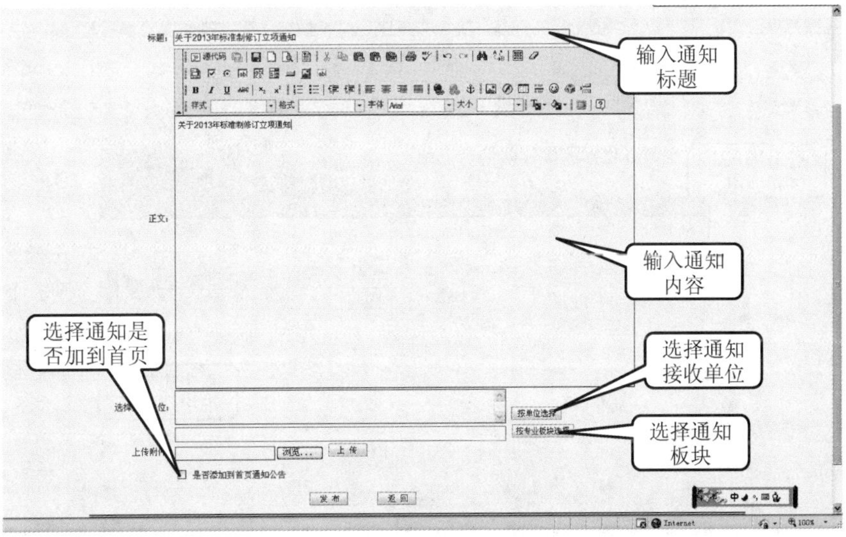

图 9-14

（2）相关单位查收通知，见图 9-15、图 9-16。

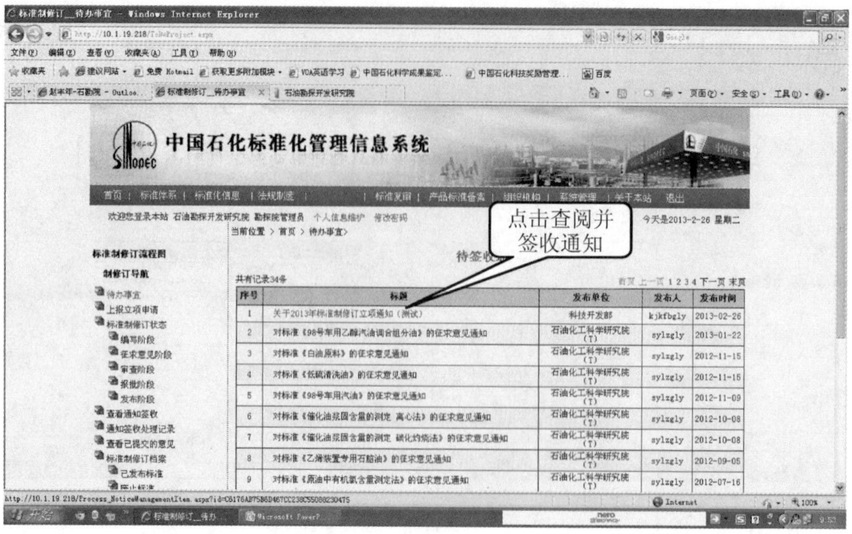

图 9-15

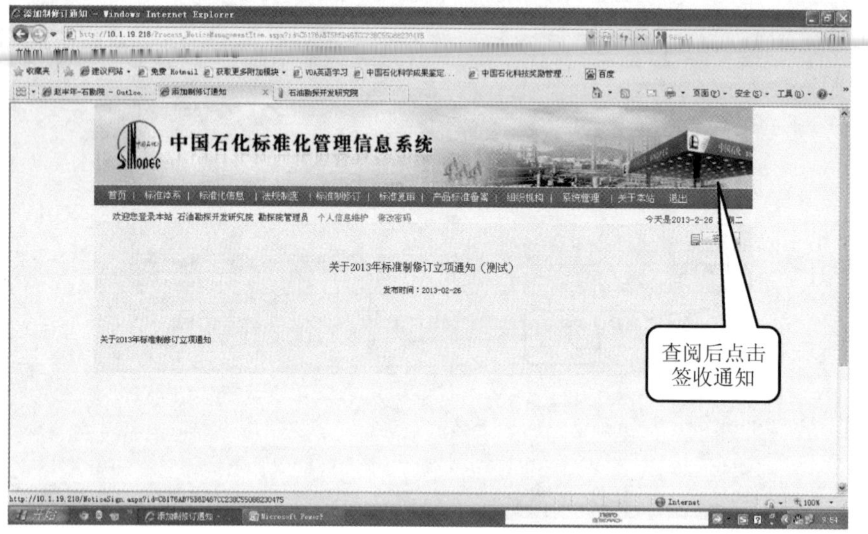

图 9-16

（3）企业提交立项申请，见图 9-17、图 9-18。

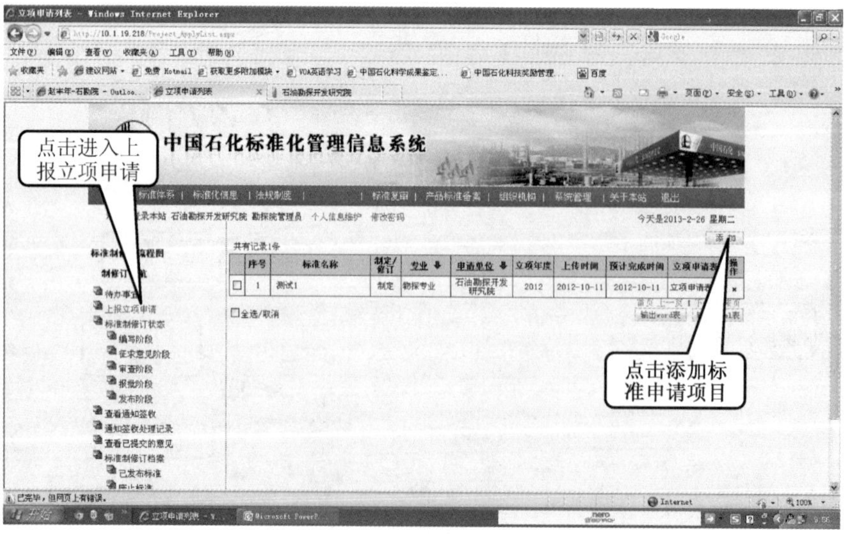

图 9-17

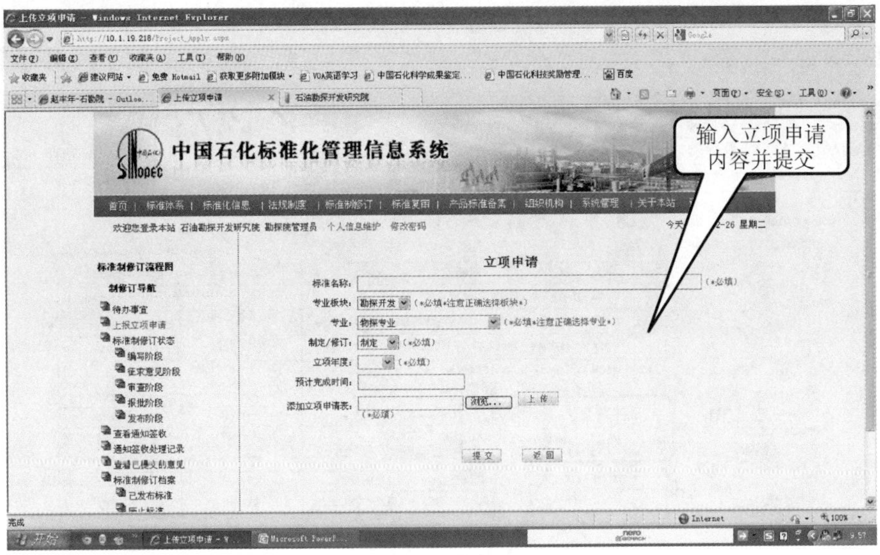

图 9-18

（4）归口部门录入制修订计划，见图 9-19、图 9-20。

图 9-19

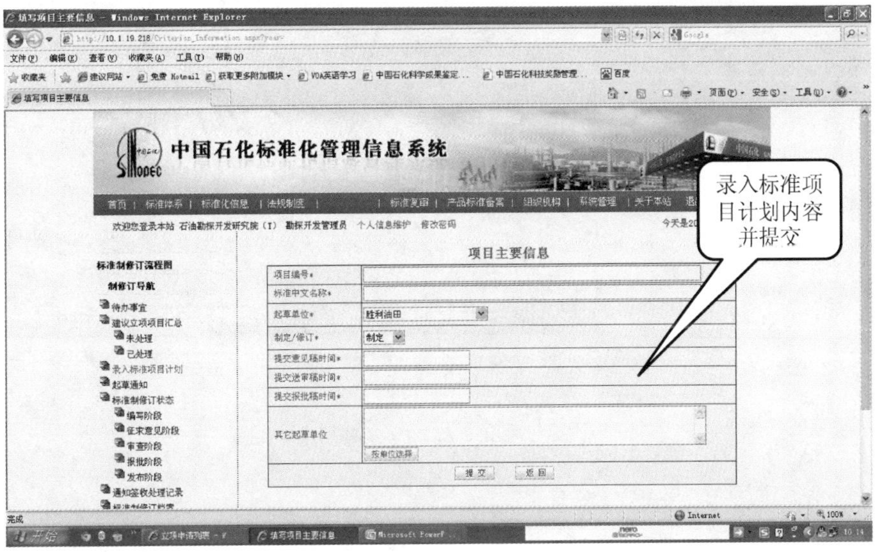

图 9-20

（5）承担单位管理员指定标准起草人，见图 9–21 ~ 图 9–23。

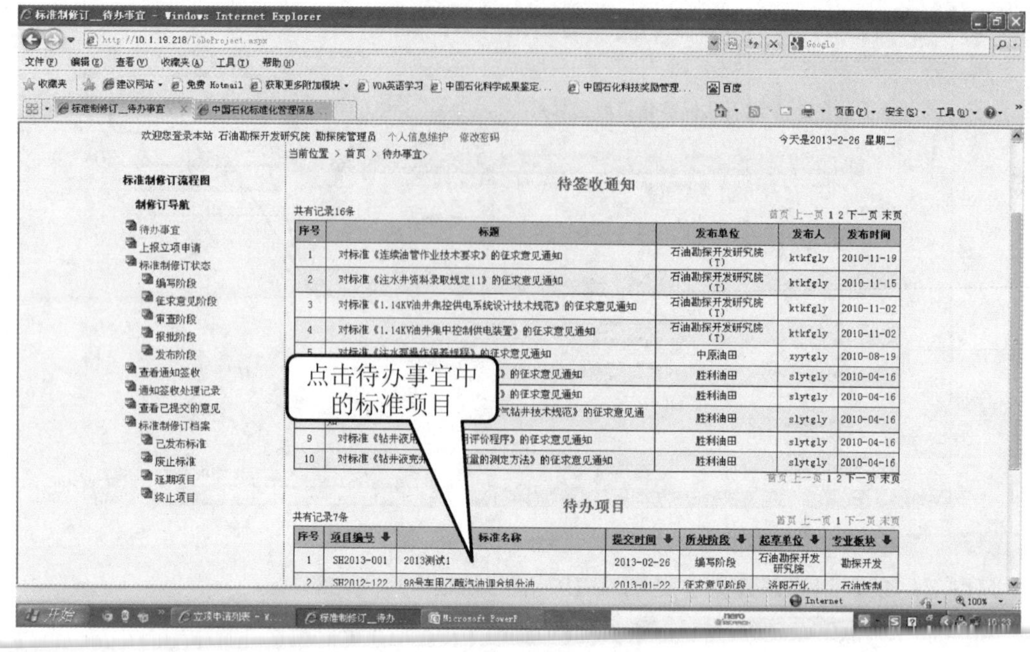

图 9–21

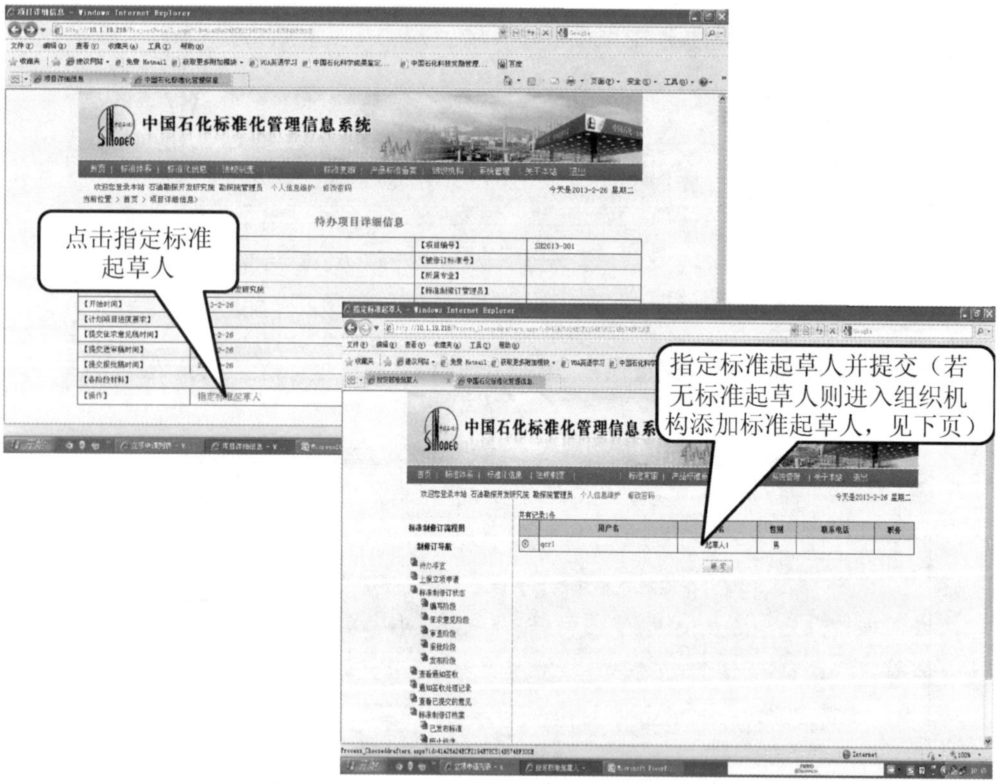

图 9–22

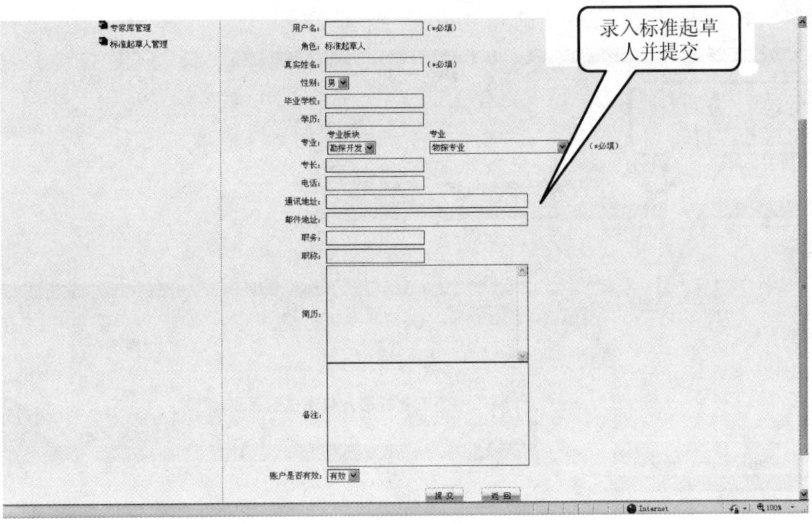

图 9-23

（6）标准起草人提交项目信息，见图 9-24、图 9-25。

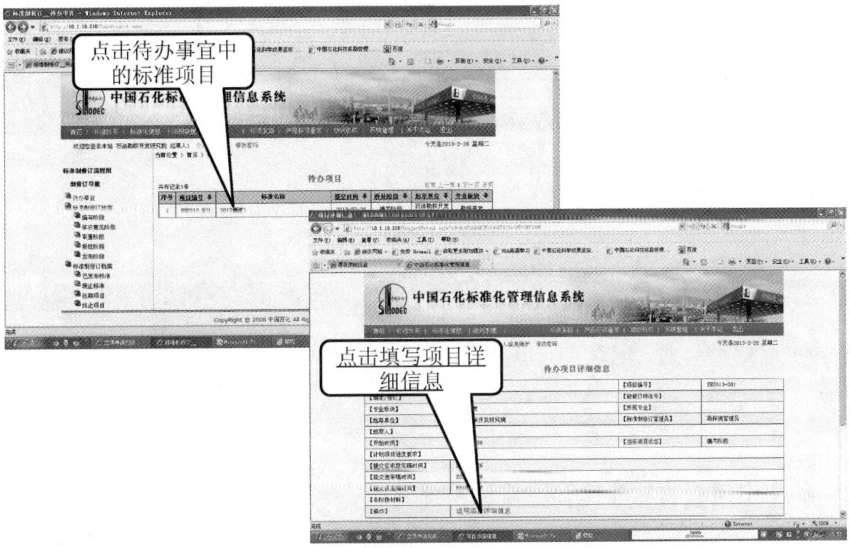

图 9-24

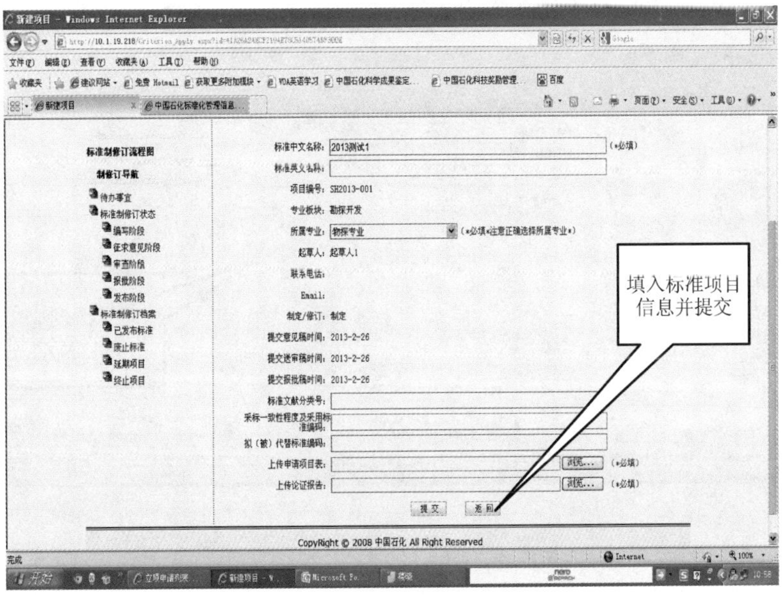

图 9-25

（7）标准起草人提交征求意见稿，见图 9-26、图 9-27。

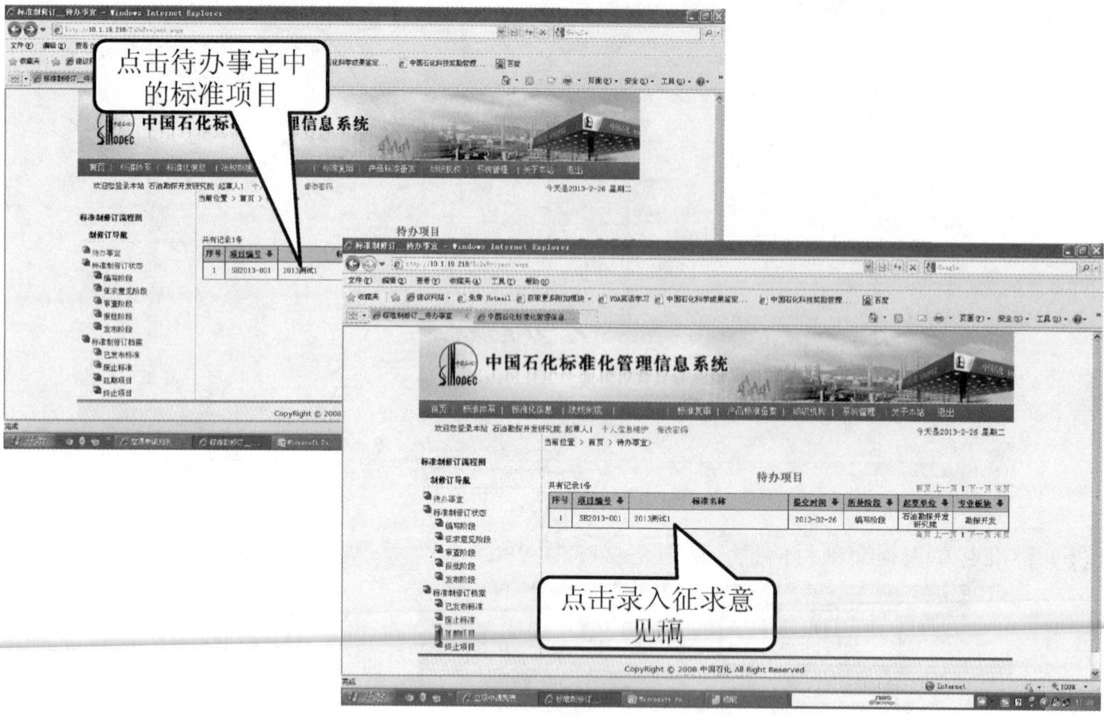

图 9-26

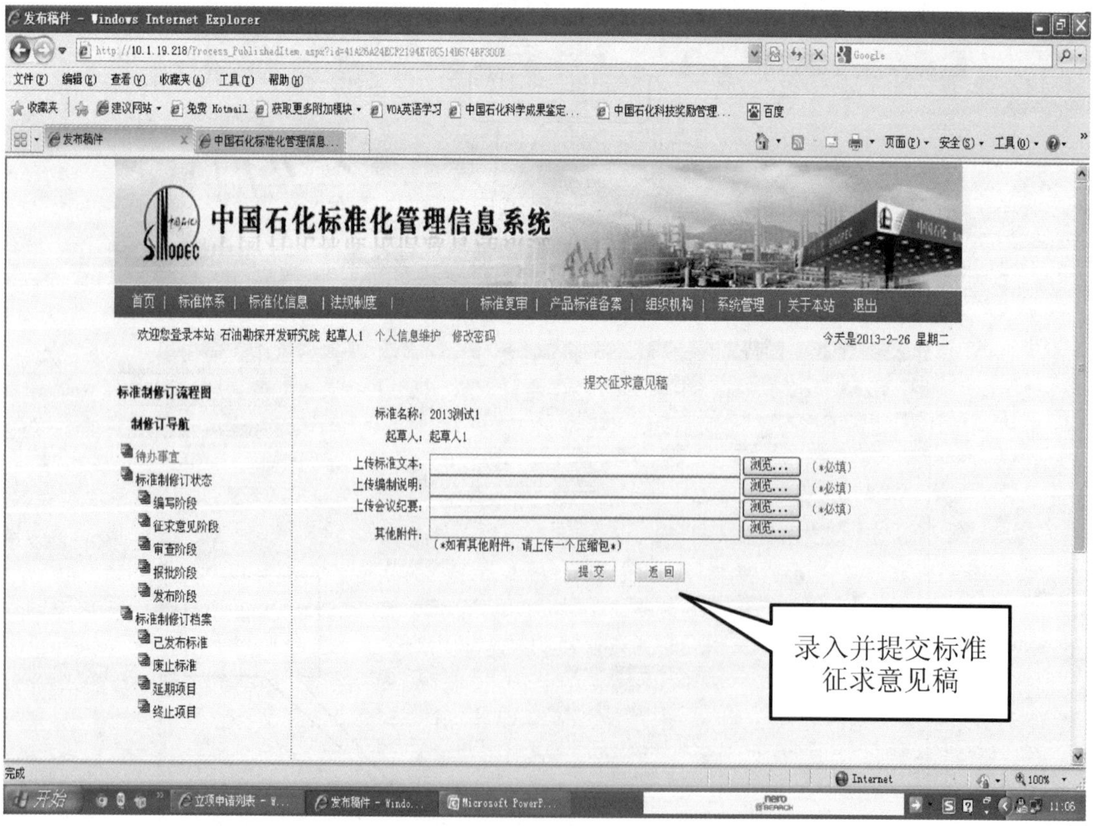

图 9-27

（8）承担单位管理员发布征求意见通知，见图 9-28、图 9-29。

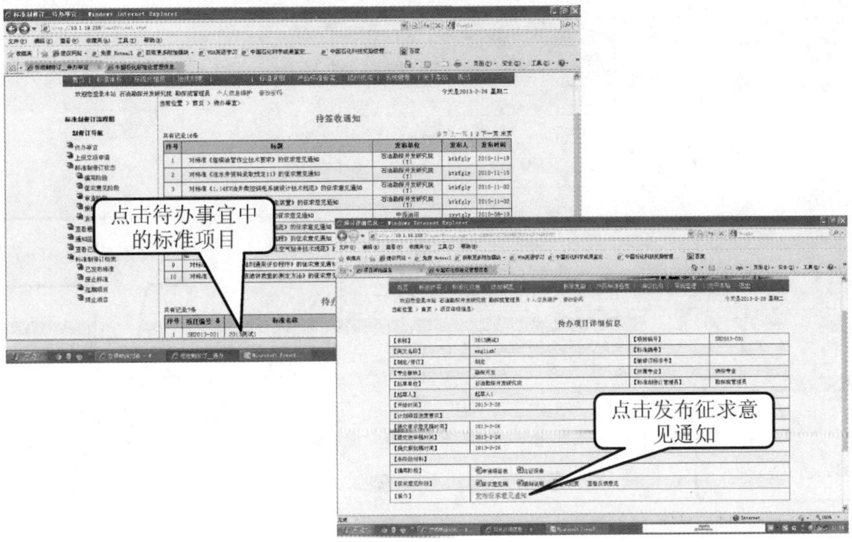

图 9-28

录入并提交发布标准征求意见通知

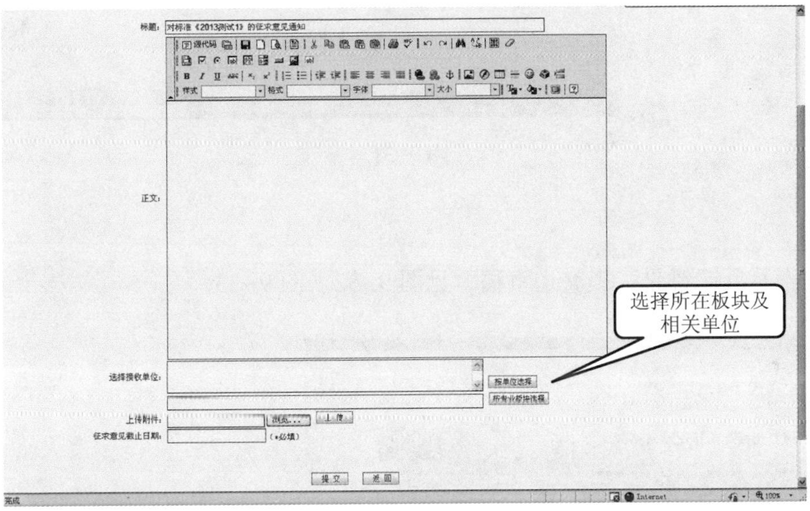

图 9-29

（9）相关单位管理员反馈意见，见图 9-30、图 9-31。

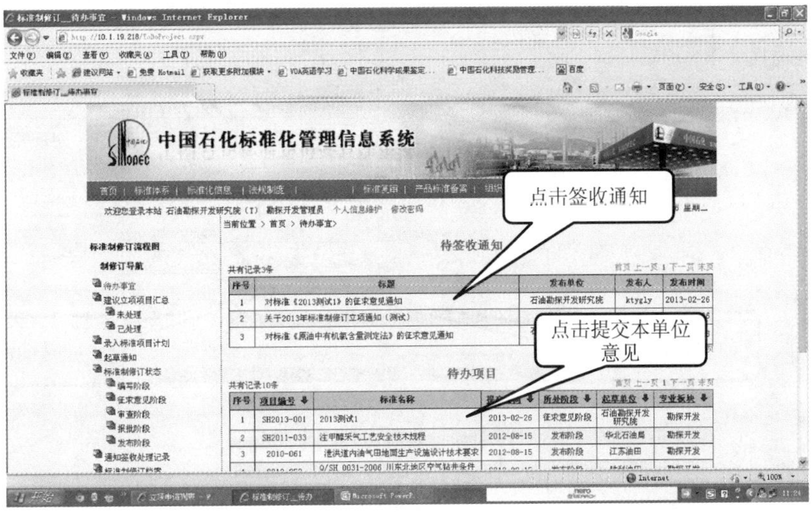

图 9-30

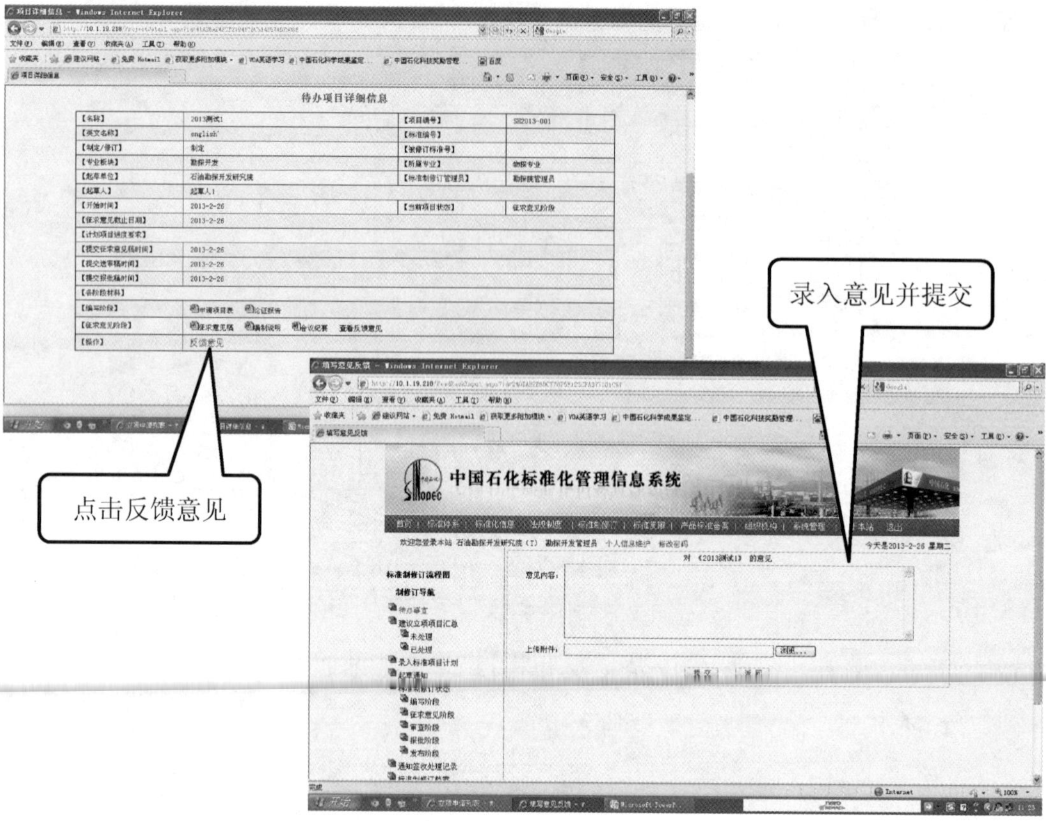

图 9-31

（10）起草人查看反馈意见，提交送审稿，见图 9-32、图 9-33。

图 9-32

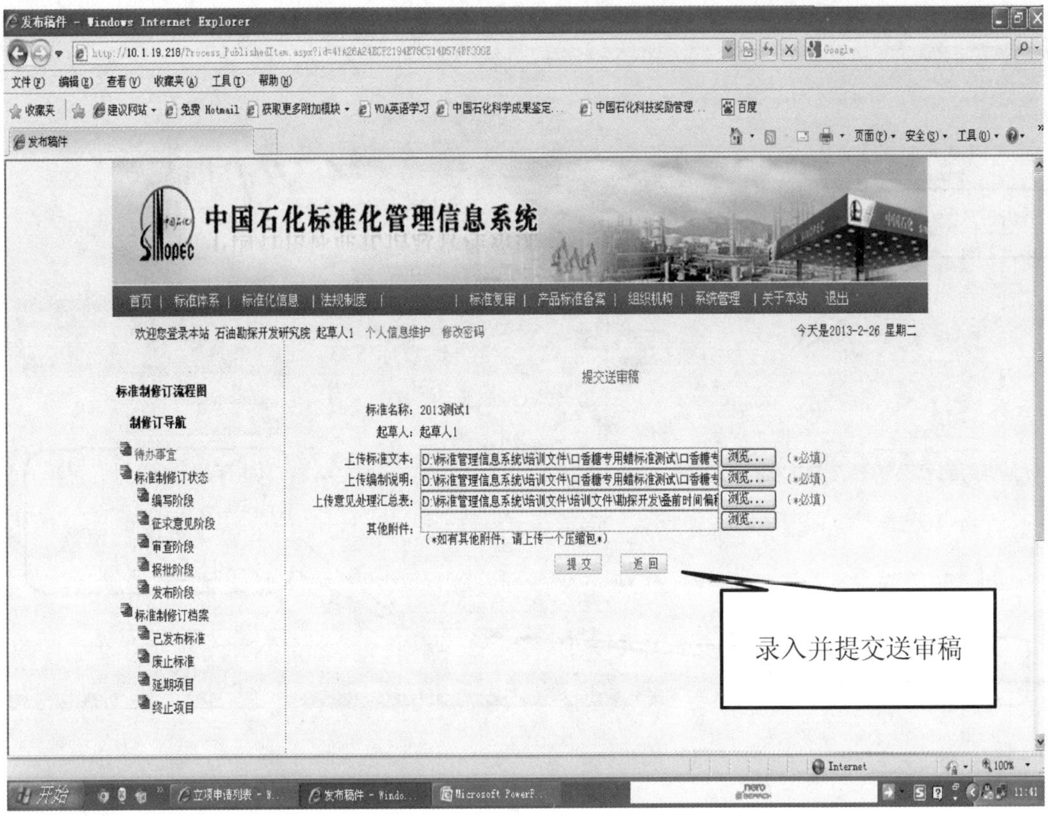

图 9-33

(11) 单位管理员审查，提交送审稿，见图 9-34。

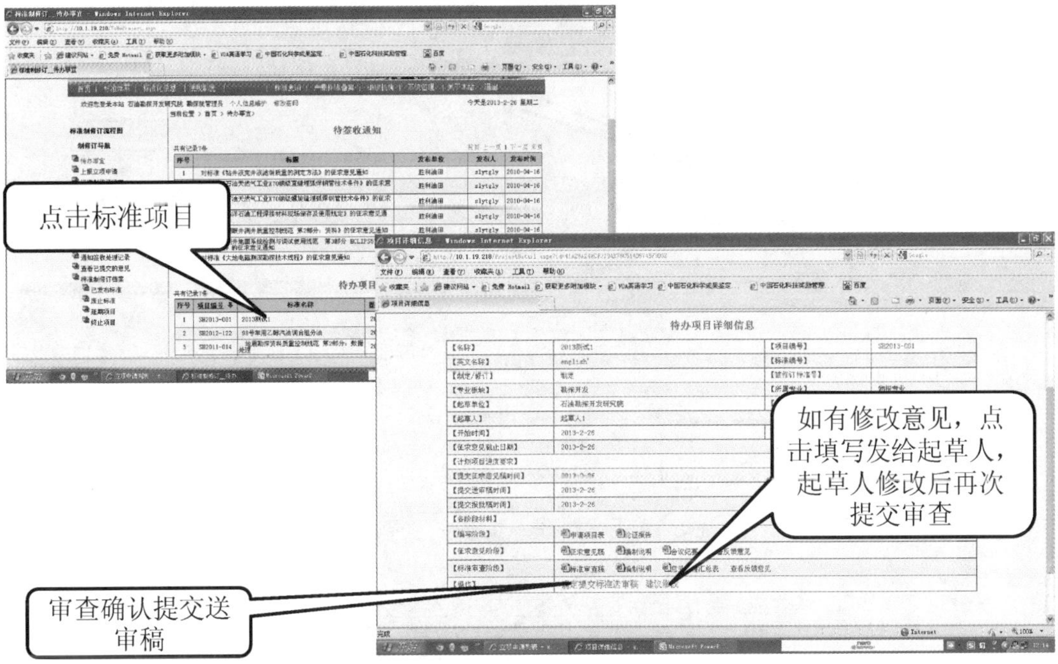

图 9-34

（12）归口部门审查确认送审稿，见图 9-35。

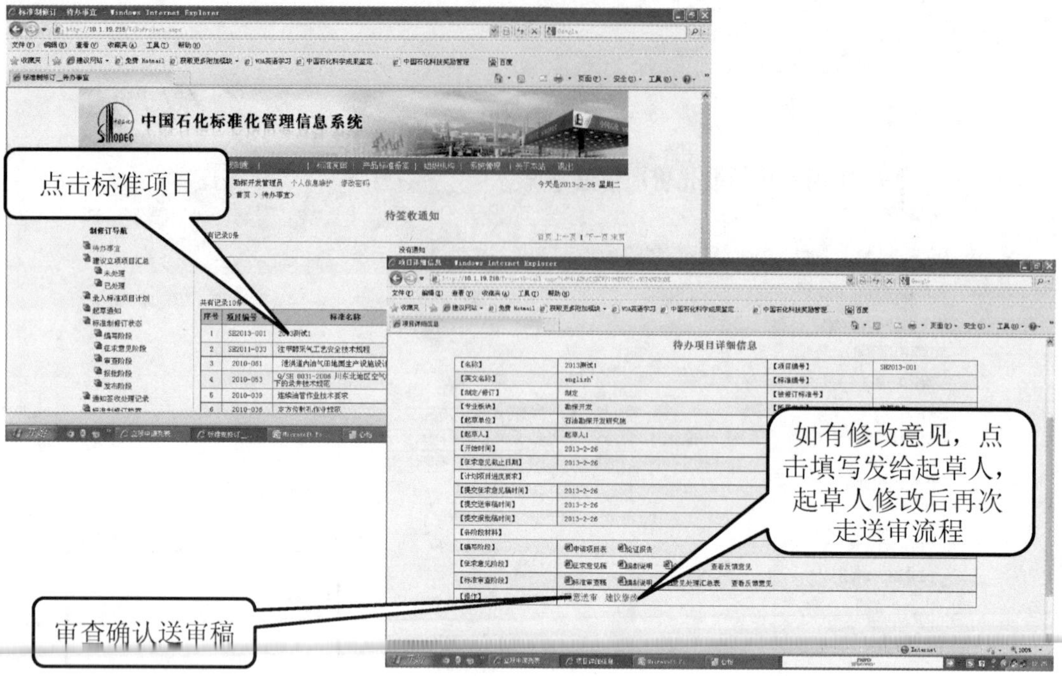

图 9-35

（13）选择专家授权查看送审稿，见图 9-36~图 9-38。

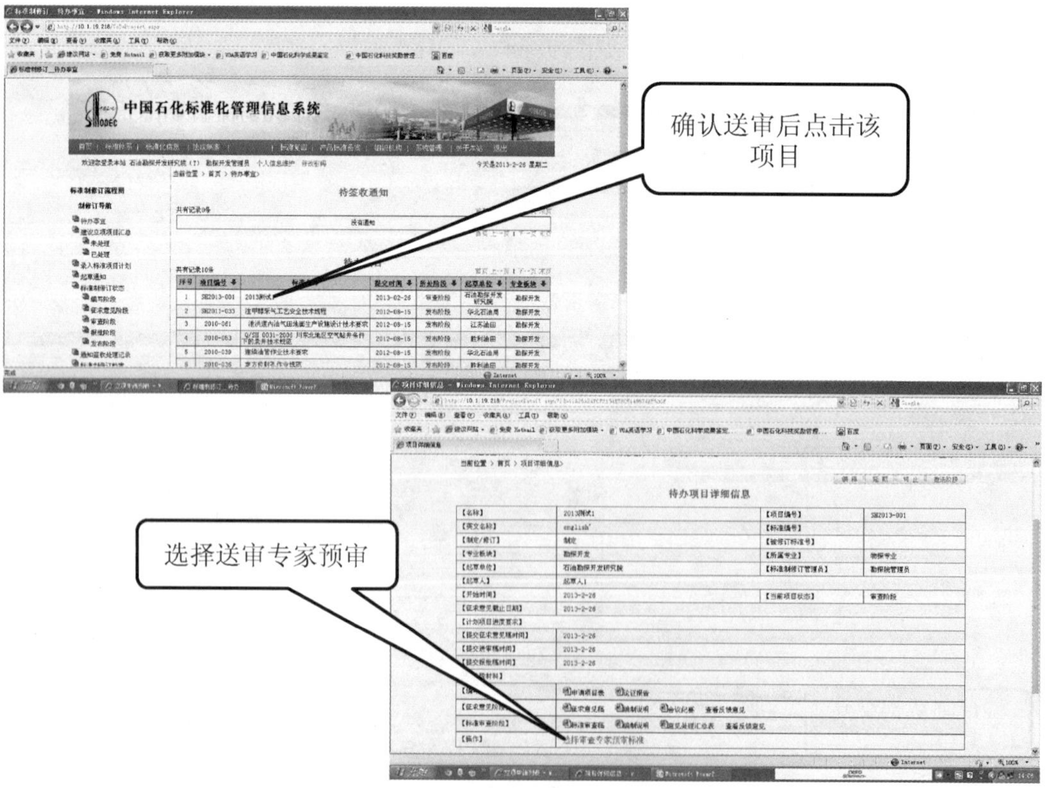

图 9-36

图 9-37

专家登录查看送审稿，见图 9-38。

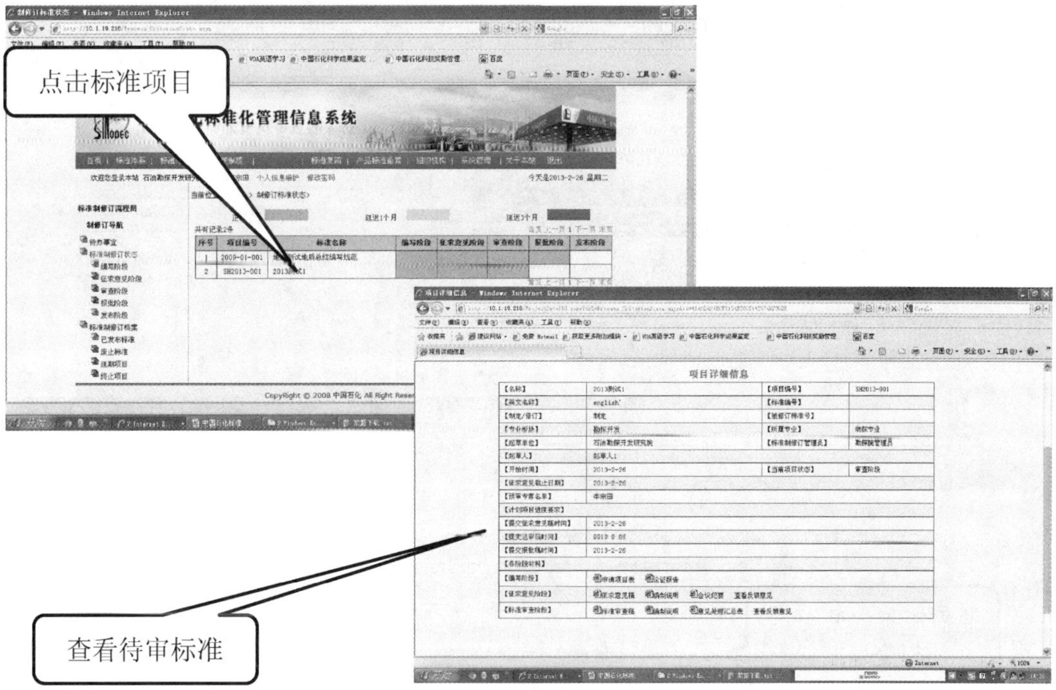

图 9-38

(14) 归口部门添加审查意见、选择主审人并提交，见图 9-39。

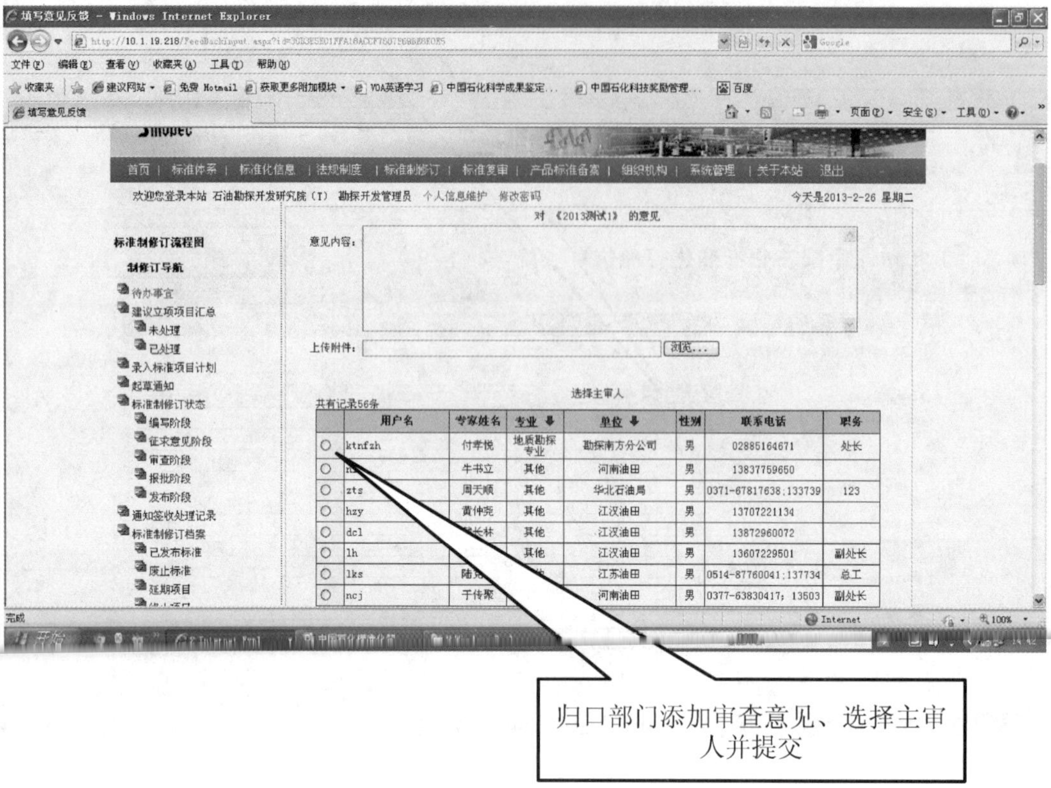

图 9-39

(15) 起草人查看审查意见、修改后提交报批稿，见图 9-40、图 9-41。

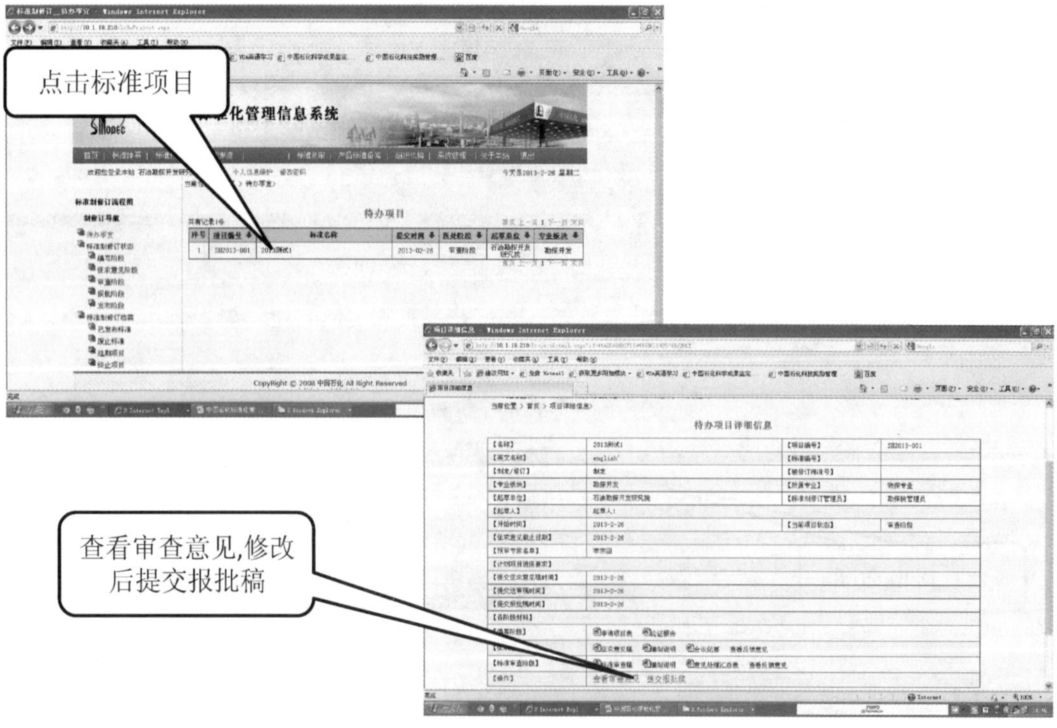

图 9-40

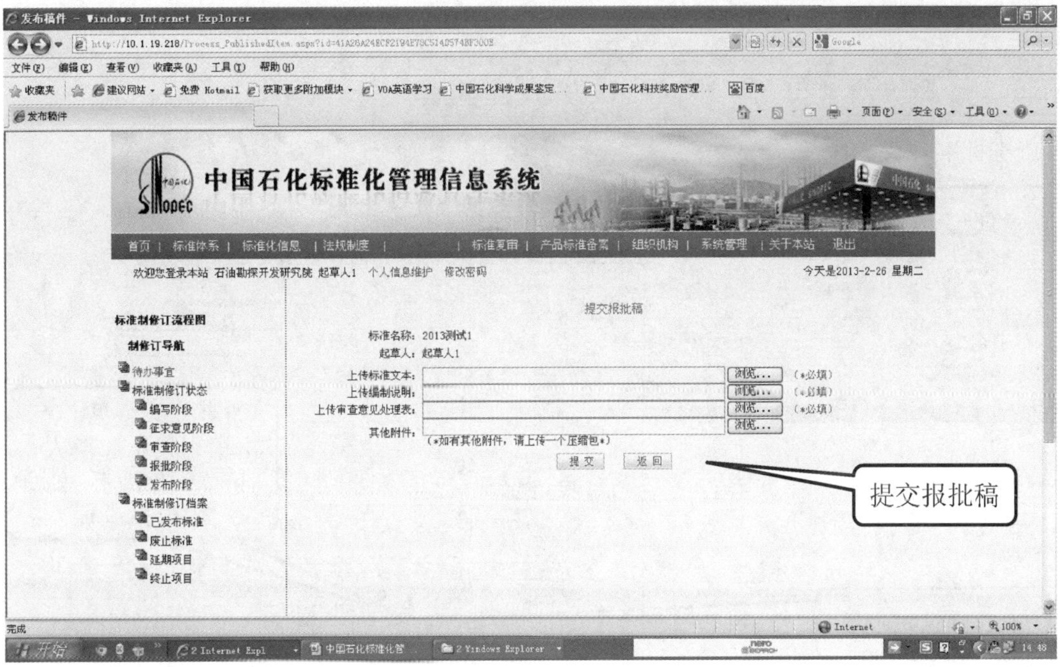

图 9-41

（16）单位管理员审查提交报批稿，见图 9-42。

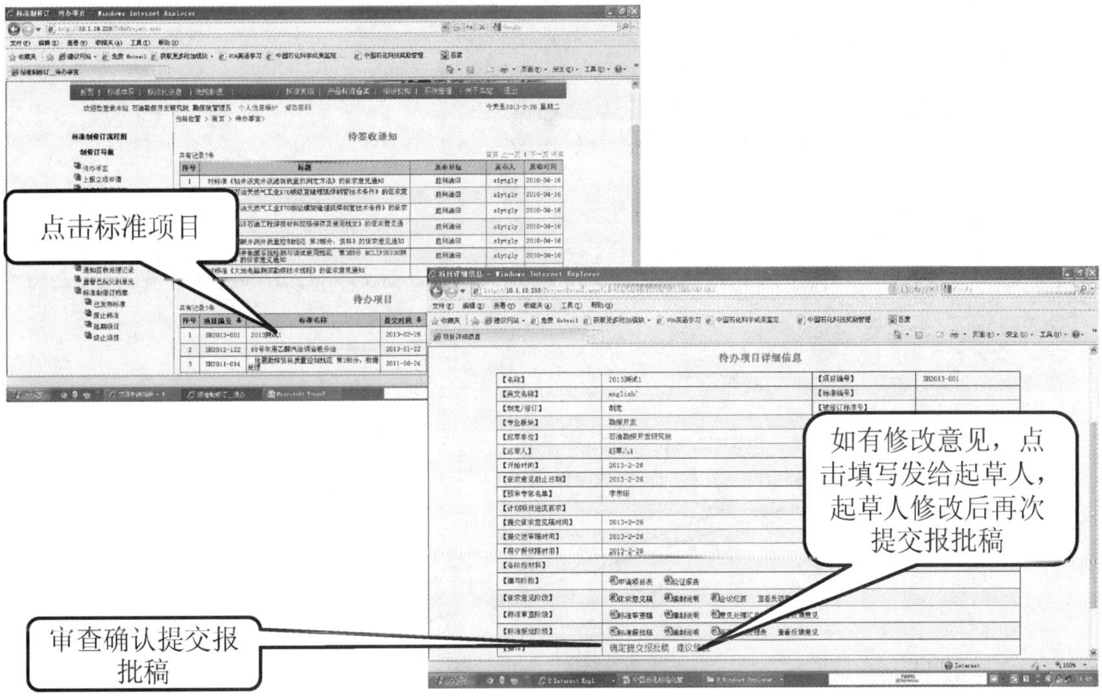

图 9-42

(17) 归口部门审查报批稿，见图 9-43。

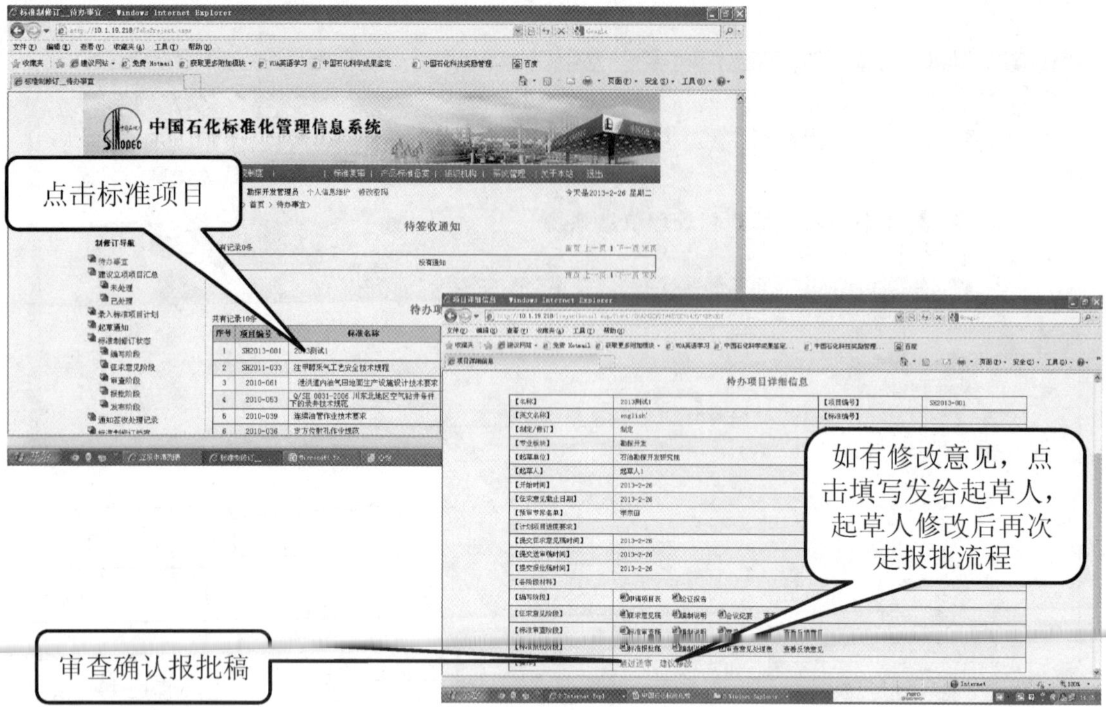

图 9-43

(18) 归口部门管理员确认报批稿，见图 9-44、图 9-45。

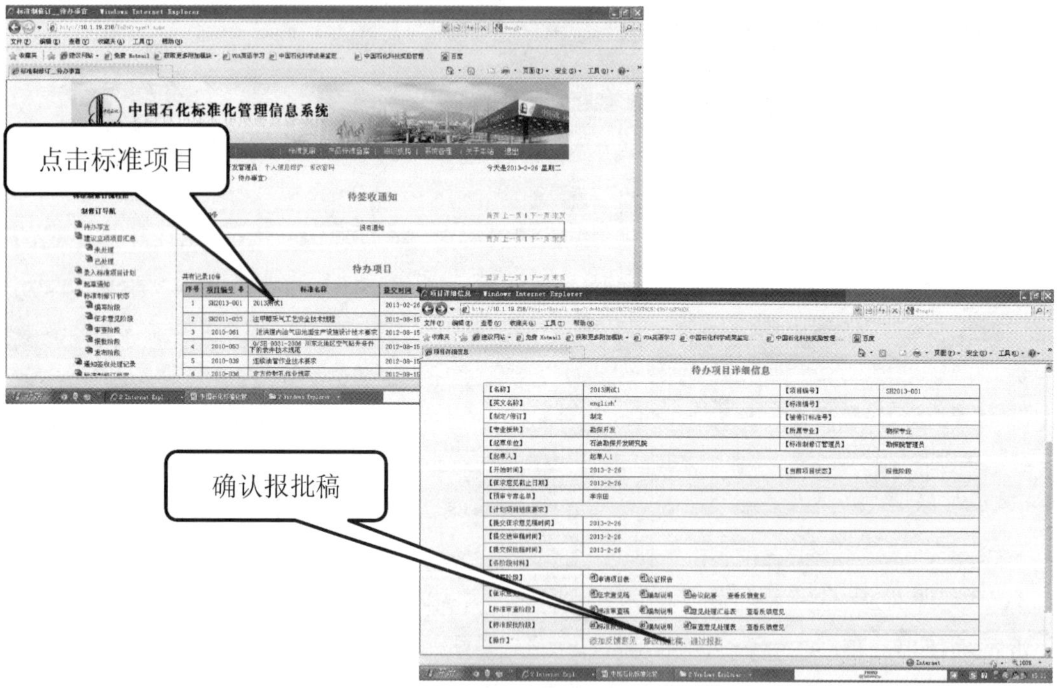

图 9-44

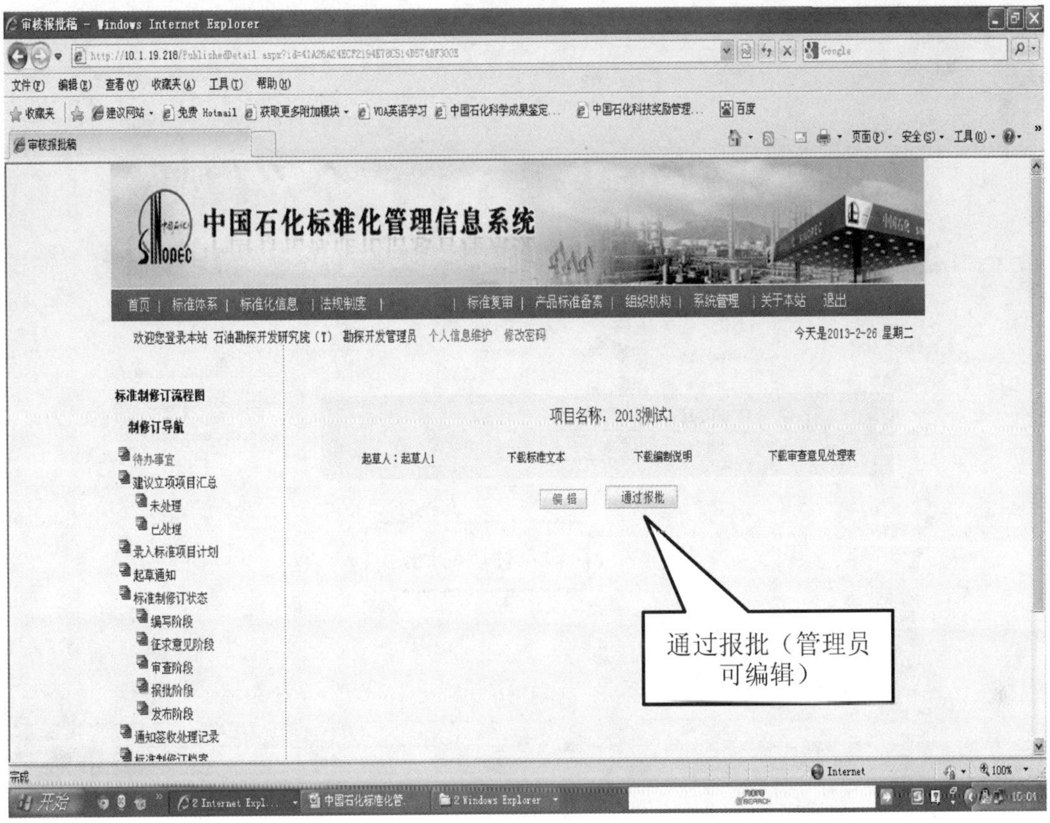

图 9-45

（19）归口部门输入标准号，见图 9-46、图 9-47。

图 9-46

图 9-47

（20）归口部门归档，见图 9-48。

图 9-48

(21) 标准编写单位管理员登录标准复审模块，见图 9-49、图 9-50。

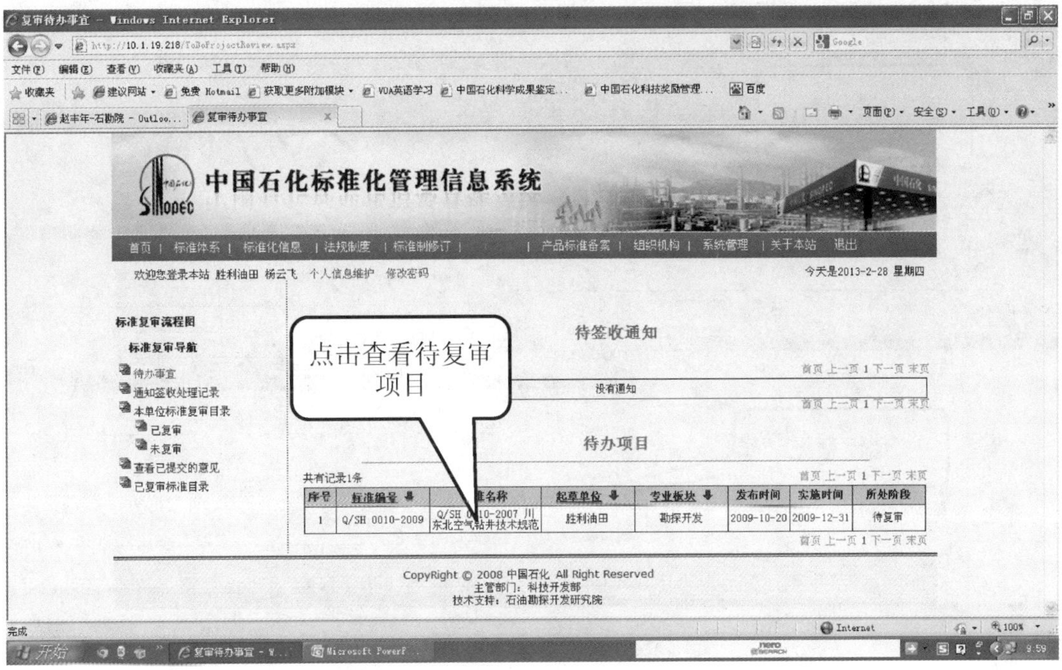

图 9-49

图 9-50

（22）相关单位登录标准复审模块反馈意见，见图 9-51。

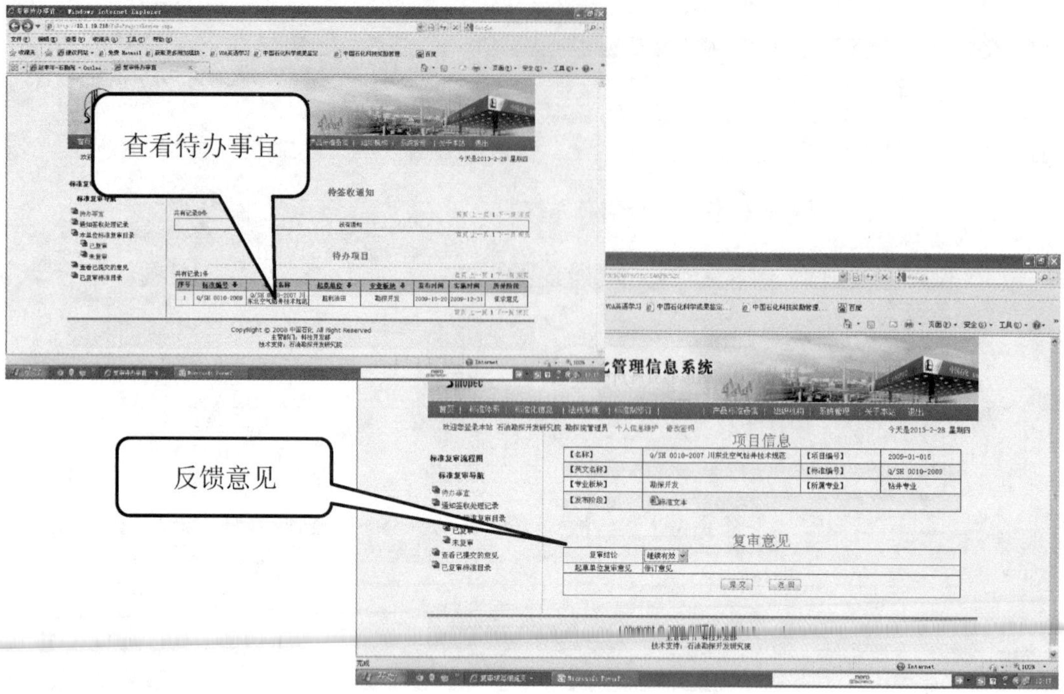

图 9-51

（23）归口部门登录标准复审模块查看汇总意见，见图 9-52。

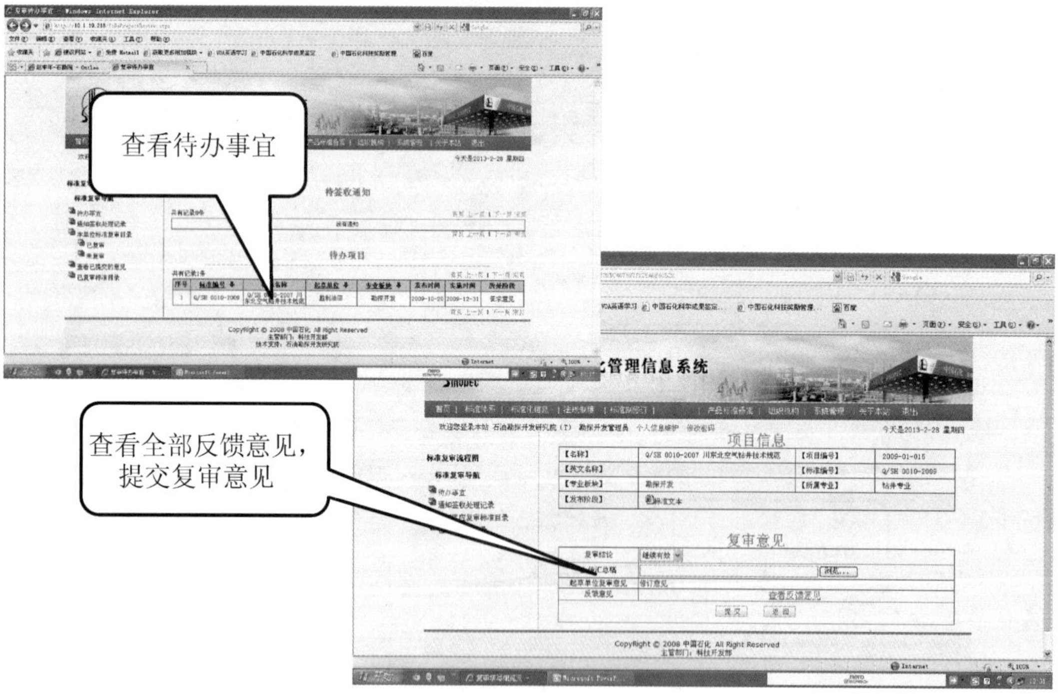

图 9-52

9.4　二级企业产品标准备案流程管理

二级企业标准备案网上管理流程图，见图 9-53。

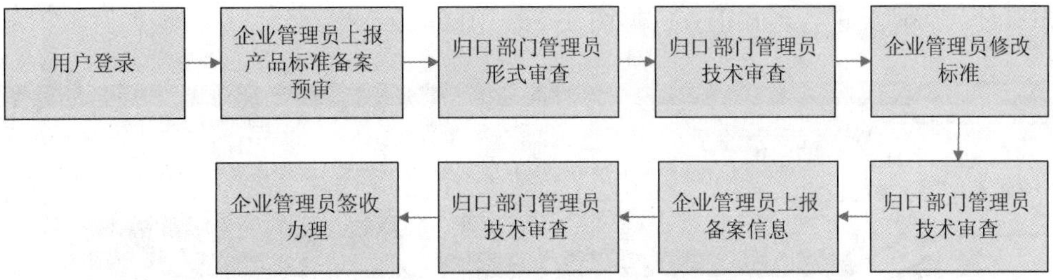

图 9-53

用户登录产品标准备案模块，见图 9-54。

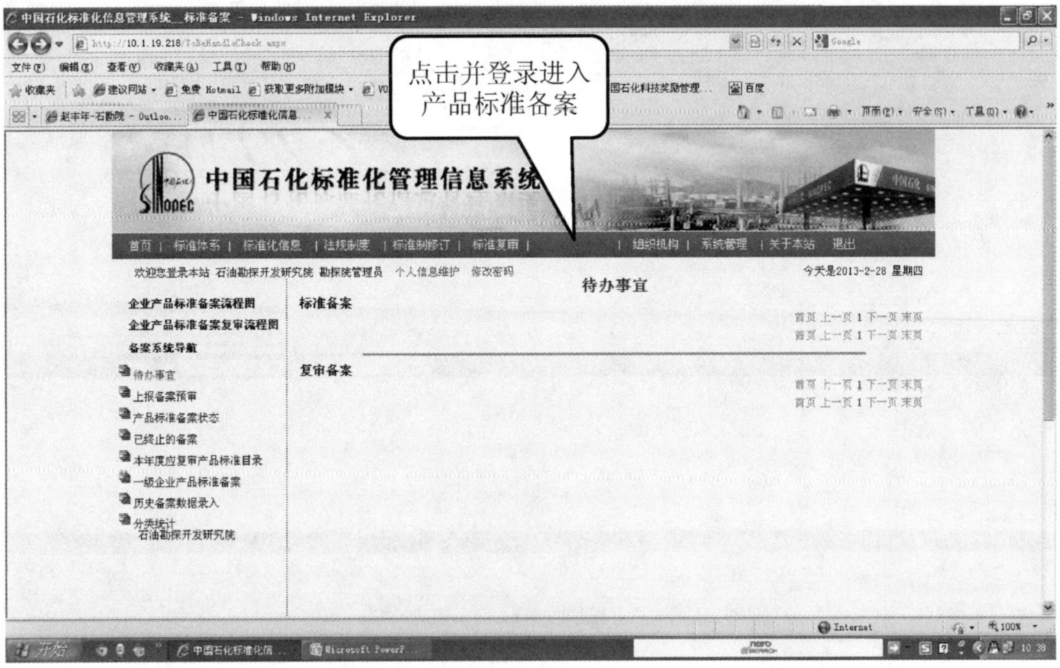

图 9-54

(1) 企业管理员上报产品标准备案预审，见图 9-55。

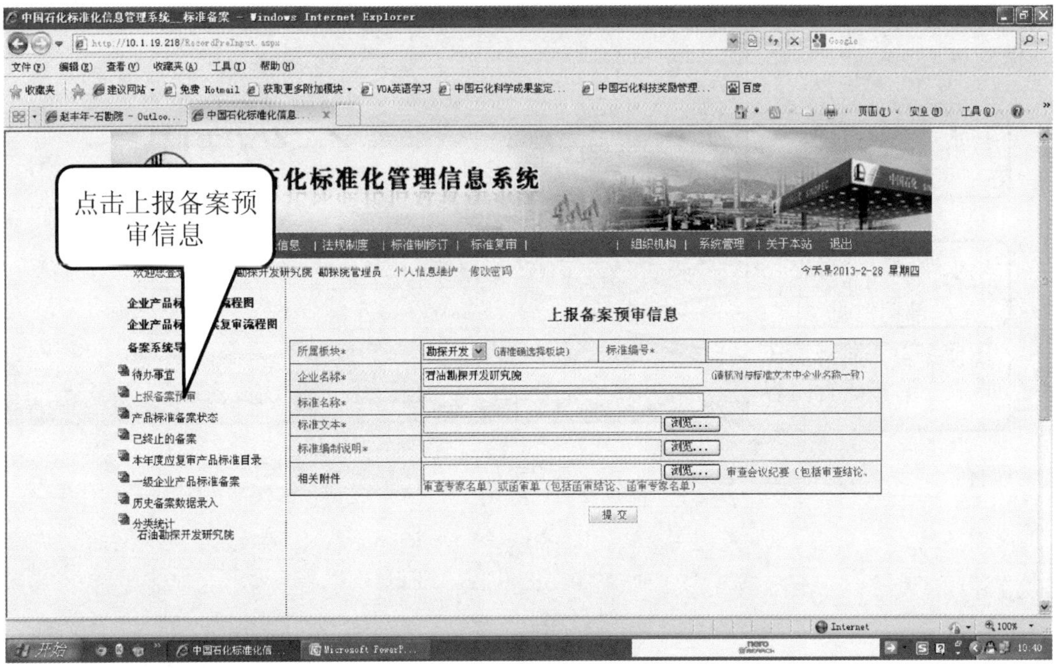

图 9-55

（2）归口部门管理员进行形式审查，见图 9-56、图 9-57。

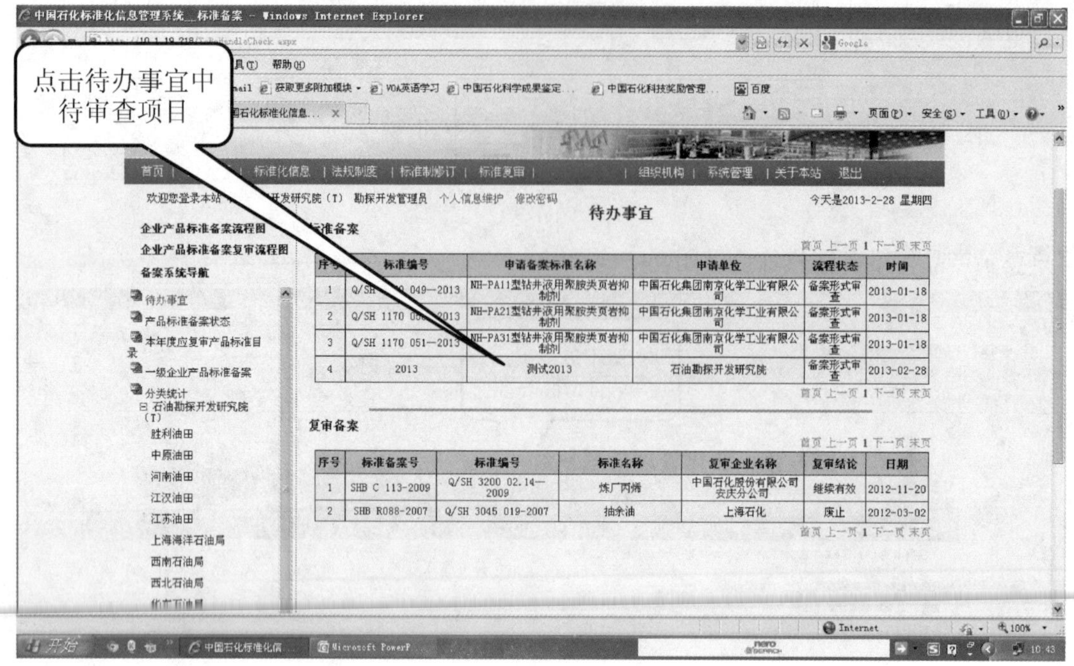

图 9-56

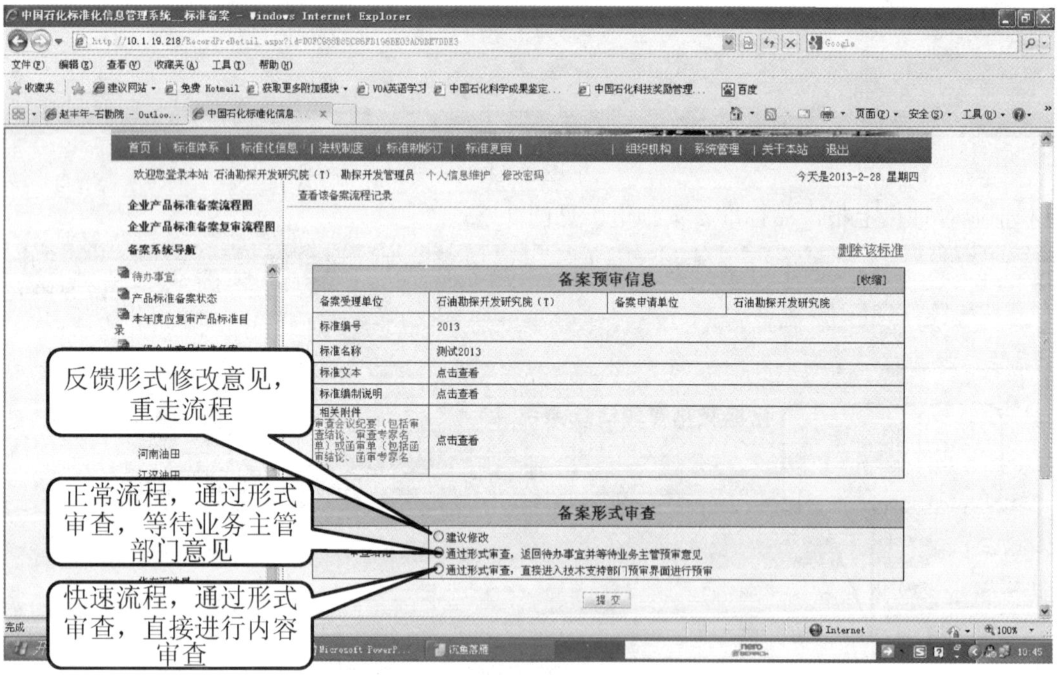

图 9-57

(3) 归口部门管理员技术审查，见图 9-58。

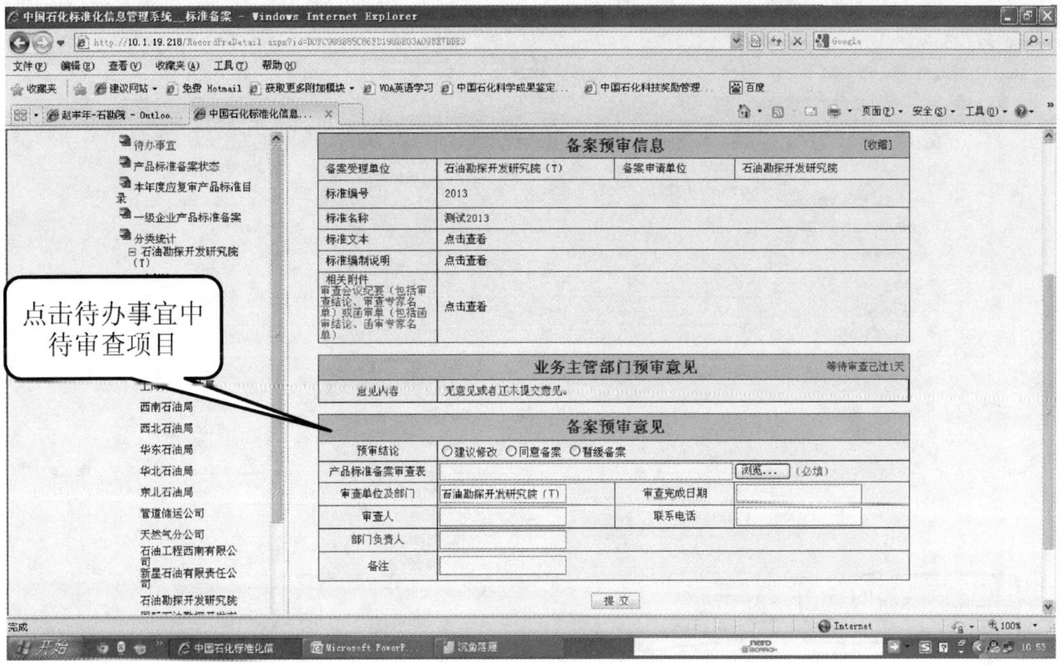

图 9-58

(4) 企业管理员修改标准，见图 9-59、图 9-60。

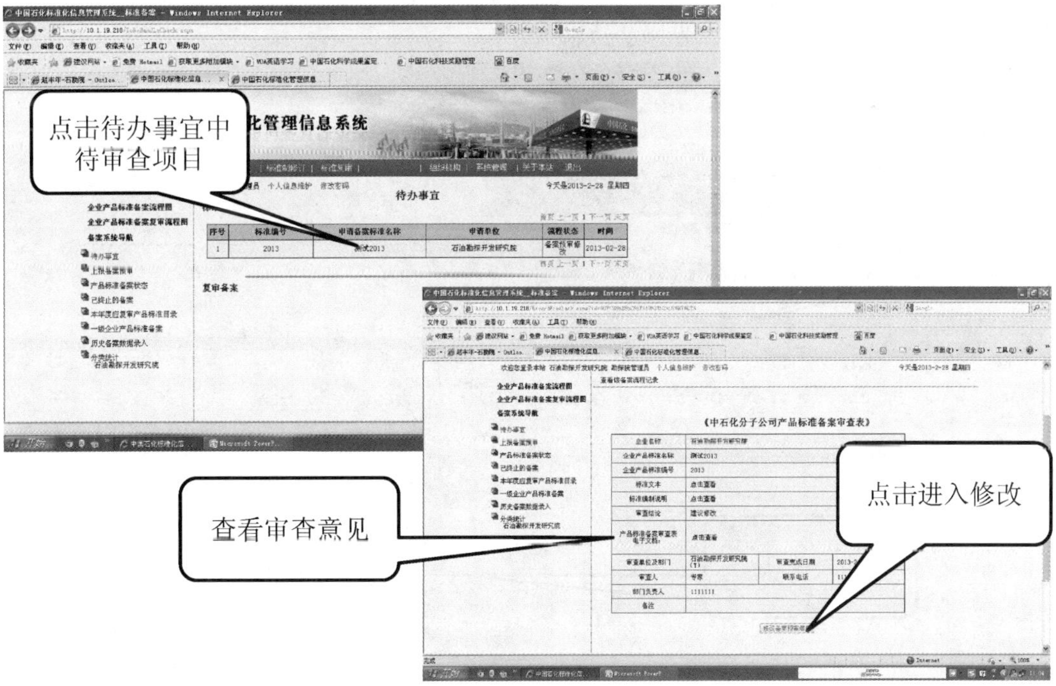

图 9-59

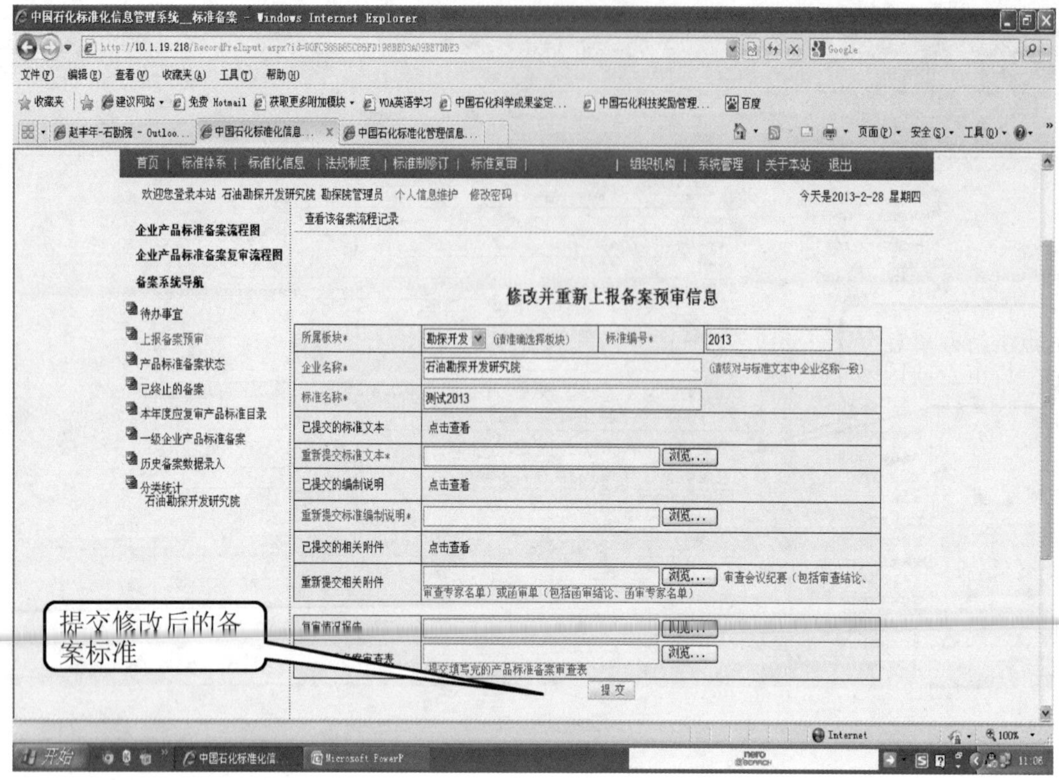

图 9-60

（5）归口部门管理员技术审查，见图 9-61。

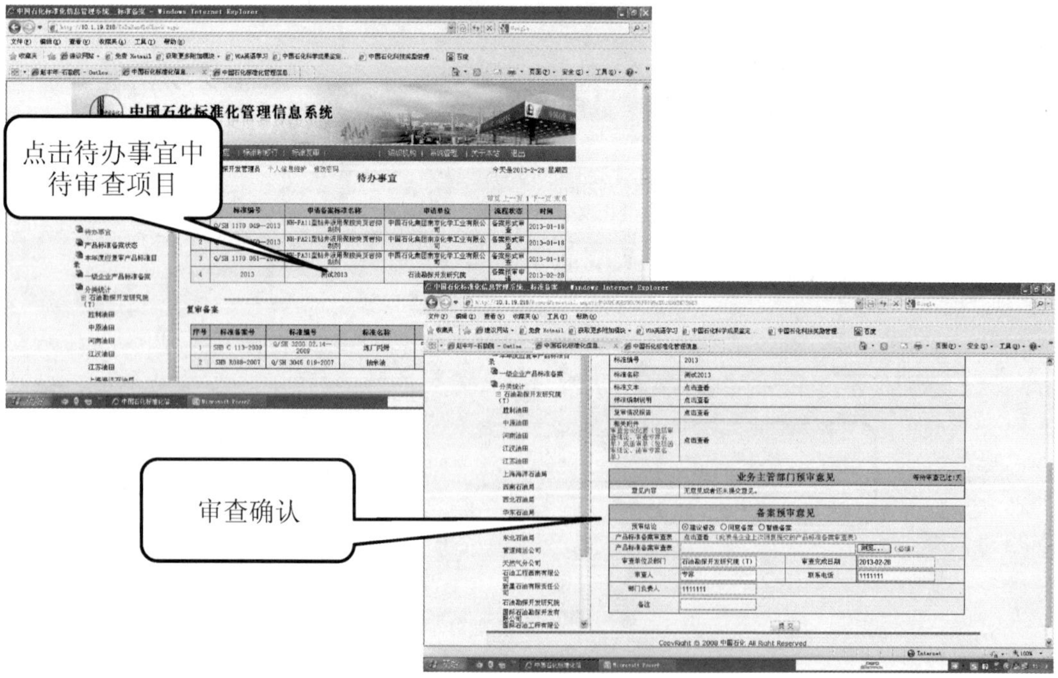

图 9-61

（6）企业管理员上报备案信息，见图 9-62、图 9-63。

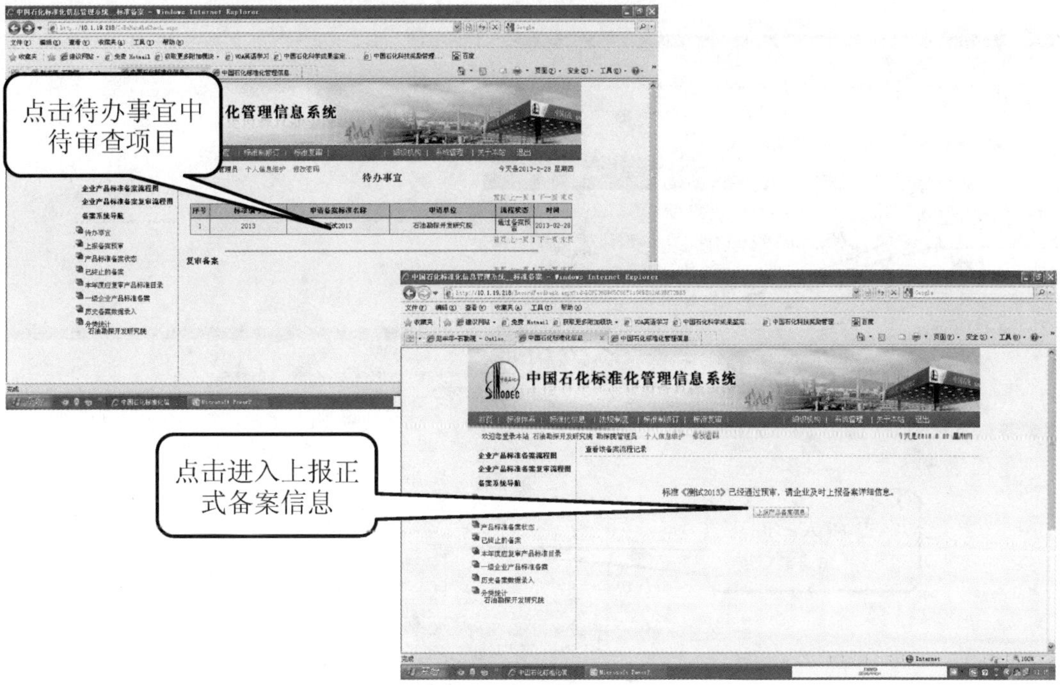

图 9-62

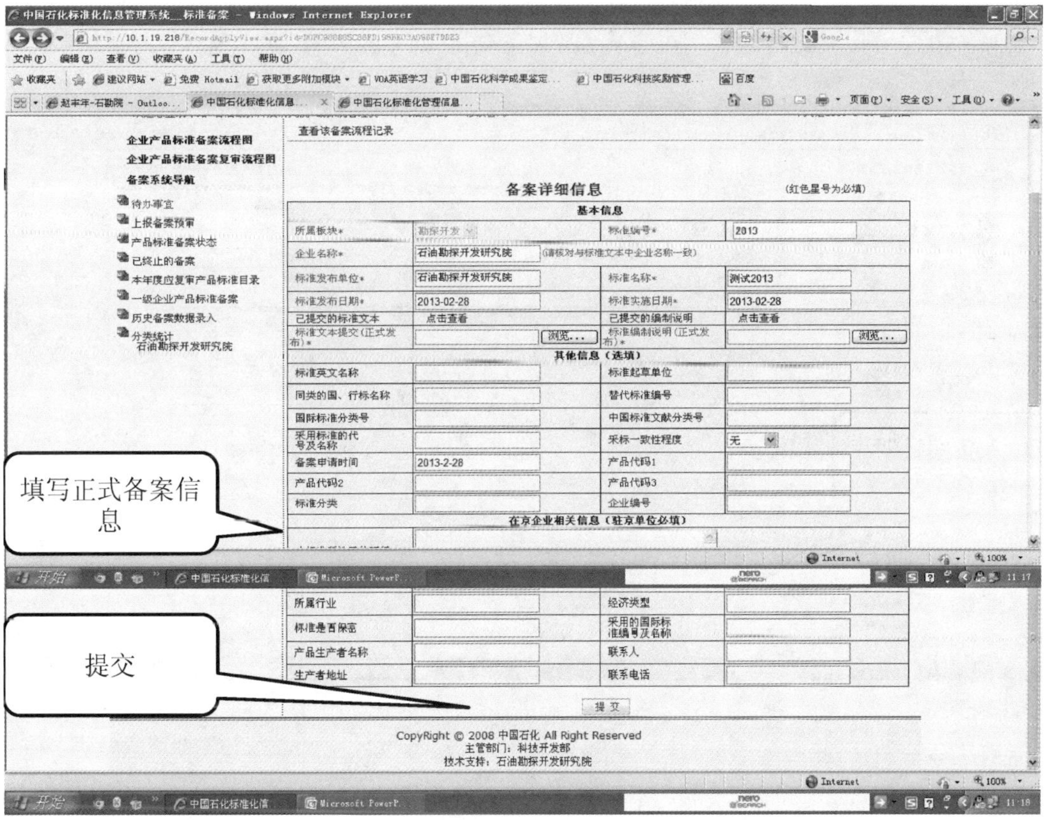

图 9-63

（7）归口部门管理员技术审查，见图 9-64、图 9-65。

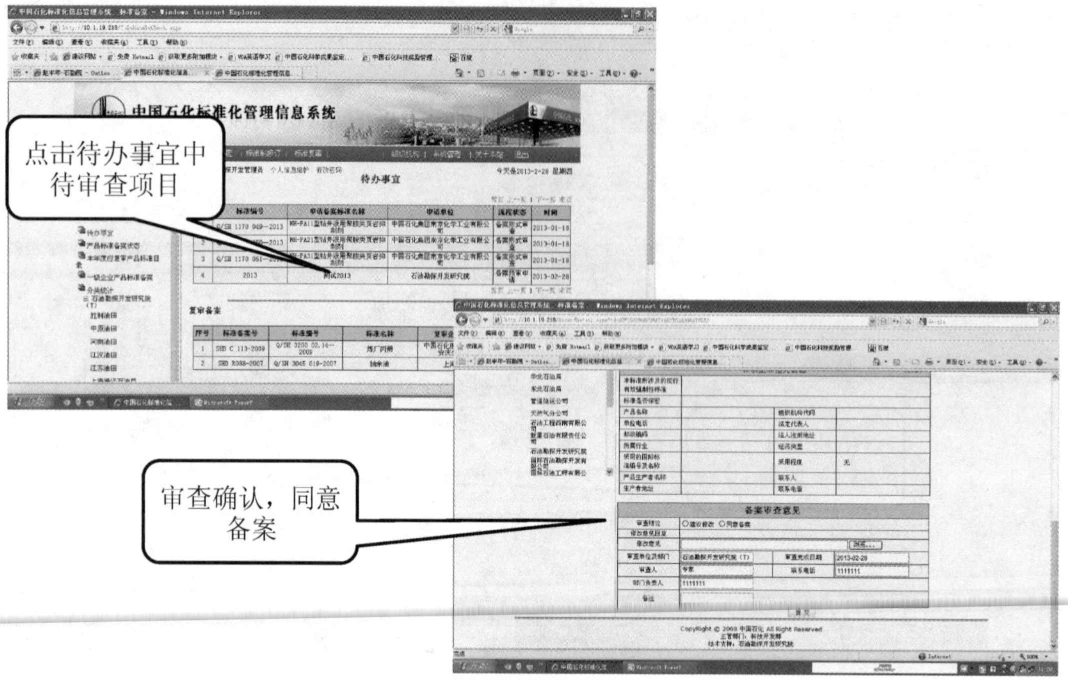

图 9-64

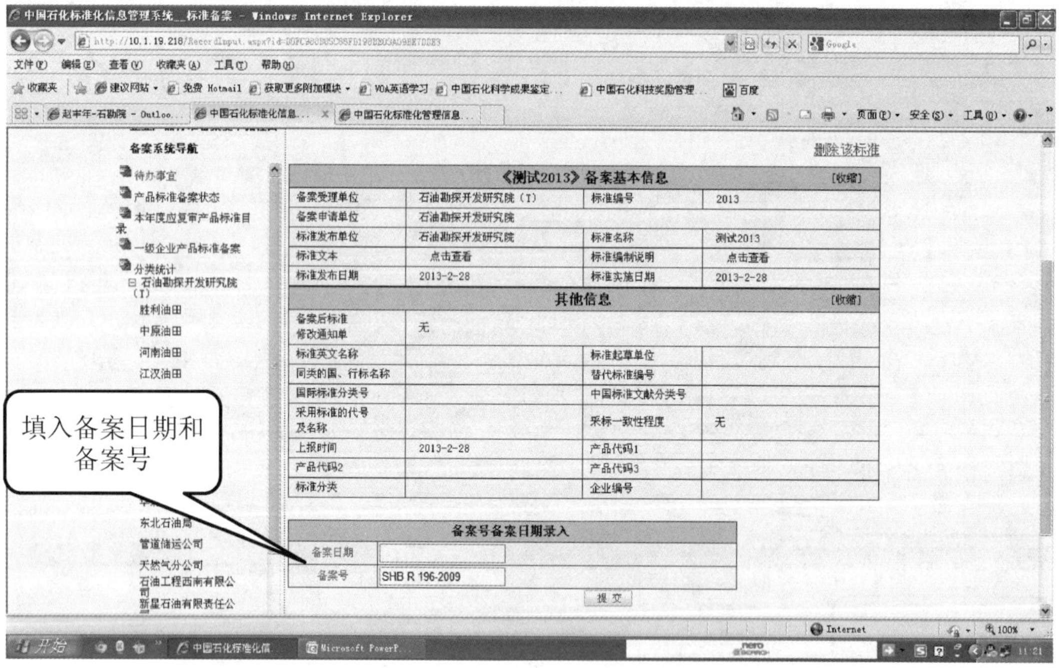

图 9-65

（8）企业管理员签收办理，见图 9-66、图 9-67。

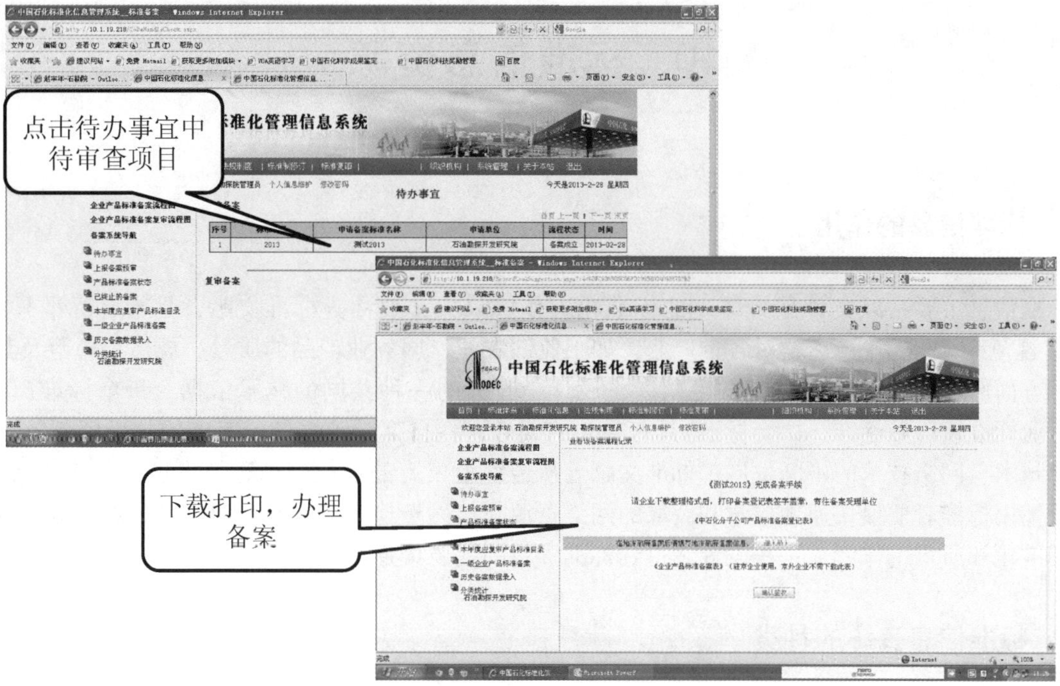

图 9-66

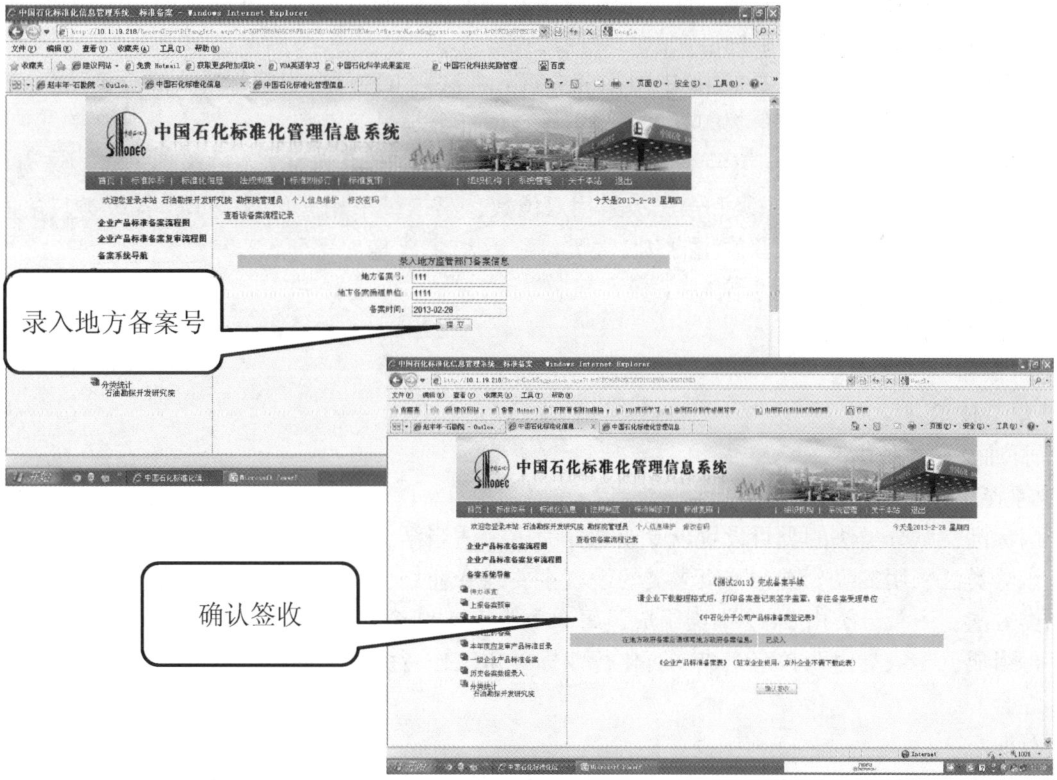

图 9-67

在本章系统流程操作中需要注意的事项：

- 操作时在本单位内部线下审核内容确定后再进行输入和提交，避免重走流程；
- 过程中归口部门管理员可以编辑、延期、中止、推送流程。

10 标准信息资源

10.1 标准信息的作用

标准信息主要是以文件形式体现的标准化工作成果，又被称为标准文献，是带有标准号的“标准”、“规范”、“规程”。它是对各类产业，如工业、农业、服务业产品的质量、规格、规范及其检验方法等方面所作的技术规定，是从事生产、设计、服务的一种共同的技术依据。每个标准(国家标准、行业标准、区域标准、协会标准)具有独立的编号，各自都是独立的、完整的技术资料。随着现代信息技术、网络技术的不断发展，标准文献已从传统上仅有的纸质资源迅速发展为既有纸质资源、又有让使用标准者便捷快速地检索和获取的网络资源，从网上检索和有偿获取标准信息正逐渐成为企业的标准化和质量工作者、工程设计者得到标准资料的重要渠道。

10.2 标准信息资源的种类

10.2.1 标准文献分类

将标准文献分类，是为了有利于促进国际、国家间和区域间的标准文献的查询、交换和传播，也便于企业制定和查询标准时了解标准文献的专业分类。

我国对标准文献的分类主要采用《中国标准文献分类法》(ICS)和《中国标准文献分类法》，在国家标准和行业标准印刷本的左上角都印有 ICS 分类号和中标分类号。

ICS 分类法采用三级分类，第一级由 41 个大类组成，第二级由为 387 个二级类，第三级为 789 个小类。ICS 采用数字编号，第一级和第三级采用双位数，第二级采用三位数表示，各级类目之间以圆点相隔。石化行业标准化工作者关注的 ICS 大类(第一级)主要是：

01 综合、术语学、标准化、文献

13 环境、健康和安全

59 纺织和皮革技术

71 化工技术

75 石油及相关技术

83 橡胶和塑料工业

中国标准文献分类法的类目设置以专业划分为主，适当结合科学分类。序列从总到分，从一般到具体。该分类法采用二级分类，一级主类的设置主要以专业划分为主，二级类目设置采取非严格等级制的列类方法；一级分类由 24 个大类组成，每个大类有 100 个二级类目。中标分类的一级类由单个拉丁字母组成，二级类由双数字组成。石化行业标准化工作者关注的中标分类的一级类主要是：

A 综合

E 石油

G 化工

W 纺织

Z 环境保护

10.2.2 国内标准

我们经常要查询的国内标准是国家标准和行业标准。国家标准分为强制性标准和推荐性标准，强制性国家标准的代号为 GB，推荐性国家标准的代号为 GB/T。此外还有国家军用标准，代号 GJB。工程建设国家标准，代号 GBJ。国内的行业标准代号见表 10-1。

表 10-1　行业标准代号一览

序　号	行业标准类别	标 准 代 号	序　号	行业标准类别	标 准 代 号
1	安全生产	AQ	34	民政	MZ
2	包装	BB	35	能源	NB
3	船舶	CB	36	农业	NY
4	测绘	CH	37	轻工	QB
5	城镇建设	CJ	38	汽车	QC
6	新闻出版	CY	39	航天	QJ
7	档案	DA	40	气象	QX
8	地震	DB	41	国内贸易	SB
9	电力	DL	42	水产	SC
10	地质矿产	DZ	43	石油化工	SH
11	核工业	EJ	44	电子	SJ
12	纺织	FZ	45	水利	SL
13	公共安全	GA	46	商检	SN
14	供销	GH	47	石油天然气	SY
15	广播电影电视	GY	48	铁道	TB
16	航空	HB	49	土地管理	TD
17	化工	HG	50	体育	TY
18	环境保护	HJ	51	物资管理	WB
19	海关	HS	52	文化	WH
20	海洋	HY	53	兵工民品	WJ
21	机械	JB	54	外经贸	WM
22	建材	JC	55	卫生	WS
23	建筑工业	JG	56	文物保护	WW
24	工程建设	JGJ	57	稀土	XB
25	金融	JR	58	黑色冶金	YB
26	交通	JT	59	烟草	YC
27	教育	JY	60	通信	YD
28	旅游	LB	61	有色冶金	YS
29	劳动和劳动安全	LD	62	医药	YY
30	粮食	LS	63	邮政	YZ
31	林业	LY	64	中医药	ZY
32	民用航空	MH	65	知识产权	ZC
33	煤炭	MT			

与石油化工行业及中国石化产品相关的行业标准有石化行标（SH），石油天然气行标（SY），化工行标（HG），能源行标（NB），纺织行标（FZ），安全生产行标（AQ），环境行标（HJ），公共安全行标（GA），如果是推荐性行业标准，其标准代号分别为 SH/T、SY/T、HG/T、NB/T、FZ/T、AQ/T、HJ/T，与危险化学品有关的 GA 行标一般为强制性标准。此外，企业的技术监督部门和实验室还需要关注国家计量检定规程（JJG）和计量技术规范（JJF）。

除国标和行标外，有的地方标准(如与环保相关的地标)也需要关注，地标代号为DB××或DB××/T，××为地区号。地方标准代号见表10-2。

表10-2 地方标准代号一览

地区名称	标准代号	地区名称	标准代号	地区名称	标准代号
北京	DB11	安徽	DB34	四川	DB51
天津	DB12	福建	DB35	贵州	DB52
河北	DB13	江西	DB36	云南	DB53
山西	DB14	山东	DB37	西藏	DB54
内蒙古	DB15	河南	DB41	陕西	DB61
辽宁	DB21	湖北	DB42	甘肃	DB62
吉林	DB22	湖南	DB43	青海	DB63
黑龙江	DB23	广东	DB44	宁夏	DB64
上海	DB31	广西	DB45	新疆	DB65
江苏	DB32	海南	DB46	台湾	DB71
浙江	DB33	重庆	DB50		

10.2.3 国际标准和国外先进标准

国际标准化组织(ISO)是国际标准化领域中十分重要的非政府组织(另见第一篇第3章)。与石油化工行业有关的ISO技术委员会有TC28(石油产品和润滑剂)、TC47(化学)、TC61(塑料)、TC67(石油、石化和天然气工业的材料、设备和海上建筑)，有关标准分别由这些委员会组织制定和发布。在我们所关注的TC47制定的化学类标准中，没有产品标准，通常都是试验方法标准。关于ISO，详见基础篇3.1。

合成纤维涉及的国际性标准是国际化学纤维标准局(BISFA)标准，该标准主要是基础标准和方法标准，另见基础篇3.1。

10.2.4 国外先进标准

按照国家已有的采标政策，国外先进标准主要是指美、日、德、英、法、俄及欧盟的权威标准，石化企业要着重关注美国的ASTM、API、ASME、MIL、日本JIS、欧盟EN、德国DIN、英国BS、法国NF、俄罗斯GOST，这些先进标准涉及炼油行业、石化行业、化工行业的标准规范和标准方法，对于企业研究和参照技术要求和测试方法，以提高标准水平和产品质量有积极和重要的指导意义。有关这些标准的介绍详见基础篇3.1。

10.3 标准信息的检索

在中国石化总部的积极倡导和组织领导下，中国石化及直属科研机构开发了“中国石化标准化管理信息系统”(见本篇第9章)，该系统的一个重要功能是在中国石化系统的内网实现了已入数据库的国内相关国家标准、行业标准和部分中国石化企业标准(一级企标)的正文在线查询；已入数据库的相关国际标准(英文)和部分发达国家标准(包括协会标准)的正文(原文)在线查询。但该管理系统只有数据库的新增标准题录(包括中英文名称，标准号、标准文献分类号、标准实施日期)，尚没有国内外标准按专业分类的标准题录。在标准修订、确认、废止状态的更新方面，该数据库有时也会有滞后于国外标准化机构官网公布的情况。为使企业标准化工作者能从各个专业的角度了解到最新的国家标准、行业标准、国际标准和国外先进标准的题录和标准动态信息，本节介绍如何从一些权威的标准化机构官网或咨询网检索标准信息，免费检索和获取的这些信息包括标准题录、制修订状态或确认、部分标准的正文摘要。

10.3.1 国标委网站标准信息

从国家标准化管理委员会网站 http：//www.sac.gov.cn/templet/default/ 可检索国家标准目录，获得标准的题录信息，并了解标准化动态、国家标准制订计划、国标修改通知等信息。可以免费阅览强制性国家标准的 pdf 全文。

10.3.2 工业和信息化部网站标准信息

从工业和信息化部网站 http：//www.miit.gov.cn/n11293472/index.html 可检索工信部主管的工业行业标准目录，获得现行行标的题录信息，并了解行标的标准化工作动态（行标制定修订计划的公布、标准的发布、有关管理规定的发布等）。

10.3.3 国内标准服务网标准信息

由于信息技术的飞速发展和社会发展的需求，国内众多的标准化研究或情报机构（部委或央企研究机构、省技术监督局或直属情报机构）建立了网上标准题录免费查询服务，一些网站还提供付费标准全文服务。其中，中国标准化研究院标准馆的标准文献收藏量为全国之最，其主办的中国标准服务网 http：//www.cssn.net.cn 是国内权威的国家标准文献共享服务平台。该网站可检索到如下标准题录及简要信息，可从关键词、标准号、标准分献分类号几个途径检索。进一步索取标准正文需要付费订购。

——国内标准（国家标准、行业标准）

——国外标准（国际标准、发达国家标准、协会标准）

——地方标准

——药典（国际、欧洲、美国、日本、英国）

——技术法规

另外，中国航空综合技术研究所（也称 301 所）网站 http：//www.cape.cn 及该所建立的服务平台"工业与信息化标准网" http：//www.cape.com.cn 提供中国国军标（GJB）题录信息和付费全文信息。

10.3.4 ISO 标准信息

ISO 网站：http：//www.iso.org

从该网站检索标准信息常用的是标准号（如果已知号）检索和关键词检索。

ISO 标准的编号由"ISO+标准顺序号+制定或修改年份"构成。按标准号检索时，输入标准顺序号即可，出来的网页有标准文摘。按关键词检索可以选择是在标题、文摘和标准全文里的词。例如：

1. 进入网址 www.iso.org/iso/home；

2. 查询有关沸程的国际标准

在主页搜索框内输入关键词：determination of boiling range →点击 search 图符；

网页出现若干个标准，排序在前的 2 个标准与沸程测定相关，即：

ISO 3924：2010

Petroleum products—Determination of boiling range distribution—Gas chromatography method

ISO 4626：1980

Volatile organic liquids—Determination of boiling range of organic solvents used as raw materials

更多的信息显示有标准号、标准文本页数、技术委员会 TC 号、ICS 号、标准有效起始日期。点击标准号则显示标准修订和确认状态、全文价格、文摘。

例如 ISO 4626：1980《用作原料的挥发性有机溶剂沸程的测定》

显示 This standard has been reviewed and then confirmed in 2011，即该标准已经在 2011 年再次确认。

网页显示的 ISO 4626：1980 文摘内容如下：

Abstract

This method is applicable to organic liquids that boil between 30 and 300 C at normal pressure, and that are chemically stable and do not corrode the apparatus during the distillation such as hydrocarbons, esters, alcohols, ketones, ethers and similar products. The principle consists in distillation of a 100 ml test portion under prescribed conditions, systematic observation of thermometer readings and volumes of condensate and calculation of the results from these data with correction to standard atmospheric pressure.

10.3.5 ASTM 标准信息

ASTM 标准是世界范围内应用最广泛的协会标准，国内的众多标准情报机构和标准咨询网都有对 ASTM 的介绍和不同程度的标准检索功能。这里仅介绍从 ASTM 官网上如何检索标准题录。

ASTM 网站 http：//www. astm. org/ 主页提供了标准题录的检索功能，输入关键词，检索出相关标准，进一步点击标准号(或开始直接输入已知标准号)，检索出该标准的制定修订(确认、废止)状态，引用标准号，标准适用范围、标准价格等内容。

例：查询"甲基叔丁基醚规格"标准动态

主页的搜索框输入 MTBE specification，点击 Search，网页显示多项标准题录，其中，可关注的是第 1 项标准，显示内容包括标准号、标准名称、文摘、标准适用范围：

ASTM D5983-06(2011) Standard Specification for Methyl Tertiary Butyl Ether (MTBE) for Downstream Blending for Use in Automotive Spark Ignition Engine Fuel

Abstract

This specification covers requirements for fuel grade methyl tertiary-butyl ether utilized in commerce, terminal blending, or downstream blending with fuels for spark-ignition engines. The following test methods shall be conducted to meet the specified requirements: appearance; sulfur; solvent-washed gum content; MTBE mass percentage; methanol mass percentage; API gravity; density; copper strip corrosion; water content; vapor pressure; and color.

Scope

1.1 This specification covers requirements for fuel grade methyl tertiary-butyl ether utilized in commerce, terminal blending, or downstream blending with fuels for spark-ignition engines. Other MTBE grades may be available for blending that are not covered by this specification.

1.2 The values stated in SI units are to be regarded as standard. No other units of measurement are included in this standard.

进一步点击标准号和名称，则网页显示该标准的文摘、适用范围、引用标准号、ICS 号、历次版本标准名称和年代号、归口的分技术委员会代号、标准文本所属的 ASTM 分卷号、标准价格等内容。

如果需要了解 ASTM 在某一专业领域都有什么标准，ASTM 网站提供了从各专业技术委员会查看该委员会(包括分委员会)归口制定的所有标准目录。由主页点击"Technical Committees"，从 Technical Committees by Designation-Full List 中可查找需要了解的技术委员会名称，点击其名称后，网页显示该委员会的详细介绍，进一步点击各分委员会代号后，网页显示该分会负责制定的全部标准号和名称，所有标准都具有题录内容的链接功能。

10.3.6 API 标准信息

API 标准由于其只限于石油和天然气专业，因此，国内目前多数标准情报机构未收集原文，"中国石化标准化管理信息系统”数据库有原文，但标准还不全。收集该标准文献比较全面的只有两家，中国标准化研究院标准馆和石油工业标准化研究所。企业用户如需要某一 API 标准原文，从“中国石化标准化管理信息系统”未找到的，可以向这两家机构咨询并有偿索取。

石油工业标准化信息网 http：//www. petrostd. com/ 由中国石油天然气集团公司石油工业标准化研究所、石油工业标准化技术委员会联合主办。网站在“标准查询”频道提供了 API 标准中文题录，可在线看到 API 标准名称、标准号、实施日期，标准原文价格。采标的同时有 ISO 号，例如：套管和油管规范 Spec 5CT：2011/ ISO 11960。

有关 API 标准化工作的动态可参见 API 官网 www. api. org 信息。检索 API 标准题录的更新情况（最新版本），可从该官网的 API 出版物库（Publications store）中的 API Publications Catalog 查找。已知标准号，则直接在 Search 框输入标准号后检索。

在网站的 Publications store 中，API Catalog 将标准分为以下专业类，除“历史的”和“解说”外，每一类还进一步细分专业。

勘探和生产 Exploration and Production
健康和环境问题 Health and Environmental Issues
历史的 Historical
解说 Interpretations
海运 Marine Transportation
营销 Marketing
石油测井 Petroleum Measurement
管路运输 Pipeline Transportation
炼油 Refining
人身安全和消防 Safety and Fire Protection
安全 Security
储罐 Storage Tanks
会员费和信息技术产品 Subscriptions and Information Technology Products
阀门 Valves

10.3.7 ASME 标准信息

石油石化行业大量使用锅炉、压力容器、压力管道，其中许多项目是按美国机械工程师协会（ASME）标准制作的，许多国际工程执行 ASME 标准。ASME 标准是石油和石化工程建设企业及研究设计机构应着重关注的协会标准。

ASME 标准英文题录和现行状态从网站 www. asme. org 进入，从 Shop ASME 点击 Standards，进入标准查询网页 http：//www. asme. org/shop/standards，网页显示了指示符（Designator）查询和主题（Topic）查询两种方式。不了解标准名称和标准号的，也可从搜索引擎输入主题词查询。例如：查询热交换器的标准，在搜索框输入 Heat Exchanger，点击 Search，网页显示了 6 项相关标准的查询结果（标准名称、标准号和销售价格），6 项标准如下：

ASME Code Considerations for the Intermediate Heat Exchanger（IHX）（STP-NU-038-2010）	Standard	$ 59. 95
Energy Assessment for Pumping Systems（EA-2-2009）	Standard	$ 35. 00
Process Piping（B31. 3-2002）	Standard	$ 240. 00
Single Phase Heat Exchangers（PTC 12. 5-2000）	Standard	$ 155. 00
Air Cooled Heat Exchangers（ACHE）（PTC 30-1991）	Standard	$ 110. 00
Air Heaters（PTC 4. 3-1968）	Standard	$ 50. 00

进一步点击标准名称，网页可以看到对该标准的描述（Description），以及标准的发布年，标准页

数等信息。这一查询功能的设计与从 ASTM 官网查询标准信息相似。

在国内如果需要索取 ASME 标准英文全文，可向中国标准化院标准馆付费索取，在中国标准服务网 http：//www. cssn. net. cn 上也有 ASME 标准的中英文题录。

10. 3. 8 MIL 标准信息

美国军用标准(MIL)查询的基本方法有两种：按序号查询和按类别查询。在《美国国防部规范与标准目录》(DODISS)里有序号目录和分类目录。美军标的分类采用两种形式。一种是数字类，用表示联邦供应分类(Federal Supply Classification，简写作“FSC”)的四位数字表示，前两位为大类编码，后两位为小类编码。美军标准涉及 78 个大类，600 多个小类。另一种是字母类，以类别名称缩写的四个英文字母表示类别。主要用于专业技术如可靠性、维修性等的标准分类，目前共有字母类 41 个。如果不知道标准分类号，则可先查询美国国防部手册《美国联邦供应分类表—分类检索美国军用标准用表》，找到所需要的分类号。

由于美军标的分类和编号比较复杂，不少标准又采用民用标准，所以查询美军标最方便的途径是国内的军标咨询服务平台“工业与信息化标准网” http：//www. cape. com. cn，该网提供美军标目录及检索用表的原文及中文。最简便的查询方法是在该网“标准商城”输入主题词(如：润滑油)即可出现相关的美军标编号和中文标准名称。美军标如何查询的详细问题可直接向该网站咨询。

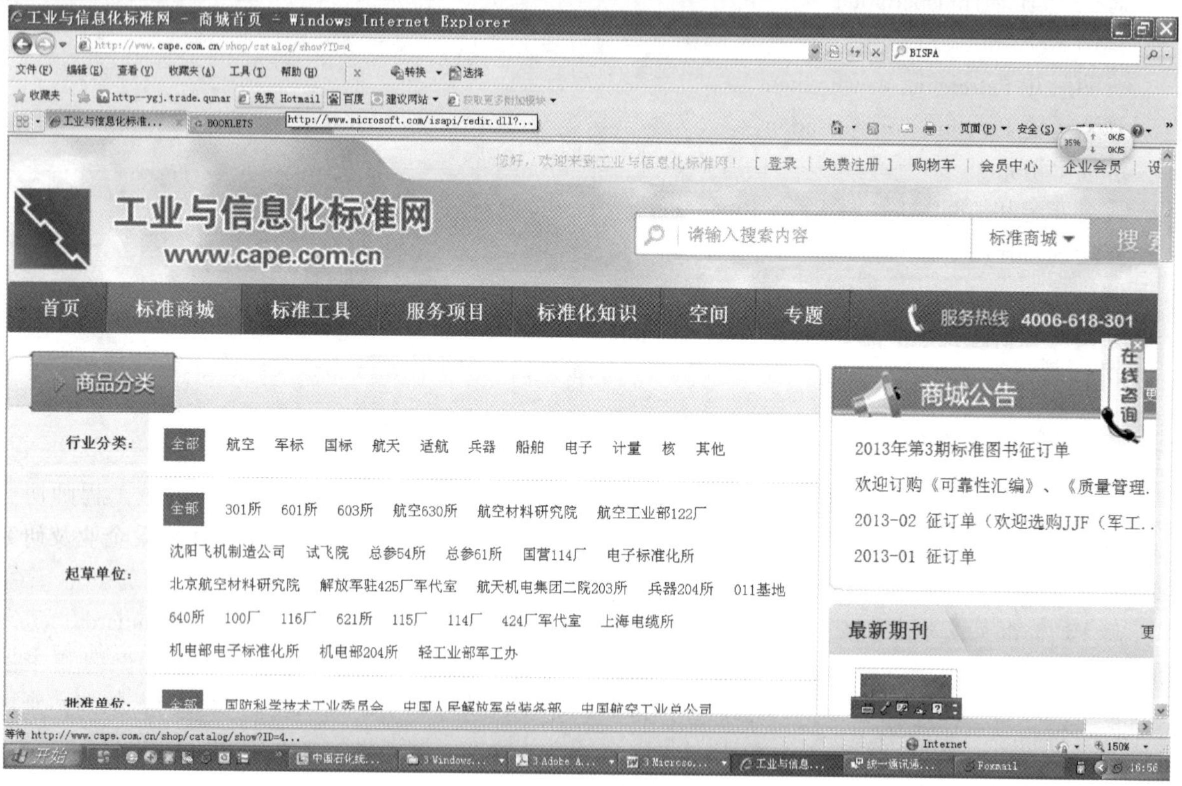

石化企业关注的美军标主要是润滑油类标准。

10. 3. 9 BISFA 标准信息

国际化学纤维标准局(BISFA)制定的标准有一些通用试验方法标准，但没有涉及腈纶和涤纶的产品标准。

BISFA 官网网址是 www. bisfa. org，进入主页后，进 BOOKLETS，可以下载有关术语和试验方法标准的目录，索取全文需要付费。

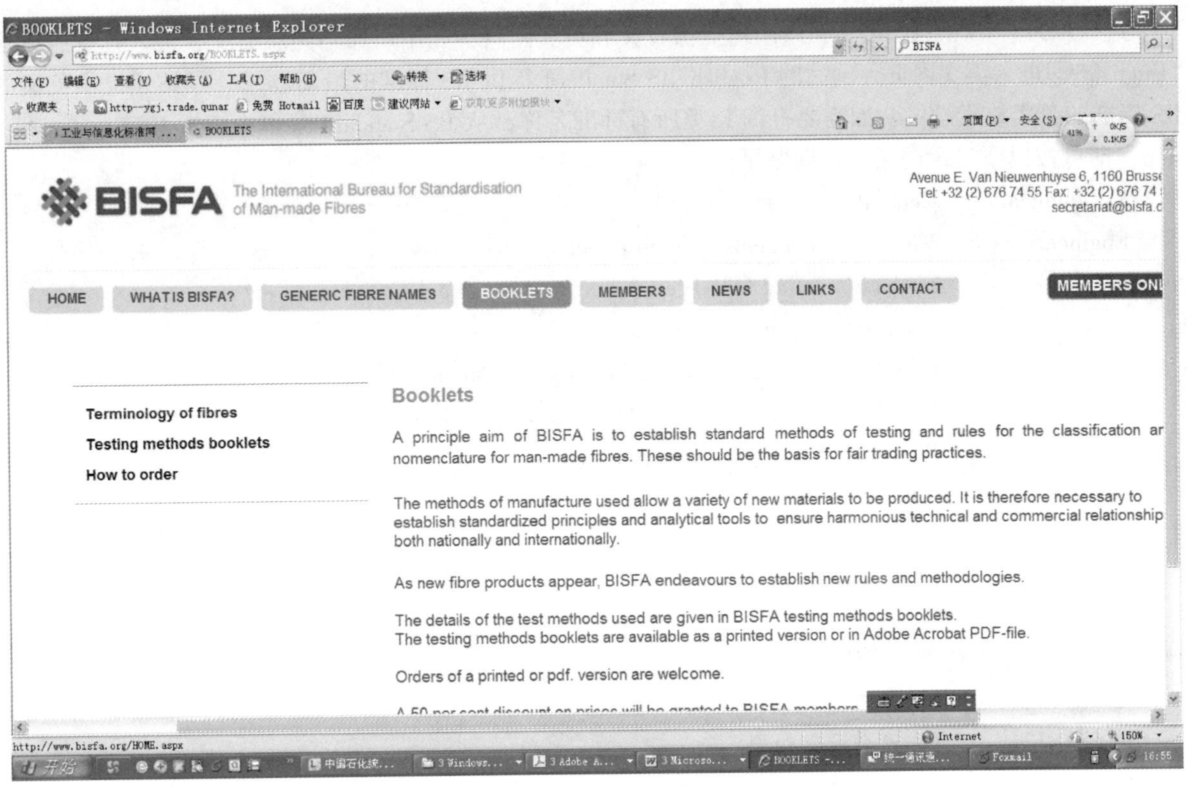

10.3.10 JIS 标准信息

JIS 涉及化工类的标准归属为 JIS K 类，JIS K 类标准将石油产品专业、石化产品(基本原料、合成树脂和合成橡胶)专业以及化工产品(油漆、试剂、精细化学品)专业统一为化工类，JIS K 类标准分类统计见表 10-3。JIS K 类的试验方法标准如果有对应的 ISO 标准，一般都采用之。

表 10-3　JIS K 类标准分类统计表

分　类		标　准　数	占 K 类标准百分比
标准物质		39	1.7%
综合基础标准试验方法		219	9.5%
产品标准及专用试验方法	气体	3	0.1%
	无机化合物	110	4.8%
	有机化合物	66	2.9%
	石油产品	86	3.7%
	精细化学品表面活性剂等	60	2.6%
	有机中间体	48	2.1%
	炸药	28	1.2%
	颜料、染料、涂料	191	8.3%
	合成橡胶、合成树脂及制品	584	25.3%
	胶粘剂	46	2.0%
	感光材料	84	3.6%
	化学试剂	744	23.2%
合计		2308	100%

注：表内统计数为 2008 年数据。

日本 JIS 标准的查询方法：

进入网址：www. jsa. or. jp，该网站提供日文和英文网页，如用户如不熟悉日文，进入首页后点击“English”即进入英文网页。网站的 English JIS Standard 提供 JIS 标准的最新题录。网站还提供英文的 JIS 标准的分类检索题录，如需要查询 K 类所有标准名称，从 JIS Standard 菜单中点击 JIS List by Division，即可按以下显示进一步查询题录。

K. Chemical	General
Engineering	Monomer Chemicals，Manure，etc.
	Fuel Lubricating Oil，Petroleum Product，Fuel Gas and Tar Products，etc.
	Oil-Cake，Perfume，Biotechnology and Membranes
	Raw Materials of Dyestuff，Dyestuff and Explosive
	Pigment，Paint，Copying Materials
	Rubber and Leather，etc
	Plastics
	Photography Sensitive Materials
	Reagent

例：查询有关汽油的标准

① JIS Standards→标准查询列表；

List by division→JIS 各类标准目录

K 类的 Fuel Lubricating Oil，Petroleum Product，Fuel Gas and Tar Products，etc.

→石油产品和润滑油等产品标准目录；

点击 JIS K 2202 ：2012(Motor gasoline)→ 车用汽油标准。

②（回到标准查询列表）

Search 框→输入 gasoline（查询有关汽油的标准）；

网页有 9 个有关汽油的标准目录，需要查询哪一标准，可进一步检索。

网上检索出的 JIS K 2202—2012《汽车用汽油》标准的内容如下：

Standard No. JIS K 2202：2012

Title Motor gasoline

Status Valid

Standard Abstract

Date Established 1952-06-21

Date Revised 2012-03-30

Date Confirmed ---

Document Type Revised

Date Published 2012-03-30

History 1952-06-21 Established

1955-06-21 Reaffirmed

1958-06-21 Revised

1961-06-06 Reaffirmed

1961-12-01 Revised

1965-02-01 Reaffirmed

1965-05-01 Revised

1968-02-01 Reaffirmed

1970-08-01 Revised

1973-12-01 Reaffirmed
1978-04-01 Reaffirmed
1980-03-01 Revised
1986-12-01 Revised
1988-04-01 Revised
1991-08-01 Revised
1996-01-01 Revised
1999-06-20 Revised
2004-12-31 Revised
2007-11-20 Revised
2012-03-30 Revised

Referenced JIS Standards K2249-1, K2249-2, K2249-3, K2251, K2254, K2255, K2258-1, K2258-2, K2261, K2280, K2287, K2513, K2536-2, K2536-3, K2536-4, K2536-5, K2536-6, K2541-1, K2541-2, K2541-6, K2541-7

Referenced International Standards

JIS Handbook

Drafting Body Japan Petroleum Energy Center

Corresponding International Standards

ICS 75.160.20

Remarks This standard includes A3-sized page(s).

从上述内容可浏览到 JIS K2202 的制定和历次修订时间，标准的起草部门(本标准由日本石油能源中心起草)及标准引用的其它标准。

10.3.11 EN 标准信息

进入欧洲标准化委员会(CEN)网站的主页：

http：//www.cen.eu/cen/pages/default.aspx

查阅欧洲标准 EN 题录的制修订动态，可从题录检索到标准号、标准名称、ICS 号、实施日期、标准适用范围、本标准的引用标准号、标准归口的技术委员会名称等内容。

在上述主页中点击 Products，点击 Search on CEN Products，进一步在 Search the entire collection of CEN products 点击 Search Standards。

例：检索无铅汽油规格 EN 标准。

点击 Search Standards 后，在搜索标准的表格 Title 格内输入 Unleaded Petrol，点击 Search，网页出现以下内容，涉及 7 项 EN 标准：

Documents found：7			
Search criteria	Catalogue (published standards only) Title：Unleaded petrol		
Refine your query and search again			
Search results by Work Item number			
Catalogue (Published Standards only)			
Standard reference	Title	Directive (Citation in OJEU*)	Sales Points

续表

CEN/TC 19-Gaseous and liquid fuels, lubricants and related products of petroleum, synthetic and biological origin.			
EN 1601：1997	Liquid petroleum products-Unleaded petrol-Determination of organic oxygenate compounds and total organically bound oxygen content by gas chromatography（O-FID）	93/38/EEC（No） 87/441/EEC（No） 85/536/EEC（No） 85/210/EEC（No）	More
EN 12177：1998	Liquid petroleum products-Unleaded petrol-Determination of benzene content by gas chromatography	—	More
EN 13132：2000	Liquid petroleum products-Unleaded petrol-Determination of organic oxygenate compounds and total organically bound oxygen content by gas chromatography using column switching	—	More
EN 228：2012	Automotive fuels-Unleaded petrol-Requirements and test methods	98/70/EC（No）	More
EN 16135：2011	Automotive fuels-Determination of manganese content in unleaded petrol-Flame atomic absorption spectrometric method（FAAS）	—	More
EN 16136：2011	Automotive fuels-Determination of manganese content in unleaded petrol-Inductively coupled plasma optical emission spectrometry（ICP OES）method	—	
EN 12177：1998/AC：2000	Liquid petroleum products-Unleaded petrol-Determination of benzene content by gas chromatography	—	More

注：OJEU-Official Journal of the European Union

点击上述结果中关注的 EN 228：2012“车用无铅汽油　要求和试验方法”，网页显示如下内容(内容同时提供英语、法语、德语版)：

Standard Reference	EN 228：2012
Technical Body	CEN/TC 19-Gaseous and liquid fuels, lubricants and related products of petroleum, synthetic and biological origin.
Status	Published
DAV	2012-10-24
DOA	2013-01-31
DOP	2013-04-30
DOW	2013-04-30
Title	Automotive fuels-Unleaded petrol-Requirements and test methods
Scope	This European Standard specifies requirements and test methods for marketed and delivered unleaded petrol. It is applicable to unleaded petrol for use in petrol engine vehicles designed to run on unleaded petrol. This European Standard specifies two types of unleaded petrol: one type with a maximum oxygen content of 3, 7 %（m/m）and a maximum ethanol content of 10, 0 %（V/V）in Table 1, and one type intended for older vehicles that are not warranted to use unleaded petrol with a high biofuel content, with a maximum oxygen content of 2, 7 %（m/m）and a maximum ethanol content of 5, 0 %（V/V）in Table 2. NOTE 1 The two types are based on European Directive requirements [3], [4]. NOTE 2 For the purposes of this European Standard, the terms "%（m/m）" and "%（V/V）" are used to represent respectively the mass fraction, μ, and the volume fraction, f.
Directive（citation in OJEU(1)）	98/70/EC（No）
ICS(2)	75. 160. 20-Liquid fuels
Normative references(3)	EN 12177：1998, EN 13016-1：2007, EN 13132：2000, EN 14275：2003, EN 15376：2011, EN 15553：2007, EN 1601：1997, EN 16135：2011, EN 16136：2011, EN 237：2004, EN 238：1996/A1：2003, EN ISO 12185：1996, EN ISO 13032：2012, EN ISO 20846：2011, EN ISO 20884：2011, EN ISO 2160：1998, EN ISO 22854：2008, EN ISO 3170：2004, EN ISO 3171：1999, EN ISO 3405：2011, EN ISO 3675：1998, EN ISO 4259：2006, EN ISO 5163：2005, EN ISO 5164：2005, EN ISO 6246：1997, EN ISO 7536：1996

Definition of DAV，DOA，DOP and DOW

[(1)] OJEU–Official Journal of the European Union

[(2)] ICS–International Classification for Standards

[(3)] This list of normative references is purely indicative. The official list of normative reference is the list of the published standard.

The link is displayed only in the case of CEN active standards.

10.3.12 DIN 标准信息

进入德国标准化学会(DIN)网站的主页(英文版，主页可换为德文版 Deutsche Version)：

http：//www. din. de/cmd? level=tpl-home&contextid=din&languageid=en

查询标准题录及标准的制修订状态：

在上述主页中点击 Use Standards，在显示的网页菜单中点击 Order Standards and Services 中的 more，然后在显示的网页点击 Links(链接)的 Beuth。在出现的 http：//www. beuth. de/en/主页(也可直接进入该主页)中，有标准分类(Categories)目录。

http：//www. beuth. de/en/主页还有 Search 框，可以通过输入关键词、标准号检索出所有相关标准题录或单个标准题录。

Categories 菜单有以下专业类别：

建筑和民用工程；

标准化、技术原则、计量；

机械工程；

原材料；

质量、服务、管理；

环境保护、职业安全、安全；

信息、通讯；

卫生保健、食品和农业；

能源、电子工程和电子学；

建筑服务；

体育、运动项目、消费者商品。

与炼油产品和石化产品密切相关的标准，DIN 将其归于上述“原材料”类(Materials)中的几个专业类，在网页的 Materials 菜单中，分为以下 9 个专业类：

纺织品和皮革技术；

采矿和矿物；

石油和相关技术；

冶金；

木材技术；

玻璃和水泥业；

橡胶和塑料；

造纸技术；

油漆和颜料业。

点击以上的 9 个专业类，各类还有更细的专业分类，例如，在“橡胶和塑料”类中，又分为：

橡胶和塑料业的制造；

橡胶和塑料用原料；

橡胶；

塑料(再细分为通用塑料、热固性材料、热塑性材料)；

多孔材料；
增强型塑料；
橡胶和塑料制品；
轮胎；
粘合剂；
橡胶和塑料用设备。

点击上述各细分的专业词，网页显示所有有关的标准题录。例：查找通用塑料(Plastics in general)：

点击 Plastics 中的 Plastics in general，网页显示相关各种标准共 1414 项，如检索其中的 DIN 50035，点击标准号，网页显示标准号、标准名称、实施日期、代替标准号、标准价格等内容。

DIN 50035：2012-09

Title (german)：Begriffe auf dem Gebiet der Alterung von Materialien-Polymere Werkstoffe

DOWNLOAD SHIPMENT SUB **

Language：German □ 38，20 EUR □40，40 EUR □Select item for subscription

** Learn more here About subscription solutions for standards

Into Basket

Title (english)：Terms and definitions used on ageing of materials-Polymeric materials

Document type：Standard

Publication date：2012-09

Language：German

• Replaces：DIN 50035-1：1989-03 DIN 50035-2：1989-04

索取标准全文需要付费。

10.3.13 BS 标准信息

进入英国标准学会(BSI)的主页：

http：//www.bsigroup.com/

查询标准的制修订状态：

在主页的 Standards 菜单中点击 Visit the BSI Shop 下的 BSI Shop 网页显示后，在 Search 框内输入已知标准号，网页出现标准题录，可看到标准号、标准名称、实施日期、标准状态(现行、已修订或确认)、标准价格。进一步点击标准名称，可看到更详细的有关信息。例 1(甲醇规格)：

输入 BS 506-1-1987，点击 Search，网页显示以下内容：

BS 506-1：1987

BS 506-1：1987. Methanol for industrial use. Specification for methanol

Published Date：30/01/1987 Status：Confirmed，Current

点击上述内容中的标准号，网页显示以下内容：

• Product Details

Standard Number	BS 506-1：1987
Title	Methanol for industrial use. Specification for methanol
Abstract	Colour，density，distillation range，residue on evaporation，miscibility with water，alkalinity or acidity，aldehydes and ketones，sulphur compounds，permanganate test and water content.
Status	Confirmed，Current
Publication Date	30 January 1987
Confirm Date	01 January 2011

Cross References	BS 506：Part 2，BS 2511，BS 4522，BS 4524，BS 4591，BS 5339
Replaces	BS 506-1：1966
Supersedes Draft	85/50950 DC
Descriptors	Methyl alcohol，Industrial，Solvents，Colour，Boiling point，Density，Miscibility，Alkalinity，Acidity，Purity，Permanganate number
ICS	71.080.60（Alcohols. Ethers）
Title in French	Méthanol à usage industriel. Méthanol. Specifications
Title in German	Methanol fuer industrielle Zwecke. Methanol
Committee	CII/51
ISBN	0 580 15565 X
Format	A4
Delivery	YES
Pages	4
Price	£ 82.00

如需要知道某一类产品相关的标准，在 Search 框内输入关键词，网页出现若干标准题录。例 2（车用汽油）：

输入 gasoline for motor vehicles，点击 Search，网页显示以下内容：

Viewing results 1-10 of 11

BS 4040：2001

BS 4040：2001. Specification for leaded petrol（gasoline）for motor vehicles

Published Date：15/08/2001 Status：Withdrawn

BS 4040：1997

BS 4040：1997. Specification for leaded petrol（gasoline）for motor vehicles

Published Date：15/09/1997 Status：Revised，Withdrawn

BS EN 228：1995

BS EN 228：1995. Specification for unleaded petrol（gasoline）for motor vehicles

Published Date：15/08/1995 Status：Revised，Withdrawn

BS EN 228：1993

BS EN 228：1993. Specification for unleaded petrol（gasoline）for motor vehicles

Published Date：15/05/1993 Status：Revised，Withdrawn

BS 7070：1988

BS 7070：1988. Specification for unleaded petrol（gasoline）for motor vehicles

Published Date：31/05/1988 Status：Superseded，Withdrawn

BS 4040：1988

BS 4040：1988. Specification for leaded petrol（gasoline）for motor vehicles

Published Date：31/05/1988 Status：Revised，Withdrawn

BS 7070：1985

BS 7070：1985. Specification for unleaded petrol（gasoline）for motor vehicles

Published Date：31/10/1985 Status：Revised，Withdrawn

BS 4040：1985

BS 4040：1985. Specification for leaded petrol（gasoline）for motor vehicles

Published Date：31/05/1985 Status：Revised，Withdrawn

BS 7800：1998

BS 7800：1998. Specification for high octane（super）unleaded petrol（gasoline）for motor vehicles

Published Date：15/11/1998 Status：Revised，Withdrawn

BS 7800：1992

BS 7800：1992. Specification for high octane（super）unleaded petrol（gasoline）for motor vehicles

Published Date：01/05/1992 Status：Revised，Withdrawn

97/124012 DC

97/124012 DC. Specification for high octane unleaded petrol（gasoline）containing valve seat protection additives（lead replacement petrol）for motor vehicles

Published Date：29/10/1997 Status：

进一步点击各标准名称，可看到更详细的有关信息。例3（车用无铅汽油）：

点击 BS EN 228：1995，网页显示该标准已被 BS EN 228：1999 代替，点击 BS EN 228：1999，网页再次显示标准已 Revised（修订），继续点击标准号，直到显示 Current（现行）的最新版本 BS EN 228：2012 详细内容。

BS EN 228：2012 的详细内容显示该标准名称为：Automotive fuels. Unleaded petrol. Requirements and test methods；实施日期为 2013. 3. 6；等同采用 EN 标准（EN 228：2012 Identical）；标准 A4 纸 28 页，价格£ 140. 00。

10. 3. 14　NF 标准信息

进入法国标准协会（简称 AFNOR）网站主页（英文）：

http：//www. afnor. org/index. php/en

查询标准题录可从主页中 SOLUTION FINDER 的 Search 框内输入关键词后点击 OK 进行检索。但该网站的一个特点是，无论从该网的哪个途径检索，进一步获取的标准题录信息显示的是法文，而不再是英文。例：输入关键词“对二甲苯”，网页显示 42 项相关的标准题录（法文），第 1 项为如下内容：

NF ISO 8004 Septembre 1986

Produits carbonés utilisés pour la production de l´aluminium－Coke calciné et produits carbonés calcinés－Détermination de la masse volumique au xylène－Méthode pycnométrique.

10. 3. 15　Гост 标准信息

进入俄罗斯联邦技术调节与计量局网站主页（俄文和英文两种）：

http：//www. gost. ru/wps/portal/pages. en. Main

查询标准题录：

点击主页的 Standards Catalogue，网页出现标准的搜索引擎，提供了标准号、关键词、分类号三种检索方式。

查询最新标准题录：

点击主页的 New standards 的（下拉）Notifications，网页出现近两年发布的俄罗斯标准题录，有若干页，但未分出专业类别。进一步点击标准题录，可看到标准号、标准名称、归口的技术委员会编号、实施时间信息。

例 1：

GOST 31953-2012 "Water. Determination of oil products using gas chromatography method"

Designation	GOST 31953-2012
Title	Water. Determination of oil products using gas chromatography method
Technical Committee RF	343-Качество воды

Effective from:	2014-01-01

例 2:

GOST 9286-2012 "Technical pentaerythritol. Specifications"

Designation	GOST 9286-2012
Title	Technical pentaerythritol. Specifications
Technical Committee RF	60-Химия
Effective from:	2013-08-01

如果已知标准号，点击标准题录网页中的“Search”，输入标准号后点击“Find”，也可以检索到以上信息。

10.3.16 标准信息查询需注意的问题

本章介绍了国内外标准信息查询的网上资源和检索方法，面对当今项目种类繁多、技术快速发展的国内外标准信息，无论是“中国石化标准化管理信息系统”的标准查询网上服务，还是国内外其它标准化组织官网或标准服务网，企业的标准化工作者和相关技术人员若要充分利用好标准信息资源为企业发展服务，应熟练掌握标准查询途径，获取最优的检索效果，并通过文献资料调研、技术交流、贸易洽谈、参加会议等方式，积极了解国际标准、ASTM 标准、区域标准 EN 在他国及其石油石化产品的通行情况。做到这些应注意以下几个问题。

(1) 采用分类目录快速检索

标准信息网上一般都有分类目录查询，标准文献的分类即按专业分类，标准化委员会也是按专业设立。如希望了解本专业的哪些标准制定修订动态，从分类目录中可以快速检索，多数国内外标准信息网站的检索设有 ICS 分类查询。

ISO 官网的标准题录库(Store)设有 ICS 和 TC(技术委员会)两种分类查询浏览方式，从 ICS 的第一级分类号可逐级进入到三级分类后，即可检索到属于该 ICS 号专业领域的所有标准题录和归口的 TC 号(技术委员会)。熟悉国际标准 TC 号的国内标准化专业技术委员会的人员如关注本专业 ISO 标准的制定修订动态，则可使用 TC 分类查询方式。

ASTM 标准在其主页有 TC(技术委员会)分类查询功能，通过主页快速链接 TC，再从 Technical Committees by Designation-Full List 进入关注的 TC，如 D01、D02、D16、D20，再进入分技术委员会 List of Subcommittees，即可检索到该 TC 负责归口制定的所有标准。

“中国石化标准化管理信息系统”和“中国标准服务网”www.cssn.net.cn 都设有“国际标准分类”(ICS)和“中国标准分类”两种查询方式，两种分类号可以直接在网页上找到。

(2) 提高检索信息准确率

检索标准如输入关键词或标准号的方法不当，反而得到错误的结果。在“中国石化标准化管理信息系统”的标准题录库和“中国标准服务网”采用标准号检索时，要注意输入方法，例如：查找 GB/T 1628 的现行标准号，在搜索框内输入时如果忽略了 GB/T 和数字之间的半空格，写成 GB/T 1628，则检索结果是“没有符合条件的记录”。行标的检索也同样要注意这一问题。

对于有的服务网站，提高查准率，也可采用宽松简便的搜索方式。如在“中国标准服务网”，查询 GB/T 1628 可简化为直接输入 1628。检索结果在第一段显示如下信息：

GB/T 1628—2008 现行　工业用冰乙酸

Glacial acetic acid for industrial use

(3) 了解国外标准采标动态

企业标准化研究以提高产品标准水平为目标，这就要求做到知己知彼，需了解国外标准采标动态。当前，ISO、ASTM International、EN 已被许多国家认可为权威标准，产品规格和其试验方法采用这几个标准，已日益成为拓宽产品出口市场的通行证。在欧洲，BS、DIN、NF、GOST的不少标准都等同采用ISO标准或EN标准，凡采标的，网上的标准题录同时显示本国标准号和采用标准号。日本JIS近些年也积极采用ISO标准。在欧美、中东地区、印度等的石化企业的公司标准中，ASTM方法标准常被采用。在企业进行产品技术调研或标准化研究过程中，查询标准资料时应特别注意这一关联信息。

例1："车用无铅汽油"的英国标准号是BS EN 228：2012，等同采用EN标准。

例2："汽车燃料硫含量的测定 紫外荧光法"的德国标准号是DIN EN ISO 20846，该标准号给出的信息是该方法标准是等同采用EN标准，EN标准也是等同采用ISO 20846：2011。

例3：生产商的石化产品标准试验方法采用ASTM方法

1)土耳其的Petkim石化公司《聚合级丙烯》标准规定，组分项目测定方法采用ASTM D2712，一氧化碳、二氧化碳、氢、氮杂质测定方法采用ASTM D2504，氧含量测定方法采用ASTM D5234，水分测定方法ASTM E1064，硫含量测定方法采用ASTM D5623。

2)沙特阿拉伯的SABIC石化公司《MTBE》标准规定，组分项目测定方法采用ASTM D5441，水分测定方法ASTM D1364。

3)美国Eastman化工公司《正丁醇》标准规定部分指标项目采用ASTM方法测定，其中，酸度测定方法采用ASTM D1613，水分测定方法采用ASTM E203，密度测定方法采用ASTM D4052，羰基测定方法采用ASTM E411，不挥发物测定方法采用ASTM D1353。

（4）提高标准信息调研水平

标准信息来源广泛，事实上，标准信息已不局限于那些标准化组织或标准咨询服务机构提供的资源，很多产品的规范和测试方法标准都属于企业的技术文件一部分，这些标准没有国标和行标、国际标准、区域标准、协会标准。因此，要注意标准文献收集和研究的深度和广度，即对本专业和相关专业的文献资料尽可能收集全面，即使只有产品规格也要争取获得。获取了各种标准信息后，应努力运用专业知识和工作经验对这些信息进行分析，在分析中既要善于取舍材料，也要善于综合归纳，不断提高标准情报的调研水平，进而提高制定标准的水平。

附录1　企业产品标准管理规定

一、为进一步加强企业产品标准管理，提高企业产品标准水平，保障产品质量安全，根据《中华人民共和国标准化法》、《中华人民共和国标准化法实施条例》等法律法规，制定本规定。

二、本规定适用于在中华人民共和国境内企业用于生产、加工或销售的产品标准的制定、修订、复审、备案等活动；药品及农业种植、养殖产品等除外。

三、企业生产的产品没有国家标准、行业标准或者地方标准的，应当制定企业产品标准，作为生产和贸易的依据。对已有国家标准、行业标准或者地方标准的，鼓励企业制定严于国家标准、行业标准或者地方标准的企业产品标准。

四、企业是企业产品标准的制定和实施主体，应当对其产品标准的内容及实施后果承担责任。

五、制定企业产品标准应当遵循下列原则：

（一）符合国家有关法律、法规和规章的规定；

（二）符合国家产业发展方针、政策；

（三）符合强制性的国家标准、行业标准和地方标准要求；

（四）满足保障人体健康、人身财产安全的要求，保护动植物生命健康和安全；

（五）保护消费者合法权益，保护环境，合理利用资源和节约能源；

（六）保证产品质量和产品安全；

（七）完整反映产品的质量特征和功能特性；

（八）食品企业产品标准应当明确所使用的原辅料和添加剂。

六、鼓励企业积极采用国际标准和国外先进标准，制定具有自主知识产权的产品标准。

七、制定企业产品标准的一般程序包括编制计划、调查研究、起草标准草案、征求意见、对标准草案进行必要的验证、审查、批准、编号、发布。

八、企业在批准、发布企业产品标准前应当组织专家进行审查。审查内容包括：

（一）企业产品标准与国家法律法规和强制性标准规定的符合性；

（二）技术内容的先进性、合理性和完整性；

（三）试验方法的科学性；

（四）检验规则的可操作性；

（五）标准编写与《标准化工作导则》GB/T 1 系列国家标准的符合性。

九、企业产品标准审查由企业负责组织，也可以委托专业标准化技术委员会、行业协会或者其他技术组织负责组织。

十、专家组负责标准的审查，实行组长负责制。专家组应当由研发、生产、检验、销售等方面人员组成，原则上不少于5人。直接参与企业产品标准起草的人员不得作为专家组成员参加审查。

十一、参与企业产品标准审查工作的专家应当具有中级以上专业技术职称任职资格或者大专以上学历和3年以上从事相关行业工作经历，熟悉有关法律、法规、规章和有关强制性标准，了解相关产品生产的工艺、技术要求和国内外该领域技术、标准发展的状况。

十二、标准起草单位提交专家组的审查材料不得少于下列内容：

（一）标准文本(送审稿)；

（二）标准编制说明；

（三）规范性引用文件和参考资料；

（四）标准征求意见汇总处理表；

（五）试验验证报告；

（六）企业实施该标准在设备、检验、管理等方面能力的说明。

十三、标准审查必须经专家组全体人员三分之二以上同意方可通过，专家组应当根据审查意见填写审查单(会议纪要)。

审查情况应当包括：审查日期、地点、起草单位、组织审查机构、参加审查人员名单。审查结论主要涉及：评价意见、主要修改意见和采纳情况；所审查的企业产品标准送审稿是否符合法律、法规和强制性标准的规定；低于推荐性国家标准、行业标准和地方标准的，应当具有相应的理由和相关影响的说明；是否予以通过审查等内容。

审查结论可以作为企业批准发布企业产品标准的技术依据。

十四、参加标准审查的专家在审查工作中应当坚持实事求是的原则和严肃认真的态度，保证审查结果的正确性、合理性和科学性，并对审查意见负责。参加审查工作的专家应当保守标准审查活动中涉及的技术秘密和商业秘密。

十五、企业产品标准审查通过后，由企业法定代表人或者其授权人批准、发布。

十六、企业产品标准应当定期复审，复审周期不超过3年。复审后应当提出继续有效、修订或者废止的明确结论。

十七、有下列情形之一的，企业产品标准应当进行复审：

（一）国家有关法律、法规、规章以及产业发展方针、政策作出调整或者重新规定的；

（二）新发布了相关国家标准、行业标准、地方标准的；

（三）规范性引用文件中相应的国家标准、行业标准、地方标准作了修订的；

（四）企业生产工艺或者原材料配方发生重大改变的；

（五）标准备案有效期届满的；

（六）其他应当进行复审的。

十八、企业产品标准备案是企业依法将批准发布的企业产品标准告知标准化行政主管部门，并由标准化行政主管部门存档备查的行为。备案后的企业产品标准可以依法作为监督检查的依据。

企业产品标准发布后30日内，应当报当地政府标准化行政主管部门和有关行政主管部门备案，具体受理备案的部门由省级标准化行政主管部门确定。

十九、企业产品标准备案应当提交下列材料：

(一)企业产品标准备案/复审备案申请表；

(二)标准批准发布文件；

(三)企业产品标准纸质和电子文本；

(四)企业产品标准编制说明；

(五)企业产品标准审查单(会议纪要)；

(六)企业产品标准与相关法律法规、强制性标准等符合性承诺，与相应的推荐性标准是否一致的声明；企业产品标准采用国际标准、国外先进标准的，应当提供采标的相关说明和材料；

(七)省级标准化行政主管部门规定的其他材料。

二十、企业应当对所提交备案材料的真实性、合法性负责，并对其实施后果依法承担责任。

二十一、负责受理企业产品标准备案部门对企业提交的材料是否齐全进行审查。企业提交的备案材料齐全，在5至7个工作日内应予办理：符合本规定第十九条要求的，准予备案；不符合本规定要求的，不予备案并书面告知企业。

二十二、企业产品标准备案的有效期为3年。省级标准化行政主管部门应当定期公告已备案企业产品标准名录。企业产品标准备案不得收取费用。

二十三、企业产品标准经复审为继续有效且备案有效期即将届满的，企业应当在该标准备案有效期届满前30日内，重新办理备案手续。逾期未办理的，前次备案注销。

企业产品标准经复审为修订的，修订后应当重新办理备案。

企业产品标准经复审为废止的，应当报当地标准化行政主管部门。

二十四、企业名称发生变更的，应当持有效证件办理企业产品标准备案。

二十五、经备案的企业产品标准，企业应当严格执行。

二十六、受理备案部门不得泄露、扩散标准的内容或者文本。备案的标准一般不对外提供，但法律法规另有规定的除外。

二十七、标准备案人员应当认真负责、恪尽职守，不向备案企业提出与备案工作无关的要求。对违反工作纪律、滥用职权、徇私舞弊、玩忽职守的，依法依纪追究相应责任。

二十八、发现应当备案的企业产品标准未办理备案手续的，或者超过备案有效期限而未重新办理备案手续的，标准化行政主管部门应当责令其限期改正，并可以向社会公告。

二十九、各级标准化行政主管部门应对已备案的企业产品标准开展监督检查，对不符合本规定的，应当责令企业限期改正，并取消备案。

三十、省、自治区、直辖市标准化行政主管部门应当做好备案企业产品标准监督检查的规划，有组织、有计划、有重点地开展备案企业产品标准的监督检查工作。

三十一、本规定施行后，法律法规、规章对企业产品标准管理未作规定的事项，以本规定为准。

三十二、本规定自发布之日起施行。

附件 1

企业产品标准备案/复审备案申请表

企业法定代表人意见：

一、本标准已通过了本单位组织的专家组的审查，各项技术指标符合国家法律、法规和强制性标准规定，同意本标准批准、发布。

二、本单位对本标准的内容及实施后果负责。

三、本单位所提供的标准备案材料合法、真实。

四、本标准所涉及的现行有效强制性标准如下：（填写不下可另附页）

1.

2.

3.

企业法定代表人签字：

（企业盖章）

年　　月　　日

单位名称		组织机构代码	
法定代表人		单位电话	
法人注册地址		邮政编码	
企业标准名称		企业标准编号	
原标准备案号		代替标准号	
采用的国际标准编号及名称		采用程度	
产品生产者名称		联系人	
生产者地址		联系电话	

备案部门意见：

经办人签字：

（盖章）

年　　月　　日

注：1）生产者名称及地址应当填写异地生产或者被委托加工的企业名称和地址。

2）该标准备案有效期为三年，到期企业未办理相关手续，将注销备案。

附件 2-1

企业产品标准审查单(会议纪要)

标准名称		企业名称	
主要起草人			
审查情况：			

附件 2-2

企业产品标准审查单（会议纪要）

<table>
<tr><td colspan="6">企业产品标准审查专家组意见</td></tr>
<tr><td rowspan="2">姓名</td><td rowspan="2">单位名称</td><td rowspan="2">职务</td><td>表决意见</td><td rowspan="2">签字</td><td rowspan="2">联系电话</td></tr>
<tr><td>通过√，不通过×</td></tr>
<tr><td></td><td></td><td></td><td></td><td></td><td></td></tr>
<tr><td></td><td></td><td></td><td></td><td></td><td></td></tr>
<tr><td></td><td></td><td></td><td></td><td></td><td></td></tr>
<tr><td></td><td></td><td></td><td></td><td></td><td></td></tr>
<tr><td></td><td></td><td></td><td></td><td></td><td></td></tr>
<tr><td colspan="6">审查结论：

专家组组长：

年　　月　　日</td></tr>
</table>

注：专家组成员是本企业或者企业外的专业技术人员

附件 3

声　　明

我单位(名称)____________________所提交的企业产品标准(名称、编号)________________符合国家有关法律法规、强制性标准及相关产业政策要求，已经专家审定，并按照规定程序由企业法人代表批准发布，符合如下要求：

a)(相关法律法规名称)：________________

b)(相关强制性标准名称及编号)：________________

c)(相关产业政策)：________________

并与推荐性标准：________________相比，主要技术指标较推荐性标准：严于/一致/低。其原因是：

我单位对提供的与该标准有关的备案资料的真实性负责，并保证所生产的产品执行该标准。

我单位对违反上述声明导致的后果承担全部法律责任。

法人代表：

(企业盖章)

年　　月　　日

附录 2　中国石化标准化管理制度
(2017 年 9 月 30 日生效)

1　标准化总体要求

1.1　目的依据

为了加强中国石化标准化工作，促进技术进步，提高产品和服务质量，提升经营管理水平，增强企业竞争力，根据《中华人民共和国标准化法》和《中华人民共和国标准化法实施条例》，制定本制度。

1.2　战略方针

顶层设计、统一规划、创新驱动、优化整合、国际接轨。

1.3　工作内容

贯彻执行国家标准化法律、法规和方针政策，根据中国石化生产经营和管理需要，统一部署中国石化标准化工作，规范开展中国石化内部标准的制修订，引领与中国石化密切相关的外部标准；在国际国内各级标准的基础上，整合中国石化企业标准，优化中国石化标准体系；积极参与国际标准化活动，提高标准质量与水平；加强标准培训、贯彻执行和监督检查；推动科技成果标准化，标准管理和服务信息化，引领支撑企业发展，助力实现企业愿景。

1.4　管理体制

中国石化标准化工作实行统一领导、分级管理、分工负责的管理体制。

1.5　标准分类

中国石化采用的标准分为外部标准和内部标准。

外部标准包括国际标准、国外先进标准、国家标准、行业标准、地方标准和团体标准等。

内部标准包括一级企业标准和二级企业标准，一级企业标准由中国石化集团公司组织制定并在全公司(包括股份公司、资产公司等)范围内适用。二级企业标准由中国石化各企事业单位、股份公司分(子)公司(以下统称各企业)分别组织制定并在本单位内部适用。

中国石化内部标准是中国石化重要的技术和管理文件，各单位应加强保密管理；鼓励中国石化内部企业之间交流。

1.6　标准制修订程序的阶段划分

标准制修订程序分为立项(项目提出、立项论证、计划下达)、编制、征求意见、审查、报批、批准发布以及复审等阶段。

2　组织机构与职责

2.1　中国石化企业标准化管理委员会是中国石化标准化工作的最高管理机构，统一安排部署公司标准化工作。

2.2　科技部是中国石化标准化归口管理部门，承担中国石化企业标准化管理委员会办公室职能。具体职责：

2.2.1　根据国家标准化法律、法规和规章制度，制定中国石化标准化管理制度并组织落实。

2.2.2　落实中国石化企业标准化管理委员会决议，协调各业务部门、指导各企业的标准化工作。

2.2.3　组织编制并实施中国石化企业标准化发展规划、一级企业标准制修订和复审年度计划。

2.2.4　负责中国石化一级企业标准的管理工作，组织标准的立项论证、审查、报批、出版和后评估工作。

2.2.5　负责与国家和行业标准化主管部门的业务沟通和工作协调。在国家和行业标准化主管部门领导下，开展国家标准、行业标准的标准化工作，组织完成中国石化承担的石油、石化国家标准(含国家军用标准)和行业标准的制修订任务。

2.2.6　代表中国石化参加外部标准化组织，参与外部标准化活动。指导协调中国石化所属单位承担国际、国外、全国和行业标准化技术委员会秘书处的标准化工作。

2.2.7　负责管理中国石化国际标准化工作，组织参加相关领域国际标准化活动和业务交流。

2.2.8　负责中国石化标准化经费的划拨并监督检查经费的使用情况。

2.2.9　负责组织中国石化标准化成果评选和标准化工作的表彰奖励。

2.2.10　负责标准化人员的培训工作。

2.3　业务部门(含专业公司)负责本业务领域的标准化工作。具体职责：

2.3.1　负责本业务领域一级企业标准的项目提出，组织标准的编制、征求意见以及复审工作。

2.3.2　负责本业务领域的外部标准和中国石化一级企业标准的宣贯、实施和监督工作。

2.3.3　负责对所属企业的标准化工作进行管理、指导和监督检查，保证企业标准质量，协调解决标准实施中的问题。

2.3.4　配合科技部做好相关标准化工作，工程部受科技部委托管理石油化工工程建设国家标准和行业标准的制修订工作。

2.4　承担国内外标准化技术组织(国际/国外以及全国/行业的标准化技术委员会或分技术委员会等)秘书处的中国石化所属企业职责：

2.4.1　跟踪研究国际国内标准化动态，提出标准制修订建议。

2.4.2　按时完成上级标准化主管部门下达的工作任务。

2.4.3　指导中国石化企业做好相关专业领域的标准化工作，为中国石化标准化工作提供技术支撑。

2.4.4　协调解决相关专业领域标准化工作中存在的问题。

2.5　企业标准化技术归口单位协助科技部开展本专业领域的标准化管理工作。具体职责：

2.5.1　跟踪了解本专业领域国内外标准化动向，分析中国石化的标准化需求，结合本专业领域的现有标准，研究编制本专业领域标准发展规划。

2.5.2　负责本专业领域一级企业标准立项申请、标准送审稿、标准报批稿和标准复审结论及相关材料的形式审查工作。

2.5.3　协助科技部对现行一级企业标准实施效果进行后评估，提出标准整合提高的建议。

2.5.4　协助相关业务部门做好一级企业标准的制修订、复审、宣贯等工作。

2.5.5　负责建立一级企业标准立项、编制、征求意见、技术审查、报批、复审等相关工作档案。

2.5.6　负责研究并开展本专业领域国际标准化工作。

2.5.7　协助科技部及相关业务部门开展本专业标准化培训。

2.5.8　承担科技部下达的其他标准化工作任务。

2.6　企业是标准化工作的实施主体和责任主体。具体职责：

2.6.1　明确标准化工作管理部门，设置标准化工作管理岗位；根据工作需要组建本单位的标准化委员会；建立企业标准体系；制定本企业标准化工作实施细则并组织实施。

2.6.2 开展本单位二级企业标准的制修订和复审工作以及产品标准的自我声明公开工作。

2.6.3 检查标准执行情况，协调、解决标准实施中的问题。

2.6.4 承担科技部及相关业务部门下达的标准化工作任务。

2.6.5 在科技部及相关业务部门指导下，参与相关地方标准和团体标准的制修订工作。

2.6.6 搜集国内外标准化信息资料，建立标准化档案。

2.6.7 开展标准化培训。

3 标准化工作要求

3.1 标准化技术组织与人员

3.1.1 中国石化鼓励企业按照产品和服务的专业范围成立相应的企业标准化技术组织，开展相关专业的企业标准化工作。

3.1.2 中国石化鼓励企业和员工积极承担与中国石化主营业务相关的外部标准化技术组织秘书处工作，担任相关职务或委员。企业应满足秘书处资源配置的相关要求，并保证承担外部标准化职务或委员的员工参加相应标准化活动。

3.1.3 中国石化所属企业申请承担外部标准化技术组织秘书处工作，需经相关业务部门同意，报科技部批准。

3.1.4 中国石化员工参加外部标准化技术组织，担任相关职务或委员，应履行审批程序，并向所属单位标准化管理部门和科技部备案。

3.1.5 中国石化所属企业承担外部标准化技术组织秘书处，应认真履行工作职责，及时完成相关领域标准化工作任务，定期向科技部和相关业务部门报告工作。

3.1.6 参加外部标准化技术组织的人员应了解和掌握标准化技术组织的业务发展动态，积极反映中国石化的标准化诉求，定期向所属单位标准化管理部门报告相关领域标准化进展。

3.1.7 各级标准化岗位工作人员应参加标准化培训，熟练掌握标准化知识和技能。外部标准化技术组织秘书处人员资质按相关标准化技术组织的规定执行。

3.1.8 标准起草人应具有较高的专业技术水平，了解标准所涉及领域的技术进展和标准化现状，熟练掌握标准制修订流程及编写要求。

3.2 企业标准体系建设

3.2.1 中国石化各企业应根据国家标准化工作相关要求建立本企业标准体系。

3.2.2 企业标准体系内的标准应包括国家有关部门和地方政府以及本企业要求实施的外部标准和中国石化内部标准。

3.2.3 鼓励企业采用现行有效的外部标准作为生产、管理、贸易和服务的依据，并依托外部标准结合中国石化内部标准建立完善合理、动态更新的标准体系。

3.2.4 鼓励企业制定或参与制定中国石化主营业务相关的外部标准(专有技术除外)。

3.2.5 企业标准的技术要求应高于国家标准和行业标准。对于没有外部标准的产品和服务，应制定本企业的产品和服务标准或协议标准等。

3.3 标准制修订

3.3.1 标准制修订原则

3.3.1.1 符合国家有关法律、法规和规章制度要求，符合国家产业发展方向和政策。

3.3.1.2 有利于科技成果推广，促进技术进步，提升管理水平，提高产品质量，适应市场需要，增加经济效益。

3.3.1.3　有利于节约能源和资源综合利用，降低安全环保风险。

3.3.1.4　有利于中国石化企业标准的整合、提高和国际化。

3.3.1.5　已制定一级企业标准的原则上不再制定二级企业标准。

3.3.2　外部标准制修订

3.3.2.1　各企业可根据业务需要，向相关标准化技术组织提出外部标准的制修订立项建议。承担或参与制修订地方标准或团体标准工作，需经相关业务部门同意，报科技部批准。

3.3.2.2　申请立项的标准项目下达计划后，有关单位应将批文报科技部备案。

3.3.2.3　标准制修订流程按照相应各级标准制修订要求执行。

3.3.2.4　各企业标准化管理部门应掌握本单位承担外部标准制修订项目从申请立项到标准报批过程的有关情况；对于国际标准、国外先进标准和重要的国家标准、行业标准或地方标准，还应将工作情况定期报科技部和相关业务部门。

3.3.3　中国石化一级企业标准制修订

3.3.3.1　中国石化一级企业标准制修订工作程序按照《中国石化企业标准制修订工作程序》进行。

3.3.3.2　科技部负责对一级企业标准制修订过程进行监督，从程序上保证标准的科学性。

3.3.3.3　各业务部门负责本业务领域一级企业标准编制工作，协调解决标准编制过程中的问题，对报批标准的总体内容负责。

3.3.3.4　标准化技术归口单位全程参与本专业领域一级企业标准的制修订工作，指导标准起草单位按照程序要求开展相关工作，对标准制修订的工作质量负责。

3.3.3.5　标准起草单位按照程序要求开展标准制修订工作，对报批标准的技术内容负责。

3.3.3.6　中国石化对报批的一级企业标准实行统一编号。标准编号由中国石化企业标准代码“Q/SH”、“标准顺序号”、“标准发布年代号”三部分组成。

3.3.3.7　应定期复审企业标准，产品标准和服务标准复审周期不超过 3 年，其他标准复审周期不超过 5 年，当有相关外部标准发布实施后，应及时复审。

3.3.3.8　对于超过复审周期没有复审的中国石化一级企业标准，将暂停实施，一年后仍未复审的将予以废止。

3.3.3.9　制修订标准的相关资料要归档保存。

3.3.4　中国石化二级企业标准制修订

3.3.4.1　中国石化二级企业标准由各企业标准化管理部门组织完成。

3.3.4.2　二级企业标准的要求要高于一级企业标准、国家标准和行业标准的要求。

3.3.4.3　二级企业标准编号采用统一格式，标准编号由中国石化企业标准代码“Q/SH”、“单位代码”、“标准顺序号”、“标准发布年代号”四部分组成。

3.3.4.4　二级企业标准的复审周期不应超过同类一级企业标准，对于超过复审周期没有复审的标准应予以废止。

3.4　标准的公开、宣贯与实施

3.4.1　标准的自我声明公开

3.4.1.1　企业执行的产品标准应向社会公开，鼓励企业将执行的服务标准向社会公开。

3.4.1.2　企业执行外部标准或其他企业制定的企业标准的，应公开标准的编号和名称。企业执行自行制定的企业标准的，还应公开产品、服务的功能指标和产品的性能指标以及相应的检验方法。

3.4.1.3 一级企业产品标准的自我声明公开按照北京市技术监督部门的要求执行。二级企业产品标准的自我声明公开按照所在省市技术监督部门的要求执行。

3.4.1.4　自我声明公开的企业标准不应涉及企业技术秘密。

3.4.2 标准宣贯与实施

3.4.2.1 对于新发布的重要标准，相关业务部门和各企业应在标准实施前，及时组织宣贯培训并采取措施按期实施。

3.4.2.2 各企业生产的产品，应按照国家有关规定在其产品说明书、合格证、标签或包装物上注明所执行的标准。

3.4.2.3 新产品销售前应制定产品标准或与需方签订产品技术协议，作为供需双方质量交接的依据。

3.4.2.4 不符合标准、采用未自我声明公开的标准或无标准的产品，禁止采购、生产、销售和使用。

3.5 国际标准化

3.5.1 承担国际或国外标准化技术组织秘书处的单位应按照国际或国外标准化组织相关规则以及国家和中国石化相关规定，健全工作体系，完善工作流程，保障工作条件，完成各项工作任务。

3.5.2 承担国际标准化技术组织国内技术对口工作的单位应做好国际标准投票等工作。

3.5.3 牵头或参与制定国际标准或国外先进标准的企业，应在提出新项目提案前向科技部备案，立项申请通过后，报科技部，完成中国石化内部立项程序。

3.5.4 要及时将参与国际、国外标准化工作获取的标准化信息向相关企业标准化技术归口单位和业务部门报告。

3.5.5 对于承担国际、国外标准化工作的企业，科技部和相关部门应给与经费和政策支持。

3.6 标准化信息服务与管理

3.6.1 科技部负责建设和维护中国石化标准化管理信息系统，开展标准化管理和信息服务工作。

3.6.2 科技部和各业务部门、企业标准化技术归口单位以及企业应通过标准化信息系统及时参与标准化管理工作，企业标准化技术归口单位还应做好所属专业系统信息资源更新、系统运行维护和信息反馈工作。

3.6. 3 中国石化企业标准制修订工作及全过程应通过中国石化标准化管理信息系统完成。

3.6.4 鼓励企业建立本单位标准化信息服务与管理系统，提升标准化管理效率和服务水平。

3.7 经费

3.7.1 中国石化标准化工作经费列入科技部年度经费预算，经批准后下达执行。

3.7.2 中国石化对列入年度计划的国际标准、国外先进标准、国家标准、行业标准、中国石化一级企业标准制修订项目和标准化研究项目给予补助经费。标准起草单位应有配套资金支持，以保证标准制修订工作的质量和进度。项目补助经费应专款专用，可以跨年度使用，各单位在项目完成后应做好标准化经费决算。

3.7.3 中国石化负责管理的全国和行业的专业标准化技术委员会和分技术委员会、承担中国石化企业标准化管理工作的标准化技术归口单位的工作经费由中国石化在年度标准化经费中列支。全国和行业的专业标准化技术委员会和分技术委员会应按照国家或行业标准化管理部门的要求制定经费管理办法。

3.7.4 标准项目补助经费的使用范围：制修订国际标准、国外先进标准、国家标准、行业标准、中国石化一级企业标准所需的资料文献、试验、会议、标准化培训、标准审查、技术咨询、差旅、劳务和国际标准化会议及国际标准调研的出国费用等开支。

3.7.5 二级企业标准制修订项目、标准化研究项目、标准文本购置、标准实施与监督和标准化活动等项费用，列入本企业的年度财务预算，专款专用。

4 监督检查与奖惩

4.1 各级标准化管理部门负责组织对所属企业的标准化管理工作（重点是标准制修订、标准复审及标准宣贯工作等）进行监督检查。

4.2 各级业务部门负责监督检查所属企业实施相关标准的情况，监督检查的结果作为标准复审和修订的依据。

4.3 经批准发布的国家标准、行业标准和中国石化企业标准，以及其他标准化研究成果，均属科技成果，可参加中国石化的科技进步奖的评选。科技部负责推荐优秀的标准化成果参加中国标准创新贡献奖等外部标准化成果奖的评选，各企业应对获奖人员给予精神奖励和物质奖励。

4.4 对标准化工作成绩突出的单位或个人，中国石化或所属企业可按有关规定，予以表彰和奖励。

4.5 对违反国家有关标准化的法律、法规及中国石化有关标准化规定的单位和个人，按照国家和中国石化的有关规定，视情节轻重，给予批评教育、行政处分。

附录 3　中国石化企业产品标准备案管理细则

1　总体要求

1.1　企业产品标准备案管理的主要业务

1.1.1　本细则所规定的企业产品标准备案管理是指中国石油化工集团公司(以下简称集团公司)企业产品标准(以下简称一级企业产品标准)及集团公司、中国石油化工股份有限公司和中国石化集团资产经营管理有限公司所属各企事业单位、各分(子)公司企业产品标准(以下统称二级企业产品标准)的备案管理。

1.1.2　本细则适用于附件 1 所包括的专业领域之一级企业产品标准和二级企业产品标准的备案管理。

1.1.3　备案管理包括备案审查和标准备案。备案审查是指对二级企业产品标准在批准发布前的审查。标准备案是指为通过审查的企业产品标准办理备案，包括办理一级企业产品标准备案和二级企业产品标准备案。企业产品标准必须到上级标准化行政主管部门和地方政府标准化行政主管部门办理双重备案。

1.2　制定一级企业产品标准和二级企业产品标准应当遵循的原则

1.2.1　符合国家有关法律、法规和规章的规定。

1.2.2　符合国家产业发展方针、政策。

1.2.3　符合强制性国家标准、行业标准和地方标准的要求。

1.2.4　满足保障人体健康、人身财产安全的要求，保护动植物生命健康和安全。

1.2.5　有利于保护消费者合法权益、保护环境、合理利用资源和节约能源。

1.2.6　有利于推广科技成果、促进企业技术进步、提高产品质量和增加经济效益。

1.2.7　适应市场需要，符合使用要求，与相关标准协调配套，有利于产品的通用互换，做到技术先进，经济合理。

1.2.8　有利于促进对外经济技术合作和对外贸易，积极采用国际和国外先进标准。

2　职责分工

2.1　科技开发部的职责

2.1.1　负责一级企业产品标准和二级企业产品标准的备案管理。

2.1.2　备案审查包括总部相关业务主管部门和科技开发部的双重审查。科技开发部的备案审查委托规定的备案审查单位分别承担。

2.1.3　受上级标准化行政主管部门的委托，负责办理一级企业产品标准和二级企业产品标准的上级标准化行政主管部门备案。

2.2　备案审查单位的职责

2.2.1　备案审查单位包括石油勘探开发研究院、石油化工科学研究院、北京化工研究院和北京燕山分公司树脂应用研究所。

2.2.2　备案审查单位受科技开发部委托，负责办理一级企业产品标准到北京市地方政府标准化行政主管部门备案。

2.2.3　备案审查单位受科技开发部委托，负责对二级企业产品标准进行备案审查。

2.3　各二级企业的标准化主管部门(处室)的职责

负责办理本企业二级企业产品标准到地方政府标准化行政主管部门备案。

3　中国石化一级企业产品标准备案程序

3.1　一级企业产品标准编号实行统一格式。即标准编号由中国石化企业标准代码“Q/SH”、英文“产品”的缩写“PRD”、“标准顺序号”、“标准发布年代号”四部分组成。标准编号格式如下：

```
Q/SH  PRD  ×××—××××
 │     │    │    └──标准发布年代号(4位)
 │     │    └──标准顺序号(3位)
 │     └──英文“产品”的缩写(3位)
 └──中国石化企业标准代码(4位)
```

3.2　一级企业产品标准应在发布后30日内完成双重备案工作。

3.3　按专业分工，分别由相关专业的备案审查单位负责填写北京市地方政府标准化行政主管部门规定的相关备案表格，并准备一级企业产品标准文本、标准编制说明、标准审查会议纪要(含审查专家名单)及其他备案所需材料。

3.4　先由科技开发部办理上级标准化行政主管部门的备案，再由备案审查单位到北京市地方政府标准化行政主管部门办理地方备案。

3.5　完成上述双重备案工作后，备案审查单位应将盖有双重备案印章的企业产品标准备案表1份报至科技开发部存档。

4　中国石化二级企业产品标准备案程序

4.1　二级企业产品标准编号实行统一格式。即标准编号由中国石化企业标准代码“Q/SH”、“二级企业单位代码”、“标准顺序号”、“标准发布年代号”四部分组成。“二级企业单位代码”系“中国石化信息标准化代码网站”(http：//10.1.2.212：8000)上发布的“内部单位代码”前4位数字，各二级企业可从该网站中查得。二级企业产品标准编号格式如下：

```
Q/SH ×××× ×××—××××
 │    │    │    └──标准发布年代号(4位)
 │    │    └──标准顺序号(一般1～3位)
 │    └──二级企业单位代码(4位)
 └──中国石化企业标准代码
```

4.2　当地方政府标准化行政主管部门对标准编号的总位数有要求且超出本细则第4.1条之规定时，则二级企业产品标准编号的总位数应满足当地政府标准化行政主管部门的要求。

4.3　当地方政府标准化行政主管部门对标准编号的格式有特殊要求且与本细则第4.1条之规定有差异时，二级企业应积极与其沟通协调，并向科技开发部报告协调结果。

4.4　二级企业产品标准备案管理的全过程均应通过“中国石化标准化管理信息系统”(http：//10.1.19.218)(以下简称标准化信息系统)进行，包括新制定的二级企业产品标准、标准修改通知单及标准复审确认和废止等各项备案管理。

4.5　二级企业产品标准在批准发布前，须先将标准文本、标准编制说明、标准审查会议纪要(含审查专家名单)等材料上传至标准化信息系统，并在系统中填报该标准的相关信息，提交备案申请。

4.6　备案审查单位对二级企业拟发布的产品标准预先进行备案审查，并填写审查意见及审查结论(同意备案、修改或暂缓备案)。审查的主要内容包括：

4.6.1　标准的技术内容是否符合本细则第1.2条规定。

4.6.2　标准的技术指标是否满足不低于该类产品现行国家标准、行业标准和一级企业产品标准的要求。

4.6.3　标准的结构和编写格式是否符合GB/T 1《标准化工作导则》、GB/T 20000《标准化工作指南》和GB/T 20001《标准编写规则》等要求。

4.7　总部相关业务主管部门应及时通过标准化信息系统对拟发布的二级企业产品标准进行技术审查，并在10个工作日内填写并反馈审查意见。逾期不反馈意见视为同意。

4.8　备案审查单位汇总总部相关业务主管部门的审查意见后，应在15个工作日内将审查意见及审查结论反馈至二级企业。

4.8.1　对不符合备案要求的产品标准，二级企业应及时对标准进行修改，直到符合备案要求，并在15个工作日内将修改后的标准文本反馈至备案审查单位。

4.8.2　当发现二级企业产品标准违反国家法律、法规或强制性国家标准、行业标准时，备案审查单位有权不同意备案，并将备案审查意见报科技开发部，由科技开发部会同总部相关业务主管部门，责令其限期改正。

4.9　二级企业产品标准须经备案审查同意后方可批准发布。

4.10　二级企业产品标准发布后，二级企业的标准化主管部门(处室)应及时通过标准化信息系统上报标准文本和编制说明，并填报自动生成的《中国石化二级企业产品标准备案表》。同时，将该产品标准相关纸质备案材料上报相应的备案审查单位，办理上级标准化行政主管部门备案(如地方政府标准化行政主管部门有其规定的“企业产品标准备案表”，可不上报附件6.2)。

4.11　纸质备案材料上报要求

4.11.1　二级企业产品标准的批准发布公文。

4.11.2　标准文本一式3份(如二级企业需要，份数可适当增加)。

4.11.3　标准编制说明1份。

4.11.4　企业制定、修订标准的审查会议纪要(包括审查结论、审查专家名单)或函审单(包括函审结论、函审专家名单)1份。

4.11.5　《中国石化二级企业产品标准备案表》或地方政府标准化行政主管部门规定的“企业产品标准备案表”一式3份。

4.12　备案审查单位负责将二级企业上报的产品标准相关备案材料，报科技开发部办理备案登记及备案编号，并在《中国石化二级企业产品标准备案表》或地方政府标准化行政主管部门规定的“企业产品标准备案表”及标准文本封面上填写二级企业产品标准备案编号、加盖上级标准化行政主管部门备案用章。

4.13　二级企业产品标准备案编号的格式

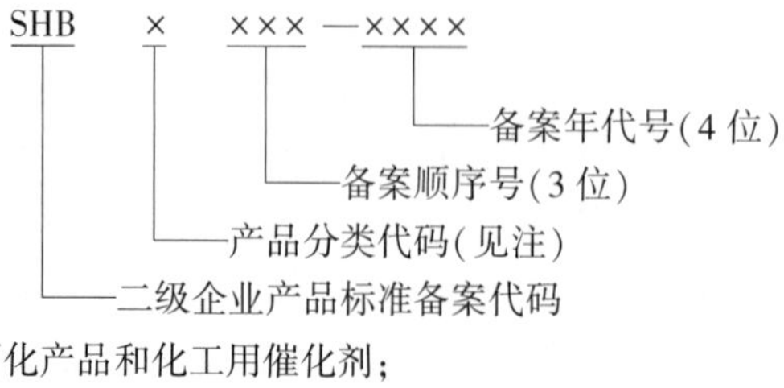

注：A—油田化学助剂；C—石化产品和化工用催化剂；

F—化肥产品；O—油田机械与机电产品；

R—炼油产品和炼油用催化剂；W—合成纤维产品。

4.14　备案审查单位应在10个工作日之内完成备案、编号及登记工作，将带有备案编号和备案用章的标准文本及附件6.2或“企业产品标准备案表”存档各1份，其余返还二级企业。

4.15　在完成上级标准化行政主管部门的备案后，二级企业应按所在地方政府标准化行政主管部门的要求及时办理地方备案。

4.16　二级企业发布的产品标准，应在发布后30日内完成双重备案工作。

4.17　二级企业产品标准备案后如需作少量修改，二级企业应在发布《标准修改通知单》之前，通过标准化信息系统将相关材料及《中国石化二级企业产品标准修改通知单备案表》或地方政府标准化行政主管部门规定的“标准修改通知单备案表”上报备案审查单位和总部相关业务主管部门进行备案审查，审查同意后二级企业方可发布《标准修改通知单》，并完成双重备案。

4.17.1　办理上级标准化行政主管部门备案的纸质文件包括：标准修改通知单及其备案表(附件6.3或地方政府标准化行政主管部门规定的“标准修改通知单备案表”)、修改内容说明各3份；审查结论和审查人员名单各1份。备案后，存档各1份，其余返还二级企业。

4.17.2　在完成上级标准化行政主管部门的备案后，二级企业应按所在地方政府标准化行政主管部门的要求及时办理地方备案。

4.17.3　二级企业应在《标准修改通知单》发布后30个工作日内完成双重备案。

4.18　二级企业产品标准应定期组织复审，复审周期应不超过3年。特别是当有相应的国家标准、行业标准、地方标准和一级企业产品标准发布实施后，应及时复审。复审结论分为确认(继续有效)、修订或废止。

4.18.1　完成产品标准复审后，二级企业应及时通过标准化信息系统办理产品标准复审备案，并上报复审标准的纸质文件。

4.18.1.1　经复审确认(继续有效)的二级企业产品标准，标准顺序号和年代号不变，并在原标准编号的年代号后加括号，括号内填写复审确认年的年代号。二级企业填写《中国石化二级企业产品标准复审确认备案表》或地方政府标准化行政主管部门规定的“企业产品标准复审确认备案表”(纸质文件)一式3份，并上报备案审查单位办理备案。完成备案后，备案审查单位存档1份，其余返还二级企业。

4.18.1.2　经复审需要修订的二级企业产品标准，二级企业应及时对标准进行修订。标准修订后应按本细则第4.5条至第4.16条之规定，重新办理备案手续，标准编号中的顺序号不变，年代号改为标准重新发布的新年代号。

4.18.1.3　经复审需要废止的二级企业产品标准，应办理注销备案。二级企业填写《中国石化二级企业产品标准废止备案表》或地方政府标准化行政主管部门规定的“企业产品标准废止备案表”(纸质文件)一式3份，上报备案审查单位办理注销备案。完成注销备案后，备案审查单位应将附件6.5或“企业产品标准废止备案表”存档1份，其余返还二级企业。

4.18.2　二级企业在完成上级标准化行政主管部门的复审备案后，还应及时到地方政府标准化行政主管部门按其要求办理地方政府标准化行政主管部门的复审备案。

5　检查与监督

5.1　科技开发部负责组织总部相关业务主管部门，在中国石化范围内，监督检查本细则执行情况。发现问题负责协调，并提出处理意见。

5.2　总部相关业务主管部门负责对所主管二级企业执行本细则的情况进行跟踪落实和检查。负责与科技开发部对发现的问题进行协商，并提出解决方案或处理意见。

6 附件

6.1 备案审查单位专业分工

6.2 中国石化二级企业产品标准备案表

6.3 中国石化二级企业产品标准修改通知单备案表

6.4 中国石化二级企业产品标准复审确认备案表

6.5 中国石化二级企业产品标准废止备案表

附件 6.1

备案审查单位专业分工

序号	备案审查单位	工 作 内 容	专业分工(备案的产品标准范围)
1	石油勘探开发研究院	负责油田企业产品标准的备案审查和登记	油田机械与机电、油田化学助剂等产品标准
2	石油化工科学研究院	负责炼油产品标准的备案审查和登记	燃料油、溶剂油和化工轻油、润滑油、润滑脂、添加剂、石油焦、沥青、石蜡等石油制品和炼油用催化剂产品标准
3	北京化工研究院(北京燕山分公司树脂应用研究所)	负责石油化工产品标准的备案审查和登记(其中北京燕山分公司树脂应用研究所负责合成树脂、合成橡胶及其制品专业产品标准的备案审查)	基本有机原料、中间体、合成树脂、合成橡胶及其制品等石化产品标准;合成纤维、化肥、精细化学品和化工用催化剂等产品标准

附件 6.2

中国石化二级企业产品标准备案表

<table>
<tr><td>企业名称</td><td></td><td>联系电话</td><td></td></tr>
<tr><td>企业地址及邮编</td><td></td><td>联系人</td><td></td></tr>
<tr><td>企业产品标准名称</td><td></td><td>是否保密</td><td></td></tr>
<tr><td>企业产品标准编号</td><td></td><td>中国标准文献分类号</td><td></td></tr>
<tr><td>原企业产品标准编号</td><td></td><td>原企业产品标准备案号</td><td></td></tr>
<tr><td>同类产品国家标准、
行业标准编号</td><td></td><td></td><td></td></tr>
<tr><td>采用国际标准或国外先进标准
编号、名称及采用程度</td><td></td><td></td><td></td></tr>
<tr><td colspan="4">企业法人代表(或主管领导)审批意见：

签字：　　　　　　　　　　　　　　　　企业盖章
年　月　日</td></tr>
<tr><td colspan="2">企业上级标准化行政主管部门意见：
标准备案编号：SHB

经办人签字：
(单位盖章)
年　月　日</td><td colspan="2">地方政府标准化主管部门意见：

经办人签字：
(盖备案专用章)
年　月　日</td></tr>
<tr><td colspan="4">备注：</td></tr>
</table>

附件 6.3

中国石化二级企业产品标准修改通知单备案表

<table>
<tr><td>企业名称</td><td></td><td>联系电话</td><td></td></tr>
<tr><td>企业地址及邮编</td><td></td><td>联系人</td><td></td></tr>
<tr><td>企业产品标准名称</td><td></td><td>是否保密</td><td></td></tr>
<tr><td>企业产品标准编号</td><td></td><td>中国标准文献分类号</td><td></td></tr>
<tr><td colspan="4">主要修改内容：

审定组长签字：
年　　月　　日</td></tr>
<tr><td colspan="4">企业法人代表审批意见：
本标准修改后其技术指标符合国家法律、法规和强制性标准规定，同意修改。
企业法定代表人签字：
（企业盖章）
年　　月　　日</td></tr>
<tr><td colspan="2">企业上级标准化行政主管部门意见：

经办人签字：
（单位盖章）
年　　月　　日</td><td colspan="2">地方政府标准化主管部门意见：

经办人签字：
（盖备案专用章）
年　　月　　日</td></tr>
<tr><td colspan="4">备注：</td></tr>
</table>

附件 6.4

中国石化二级企业产品标准复审确认备案表

<table>
<tr><td>企业名称</td><td></td><td>联系电话</td><td></td></tr>
<tr><td>企业地址及邮政编码</td><td></td><td>联系人</td><td></td></tr>
<tr><td>企业产品标准编号及标准名称</td><td></td><td>原备案号</td><td></td></tr>
<tr><td colspan="4">标准复审确认原因：</td></tr>
<tr><td>标准确认日期</td><td colspan="3"></td></tr>
<tr><td colspan="4">企业法人代表(或主管领导)审批意见：

签字：　　　　　　　　企业盖章：
年　　月　　日</td></tr>
<tr><td colspan="2">企业上级标准化行政主管部门意见：
标准备案编号：SHB
经办人签字：
(单位盖章)
年　　月　　日</td><td colspan="2">地方政府标准化主管部门意见：
经办人签字：
(盖备案专用章)
年　　月　　日</td></tr>
<tr><td colspan="4">备注：</td></tr>
</table>

附件 6.5

中国石化二级企业产品标准废止备案表

<table>
<tr><td>企业名称</td><td></td><td>联系人</td><td></td></tr>
<tr><td>企业地址及邮政邮编</td><td></td><td>联系电话</td><td></td></tr>
<tr><td>企业产品标准编号及标准名称</td><td></td><td>原企业产品标准备案号</td><td></td></tr>
<tr><td colspan="4">标准废止原因：</td></tr>
<tr><td>标准废止日期</td><td colspan="3"></td></tr>
<tr><td colspan="4">企业法人代表(或主管领导)审批意见：

签字：　　　　　　　　企业盖章：
年　月　日</td></tr>
<tr><td colspan="2">企业上级标准化行政主管部门意见：

经办人签字：
(单位盖章)
年　月　日</td><td colspan="2">地方政府标准化主管部门意见：

经办人签字：
(盖备案专用章)
年　月　日</td></tr>
<tr><td colspan="4">备注：</td></tr>
</table>

附录4　中国石化企业标准制修订项目立项论证报告、审查报批相关文件及表格

4.1　中国石化企业标准制修订项目立项论证报告

标准名称：

标准类别：　　　　　　　　　　　　　制定或修订：

负责起草单位：

起草工作组负责人：　　　　　　　　　职称：

联 系 人：　　　　　　　　　　　　　电话：

申请日期：

中国石油化工股份有限公司科技部

说　　明

1. 立项论证报告应按照《企业标准化管理办法》的规定，逐级上报，经审查同意后，作为列入年度计划的重要依据。

2. 立项论证报告应确定立项目的和意义、主要工作内容及适用范围、可行性和预期效果、工作进度计划、标准的主要内容及目次、国内外现状等内容，并认真加以论证。

3. 立项论证报告由负责起草单位填写，文字简练，内容准确。有的栏目填不下时，可另加附页。

4. 工作进度计划应有征求意见稿和送审稿的完成日期。

5. 国内外现状分析及采标情况应说明国内外现有同类标准的编号、名称、主要技术指标及异同和特点；采用标准的编号、名称、采标程度及采用标准适用性、存在问题等情况。

一、目的与意义

1. 阐明标准制修订的必要性

2. 预期完成后的作用和效益

二、国内外现状分析及采标情况

1. 国内外现有同类标准(标准编号、名称及主要技术指标)

2. 与国内外现有同类标准的异同和特点

3. 采标情况(采用标准编号、名称、采标程度及采用标准适用性、存在问题)

三、主要工作内容及适用范围

1. 主要工作内容

2. 标准的适用范围

四、可行性

1. 制修订标准的适时性

2. 国内对该类项目的研究基础

3. 已具备立项的技术条件

五、负责人及主要参加人员情况简介及分工

六、标准的主要内容及章、条目次

七、工作进度计划

八、经费预算及来源

1. 经费预算(万元，按开支范围分列)

2. 经费来源

自筹(万元)：

申请补助(万元)：

九、其他说明事项

1. 产品标准：本产品是否经过鉴定：

组织鉴定单位，年　　月：

你单位产量和批次数：

全国生产厂和产量清单：

主要用户：

2. 方法标准：何种产品使用

此种产品主要生产厂：

3. 其他标准

十、审查意见

1. 负责起草单位意见

负责人： （盖章）

年　月　日

2. 立项审查单位意见

审查负责人： （盖章）

年　月　日

3. 中国石化科技部审查意见

审查人： （盖章）

年　月　日

4.2 中国石化企业标准制修订项目立项申请汇总表

单位：　　　　　　　　承办人：　　　　　　　　电话：　　　　　　　　E-mail：

序号	标准项目名称	专业	制定或修订	起止年限	建议起草单位	采用国际标准或国外先进标准编号	代替标准号	备注

4.3 中国石化企业标准

《×××××××××》
编制说明

一、任务来源(含编制标准的目的和意义)
二、起草工作简要过程(含主要参加单位及工作组成员)
三、编写原则和标准主要内容的确定依据
四、技术经济分析论证和预期的经济效益
五、采用国际标准和国外先进标准情况及水平对比
六、与现行法律、法规、政策及相关标准的协调性
七、贯彻实施标准的措施和建议
八、其他应予说明的事项

4.4 中国石化企业标准

《××××××》

征求意见汇总处理表

标准名称：　　　　　　　　　　　　　承办人：　　　　　　　　　　　　　共　页　第　页

负责起草单位：　　　　　　　　　　　电　话：　　　　　　　　　　　　　年　月　日填写

序号	标准章条编号	意 见 内 容	提出单位(人)	处理意见及理由	备　注

说明：①发送“征求意见稿”的单位数：　　　个。

②收到“征求意见稿”后，回函的单位数：　　　个。

③收到“征求意见稿”后，回函并有建议或意见的单位数：　　　个。

④没有回函的单位数：　　　个(按无意见处理)。

4.5 中国石化企业标准

《××××××××××××××》

专家审查意见

××××年××月××日，股份公司科技开发部会同×××部(总部有关主管部门)在×××(地点)组织有关专家对××××××(标准起草单位)起草的《××××××》中国石化企业标准送审稿进行了审查。参加标准审查的专家组名单见附件×。

专家组认真审阅了标准条款，形成了如下审查意见：

1.

2.

3.

……

专家组经过讨论，一致同意通过《××××××》标准的审查，(或“同意通过《××××××》标准的审查”，或认为“《××××××》标准需修改后重新组织审查”)。

(未通过审查的标准不加此段)专家组要求标准起草人按照审查意见尽快修改标准文本，经审查组长确认后形成标准报批稿。

专家组组长：(签字)

××××年××月××日

4.6 标准审查会会议纪要

（供参考）

××××年××月××日，由股份公司科技部会同×××部（总部主管部门）在××××（地点）组织召开了对《××××××》等××项中国石化企业标准审查会，参加会议的有关专家共计××名。标准审查会按照专业分为了××、××、××等×个审查组，各审查组的专家名单见附件×。

专家组认真审阅了标准条款，提出了标准修改意见和建议。同意《××××》等×项标准通过审查，经修改后形成标准报批稿；《××××》等×项标准未通过审查，要求起草人修改标准后重新上报另行组织审查。各项标准的审查结论见附件×。

中国石化股份有限公司科技部（盖章）

（或企标归口单位）

××××年××月××日

4.7 中国石化企业标准申报单

标准名称：	国际标准分类号
	中国标准分类号
采用国际标准或国外先进标准的程度和标准号	(1)等同采用　　(2)修改采用
	被采用的标准号：
标准水平分析	(1)国际先进水平　　(2)国际一般水平 (3)国内先进水平
有无需协调的问题和其他需说明的事项	

股份公司科技部		集团(股份)公司业务主管部门或企标归口单位		标准负责起草单位	
承办人		承办人		填报日期	年　月　日

填写说明：表中第2，3行，请在选定的内容上划“√”的符号。

4.8 报批中国石化企业标准项目汇总表

填报日期：　　　年　　月　　日

序号	标 准 编 号	标 准 名 称	被代替标准号	采 标 情 况	建议实施日期

附录5　企业标准函审相关表格

5.1　中国石化企业标准送审稿函审单

标准项目名称： 标准项目负责起草单位： 函审单总数： 发出日期：　　年　月　日 函审截止日期：　　年　月　日	
函审意见：	
赞成	□
赞成，但有意见或建议 不赞成	□ □
不赞成，如采纳意见或建议改为赞成	□
弃权	□
建议、意见或理由如下：	
标准化技术委员会委员(签名)： 年　月　日	审查单位技术负责人(签名) 年　月　日(盖公章)
说明：①表决方式是在选定的方框内划“√”，只可划一个，选划两个框以上者按废票处理(废票不计数)； ②回函说明提不出意见的单位按赞成票计；没有回函按弃权票计； ③回函日期，以邮戳为准； ④建议、意见或理由栏，幅面不够可另附纸。	
审查单位承办人：　　电话：	
说明：专业标准化技术委员会组织审查时由委员签名即可；专业标准化技术归口研究所组织审查时，由参加审查单位技术负责人签字并加盖公章。	

5.2 中国石化企业标准送审稿函审结论表

<table>
<tr><td>标准项目名称</td><td colspan="3"></td></tr>
<tr><td>标准项目负责起草单位</td><td></td><td>组织函审单位</td><td></td></tr>
<tr><td rowspan="2">函审时间</td><td>发出日期</td><td colspan="2">年 月 日</td></tr>
<tr><td>投票截止日期</td><td colspan="2">年 月 日</td></tr>
<tr><td colspan="4">回函情况：
函审单总数：
赞 成：共 个单位，其中：赞成，但有意见或建议： 共 个单位
不赞成：共 个单位，其中：如果采纳意见或建议改为赞成：共 个单位
弃 权：共 个单位
未复函：共 个单位</td></tr>
<tr><td colspan="4">函审结论：</td></tr>
<tr><td colspan="4">组织审查单位：
负责人：

（签名、盖公章）
年 月 日</td></tr>
</table>

组织函审单位承办人：　　　　电话：

附录6　中华人民共和国标准化法
(主席令第七十八号)

中华人民共和国主席令

第七十八号

《中华人民共和国标准化法》已由中华人民共和国第十二届全国人民代表大会常务委员会第三十次会议于2017年11月4日修订通过，现将修订后的《中华人民共和国标准化法》公布，自2018年1月1日起施行。

中华人民共和国主席　习近平

2017年11月4日

中华人民共和国标准化法

（1988年12月29日第七届全国人民代表大会常务委员会第五次会议通过　2017年11月4日第十二届全国人民代表大会常务委员会第三十次会议修订）

目　　录

第一章　总　　则

第一条　为了加强标准化工作，提升产品和服务质量，促进科学技术进步，保障人身健康和生命财产安全，维护国家安全、生态环境安全，提高经济社会发展水平，制定本法。

第二条　本法所称标准（含标准样品），是指农业、工业、服务业以及社会事业等领域需要统一的技术要求。

标准包括国家标准、行业标准、地方标准和团体标准、企业标准。国家标准分为强制性标准、推荐性标准，行业标准、地方标准是推荐性标准。

强制性标准必须执行。国家鼓励采用推荐性标准。

第三条　标准化工作的任务是制定标准、组织实施标准以及对标准的制定、实施进行监督。

县级以上人民政府应当将标准化工作纳入本级国民经济和社会发展规划，将标准化工作经费纳入本级预算。

第四条　制定标准应当在科学技术研究成果和社会实践经验的基础上，深入调查论证，广泛征求意见，保证标准的科学性、规范性、时效性，提高标准质量。

第五条　国务院标准化行政主管部门统一管理全国标准化工作。国务院有关行政主管部门分工管理本部门、本行业的标准化工作。

县级以上地方人民政府标准化行政主管部门统一管理本行政区域内的标准化工作。县级以上地方人民政府有关行政主管部门分工管理本行政区域内本部门、本行业的标准化工作。

第六条　国务院建立标准化协调机制，统筹推进标准化重大改革，研究标准化重大政策，对跨部门跨领域、存在重大争议标准的制定和实施进行协调。

设区的市级以上地方人民政府可以根据工作需要建立标准化协调机制，统筹协调本行政区域内标准化工作重大事项。

第七条　国家鼓励企业、社会团体和教育、科研机构等开展或者参与标准化工作。

第八条　国家积极推动参与国际标准化活动，开展标准化对外合作与交流，参与制定国际标准，结合国情采用国际标准，推进中国标准与国外标准之间的转化运用。

国家鼓励企业、社会团体和教育、科研机构等参与国际标准化活动。

第九条　对在标准化工作中做出显著成绩的单位和个人，按照国家有关规定给予表彰和奖励。

第二章　标准的制定

第十条　对保障人身健康和生命财产安全、国家安全、生态环境安全以及满足经济社会管理基本需要的技术要求，应当制定强制性国家标准。

国务院有关行政主管部门依据职责负责强制性国家标准的项目提出、组织起草、征求意见和技术审查。国务院标准化行政主管部门负责强制性国家标准的立项、编号和对外通报。国务院标准化行政主管部门应当对拟制定的强制性国家标准是否符合前款规定进行立项审查，对符合前款规定的予以立项。

省、自治区、直辖市人民政府标准化行政主管部门可以向国务院标准化行政主管部门提出强制性国家标准的立项建议，由国务院标准化行政主管部门会同国务院有关行政主管部门决定。社会团体、企业事业组织以及公民可以向国务院标准化行政主管部门提出强制性国家标准的立项建议，国务院标准化行政主管部门认为需要立项的，会同国务院有关行政主管部门决定。

强制性国家标准由国务院批准发布或者授权批准发布。

法律、行政法规和国务院决定对强制性标准的制定另有规定的，从其规定。

第十一条　对满足基础通用、与强制性国家标准配套、对各有关行业起引领作用等需要的技术要求，可以制定推荐性国家标准。

推荐性国家标准由国务院标准化行政主管部门制定。

第十二条　对没有推荐性国家标准、需要在全国某个行业范围内统一的技术要求，可以制定行业标准。

行业标准由国务院有关行政主管部门制定，报国务院标准化行政主管部门备案。

第十三条　为满足地方自然条件、风俗习惯等特殊技术要求，可以制定地方标准。

地方标准由省、自治区、直辖市人民政府标准化行政主管部门制定；设区的市级人民政府标准化行政主管部门根据本行政区域的特殊需要，经所在地省、自治区、直辖市人民政府标准化行政主管部门批准，可以制定本行政区域的地方标准。地方标准由省、自治区、直辖市人民政府标准化行政主管部门报国务院标准化行政主管部门备案，由国务院标准化行政主管部门通报国务院有关行政主管部门。

第十四条　对保障人身健康和生命财产安全、国家安全、生态环境安全以及经济社会发展所急需的标准项目，制定标准的行政主管部门应当优先立项并及时完成。

第十五条　制定强制性标准、推荐性标准，应当在立项时对有关行政主管部门、企业、社会团体、消费者和教育、科研机构等方面的实际需求进行调查，对制定标准的必要性、可行性进行论证评估；在制定过程中，应当按照便捷有效的原则采取多种方式征求意见，组织对标准相关事项进行调查分析、实验、论证，并做到有关标准之间的协调配套。

第十六条 制定推荐性标准，应当组织由相关方组成的标准化技术委员会，承担标准的起草、技术审查工作。制定强制性标准，可以委托相关标准化技术委员会承担标准的起草、技术审查工作。未组成标准化技术委员会的，应当成立专家组承担相关标准的起草、技术审查工作。标准化技术委员会和专家组的组成应当具有广泛代表性。

第十七条 强制性标准文本应当免费向社会公开。国家推动免费向社会公开推荐性标准文本。

第十八条 国家鼓励学会、协会、商会、联合会、产业技术联盟等社会团体协调相关市场主体共同制定满足市场和创新需要的团体标准，由本团体成员约定采用或者按照本团体的规定供社会自愿采用。

制定团体标准，应当遵循开放、透明、公平的原则，保证各参与主体获取相关信息，反映各参与主体的共同需求，并应当组织对标准相关事项进行调查分析、实验、论证。

国务院标准化行政主管部门会同国务院有关行政主管部门对团体标准的制定进行规范、引导和监督。

第十九条 企业可以根据需要自行制定企业标准，或者与其他企业联合制定企业标准。

第二十条 国家支持在重要行业、战略性新兴产业、关键共性技术等领域利用自主创新技术制定团体标准、企业标准。

第二十一条 推荐性国家标准、行业标准、地方标准、团体标准、企业标准的技术要求不得低于强制性国家标准的相关技术要求。

国家鼓励社会团体、企业制定高于推荐性标准相关技术要求的团体标准、企业标准。

第二十二条 制定标准应当有利于科学合理利用资源，推广科学技术成果，增强产品的安全性、通用性、可替换性，提高经济效益、社会效益、生态效益，做到技术上先进、经济上合理。

禁止利用标准实施妨碍商品、服务自由流通等排除、限制市场竞争的行为。

第二十三条 国家推进标准化军民融合和资源共享，提升军民标准通用化水平，积极推动在国防和军队建设中采用先进适用的民用标准，并将先进适用的军用标准转化为民用标准。

第二十四条 标准应当按照编号规则进行编号。标准的编号规则由国务院标准化行政主管部门制定并公布。

第三章 标准的实施

第二十五条 不符合强制性标准的产品、服务，不得生产、销售、进口或者提供。

第二十六条 出口产品、服务的技术要求，按照合同的约定执行。

第二十七条 国家实行团体标准、企业标准自我声明公开和监督制度。企业应当公开其执行的强制性标准、推荐性标准、团体标准或者企业标准的编号和名称；企业执行自行制定的企业标准的，还应当公开产品、服务的功能指标和产品的性能指标。国家鼓励团体标准、企业标准通过标准信息公共服务平台向社会公开。

企业应当按照标准组织生产经营活动，其生产的产品、提供的服务应当符合企业公开标准的技术要求。

第二十八条 企业研制新产品、改进产品，进行技术改造，应当符合本法规定的标准化要求。

第二十九条 国家建立强制性标准实施情况统计分析报告制度。

国务院标准化行政主管部门和国务院有关行政主管部门、设区的市级以上地方人民政府标准化行政主管部门应当建立标准实施信息反馈和评估机制，根据反馈和评估情况对其制定的标准进行复审。标准的复审周期一般不超过五年。经过复审，对不适应经济社会发展需要和技术进步的应当及时修订或者废止。

第三十条 国务院标准化行政主管部门根据标准实施信息反馈、评估、复审情况，对有关标准之间重复交叉或者不衔接配套的，应当会同国务院有关行政主管部门作出处理或者通过国务院标准化协调机制处理。

第三十一条 县级以上人民政府应当支持开展标准化试点示范和宣传工作，传播标准化理念，推广标准化经验，推动全社会运用标准化方式组织生产、经营、管理和服务，发挥标准对促进转型升级、引领创新驱动的支撑作用。

第四章 监督管理

第三十二条 县级以上人民政府标准化行政主管部门、有关行政主管部门依据法定职责，对标准的制定进行指导和监督，对标准的实施进行监督检查。

第三十三条 国务院有关行政主管部门在标准制定、实施过程中出现争议的，由国务院标准化行政主管部门组织协商；协商不成的，由国务院标准化协调机制解决。

第三十四条 国务院有关行政主管部门、设区的市级以上地方人民政府标准化行政主管部门未依照本法规定对标准进行编号、复审或者备案的，国务院标准化行政主管部门应当要求其说明情况，并限期改正。

第三十五条 任何单位或者个人有权向标准化行政主管部门、有关行政主管部门举报、投诉违反本法规定的行为。

标准化行政主管部门、有关行政主管部门应当向社会公开受理举报、投诉的电话、信箱或者电子邮件地址，并安排人员受理举报、投诉。对实名举报人或者投诉人，受理举报、投诉的行政主管部门应当告知处理结果，为举报人保密，并按照国家有关规定对举报人给予奖励。

第五章 法律责任

第三十六条 生产、销售、进口产品或者提供服务不符合强制性标准，或者企业生产的产品、提供的服务不符合其公开标准的技术要求的，依法承担民事责任。

第三十七条 生产、销售、进口产品或者提供服务不符合强制性标准的，依照《中华人民共和国产品质量法》、《中华人民共和国进出口商品检验法》、《中华人民共和国消费者权益保护法》等法律、行政法规的规定查处，记入信用记录，并依照有关法律、行政法规的规定予以公示；构成犯罪的，依法追究刑事责任。

第三十八条 企业未依照本法规定公开其执行的标准的，由标准化行政主管部门责令限期改正；逾期不改正的，在标准信息公共服务平台上公示。

第三十九条 国务院有关行政主管部门、设区的市级以上地方人民政府标准化行政主管部门制定的标准不符合本法第二十一条第一款、第二十二条第一款规定的，应当及时改正；拒不改正的，由国务院标准化行政主管部门公告废止相关标准；对负有责任的领导人员和直接责任人员依法给予处分。

社会团体、企业制定的标准不符合本法第二十一条第一款、第二十二条第一款规定的，由标准化行政主管部门责令限期改正；逾期不改正的，由省级以上人民政府标准化行政主管部门废止相关标准，并在标准信息公共服务平台上公示。

违反本法第二十二条第二款规定，利用标准实施排除、限制市场竞争行为的，依照《中华人民共和国反垄断法》等法律、行政法规的规定处理。

第四十条 国务院有关行政主管部门、设区的市级以上地方人民政府标准化行政主管部门未依照本法规定对标准进行编号或者备案，又未依照本法第三十四条的规定改正的，由国务院标准化行政主管部门撤销相关标准编号或者公告废止未备案标准；对负有责任的领导人员和直接责任人员依法给予处分。

国务院有关行政主管部门、设区的市级以上地方人民政府标准化行政主管部门未依照本法规定对其制定的标准进行复审，又未依照本法第三十四条的规定改正的，对负有责任的领导人员和直接责任人员依法给予处分。

第四十一条 国务院标准化行政主管部门未依照本法第十条第二款规定对制定强制性国家标准的

项目予以立项，制定的标准不符合本法第二十一条第一款、第二十二条第一款规定，或者未依照本法规定对标准进行编号、复审或者予以备案的，应当及时改正；对负有责任的领导人员和直接责任人员可以依法给予处分。

第四十二条 社会团体、企业未依照本法规定对团体标准或者企业标准进行编号的，由标准化行政主管部门责令限期改正；逾期不改正的，由省级以上人民政府标准化行政主管部门撤销相关标准编号，并在标准信息公共服务平台上公示。

第四十三条 标准化工作的监督、管理人员滥用职权、玩忽职守、徇私舞弊的，依法给予处分；构成犯罪的，依法追究刑事责任。

第六章 附 则

第四十四条 军用标准的制定、实施和监督办法，由国务院、中央军事委员会另行制定。

第四十五条 本法自 2018 年 1 月 1 日起施行。

参 考 文 献

[1] 白殿一. 标准的编写. 北京：中国标准出版社，2009
[2] 唐晓燕. 企业标准的编写. 北京：中国计量出版社，2007
[3] GB/T 1.1—2009 标准化工作导则 第1部分：标准的结构和编写规则
[4] ISO/IEC 导则，第1部分：技术工作程序 第9版(2012年出版)
[5] GB/T 20000.2—2009 标准化工作指南 第2部分：采用国际标准